MINISTÈRE DES TRAVAUX PUBLICS

ÉTUDES
DES
GÎTES MINÉRAUX
DE LA FRANCE

PUBLIÉES SOUS LES AUSPICES DE M. LE MINISTRE DES TRAVAUX PUBLICS
PAR LE SERVICE DES TOPOGRAPHIES SOUTERRAINES

COLONIES FRANÇAISES

FLORE FOSSILE
DES
GÎTES DE CHARBON DU TONKIN

PAR

R. ZEILLER

INGÉNIEUR EN CHEF DES MINES, MEMBRE DE L'INSTITUT

PUBLIÉE AVEC LA PARTICIPATION DU GOUVERNEMENT DE L'INDO-CHINE

TEXTE

PARIS
IMPRIMERIE NATIONALE

MDCCCCIII

FLORE FOSSILE

DES

GÎTES DE CHARBON DU TONKIN

TEXTE

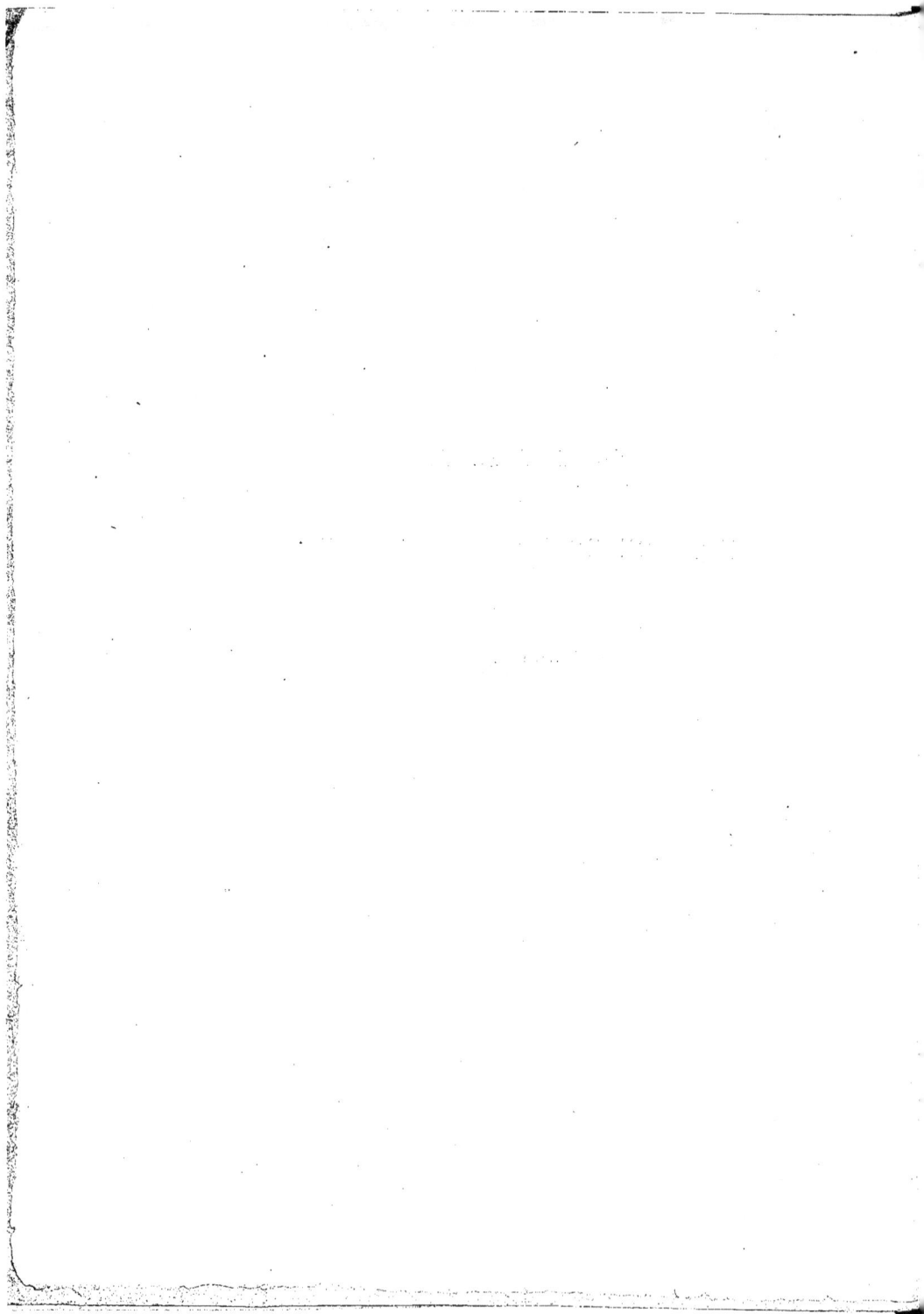

MINISTÈRE DES TRAVAUX PUBLICS

ÉTUDES

DES

GÎTES MINÉRAUX

DE LA FRANCE

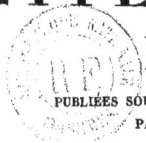

PUBLIÉES SOUS LES AUSPICES DE M. LE MINISTRE DES TRAVAUX PUBLICS
PAR LE SERVICE DES TOPOGRAPHIES SOUTERRAINES

COLONIES FRANÇAISES

FLORE FOSSILE

DES

GÎTES DE CHARBON DU TONKIN

PAR

R. ZEILLER

INGÉNIEUR EN CHEF DES MINES, MEMBRE DE L'INSTITUT

PUBLIÉE AVEC LA PARTICIPATION DU GOUVERNEMENT DE L'INDO-CHINE

TEXTE

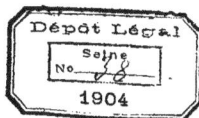

PARIS

IMPRIMERIE NATIONALE

—

MDCCCIII

INTRODUCTION.

De nos différentes colonies, l'Indo-Chine est assurément, et de beaucoup, la mieux dotée en gisements de combustibles fossiles; elle est même la seule jusqu'à présent, les gîtes similaires de la Nouvelle-Calédonie n'ayant encore fait l'objet que de simples explorations, où la mise en valeur de ces gisements soit entrée dans la phase de l'exploitation industrielle et où l'extraction se poursuive avec régularité, fournissant d'année en année un tonnage graduellement croissant. Les mines de Hongaÿ, au Tonkin, sont depuis près de quinze ans le siège de travaux méthodiquement conduits et sont arrivées maintenant à une production annuelle de 250,000 à 300,000 tonnes; les mines voisines de Kébao, qui, en 1897, avaient produit quelque 60,000 tonnes, ont dû, il est vrai, être abandonnées par suite de difficultés financières, mais une sérieuse étude vient d'être faite en vue de leur reprise; dans la région de Dong-Trieu, les explorations poursuivies sur divers points ont fait reconnaître des couches importantes, sur lesquelles des travaux ont été déjà commencés et ne tarderont sans doute pas à se développer; en Annam, la mine de Nong-Sön, près de Tourane, a fourni également son contingent à l'extraction; et l'on est fondé, pour tout cet ensemble de gisements, à bien augurer de l'avenir.

Dans ces conditions, il a paru qu'il y aurait intérêt à étudier en détail la flore fossile de ces gisements, afin de fixer, pour chaque bassin, l'âge des couches qui le constituent, de rechercher si les différents faisceaux d'un même bassin peuvent être distingués les uns des autres par les caractères de leur flore, et de fournir ainsi aux explorateurs

comme aux exploitants, par la publication des résultats obtenus, des
données paléontologiques susceptibles de les aider dans leurs recherches, en leur facilitant la reconnaissance des niveaux et, le cas
échéant, l'identification et le raccordement des faisceaux charbonneux. C'est en vue de satisfaire à ce programme, approuvé par M. le
Ministre des travaux publics ainsi que par M. le Gouverneur général
de l'Indo-Chine, qu'a été entrepris le présent travail.

Dès la première exploration des gîtes de charbon du Bas-Tonkin,
effectuée en 1881 par MM. Fuchs et Saladin [1], de nombreux échantillons de plantes fossiles avaient été recueillis dans l'île de Kébao, au
voisinage de la baie de Hongaÿ, aux environs de Dong-Trieu, et rapportés à l'École nationale supérieure des Mines; ces échantillons,
complétés par de nouvelles récoltes dues à l'obligeance de M. le Lieu-
tenant de vaisseau Douzans, qui commandait alors la canonnière *la
Carabine*, m'ont permis de donner en 1882 [2] un premier aperçu de
la constitution de la flore de ces gisements et de les rapporter à
l'époque rhétienne.

Peu d'années plus tard, une nouvelle et très importante série d'empreintes fut recueillie dans la région de Hongaÿ par M. Sarran,
qui avait été chargé en 1884, par M. le Ministre de la marine et des
colonies, comme ingénieur colonial des mines, d'une étude détaillée des gîtes de combustible reconnus par MM. Fuchs et Saladin,
et qui procéda, en 1885 et 1886, à leur exploration méthodique [3];
ces empreintes, libéralement données par lui à l'École des Mines,
ont fait de ma part, de même que celles qui avaient été rapportées
à la même époque de la baie de Hongaÿ par M. le Commandant
d'artillerie Jourdy, l'objet d'une communication à la Société géo-

[1] *Mémoire sur l'exploration des gîtes de combustibles et de quelques-uns des gîtes métallifères de l'Indo-Chine*, par M. Ed. Fuchs, avec la collaboration de M. E. Saladin (*Annales des Mines*, 2ᵉ vol. de 1882, p. 185-298, pl. VI-IX).
[2] *Examen de la flore fossile des couches de charbon du Tong-King* (*Ibid.*, p. 299-352, pl. X-XII).
[3] Sarran, *Étude sur le bassin houiller du Tonkin*.

logique de France [1], dans laquelle j'ai confirmé mes premières conclusions relativement à l'âge de cette flore.

Depuis lors, les gîtes de Hongaÿ et de Kébao ayant été mis en exploitation, les récoltes se sont multipliées, et de très importants envois d'empreintes m'ont été adressés pour les collections de l'École des Mines. M. Sarran, devenu ingénieur en chef des mines de Kébao, y a récolté et m'a fait parvenir de très nombreux et intéressants échantillons; après lui, M. Portal, directeur, et M. Rémaury, ingénieur-conseil de la Société, m'ont également fourni de précieux matériaux d'étude. Il en a été de même pour les mines de Hongaÿ, d'où j'ai reçu à diverses reprises de fort belles séries d'empreintes, grâce à l'obligeance, d'abord, de MM. Bavier-Chauffour, administrateur délégué, et Durand, directeur de la Société française des charbonnages du Tonkin, et plus récemment de MM. de Carrère, président du Conseil d'administration, et Guilhaumat, ingénieur-conseil de cette même Société; c'est de cette dernière série d'envois que proviennent, entre autres, les magnifiques plaques de *Dictyophyllum* et de *Clathropteris* figurées dans le présent travail. Peut-être n'est-il pas inutile d'ajouter que ces derniers envois ne m'ont révélé presque aucune forme nouvelle, d'où il est permis d'inférer que la flore fossile de ces gisements nous est maintenant connue dans son ensemble d'une façon suffisamment complète et que les récoltes futures ne modifieront pas sensiblement les données actuellement acquises. Je dois, d'ailleurs, mentionner encore, pour les mines de Hongaÿ, la collection d'empreintes donnée, il y a quelques années, au Muséum d'histoire naturelle de Paris par M. Guyou de Pontouraude, à laquelle sont empruntés quelques-uns des spécimens figurés.

Les gîtes reconnus aux environs de Dong-Trieu n'ont pas encore été mis en exploitation régulière, mais d'assez nombreux échantillons y ont été néanmoins recueillis par M. Sarran, qui y avait repris la concession instituée en faveur du général Schædelin et y avait en

[1] Voir, à la fin du volume, la liste bibliographique.

B.

outre fait des explorations assez étendues, et qui a généreusement
fait don de ses récoltes à l'École des Mines.

J'ai reçu également plusieurs échantillons de M. Leclère, Ingénieur en chef au Corps des Mines, qui, lors de sa mission dans les
provinces du Sud de la Chine, a visité les mines du Tonkin et, tout
dernièrement, de M. H. Charpentier, Ingénieur civil des Mines, qui a
exploré plus spécialement les gisements de Kébao et ceux de Dong-
Trieu et y a fait de très intéressantes observations.

Quant au bassin de Yen-Baï, sur le haut Fleuve Rouge, des empreintes m'en avaient été remises lors de sa découverte, en 1893, par
M. Saladin, Ingénieur civil des Mines; et dans les années suivantes,
M. E. Beauverie, Ingénieur civil des Mines, qui a spécialement étudié
et exploré les gîtes de Yen-Baï, m'en a fait parvenir de nombreux
échantillons; M. Sarran, qui a donné une courte description de ce
bassin dans la *Revue indo-chinoise* ainsi que dans le *Bulletin économique
de l'Indo-Chine,* m'a fait également profiter des récoltes qu'il y avait
faites; mais les travaux d'exploration entrepris dans cette région ont
été suspendus il y a peu d'années, et n'ont pas été repris, de telle sorte
que la flore n'en est encore qu'assez imparfaitement connue.

Enfin j'ai reçu aussi, du gîte de charbon de Nong-Sön, en Annam,
un certain nombre de bons échantillons; les plantes fossiles y sont,
il est vrai, fort rares, et Fuchs n'en avait rapporté jadis que des
débris absolument indéterminables; mais, après d'assez longues
recherches, M. Cotton, administrateur délégué de la Société française
des houillères de Tourane, est parvenu à y récolter des empreintes
suffisamment nettes, qui m'ont permis de reconnaître l'identité de la
flore fossile de ce gisement avec celle des gîtes du Bas-Tonkin.

Je suis heureux d'adresser à tous les ingénieurs, explorateurs ou
exploitants que je viens de nommer, mes remerciements les plus vifs
pour le précieux concours qu'ils m'ont prêté avec une si persévérante
complaisance, et grâce auquel j'ai pu réunir les matériaux nécessaires
à l'étude dont je me suis trouvé chargé; mais je dois donner un sou-
venir particulièrement ému et reconnaissant au regretté M. Sarran,

qui, depuis ses premières explorations de 1885 et 1886 jusqu'à sa fin si prématurée, survenue au commencement de l'année 1900, n'a cessé de s'intéresser à la récolte des empreintes et de me faire part de ses observations géologiques sur les gîtes de la région; je tiens aussi à remercier spécialement M. Guilhaumat et M. Charpentier pour tous les renseignements dont je leur suis redevable sur la topographie des gisements de Hongaÿ, d'une part, de Kébao et de Dong-Trieu, d'autre part.

Il ne saurait être question ici, dans un travail essentiellement paléobotanique, d'entrer dans la description topographique détaillée de ces gîtes de charbon du Tonkin, laquelle exigerait d'ailleurs de longues études sur place et ne pourra être utilement abordée que lorsque les travaux d'exploitation, en se développant davantage, auront permis de suivre les couches sur une plus grande étendue et de reconnaître avec plus de précision les accidents qui peuvent les affecter. Néanmoins il me paraît utile non seulement de préciser la situation géographique des divers gisements dont j'ai pu étudier la flore, mais de résumer brièvement ce que l'on sait de l'allure et de la constitution des faisceaux actuellement reconnus dans chacun d'eux.

Je donnerai donc, avant d'aborder la description des espèces observées, quelques indications sur les gîtes de Hongaÿ, de Kébao et de Dong-Trieu, ainsi que sur le gîte de Nong-Sön dans l'Annam. Je ferai ensuite connaître les différentes espèces de plantes fossiles ainsi que les très rares fossiles animaux dont j'ai constaté la présence dans cette formation charbonneuse du Bas-Tonkin ou de l'Annam, et j'examinerai, en terminant, les conclusions qu'on peut tirer de l'étude de la flore pour la détermination du niveau géologique de ces couches de charbon ainsi que de l'âge relatif des différents faisceaux reconnus.

La deuxième partie du travail, consacrée au bassin tertiaire de Yen-Baï, comprendra de même un résumé des principales données acquises sur ce bassin, suivi de la description des espèces observées, et de l'examen des indications qu'elles fournissent relativement à l'âge des dépôts charbonneux qui y ont été explorés.

Les diverses localités que je viens de citer, soit du Bas-Tonkin ou de l'Annam, soit de la région supérieure du Fleuve Rouge, ne sont pas, sans doute, les seules de l'Indo-Chine où l'on ait signalé la présence du charbon : au Laos, M. Counillon a reconnu [1], dans la vallée du Nam-Chane, près de Luang-Prabang, une couche charbonneuse couronnant un système de bancs de grauwacke qu'il rapporte au Permien et dans lequel il serait disposé à voir l'équivalent du *Raniganj Group* du Permo-trias de l'Inde; la présence du charbon aurait été en outre constatée, d'une part, à Pha-Bang, dans la haute vallée du Se-Bang-Hien, affluent de rive gauche du Mékong, d'autre part, sur les bords du Sé-Khong entre Attopeu et Don-Faï [2]; Fuchs avait également parlé d'un bassin houiller situé en aval de Bassac [3], dans la vallée du Mékong, mais l'existence ne paraît pas en avoir été confirmée, car les derniers renseignements sur les richesses minérales du Laos n'en font plus aucune mention.

En Annam, le charbon a été signalé à Dien-Chau, dans la province de Ha-Tinh, sur la rive droite du Son-Ca [4]. On a reconnu en outre, au Nord-Nord-Ouest et non loin de Nong-Sön, à Vinh-Phuoc, sur la rive gauche du Song-Vu-Gia, à 29 kilomètres environ à l'Ouest de Quang-Nam, un gîte de charbon, sur lequel, dans une note toute récente [5], M. Monod a appelé l'attention, comme renfermant de la houille grasse à près de 35 p. 100 de matières volatiles; M. Counillon y a recueilli, paraît-il, des fossiles liasiques, ce qui donne à penser qu'il s'agirait là, malgré la différence de nature des charbons, d'une formation contemporaine, au moins à peu de chose près,

---

[1] Counillon, *Documents pour servir à l'étude géologique des environs de Luang-Prabang* (*C. R. Acad. Sc.*, CXXIII, p. 1330-1333).

[2] Counillon, *Les mines du Haut-Laos* (*Bull. écon. de l'Indo-Chine*, n° 4, p. 111; n° 8, p. 260).

[3] Fuchs, *Annales des mines*, 2ᵉ vol. de 1882, p. 211, pl. VI.

[4] L. Pelatan, *Les richesses minérales des colonies françaises* (*Revue univ. des Mines*, LV, p. 12).

[5] G.-H. Monod, *Notice sur les gisements de charbon en Indo-Chine*, p. 12-15.

de celle de Nong-Sön; mais on ne sait rien des relations stratigraphiques existant entre ces deux gîtes.

Enfin, au Tonkin, on a indiqué la présence de dépôts de combustibles minéraux sur différents points : au voisinage de Cao-Bang[1],
à Loc-Binh et Dong-But près de Lang-Sòn[2], à Cho-Ganh dans
la province de Ninh-Binh[3], à Thaï-Nguyen[4], et autour de Lao-
Kay[5].

M. Leclère, notamment, a relevé[6], d'une part, au Nord-Est de
Lao-Kay, des affleurements de schiste charbonneux qu'il rapporte au
Carbonifère inférieur, mais que M. Monod regarde plutôt comme des
veines de graphite[7] dans des schistes anciens, d'autre part, à Lang-
Hang, un peu en amont de la même ville, des veinules de charbon
intercalées au milieu de sables et d'argiles tertiaires; et à Trinh-
Thuong, au Nord-Ouest de Lao-Kay, des schistes charbonneux compris dans une formation détritique vraisemblablement tertiaire. Mais
sur aucun de ces points il n'a été récolté d'empreintes végétales, et
il ne saurait, par conséquent, être plus amplement question ici de
ces différents gisements.

Je dois cependant mentionner quelques échantillons qui m'ont été
envoyés par M. Sarran comme provenant de Loc-Binh, sur la rive
droite du Song-Ki-Kong, à une douzaine de kilomètres en amont de
Lang-Sòn, au pied du mont Mau-Son; ils comprennent, avec des
plaquettes de lignite, des empreintes, malheureusement très fragmentaires, de feuilles de Dicotylédones, qui paraissent assimilables à
quelques-unes de celles de Yen-Baï et donnent ainsi à penser qu'il
s'agit là d'un gisement tertiaire; la couche de lignite reconnue en ce

---

[1] *Mouvement de la statistique minière au Tonkin* (*Bull. écon. de l'Indo-Chine*, n° 28, p. 502).

[2] G.-H. Monod, *Les charbonnages du Tonkin* (*Ibid.*, n° 1, p. 9).

[3] *Les concessions agricoles et minières dans la province de Ninh-Binh* (*Ibid.*, n° 28, p. 590).

[4] G.-H. Monod, *Les charbonnages du Tonkin* (*Ibid.*, n° 1, p. 9).

[4] Voir, à la fin du volume, la carte générale du Tonkin, Pl. A.

[5] A. Leclère, *Annales des Mines*, 9ᵉ série, XX, p. 333-336.

[7] G.-H. Monod, *Rapport à M. le Gouverneur général sur la question des charbons du Haut Tonkin* (*Bull. écon. de l'Indo-Chine*, n° 3, p. 94).

point n'a d'ailleurs que 20 centimètres d'épaisseur et n'a, par conséquent, pas d'importance industrielle.

Je signalerai en outre un fragment de tige recueilli par M. Beauverie dans la vallée du Song-Chay, à 2 kilomètres en amont de Phu-Doan, et qui présente de fines côtes longitudinales avec une apparence d'articulation; je serais assez porté à croire qu'on a affaire là à une tige de *Schizoneura Carrerei*, ce qui assimilerait le terrain d'où provient cette empreinte à la formation charbonneuse de Hongaÿ et Kébao; l'échantillon est toutefois trop imparfait pour permettre une conclusion positive, mais il m'a paru néanmoins qu'il méritait d'être signalé.

En dehors du Tonkin, et à plus ou moins grande distance de sa frontière septentrionale, M. Leclère a recueilli, dans quelques-uns des gîtes de charbon visités par lui au cours de sa mission dans le Sud de la Chine, en particulier à Taï-Pin-Tchang, près de la limite commune entre le Yun-Nan et le Se-Tchouen, des empreintes végétales nombreuses et bien conservées, dont j'ai pu reconnaître l'identité avec celles du Bas-Tonkin; bien que j'en aie déjà, dans une note succincte[1], donné l'énumération, elles m'ont paru offrir assez d'intérêt pour mériter d'être décrites et figurées, étant donné surtout qu'elles comprennent quelques formes spécifiques qui n'ont, jusqu'ici, pas été observées dans les formations similaires du Tonkin, mais dont l'absence, dans la flore fossile de notre colonie, n'est vraisemblablement que provisoire. Je leur consacrerai donc la troisième et dernière partie du présent travail.

[1] *Comptes rendus de l'Académie des sciences*, CXXX, p. 186-188, 22 janvier 1900.

FLORE FOSSILE

DES

GÎTES DE CHARBON DU TONKIN.

PREMIÈRE PARTIE.

GÎTES DE CHARBON DU BAS-TONKIN ET DE L'ANNAM.

CHAPITRE PREMIER.

DONNÉES TOPOGRAPHIQUES.

I. — BASSIN DU BAS-TONKIN.

La formation charbonneuse du Bas-Tonkin, composée principalement de grès et de schistes avec intercalation de couches de charbon de puissance variable, s'étend en affleurements, avec une direction générale à peu près Est-Ouest, depuis l'île de Kébao et les baies d'Along et de Hongaÿ, jusqu'au delà de Bac-Ninh, sur une longueur de près de 200 kilomètres, avec une largeur d'environ 5 kilomètres et souvent davantage (voir la carte Pl. A).

L'âge géologique des terrains qui en forment la bordure méridionale n'a pas été partout reconnu, mais sur beaucoup de points, notamment à la baie d'Along et à la baie de Faïtsilong, ainsi qu'aux environs de Dong-Trieu, la formation charbonneuse se trouve en contact immédiat, du côté du Sud, en stratification non concordante, avec le Calcaire carbonifère, reconnaissable comme tel aux fossiles assez nombreux qu'il renferme, Brachiopodes et Polypiers principalement. Du côté du Nord, elle est recouverte, au moins sur une partie de son étendue, et en stratification concordante, par un système de grès et d'argiles versicolores, souvent de couleur rougeâtre, renfermant parfois quelques bancs calcaires, et dont l'âge a été fréquemment discuté, les caractères qu'il présente au point de vue lithologique ayant porté plusieurs explorateurs à l'assimiler au Permien; sur un point cependant, au Nord de la baie de Hongaÿ, la formation charbonneuse vient buter par son bord septentrional contre un îlot, d'ailleurs assez peu étendu, de Calcaire carbonifère, intercalé entre elle et les grès et argiles versicolores.

Le charbon paraît avoir été découvert au Tonkin par les Chinois vers l'année 1865, et il donna lieu de leur part, tout au moins à Kébao et au voisinage de la baie de Hongaÿ, à quelques exploitations superficielles qui se poursuivirent jusque vers 1880. L'attention ayant été attirée sur ces gisements, leur reconnaissance constitua le but essentiel de la mission qui fut confiée à Fuchs en 1881, et au cours de laquelle il explora principalement, au moyen de travaux dirigés par M. Saladin, les couches de Hongaÿ et de Hatou; il constata, en outre, que la formation charbonneuse se continuait du côté de l'Ouest vers Dong-Trieu, et il la suivit jusqu'en un point désigné par lui sous le nom de Lang-Sân [1], où il recueillit un certain nombre d'empreintes végé-

[1] Fuchs indique, à la page 51 de son travail (*Annales des Mines*, 2e vol. 1882, p. 231), le «village de Lang-Sân» comme situé «non loin de Dong-Trieu, au Sud de la vallée d'alluvions qui sépare cette ville de la grande chaîne inexplorée du Nord de la province Quang-Yen»; mais sur la carte annexée à son travail (pl. VI), Lang-Sân a été marqué beaucoup plus à l'Ouest, à la place où se trouve en réalité Bac-Ninh, dont le nom est placé à tort au Nord-Ouest de Quang-Yen, un peu à l'Est du 104e méridien, de sorte qu'on est fondé à penser qu'il y a eu transposition entre ces deux noms.

Je serais porté à croire que Fuchs a eu en vue le village de Lam-Xâ, qui se trouve à quelque distance de la rive gauche du Song-Da-Bach, à 12 kilomètres environ à l'Est de Dong-Trieu, sur le versant Sud des montagnes de Nui-Co-Bang (voir la carte Pl. E), dans une région où ont été faites dans ces dernières années de nombreuses explorations minières et où l'on a reconnu la présence de plusieurs couches de charbon.

Cependant M. Sarran, qui avait sans doute recherché le point visé par Fuchs, indique, dans son *Étude sur le bassin houiller du Tonkin* (p. 41, note 3), Lang-Sân comme situé sur la «rive droite du Song-King-Chang», mais sans donner aucune explication ni justification à l'appui de cette interprétation. Il y a, en effet, à l'Ouest de cette rivière, dans la région assez peu étendue comprise entre elle et les Sept-Pagodes, une localité dont le nom aurait pu aussi, peut-être moins facilement que celui de Lam-Xâ, se transformer en Lang-Sân par une transcription inexacte, c'est celle de Lac-Son, entre le Song-Kinh-Chang et le Song-Kinh-Monh, à une douzaine de kilomètres à l'Ouest de Dong-Trieu; Lam-Xâ me paraît toutefois mieux répondre à l'indication de Fuchs relative à la vallée qui sépare Dong-Trieu de la chaîne de montagnes du Nord de la province de Quang-Yen.

Il semble probable en tout cas que c'est à l'un ou à l'autre de ces points que doit correspondre la localité que Fuchs a eue en vue; mais dans le doute, et faute de pouvoir préciser exactement sa situation et son nom véritable, je conserverai, dans les indications de provenance des échantillons mentionnés, le nom de Lang-Sân.

tales; mais la position de ce point est difficile à préciser aujourd'hui, ce nom, tel du moins que Fuchs l'a transcrit, ne se retrouvant sur aucune carte.

M. Sarran a constaté que la formation charbonneuse s'étendait encore au delà vers l'Ouest, et il en a reconnu le prolongement jusqu'à Phu-Yen sur le Song-Cau, à l'Ouest de Bac-Ninh, soit à 5o kilomètres au moins au delà du point extrême atteint par Fuchs. Il pensait même que le système des couches à charbon devait se poursuivre beaucoup plus loin, en remontant vers le Nord-Ouest, les grès et conglomérats observés par M. Jourdy à Phu-Doan, au voisinage du confluent du Song-Chay et de la Rivière Claire, paraissant susceptibles d'être assimilés à ceux de ce système, et il a indiqué, sur la carte jointe à son travail, la formation charbonneuse comme se continuant jusque-là en s'élargissant peu à peu. En réalité, il ne semble pas en être ainsi, car, d'après les dernières observations géologiques de M. Beauverie, la formation charbonneuse disparaîtrait à l'Ouest de Phu-Yen sous les grès et argiles versicolores, et si elle affleure de nouveau à Phu-Doan, comme le donnerait à penser l'échantillon de tige dont j'ai parlé plus haut, ce ne serait sans doute que sur une étendue assez restreinte. De nouvelles explorations seront nécessaires pour fixer de ce côté les limites de cette formation, et pour s'assurer des relations que peuvent avoir avec elle les gîtes charbonneux signalés tant à Thaï-Nguyen qu'à Phu-Doan.

En somme, la formation charbonneuse du Bas-Tonkin n'a été étudiée jusqu'ici avec un peu de précision que dans la région située à l'Est des Sept-Pagodes, dans laquelle seule ont été ouvertes des exploitations minières. Ces exploitations peuvent se diviser en trois groupes, qui vont être passés en revue dans l'ordre de leur importance, lequel est en même temps l'ordre chronologique des institutions de concessions qui y ont été faites.

§ 1. — MINES DE HONGAŸ.

Les mines de charbon de Hongaÿ, comprises dans la concession accordée par décret du 6 septembre 1884 à M. Bavier-Chauffour, ont été, par une convention du 27 avril 1888, concédées à la Société française des charbonnages du Tonkin, sous le nom de « Domaine houiller de la baie d'Along ». La concession est limitée au Sud par les baies d'Along et de Faïtsilong, sans comprendre toutefois le massif calcaire de Déo-But, qui s'intercale sur une certaine étendue entre la formation charbonneuse et la mer; à l'Ouest, par la baie de

Hongaÿ; à l'Est, par le chenal de Campha, qui sépare l'île de Kébao du continent; au Nord, par la limite septentrionale de l'affleurement de la formation
charbonneuse. Elle se subdivise en trois lots, qui sont, en allant de l'Ouest
à l'Est, le lot de Hongaÿ, le lot de Hatou et le lot de Campha, et dont les
étendues respectives sont d'environ 3,200, 10,000 et 6,800 hectares, faisant
une superficie totale de quelque 20,000 hectares.

Dans la région centrale, à l'Est de Hatou, la formation charbonneuse vient
buter au Sud contre l'important massif de Calcaire carbonifère de Déo-But,
que je viens de mentionner. A l'Ouest, vers Hongaÿ, elle est interrompue par
des venues de roches porphyriques qui se montrent de part et d'autre de l'entrée de la baie, mais dont la constitution exacte n'a, non plus que l'âge, pas
été déterminée. Elle reparaît d'ailleurs à peu de distance au delà de la passe
de Cua-Luc, dans l'île du Sommet-Buisson, et a donné lieu, dans cette région,
à l'institution d'un périmètre de recherches indépendant; de là elle se prolonge à l'Ouest vers Quang-Yen, et quelques explorations ont été entreprises
de ce côté, notamment au voisinage de Daï-Dang et de Yen-Cu, sur la rive
gauche du Song-Liep.

Situation
et
allure des couches.

Les couches de charbon reconnues dans la concession de Hongaÿ semblent,
d'après les études de M. Guilhaumat comme de M. Sarran, se grouper nettement en deux systèmes, dont l'âge relatif a été diversement apprécié, et qui
sont aujourd'hui désignés sous les noms de système de Nagotna et système de
Hatou. M. Sarran, qui regardait le système de Nagotna comme le plus inférieur, avait admis qu'ils étaient dérangés et séparés l'un de l'autre par des
failles diversement orientées; mais les travaux poursuivis depuis lors n'ont pas
permis de constater l'existence de ces failles. Pour M. Guilhaumat, aux obli-
geantes communications de qui je dois les principaux renseignements que je
vais donner et la plupart des indications portées sur la carte de la Planche B,
le système de Nagotna serait au contraire le plus récent, et tous deux seraient
simplement affectés d'une série de plis plus ou moins parallèles, à orientation
comprise en général entre N. N. O.-S. S. E. et N. N. E.-S. S. O.

La direction N. N. O.-S. S. E. domine dans la région occidentale de la concession, où elle se traduit à la surface, ainsi que l'avait reconnu M. Sarran [1],
par les traits généraux du relief, formé de crêtes ou d'arêtes saillantes séparées par des dépressions assez profondes parfois pour faire communiquer à

_____

[1] Sarran, *Étude sur le bassin houiller du Tonkin*, p. 24.

mer haute la baie de Hongaÿ avec la baie d'Along. C'est ainsi qu'en allant de l'Ouest à l'Est, on rencontre d'abord la dépression de la Vallée de l'OEuf, divisée en deux branches : Vallée occidentale et Vallée orientale, par une arête médiane de grès et de conglomérats, puis le promontoire de Nagotna, la vallée du ruisseau de Nagotna, et plus loin, après une ligne de hauteurs affectant la même orientation du N. N. O. au S. S. E., la dépression de l'embouchure de la Rivière des Mines, qui se continue vers le S. S. E. par la plaine et les rizières de Hal-Lam. Dans la région de Hatou, l'orientation des couches et des plissements qui les affectent semble moins constante : elle paraît s'infléchir peu à peu vers le N. E.-S. O., mais elle ne se traduit plus avec la même netteté dans la disposition des accidents de terrain, dont le relief va en s'accentuant, les collines de la région atteignant, dépassant même 150 et 200 mètres.

Le système de Nagotna se compose, d'après les observations relevées par les ingénieurs de la Société des charbonnages, d'une dizaine de couches de 1 mètre à 6 mètres de puissance, dont quatre seulement ont donné lieu à des travaux d'exploitation; ce sont, en allant de haut en bas :

La couche Sainte-Barbe, d'une puissance totale de 4 m. 70 à 6 mètres, avec une épaisseur utile de 4 m. 80 en moyenne;

La couche Bavier-Chauffour, d'une puissance totale de 5 mètres à 5 m. 20, avec une épaisseur utile moyenne de 4 m. 75, située à 70 mètres environ au-dessous de la couche Sainte-Barbe;

La couche Chater, d'une puissance totale de 4 mètres à 5 m. 10, avec une épaisseur utile moyenne de 4 m. 65, située à 55 mètres au-dessous de la couche Bavier;

La couche Marmottan, d'une puissance totale de 1 m. 60 à 1 m. 80, avec une épaisseur utile moyenne de 1 m. 65, située à une distance de 50 à 60 mètres en dessous de la couche Chater.

Les autres couches non exploitées du même système sont estimées représenter ensemble environ 5 mètres de puissance utile.

C'est à ce système de Nagotna qu'appartiennent toutes les couches reconnues dans la région Ouest de la concession, depuis la passe de Cua-Luc jusqu'à la Rivière des Mines, y compris les affleurements relevés sur la rive droite de celle-ci au voisinage de son embouchure, en aval de l'ancien campement de MM. Fuchs et Saladin à Claireville.

M. Sarran avait reconnu dès 1885, un peu à l'Est de la passe de Cua-Luc, l'existence d'une cuvette dont l'axe paraissait coïncider à peu près avec celui de la Vallée de l'OEuf orientale; au fond de cette dernière, il avait exploré, par la galerie Léonice, une couche, qu'il regardait comme appartenant à la partie la plus inférieure du système de Nagotna. Les affleurements du bord de la Vallée de l'OEuf occidentale, ceux de l'île Bayard et ceux de l'île Hongaÿ, appelée aujourd'hui île au Charbon, correspondent évidemment à la branche Ouest de ce synclinal, dont la branche Est comprend les affleurements du bord oriental de la Vallée orientale de l'OEuf et le faisceau du promontoire de Nagotna; le pendage des couches de ce faisceau, dirigé vers l'Ouest, varie de 30° à 70°, s'accentuant peu à peu à mesure qu'on s'avance du Nord au Sud. Ensuite vient un nouveau pli en sens inverse, dont l'axe parait dirigé à peu près parallèlement à la vallée du ruisseau de Nagotna, un peu à l'Est de celui-ci, de sorte que l'on retrouve, sur le versant oriental des collines qui forment la rive droite de ce ruisseau, les couches du système de Nagotna plongeant vers l'Est, avec une inclinaison moyenne de 36°. Enfin elles reparaissent, avec un pendage inverse, sur la rive droite de la Rivière des Mines et sur les collines situées à l'Ouest de Claireville, constituant la branche orientale d'un synclinal dont l'axe correspondrait à la dépression de la Rivière des Mines et de la plaine de Hal-Lam.

Le système de Hatou, que M. Sarran désignait comme système supérieur, que M. Guilhaumat considère, au contraire, comme situé à quelque 600 mètres au-dessous de celui de Nagotna, comprend quatre couches, dont trois exploitables, savoir:

La Couche du toit, épaisse seulement de 0 m. 50 à 0 m. 80;

La Grande couche, d'une puissance totale de 50 à 60 mètres, divisée en plusieurs bancs par des intercalations de grès ou de schiste d'épaisseur variable, qui en réduisent la puissance utile à 30 mètres en moyenne;

La Couche des inondés, située à 50 ou 60 mètres en contre-bas de la Grande couche, épaisse d'environ 3 m. 50, avec une puissance utile de 2 m. 60;

La Couche au mur, située à 180 mètres environ au-dessous de la Grande couche, mesurant 16 m. 50 d'épaisseur totale, avec une puissance utile de 13 mètres.

La Grande couche se montre dans la région de Hatou, affleurant sur 1 kilomètre de longueur environ sur le versant Nord-Est du mamelon 96, avec une direction N. O. – S. E. et un plongement vers le S. O. variant de 16° à 45°; elle reparaît un peu plus au Sud, sur le pourtour du mamelon 65, avec un pendage inverse indiquant l'existence d'un pli synclinal dont l'axe doit être dirigé à peu près du Nord-Ouest au Sud-Est. A quelque distance à l'Ouest, elle paraît affectée au contraire par un pli anticlinal à axe orienté Nord-Sud ou N. N. E. – S. S. O., se présentant au mamelon C et au mamelon 158 avec des pendages opposés, l'un vers l'Est, l'autre vers l'Ouest ou l'O. S. O. C'est au pied Nord-Est de ce mamelon 158 qu'ont été reconnus les affleurements de la Couche au mur.

La Grande couche reparaît ensuite à la mine Charlot (ancienne mine Jauré-guiberry des explorations de Fuchs et de M. Sarran), mais plongeant vers l'Est sous un angle de 50°; enfin M. Guilhaumat regarde comme devant être encore assimilés à la Grande couche les affleurements explorés au N. N. E. de Clai-reville à la mine Henriette et à la mine Marguerite, où l'on a reconnu une couche, à laquelle on avait donné le nom de couche Marguerite, d'une quaran-taine de mètres de puissance, avec un pendage variant de 40° à 70° vers l'Ouest. On a exploré en outre dans la même région, mais un peu au Sud-Est, par les galeries du Ravin, une couche de 14 mètres d'épaisseur, plongeant également vers l'Ouest, dont les rapports avec la couche Marguerite n'ont pas été net-tement précisés, mais que M. Guilhaumat présume devoir être la Couche au mur.

A l'anticlinal dont l'axe doit passer entre le mamelon C et le mamelon 158 succéderaient, par conséquent, un synclinal et un anticlinal à axes Nord-Sud ou N. N. O. - S. S. E., les affleurements de la mine Charlot représentant le versant Est de ce dernier, et ceux de la mine Marguerite et de la mine Hen-riette le versant Ouest, auquel appartiendraient de même, dans l'hypothèse de M. Guilhaumat, les affleurements des couches du système de Nagotna sur la rive droite de la Rivière des Mines. La coupe fig. 2, Pl. B, établie d'après les indications de M. Guilhaumat, résume d'ailleurs les rapports qui existe-raient, suivant lui, entre les différents affleurements.

A l'Est de Hatou apparaît le massif de Calcaire carbonifère de Déo-But, qui occupe une étendue importante sur le bord Sud du lot de Hatou, et au Nord duquel la formation charbonneuse n'a pour ainsi dire pas été explorée. Plus à l'Est, dans le lot de Campha, on a relevé, un peu à l'Ouest du village de Cam-pha, non loin de la mer, une couche de 30 à 40 mètres d'épaisseur, dirigée à peu près du N. E. au S. O., avec plongement vers le N. O., qui semble devoir être identifiée à la Grande couche de Hatou, mais sur laquelle il n'a pas été fait de travaux. On a reconnu également, dans ce même lot de Campha, vers son extrémité Nord-Est, le long de la rivière de Campha (voir la carte Pl. C), les affleurements de quatre couches, dont l'une épaisse de 16 mètres, dirigée N. 80° E. avec un pendage de 35° vers le Sud, les trois autres variant de 1 m. 60 à 3 m. 10 d'épaisseur, de directions comprises entre N. 30° E. et N. 45° E., avec des pendages de 50° à 55° vers le S. E.; M. Sarran, dont l'opinion à cet égard est partagée par M. Guilhaumat, regardait ce faisceau de couches de la rivière de Campha comme représentant le système de Nagotna.

Enfin je dois mentionner encore comme se rattachant au groupe de Hongaÿ, bien qu'ils se trouvent en dehors de la concession de la Société des charbonnages, non loin de son extrémité occidentale, les affleurements explorés par M. Sarran dans l'île du Sommet Buisson, située dans la baie de Hongaÿ à peu de distance à l'Ouest de la passe de Cua-Luc; ils appartiennent à des couches de médiocre épaisseur, au nombre de trois, de direction à peu près Nord-Sud, plongeant vers l'Ouest sous des angles de 25° à 30°, et dans la plus inférieure desquelles fut ouverte une galerie de recherche, la galerie Jean. M. Sarran considérait ces couches comme représentant l'extrême base du faisceau de Nagotna.

Travaux
d'exploitation.
Après des explorations poussées sur divers points, dans la région de Nagotna, dans celle de la mine Marguerite et dans celle de Hatou, les travaux ont été abandonnés à la mine Marguerite, où la couche Marguerite, très broyée, ne donnait que du charbon trop tendre et trop menu, et ils ont été concentrés sur les régions de Nagotna et de Hatou, ainsi qu'il ressort d'un rapport très complet et très détaillé sur les mines du Tonkin, rédigé le 20 février 1891 par M. Mallet, contrôleur des Mines, rapport qui m'a été très obligeamment communiqué par le Ministère des colonies.

Les travaux sur le faisceau de Nagotna avaient commencé par des galeries, tant en direction qu'en descenderie, ouvertes vers l'extrémité Nord du promontoire de Nagotna dans les couches Bavier, Chater et Marmottan, puis l'on s'est organisé pour aller en profondeur, et l'on s'est porté également sur la branche Est de l'anticlinal du ruisseau de Nagotna. Le siège d'exploitation de Nagotna comprend aujourd'hui, d'après les renseignements fournis par M. Guilhaumat, deux sections distinctes : celle de Nagotna proprement dite et celle de la mine de Carrère.

La première porte sur les couches du promontoire de Nagotna, c'est-à-dire sur le versant Est du synclinal de la Vallée de l'Œuf, qui est en même temps le versant Ouest de l'anticlinal du ruisseau de Nagotna; un puits de

132 mètres de profondeur, le puits Kestner, a été foncé dans la région Nord-Est du promontoire de Nagotna, pour servir au sortage des charbons et à l'épuisement des eaux; les couches Bavier et Chater sont en pleine exploitation; les couches Sainte-Barbe et Marmottan ne sont encore le siège que de travaux préparatoires.

La mine de Carrère exploite l'amont-pendage des couches Chater et Bavier dans le versant Est de l'anticlinal du ruisseau de Nagotna, les travaux étant concentrés principalement au voisinage et à peu de distance à l'Est de l'origine de ce ruisseau.

Dans la région de Hatou, les premiers travaux avaient consisté en galeries d'attaque souterraines, auxquelles a été substituée, dès 1890, l'exploitation à ciel ouvert par gradins droits, justifiée par la puissance de la couche et par la faible importance relative des découverts à effectuer. Les travaux n'ont porté jusqu'ici que sur la Grande couche; ils sont actuellement concentrés au voisinage de Hatou, d'une part sur le bord Nord-Est de la cuvette, d'autre part sur son relèvement Sud-Ouest, au mamelon 65.

Les productions annuelles, pour l'ensemble des travaux des mines de Hongaÿ, ont été les suivantes :

1892.........	80,000 tonnes.		1897.........	130,000 tonnes.
1893.........	108,000		1898.........	204,000
1894.........	94,000		1899.........	276,000
1895.........	70,000		1900.........	195,000
1896.........	92,000		1901.........	249,000

Pour l'année 1902, l'extraction atteindra au moins 300,000 tonnes, les trois premiers trimestres ayant fourni 225,000 tonnes.

Les charbons des mines de Hongaÿ, aussi bien de Hatou que de Nagotna, sont des houilles anthraciteuses, tenant en moyenne, déduction faite des cendres, de 1.75 à 2.5 p. 100 d'eau et de 8 à 12 p. 100, parfois 15 p. 100 de matières volatiles. Leur pouvoir calorifique varie de 6,900 à 7,800 calories.

Nature des charbons.

Une partie des charbons extraits sont transformés en briquettes, après mélange avec du brai et des charbons bitumineux provenant principalement du Japon.

Les gisements de Hongaÿ ont donné lieu, ainsi que je l'ai indiqué plus haut, à de très nombreuses et très importantes récoltes d'empreintes végétales, dont il n'est peut-être pas inutile de préciser dès maintenant les provenances.

Provenance des échantillons recueillis.

Les échantillons rapportés par Fuchs en 1882 avaient été recueillis par M. Saladin et par lui, les uns à l'île Hongaÿ, d'autres près de Claireville sur le bord oriental de la plaine de Hal-Lam, quelques-uns, fort peu nombreux, à la mine Henriette, d'autres encore à la mine de Hatou; les récoltes complémentaires de M. le Commandant Douzans furent localisées à l'île Hongaÿ, aux affleurements situés sur un monticule de la rive gauche de la Rivière des Mines en aval de Claireville, et à la mine Jauréguiberry (aujourd'hui mine Charlot).

Les explorations poursuivies en 1885 et 1886 par M. Sarran donnèrent également lieu de sa part à de nombreuses récoltes, portant sur différents points : d'abord à l'île du Sommet Buisson, dans les schistes contigus à la couche suivie par la galerie Jean, point d'où provenaient également les échantillons rapportés de la baie de Hongaÿ par M. le Commandant Jourdy [1]; puis au voisinage de divers affleurements appartenant au système de Nagotna, à savoir, d'une part, des travaux de la galerie Léonice, au fond de la Vallée de l'Œuf orientale, ainsi que d'une petite île située à quelque 300 mètres au Nord-Ouest de cette galerie, d'autre part, de l'embouchure même de la Rivière des Mines, ou de l'entrée de la première vallée de la rive droite, ou encore de la rive gauche de cette même rivière entre Claireville et une petite pagode située au fond de l'estuaire, point très voisin pour le moins de celui qu'avait déjà fouillé M. le Commandant Douzans. Les autres séries d'échantillons rapportées par M. Sarran avaient été recueillies par lui soit dans les travaux de la mine Marguerite, particulièrement au voisinage ou dans les intercalations schisteuses de la couche Marguerite, soit autour de Gia-Ham, c'est-à-dire à la mine actuelle de Hatou, soit sur des affleurements au bord d'un sentier dit « Chemin des Singes », allant de Claireville vers d'anciennes rizières situées dans la direction de Gia-Ham, gisements appartenant les uns et les autres au système de Hatou.

Depuis l'ouverture des travaux réguliers d'exploitation, il n'a plus été recueilli d'échantillons que dans ces travaux mêmes; ceux qui ont été envoyés à l'École des Mines par MM. Bavier-Chauffour et Durand provenaient exclusivement de la mine de Hatou, ainsi que ceux qui ont été rapportés au Muséum de Paris par M. Guyou de Pontouraude. Enfin, les dernières

[1] Ceux de ces échantillons figurés dans l'Atlas annexé au présent travail sont indiqués sur les légendes explicatives comme provenant simplement du « bassin de Hongaÿ », d'après l'indication portée sur les étiquettes primitives.

récoltes de la Société des charbonnages du Tonkin ont porté, les unes sur les schistes situés au toit des couches Sainte-Barbe, Bavier, Chater et Marmottan, dans les travaux soit de Nagotna, soit de la mine de Carrère, les autres sur la Grande couche de Hatou, c'est-à-dire sur les schistes situés à son toit ou à son mur, principalement sur le grand banc de schiste qui lui est intercalé dans les travaux à ciel ouvert de Hatou.

Il n'a, malheureusement, pas été recueilli d'empreintes sur les affleurements compris dans le lot de Campha; mais c'est, on le voit, à peu près la seule partie de la région des mines de Hongaÿ sur laquelle on ne possède pas de renseignements paléobotaniques.

§ 2. — Mines de Kébao.

L'île de Kébao a été concédée, fonds et tréfonds, à M. Jean Dupuis, l'explorateur bien connu du Tonkin, par une convention en date du 27 avril 1888. Elle est aujourd'hui la propriété de la Société civile du domaine de Kébao.

La formation charbonneuse y affleure tout le long du bord Sud-Est de l'île, formant une bande d'une trentaine de kilomètres de longueur sur 2,500 à 3,500 mètres de largeur, orientée à peu près du Nord-Est au Sud-Ouest (voir la carte Pl. C); elle est limitée au Sud-Est par la mer, sauf au voisinage de Hayat, où elle vient buter contre un petit massif de Calcaire carbonifère semblable à celui qui forme les îlots de la baie de Faïtsilong. Au Nord-Ouest, elle est recouverte par les grès et argiles versicolores souvent désignés comme permiens, lesquels occupent tout le reste de la surface de l'île et s'avancent même assez loin vers le Sud-Est dans le chenal de Campha, dont ils constituent les îlots.

La région centrale a seule, jusqu'à présent, donné lieu à des travaux d'exploitation, mais des explorations ont été faites à l'Est et à l'Ouest, principalement par M. H. Charpentier, qui a découvert, à quelque distance à l'Ouest de la région exploitée, des affleurements importants et qui a résumé dans un travail détaillé [1] tout ce que l'on sait aujourd'hui sur la position et l'allure des couches de charbon de Kébao. C'est à ce travail, et aux indications portées sur les plans à grande échelle que M. Charpentier a eu l'extrême obligeance de me communiquer, ainsi qu'à celles du rapport déjà cité de M. le Contrôleur des Mines

Situation
et
allure des couches.

[1] H. Charpentier, *Étude pour la remise en exploitation des mines de Kébao.* Paris, 1902.

2.

Mallet, que sont empruntés les renseignements qui vont suivre (voir la carte Pl. D).

Au mamelon de Kébao, point sur lequel ont porté les premiers travaux d'exploitation, les couches affectent une direction à peu près N. E. – S. O., mais on voit, vers le Sud-Ouest, les affleurements se recourber peu à peu vers le Sud et le Sud-Est, et finalement vers l'Est-Sud-Est et vers l'Est, dessinant ainsi des arcs grossièrement elliptiques à convexité tournée vers l'Ouest et avec plongement dirigé vers l'extérieur, d'environ 45° pour la branche Nord et 30° pour la branche Sud. Il y a donc là une selle dont l'axe, orienté à peu près de l'E. N. E. à l'O. S. O., plonge peu à peu vers l'O. S. O. Au voisinage de cet axe, les couches sont affectées d'un léger dérangement désigné sous le nom de faille de Kébao, mais la correspondance d'un côté à l'autre ne laisse place à aucun doute. Dans les intervalles stériles qui séparent les couches de charbon, on remarque un certain nombre de bancs de conglomérat quartzeux formés de cailloux roulés plus ou moins gros. L'un de ces bancs, notablement plus épais que les autres, mesure 50 à 60 mètres de puissance et avait été pris comme repère par M. Sarran, qui désignait sous les noms de *système supérieur* et de *système inférieur* les groupes de couches situés respectivement au-dessus et au-dessous de lui : il comptait au-dessus de lui cinq couches successives, à épaisseurs de 2 à 4 mètres, qu'il numérotait de 1 à 5 en partant du banc en question; au-dessous de lui, il comptait 24 couches, à puissance variant de 0 m. 60 à 4 mètres, qu'il numérotait de même en partant du banc de conglomérat, par conséquent en direction inverse; mais les affleurements de ces différentes couches n'avaient pas tous été relevés sur des points suffisamment rapprochés pour qu'on pût être certain de l'ordre de superposition, et de plus le développement des travaux a révélé l'existence, dans la série classée comme système inférieur, d'accidents d'importance encore indéterminée, de part et d'autre desquels le raccordement demeure incertain. C'est ainsi, d'une part, que les couches du versant Sud de la selle du mamelon de Kébao viennent buter, au voisinage de l'Arroyo des îlots, contre une faille orientée à peu près Nord-Sud, au delà de laquelle on rencontre, de part et d'autre de cet Arroyo des îlots, d'assez nombreuses couches, dirigées N. N. E. – S. S. O. ou même Nord-Sud avec plongement de 50° à 70° vers l'Ouest, et qui sont celles que M. Sarran classait dans son système inférieur avec les numéros 8 à 24. D'autre part, la branche Nord de la selle vient buter contre une grande faille dirigée à peu près N. O. – S. E., la faille de Caï-Daï, au delà de laquelle on trouve un important faisceau de couches orientées N. 5o° E. et plongeant d'environ 60° vers le N. O. Ce faisceau, désigné sous le nom de faisceau de Caï-Daï, est couronné par un banc puissant de conglomérat quartzeux qui ressemble beaucoup à celui du mamelon de Kébao; mais, malgré cette ressemblance, les couches qui composent ce faisceau ne concordent pas avec celles du faisceau de Kébao et ne peuvent leur être assimilées; on présume qu'elles doivent être situées au mur de ce dernier, et avoir été relevées par la faille qui les limite à l'Ouest (voir la coupe fig. 3, Pl. C). Il est très probable que les couches explorées sur les bords de l'Arroyo des ilots appartiennent au même système et sont situées au mur de ce faisceau de Caï-Daï; mais on ne peut actuellement affirmer qu'il y ait continuité et qu'il n'existe pas d'accident entre l'un et l'autre groupe.

Pour toutes ces raisons, on a renoncé à la désignation des couches par numérotage, qu'avait adoptée M. Sarran, et on lui a substitué une désignation par lettres; il ressort d'ailleurs de la comparaison des indications consignées au rapport de M. le Contrôleur des Mines Mallet avec celles qui ont été relevées par M. Charpentier sur les plans de mines et reportées par lui sur la carte à grande échelle qu'il a bien voulu me communiquer, que les noms actuellement usités ont été empruntés aux travaux faits sur chaque couche et dont la plupart avaient été désignés par des lettres; ce qu'on sait aujourd'hui montre, au surplus, que l'ordre de superposition n'est pas toujours tel que l'indiquait le numérotage primitif, et que l'on avait, à l'origine, considéré parfois comme des couches différentes des affleurements appartenant en réalité à une même couche.

Les couches que M. Sarran classait dans son système supérieur, du moins celles qu'il désignait sous les numéros 1 à 3, explorées le long de la rivière de Kébao respectivement par les galeries D et M et par la descenderie S, sont désignées maintenant comme couche D, couche M et couche S. De même les couches du mamelon de Kébao classées comme couches nos 1 à 7 du système inférieur se sont réduites, en tant du moins que couches exploitables, à trois : couche C (ancienne couche n° 1), couche B ou de la Descenderie (couches nos 3 et 4), couche A (couche n° 6). Enfin, des couches dites nos 8 à 24 du système inférieur, je mentionnerai de même, à raison de leur importance relative, les couches G (ancienne couche n° 11), E (ancienne couche n° 19), F et T (anciennes couches nos 23 et 24).

Quant au faisceau de Caï-Daï, à la portion profonde duquel semblent appartenir ces dernières couches, tout au moins la couche G, il comprend neuf ou dix couches, mesurant de 1 mètre à 2 m. 50 d'épaisseur utile, dénommées de haut en bas couches S, R, Q, P, X, Z, U, V et Y. Ce faisceau vient lui-même, à environ 400 mètres au Nord-Est, buter contre une nouvelle faille dirigée O. N. O.–E. S. E., la faille Rémaury, au delà de laquelle on le retrouve rejeté quelque peu vers le Sud-Est, c'est-à-dire en profondeur. On n'a d'ailleurs, dans cette région, désignée sous le nom de quartier ou mine Rémaury, suivi les couches du faisceau de Caï-Daï que sur 150 à 200 mètres en direction, jusqu'au voisinage du ravin de Rémaury, au delà duquel on ne le retrouve plus, soit qu'il y ait là un nouvel accident, soit qu'elles s'infléchissent vers l'Est, ainsi que pourrait le donner à penser la direction de quelques-uns des affleurements relevés dans le grand îlot qui constitue le quartier de Rémaury-Sud.

Enfin contre le bord Nord-Est de cet îlot passe une autre faille, de direction à peu près N. O–S. E., désignée par M. Charpentier sous le nom de faille de la rivière de Caï-Daï, au Nord-Est de laquelle se montrent, dans l'îlot des Sampaniers et dans le grand îlot du Sud, à l'Ouest de l'entrée de la baie du Chat, une série d'affleurements dirigés N. N. E. – S. S. O. ou même Nord–Sud, avec pendage de 70° à 80° vers l'Est; mais il est impossible de préjuger quels peuvent être les rapports de ces couches avec celles que l'on connaît dans les quartiers précédents et de se rendre compte si l'on a affaire là simplement à une ondulation des couches appartenant au versant Nord-Ouest de l'anticlinal de Kébao, ou bien, au contraire, à une portion déviée du versant Sud de cet anticlinal.

Au delà de la passe qui donne accès à la baie du Chat, dans le promontoire qui forme l'extrémité Nord-Est de l'île de Kébao, on n'a plus signalé que quelques affleurements sans importance (voir la carte Pl. C), passées charbonneuses ou même seulement schistes charbonneux, plongeant tantôt au Nord-Ouest, tantôt au Sud-Est, mais dont, pour la plupart au moins, l'abondante végétation n'a pas permis à M. Charpentier de vérifier l'existence.

A l'Ouest du mamelon de Kébao, M. Sarran n'avait eu connaissance que de quelques affleurements, situés au voisinage du village de Hayat, dirigés à peu près N. E. – S. O. avec pendage au S. E., qu'il rattachait à son système supérieur. M. Charpentier en a reconnu plusieurs autres le long du cours supérieur de la rivière de Khe-Rong (voir la carte Pl. D), ainsi que dans la partie la plus élevée du bassin de la rivière de Bang-Ton, qui va se jeter dans le chenal de Campha. Ces affleurements, orientés presque tous au voisinage du N. E. – S. O., avec des puissances variant de 1 à 5 mètres, plongent pour la plupart vers le S. E., avec des inclinaisons de 30° à 60°; quelques-uns cependant, ceux qui sont le plus éloignés au Nord-Ouest, offrent, au contraire, des pendages de 15° à 30° vers le N. O., ce qui donne à penser, avec M. Charpentier, que l'axe anticlinal du mamelon de Kébao doit passer, avec une direction générale N. E. – S. O., entre les uns et les autres (voir la coupe fig. 2, Pl. C); mais il est impossible de se rendre un compte exact des rapports de ces couches avec celles qui ont été reconnues au mamelon et le long de la rivière de Kébao, bien que M. Charpentier présume qu'elles doivent se trouver au mur de ces dernières.

Enfin, plus loin encore vers le Sud-Ouest, à l'Est du village de Ha-Voc et à peu de distance de la ligne de contact de la formation charbonneuse et des grès et argiles versicolores qui la recouvrent, M. Charpentier a reconnu deux affleurements, d'une puissance de 2 m. 50 environ, appartenant peut-être à une seule et même couche, orientés encore N. E.–S. O., avec plongement de 40° à 50° vers le S. E.

Au voisinage du chenal de Campha, on ne connaît guère (voir la carte Pl. C) que des affleurements de schistes charbonneux, offrant à peu près la même direction N. N. E.–S. S. O. que le chenal lui-même et que les couches de charbon reconnues dans la concession de Hongaÿ le long de la rivière de Campha, mais plongeant en sens inverse de celles-ci, c'est-à-dire vers l'Ouest, ce qui, joint à la présence des grès et argiles versicolores au milieu du chenal, donne lieu de penser que celui-ci correspond à un synclinal plus ou moins profond.

En dehors des travaux de reconnaissance pratiqués sur la plupart des affleurements reconnus, il n'a guère été fait de travaux réguliers d'exploitation qu'au mamelon de Kébao, à la mine ou quartier de Caï-Daï, et, avec un développement beaucoup moindre, à la mine Rémaury. La région des îlots a cependant, malgré la difficulté des transports, donné lieu à une extraction d'une certaine importance, portant sur la couche G et sur quelques-unes des couches dénommées par M. Sarran n°s 18 à 24, c'est-à-dire sur les couches β, E, γ, T et U du grand îlot du Sud, au Nord de la Baie profonde, ainsi que sur certaines couches de l'îlot de Rémaury-Sud, dont l'amont-pendage a été presque entièrement enlevé.

Le faisceau du mamelon de Kébao a donné lieu à l'établissement d'un puits de 140 mètres de profondeur, le puits Lanessan, foncé sur la rive

Travaux d'exploitation.

droite de la rivière de Kébao, à peu de distance de l'Arroyo des îlots, et à partir duquel ont été creusés deux travers-bancs, dirigés l'un et l'autre N. 30°E., l'un à 50 mètres, l'autre à 120 mètres de profondeur. Les travaux ont été divisés en deux quartiers, le principal dit « quartier de Kébao-mine », l'autre dit « quartier de la Traînée-verte », compris entre le ruisseau de ce nom et l'accident qui forme la limite orientale du versant Sud de la selle. Les couches C, B, A ont été ainsi presque complètement déhouillées, tout au moins dans la région occidentale et méridionale de la selle, jusqu'au niveau du travers-bancs inférieur. Les travaux sont actuellement noyés.

A la mine de Caï-Daï, l'exploitation a eu lieu au moyen d'un travers-bancs ouvert à 10 mètres au-dessus du niveau de la mer dans la direction du Nord-Ouest, et de plans inclinés installés dans chacune des couches; l'amont-pendage de celles-ci a été ainsi en grande partie déhouillé.

A la mine Rémaury, les travaux ont porté sur les couches de ce même faisceau de Caï-Daï, mais ils n'ont eu qu'un développement très limité.

Les chiffres d'extraction ont été les suivants, de 1894 à 1898 :

1894	6,000 tonnes.	1897	60,000 tonnes.
1895	3,500	1898	40,000
1896	34,000		

Les charbons de Kébao sont, comme ceux des mines de Hongaÿ, des houilles anthraciteuses, d'une teneur en matières volatiles variant, cendres déduites, de 7 à 12 p. 100, descendant parfois à 5 p. 100, et d'une teneur en eau de 2 à 4 p. 100, allant quelquefois jusqu'à 5 p. 100 [1].

Comme à Hongaÿ, une petite partie de l'extraction était employée à la fabrication de briquettes, en mélangeant les menus avec 20 à 25 p. 100 environ de charbon japonais et se servant de brai sec pour l'agglomération.

Les premiers échantillons de végétaux fossiles recueillis par MM. Fuchs et Saladin provenaient des couches de la rivière de Kébao avoisinant le gros banc de conglomérat, sur lesquelles quelques travaux avaient été faits par les Chinois.

Lors de ses premières explorations de 1885 et 1886, M. Sarran ne rapporta aucune empreinte de l'île de Kébao, mais lorsqu'il fut chargé, comme ingénieur en chef de la Société, de la mise en exploitation de ces gisements,

---

[1] H. Charpentier, *Étude pour la remise en exploitation des mines de Kébao.* p. 34.

il mit de côté de nombreux échantillons de fossiles végétaux et adressa à l'École des Mines, à partir de l'année 1890, de très importants envois, comprenant des échantillons recueillis, les uns à la galerie M, dans la couche n° 2 du système supérieur (aujourd'hui couche M), les autres au toit de la couche n° 1 du système inférieur (couche C), et au toit de la « couche principale » de ce même système dans la galerie G (couche G), quelques-uns encore à la « baie de l'Ouest », sans doute l'une des baies qui s'ouvrent sur l'Arroyo des îlots. Après lui, les récoltes furent continuées par le nouveau directeur, M. Portal, à qui je dois l'envoi de belles séries d'empreintes provenant des travaux du puits Lanessan, de la mine de Caï-Daï et de la mine Rémaury; d'autres échantillons recueillis dans les mêmes travaux, mais sans spécification de leur provenance individuelle, furent également donnés à l'École des Mines par l'ingénieur-conseil de la Société, M. Rémaury.

Enfin quelques empreintes ont encore été rapportées tant par M. Leclère, qui les avait recueillies sur les anciens travaux, que par M. Charpentier, ces dernières provenant principalement de la région des îlots.

§ 3. — MINES DE DONG-TRIEU.

Les gîtes de la région de Dong-Trieu, compris entre le Song-Liep et les Sept-Pagodes (voir la carte Pl. E), n'ont pas encore été mis en exploitation régulière; mais ils ont fait l'objet de nombreuses recherches depuis l'abrogation, par le décret du 25 février 1897, des dispositions du décret du 16 octobre 1888, réglementant l'exploitation des mines du Tonkin, qui, en soumettant, par son article 19, au régime de l'adjudication publique les gisements houillers des provinces de Quang-Yen, Haï-Duong et Bac-Ninh, écartait forcément les explorateurs. Plusieurs périmètres de recherche y ont été réservés, et les travaux qui se poursuivent dans certains d'entre eux aboutiront vraisemblablement à l'institution de concessions nouvelles.

Actuellement il existe dans la région quatre concessions, dénommées, du nom de leurs premiers titulaires, concessions Schædelin, Saladin, Schneider et Sarran.

La première d'entre elles a été instituée le 20 février 1890, à 8 kilomètres environ à l'Est de Dong-Trieu, en faveur du général Schædelin, de l'armée de Chine, pour services rendus par lui à la suite de l'occupation. Elle est limitée par un périmètre rectangulaire de 7,500 mètres de longueur sur 1,586 m. 66

de largeur, orienté suivant la direction N. magn. 103° E. Quelques travaux y furent faits sur les affleurements, de 1890 à 1892; après quoi la concession fut abandonnée jusqu'en 1899, où elle fut mise en adjudication et où M. Sarran, s'en étant rendu acquéreur, en prépara la remise en exploitation.

Une deuxième concession avait été accordée en 1892 à M. Saladin, sur un périmètre de forme presque carrée, mesurant 3,500 mètres de longueur sur 3,080 mètres de largeur, contigu du côté de l'Est à la concession Schædelin et limité au Nord par le prolongement de la limite septentrionale de celle-ci; ayant été abandonnée, elle fut mise en adjudication le 17 juillet 1900 et acquise par la Société métallurgique et minière de l'Indo-Chine, qui en a entrepris l'étude.

Enfin deux concessions de 1,500 hectares chacune avaient en outre été constituées, en 1891, à une dizaine de kilomètres au Nord de Quang-Yen et acquises par voie d'adjudication par MM. Schneider et Sarran. Ces concessions, formées de deux rectangles contigus de 5 kilomètres de longueur dans la direction N.-S. sur 3 kilomètres de largeur, n'ont pas été mises en exploitation.

Parmi les travaux de recherche, il y a lieu de mentionner d'abord ceux de M. Sarran, portant sur des périmètres réservés, aujourd'hui périmés, dont trois étaient contigus à la concession Schædelin, l'un au Sud, les autres au Nord et au Nord-Est. Un quatrième, périmètre Émile, mesurant 4 kilomètres de rayon, était situé à 4 kilomètres à l'Ouest de Dong-Trieu, sur le Song-Kinh-Chang; l'emplacement en est indiqué sur la carte de la Pl. E.

Il faut citer en outre, comme particulièrement importantes, les recherches faites depuis 1898 au Nord des concessions Schædelin et Saladin sur un périmètre, dit « périmètre Espoir », de 4 kilomètres de rayon, appartenant à la Société métallurgique et minière de l'Indo-Chine; une concession a été demandée à l'intérieur de ce périmètre et est actuellement en instance.

Enfin de sérieux travaux d'exploration ont également été entrepris par M. Guerrier, à l'Ouest de la concession Schædelin, entre Yinh-Tuy et Ben-Chau, sur un périmètre, dit « périmètre Édouard », dans lequel on a ouvert plusieurs galeries; on en extrayait, en mars 1901, près de 20 tonnes de charbon par jour, pour le service des Messageries fluviales [1].

Situation
et
allure des couches.

D'après les explorations faites par M. Sarran et dont son fils, M. Jean Sarran, a bien voulu me communiquer les résultats, comme d'après les études de

[1] *Bulletin économique de l'Indo-Chine*, 1901, p. 600.

MM. Beauverie et Mallet, la formation charbonneuse se montre, dans toute la région dont il vient d'être parlé, limitée au Sud soit par la plaine d'alluvions du Song-Kinh-Tay et du Song-Da-Bach, soit par les Calcaires carbonifères qui émergent de cette plaine sous forme d'îlots plus ou moins rapprochés les uns des autres. Au Nord, elle est recouverte par les grès et argiles versicolores.

Les couches de charbon s'y montrent orientées à peu près de l'Est à l'Ouest et présentent parfois des changements de plongement indiquant une série de plis anticlinaux et synclinaux successifs. C'est ainsi que la coupe fig. 2, Pl. E, qui m'a été communiquée par M. Jean Sarran, indiquerait, dans la concession Schædelin, deux anticlinaux principaux comprenant entre eux un synclinal, avec des plongements de 50° à 60° alternativement vers le Nord et vers le Sud.

Dans le périmètre Espoir, au Nord de la concession Saladin, les recherches de la Société métallurgique et minière de l'Indo-Chine ont fait reconnaître, sur le versant méridional des montagnes de Nui-Co-Bang et Nui-Bac-Cua, huit couches successives de charbon, dont les affleurements, du moins pour certaines d'entre elles, se suivent jusque sur le flanc Nord, dans la vallée du Song-Ky. Ces couches, orientées à peu près E. N. E. – S. S. O., plongent d'environ 30° vers le N. N. O., et l'une d'elles, la couche n° 1, présente une puissance utile de 6 mètres.

Dans le périmètre Émile, M. Sarran avait de même constaté l'existence de plusieurs couches, de direction Est-Ouest, avec pendage de 30° à 60° vers le Nord, qu'il considérait comme représentant le faisceau supérieur reconnu par lui dans la concession Schædelin. Il distinguait, en effet, dans cette concession, d'après les renseignements qu'il me donnait par une lettre du mois d'août 1899, deux faisceaux successifs, séparés par une assez grande épaisseur de roches stériles, et dont le plus inférieur renfermait une épaisseur utile de charbon évaluée par lui à une trentaine de mètres. Il était porté à voir dans ce dernier faisceau l'équivalent de celui de Hatou, et dans le faisceau supérieur l'équivalent de celui de Nagotna, pour lequel, revenant sur ses idées premières, il se montrait disposé, à la suite de ces nouvelles observations, à admettre la manière de voir de M. Guilhaumat.

On ne saurait toutefois faire grand fond sur l'identification de faisceaux situés à une aussi grande distance que celle qui sépare Dong-Trieu de Hongay et sur les conclusions déduites d'une exploration qui ne pouvait être encore absolument complète; le développement ultérieur des travaux qu'on se propose d'entreprendre dans la région permettra seul de se rendre compte avec certitude de la composition qu'y présente la formation charbonneuse.

Nature
des charbons. Les charbons de Dong-Trieu sont, de même que ceux de Hongaÿ et de Kébao, des charbons anthraciteux, à teneur de 7 à 12 p. 100 de matières volatiles.

Provenance
des échantillons
recueillis. J'ai mentionné plus haut la localité désignée par Fuchs sous le nom de Lang-Sân, d'où provenaient les quelques échantillons de grès ferrugineux avec empreintes végétales recueillis par lui dans la région de Dong-Trieu, et que je présume devoir correspondre soit au village de Lac-Son, soit plutôt à celui de Lam-Xâ.

Depuis 1881, aucune empreinte végétale n'a plus été récoltée dans cette région, jusqu'à l'époque où M. Sarran y a commencé de nouvelles recherches et y a repris l'ancienne concession Schædelin; les échantillons que j'ai reçus de lui provenaient, les uns des travaux mêmes de cette concession, quelques-uns, très peu nombreux, de sa concession de Quang-Yen, les autres d'explorations effectuées soit sur un mamelon voisin de Dong-Trieu, soit à l'intérieur du périmètre Émile, et en particulier du mur de deux couches reconnues dans ce périmètre et désignées par lui comme couche B et couche D.

Enfin, tout récemment, quelques empreintes ont encore été recueillies par M. Charpentier au voisinage de Dong-Trieu, ainsi que de Hoanh-Mô, dans la région de la concession Schædelin et du périmètre Espoir.

II. — BASSIN DE NONG-SÖN (ANNAM).

La mine de charbon de Nong-Sön, située à une quarantaine de kilomètres au Sud-Ouest de la baie de Tourane et à 25 kilomètres environ de Quang-Nam, sur la rive gauche de la rivière de Tourane, a été concédée le 12 mars 1881, par l'empereur Tu-Duc, à un négociant chinois qui la mit en exploitation. Cédée en 1889 à un Français, elle est devenue ultérieurement la propriété de la Société française des houillères de Tourane; elle comprend une superficie de 3,000 hectares.

Situation
et
allure du gîte. On connaît à Nong-Sön [1] une seule couche de charbon, dirigée à peu près N. O. – S. E., avec un plongement vers le N. E. variant de 25° à 50°; elle est comprise entre des grès micacés gris, auxquels succèdent, au-dessus, des grès

_____
[1] *Port de Tourane; mine de Nong-Sön*, p. 29 à 65.

argileux et des poudingues couronnés par un système de grès et argilolithes rouges qu'il semble naturel d'identifier aux grès et argiles versicolores du bassin du Bas-Tonkin.

Cette couche de charbon paraît avoir une épaisseur totale de 12 à 25 mètres, mais elle est barrée de lits schisteux et ne renferme qu'une puissance utile de charbon variable de 6 à 12 mètres, tantôt en un banc unique, tantôt en trois bancs séparés.

La mine de Nong-Sön a été exploitée par galeries, d'abord par les Chinois, puis par la Société française, et elle a produit, de 1896 à 1898 inclus, de 1,600 à 4,000 tonnes par année. L'exploitation, après y avoir été suspendue quelque temps, a été reprise en 1900 par la Société des docks et houillères de Tourane, et la production s'est élevée à 7,000 tonnes pour l'année 1900, à 14,000 tonnes pour l'année 1901; on pensait arriver en 1902 à une extraction de près de 24,000 tonnes [1]. Travaux d'exploitation

Le charbon de Nong-Sön est, comme celui du Bas-Tonkin, une houille anthraciteuse, mais plus maigre encore, semble-t-il, tenant de 6 à 10 p. 100 de matières volatiles. Nature du charbon.

[1] G.-H. Monod, *Notice sar les gisements de charbon en Indo-Chine*, p. 12.

CHAPITRE II.

DESCRIPTION DES ESPÈCES OBSERVÉES.

Fougères.

Sphénoptéridées.

Frondes profondément et d'ordinaire finement découpées, à pinnules généralement assez petites, rétrécies et souvent en coin à leur base, fréquemment divisées en lobes plus ou moins profonds à bord entier ou dentelé,
pourvues d'une nervure médiane plus ou moins abondamment ramifiée.

Genre SPHENOPTERIS Brongniart.

1822. **Filicites** (Sect. **Sphenopteris**) Brongniart, *Class. végét. foss.*, p. 33.
1826. **Sphænopteris** Sternberg, *Ess. Fl. monde prim.*, I, fasc. 4, p. xv. Brongniart, *Prodr.*,
      p. 5o.

Frondes divisées suivant le mode penné, souvent tripinnées ou quadripinnées. Pinnules habituellement assez petites, contractées à leur base en un
pédicelle plus ou moins étroit, généralement divisées en lobes aigus ou arrondis, souvent eux-mêmes rétrécis en coin vers leur base. Nervules simples ou
ramifiées, partant de la nervure médiane et se divisant elles-mêmes sous des
angles assez aigus.

SPHENOPTERIS cf. PRINCEPS Presl (sp.).

Pl. I, fig. 1, 2.

1838. **Sphenopteris princeps** Presl, *in* Sternberg, *Ess. Fl. monde prim.*, II, fasc. 7-8, p. 126,
      pl. LIX, fig. 12, 13. Gœppert, *Genr. d. pl. foss.*, liv. 3-4, p. 72, pl. X, fig. 3-7. Seward,
      Jurass. Flora, pt. 1, p. 151, pl. XVI, fig. 2.
1849. **Coniopteris princeps** Brongniart, *Tabl. d. genr. d. vég. foss.*, p. 103.

1866. **Acrostichites princeps** Schenk, *Foss. Fl. d. Grenzsch.*, p. 46, pl. VII, fig. 3-5; pl. VIII, fig. 1, 1 a. Möller, *Bidr. till Bornholms foss. flora*, *Pterid.*, p. 27, pl. II, fig. 19.

1869. **Pecopteris (Acrostichides) princeps** Schimper, *Trait. de pal. vég.*, I, p. 529.

1890. **Todea princeps** Raciborski, *Bull. intern. Acad. sc. de Cracovie*, 1890, p. 31; *Ueb. die Osmundaceen u. Schizaeaceen d. Juraform.*, p. 4, 9, pl. I, fig. 11-15; *Fl. retycka poln. stoku*, p. 9, pl. I, fig. 10-13; *Flora kopalna*, p. 18, pl. VI, fig. 22-27.

1838. **Pecopteris obtusata** Presl, *in* Sternberg, *Ess. Fl. monde prim.*, II, fasc. 7-8, p. 155, pl. XXXII, fig. 2, 4.

1842. **Sphenopteris patentissima** Gœppert, *Genr. d. pl. foss.*, liv. 3-4, p. 73, pl. X, fig. 8.

1849. **Coniopteris patentissima** Brongniart, *Tabl. d. genr. de vég. foss.*, p. 103.

1863. **Sphenopteris modesta** Bean, *in* Leckenby, *Quart. Journ. Geol. Soc.*, XX, p. 79, pl. X, fig. 3.

1874. **Cladophlebis modesta** Schimper, *Trait. de pal. vég.*, III, p. 505.

Description de l'espèce.

Pennes détachées (ou frondes?) bipinnatifides, atteignant 5 à 6 centimètres de longueur, larges de 10 à 12 millimètres, à contour linéaire-lancéolé, légèrement effilées vers le sommet. *Pinnules* alternes ou subopposées, étalées-dressées, longues de 4 à 6 millimètres, larges de 1^{mm},5 à 3 millimètres à leur base, se touchant par leurs bords, *à contour ovale-lancéolé*, fortement contractées à la base, obtuses au sommet, *à limbe bombé, divisées* par des crénelures peu profondes *en 5 à 9 lobes arrondis*, séparés les uns des autres par des plis légèrement obliques sur la nervure médiane et plus ou moins arqués à leur base; lobes inférieurs eux-mêmes légèrement crénelés, et plus ou moins nettement trilobés.

Nervure médiane nette; nervures secondaires peu visibles, à ramification à peu près indistincte.

Remarques paléontologiques.

Je n'ai observé que quelques rares fragments de la Fougère dont je viens d'indiquer les caractères principaux, et j'ai représenté les plus nets d'entre eux sur les figures 1 et 2 de la Planche I, les figures 1 a et 2 a reproduisant les pinnules au double de la grandeur naturelle et montrant les plis qui divisent le limbe en lobes et en lobules à surface plus ou moins bombée. Il est probable qu'il s'agit là de pennes détachées, bien que l'égale inclinaison des pinnules de part et d'autre du rachis principal puisse donner à penser que ces fragments correspondent à des frondes simplement pinnées.

Rapports et différences.

Il est impossible, dans tous les cas, de méconnaître l'extrême ressemblance de ces échantillons avec ceux que Sternberg a figurés sous les noms de *Sphenopteris princeps* et de *Pecopteris obtusata*, et dont la réunion en une seule et même espèce est admise depuis longtemps par tous les paléobotanistes, le

Sphenopteris princeps représentant de petites frondes simplement pinnées, correspondant à des pieds encore jeunes, tandis que le *Pecopteris obtusata*, à segments latéraux plus développés, représente la forme intermédiaire entre les frondes simplement pinnées, garnies de petites pinnules, et les frondes franchement bipinnées sur lesquelles Gœppert avait établi son *Sphenopteris patentissima*. Toutefois, quelle que soit la ressemblance de ces échantillons du Tonkin avec ceux qu'a figurés Sternberg, je n'ose les identifier formellement au *Sphenopteris princeps*, étant donné d'une part qu'il est impossible de discerner leur nervation, et d'autre part que le bombement du limbe constitue peut-être un caractère de nature à les distinguer de l'espèce du Rhétien d'Europe : ce bombement de la surface, qui indiquerait un limbe assez épais, semble, en effet, n'avoir pas frappé les auteurs qui ont étudié le *Sphen. princeps*, et il n'en est fait mention par aucun d'eux. Il semble, il est vrai, que des indices de bombement se voient sur la figure 12, pl. LIX, de Sternberg ainsi que sur l'une au moins des frondes de la figure 1, pl. VIII, de Schenk ; mais, sur les autres figures, le limbe parait tout à fait plan, et sur le seul échantillon authentique que j'aie vu de *Sphen. princeps*, provenant de Franconie, les pinnules se montrent parfaitement planes, avec une nervation très nette, et elles paraissent avoir eu un limbe très mince et très délicat.

Je ne crois pas néanmoins qu'il faille nécessairement en conclure à l'impossibilité d'identifier les échantillons du Tonkin à l'espèce de Franconie, ce caractère, du relief plus ou moins accusé du limbe, dépendant dans une large mesure du mode de conservation. On constate, en effet, souvent pour les Fougères houillères, notamment pour certains *Alethopteris* et *Odontopteris*, que, sur les empreintes conservées dans l'argile, les pinnules, réduites à leur cuticule et à leurs nervures, se montrent presque translucides, avec un limbe tout à fait plan et d'apparence très délicate, alors que, sur les schistes ou les grès fins, la même espèce présente des pinnules à limbe plus ou moins bombé, d'épaisseur appréciable, avec des nervures beaucoup moins visibles. Il ne serait donc pas impossible que les différences que je viens de signaler provinssent des mêmes causes, l'échantillon de Franconie que j'ai examiné étant précisément sur une argile fine, tandis que ceux de Kébao qui sont représentés sur la Planche I, fig. 1 et 2, se trouvent sur des schistes gréseux compacts ; mais tant que de nouvelles récoltes n'auront pas fourni sur cette Fougère du Tonkin des renseignements plus nombreux et plus complets, il me parait prudent de rester sur la réserve en ce qui concerne sa dénomination spécifique

IMPRIMERIE NATIONALE.

et de la rapprocher simplement du *Sphenopteris princeps*, sans préjuger la question de l'identification.

Les quelques échantillons que j'ai eus de cette espèce proviennent des mines de Kébao : puits Lanessan, travers-bancs Nord; et système supérieur (Sarran), couche n° 2, galerie M (couche M.).

Pécoptéridées.

Frondes divisées en pennes généralement linéaires, à bords parallèles, composées de pinnules à limbe entier ou légèrement dentelé, à bords parallèles, attachées au rachis par toute leur base, munies d'une nervure médiane nette atteignant presque jusqu'à leur sommet, de laquelle partent à droite et à gauche, en disposition pennée, des nervures secondaires parfois simples, généralement une ou plusieurs fois bifurquées.

Genre PECOPTERIS BRONGNIART.

1822. **Filicites** (Sect. **Pecopteris**) Brongniart, *Class. végét. foss.*, p. 33.
1826. **Pecopteris** Sternberg, *Ess. Fl. monde prim.*, I, fasc. 4, p. XVII. Brongniart, *Prodr.*, p. 54 (*pars*).

Frondes parfois bipinnées, plus souvent tripinnées ou même quadripinnées. Pinnules de taille moyenne, à bords parallèles, généralement entiers, arrondies ou plus rarement aiguës au sommet, contiguës, attachées par toute leur base et parfois plus ou moins soudées les unes aux autres. Nervure médiane nette, se prolongeant presque jusqu'au sommet des pinnules; nervures secondaires partant de la nervure médiane sous des angles plus ou moins ouverts, parfois simples, d'ordinaire une ou deux fois bifurquées.

PECOPTERIS (ASTEROTHECA) COTTONI n. sp.

Pl. I, fig. 4 à 9.

1887. *An* **Asplenium Rösserti** Schenk (*non* Presl sp.), *Foss. Pfl. aus der Albourskette*, p. 2 (*pars*), pl. I, fig. 3?
1898. *An* **Scolecopteris australis** Shirley, *Addit. to the foss. Fl. of Queensland*, p. 17, pl. XII?

Pennes de dernier ordre à bords parallèles, contractées en pointe obtuse vers le sommet, larges de 10 à 25 millimètres, atteignant 10 centimètres et plus de longueur, à rachis lisse ou presque lisse, canaliculé en dessus. *Pinnules* étalées-dressées, contiguës, à bords parallèles, *arrondies au sommet, souvent légèrement soudées entre elles à leur base,* larges de 2 à 4 millimètres sur 5 à 12 millimètres de longueur.

Nervure médiane nette, marquée en creux sur la face supérieure de la pinnule, habituellement *décurrente à la base,* parfois un peu arquée en avant vers le sommet; *nervures secondaires* naissant sous des angles assez ouverts, bientôt *divisées en deux branches, dont l'inférieure reste simple,* la branche supérieure se bifurquant à son tour sur les pinnules les plus grandes, demeurant simple sur les autres.

Pennes fertiles semblables aux pennes stériles, mais à pinnules parfois un peu espacées. Fructifications constituées par des sporanges coriaces, ovoïdes, pointus au sommet, longs d'environ $0^{mm},50$ à $0^{mm},75$ sur $0^{mm},40$ à $0^{mm},50$ de largeur, réunis par quatre, parfois par cinq, en synangium saillants, à contour arrondi de 1 millimètre environ de diamètre, disposés en deux séries parallèles séparées par la nervure médiane, contigus les uns aux autres dans chaque série, et couvrant toute la face inférieure des pinnules.

Je n'ai observé de cette espèce que des pennes détachées et toujours incomplètes, de sorte qu'il m'est impossible de dire si les frondes en étaient bipinnées ou tripinnées, bien que j'incline vers cette dernière hypothèse, les *Pecopteris* à fructification d'*Asterotheca* qu'on rencontre si fréquemment dans le terrain houiller ayant tous des frondes au moins tripinnées. Remarques paléontologiques

Quelques-uns de ces fragments de pennes, tels que celui du haut de la figure 4, à droite, et celui de la figure 6, montrent leur sommet, terminé en pointe obtuse; un ou deux d'entre eux, tels que celui qui occupe la moitié supérieure de la figure 4, présentent à leur extrémité inférieure un indice d'incurvation de nature à donner à penser qu'on a affaire là à leur base d'insertion, ce que tend à confirmer la réduction légère de taille de la pinnule la plus inférieure; néanmoins il n'est pas possible d'être absolument affirmatif à cet égard. Les rachis de ces pennes se présentent en relief ou en creux assez marqué, suivant la face conservée; ils semblent à peu près lisses, et parfois même le sont presque complètement, comme ceux des figures 5 et 7; plus généralement cependant, ils montrent à la loupe quelques stries ou plis longitudinaux, et quelques rares ponctuations très fines qui doivent correspondre à la présence de poils ou d'écailles; ces plis se remarquent notamment sur la penne principale de la figure 4, et comme on en observe de semblables, bien que plus accentués, sur le fragment de rachis qui se trouve immédia-

4.

tement au-dessous, il y a lieu de présumer que ce fragment de rachis appartient à la même espèce. Au dos de ce même échantillon se trouvent deux fragments de gros rachis ponctués, larges de 1 centimètre et 1^{cm},5, qui représentent peut-être des rachis primaires des mêmes frondes. Il est probable, en tout cas, que les pennes de dernier ordre devaient être très caduques, puisque aucun échantillon ne les a montrées en place sur les rachis qui les portaient.

Avec ces pennes stériles, on trouve en plus ou moins grande abondance des pennes fertiles du type *Asterotheca*, telles que celles qui sont représentées fig. 7 et 9, quelques-unes à pinnules espacées comme sur cette dernière figure, la plupart à pinnules contiguës, offrant le même aspect général que les pennes stériles auxquelles elles sont associées, mais à nervation indiscernable. S'il avait pu rester un doute sur la réunion des unes et des autres en une seule et même espèce, il eût été levé par le petit échantillon de la figure 5, recueilli par M. Cotton dans son exploitation de Nong-Sön près Tourane, et sur lequel on voit à la fois des pinnules stériles, identiques à celles des figures 4 et 6, et, du côté inférieur, deux pinnules fertiles à synangium d'*Asterotheca*, identiques à celles des figures 7 et 9. Ces fructifications sont souvent très finement conservées, surtout sur les empreintes en creux, où l'on distingue parfois le réseau cellulaire superficiel des sporanges ainsi groupés en synangium, réseau formé de cellules allongées, sans indice de différenciation, comme chez les *Asterotheca* houillers; c'est ce que montre notamment le fragment de penne dont une petite partie est reproduite, au grossissement de 15 diamètres, sur la figure 8.

Rapports et différences. L'espèce que je viens de décrire est très voisine du *Pecopteris (Asterotheca) Meriani* Brongniart, du Trias supérieur [1], qui n'est lui-même connu que par des fragments assez incomplets, de telle sorte qu'il est assez difficile de se prononcer pour ou contre leur identité mutuelle. Toutefois l'espèce du Trias d'Europe me semble différer assez, par ses pinnules plus larges par rapport à leur longueur, par la moindre décurrence de la nervure médiane, par la division moins fréquente des nervures secondaires, par le moindre rapprochement des synangium, pour que je ne croie pas pouvoir les identifier.

Je serais, par contre, assez porté à croire à l'identité de l'espèce du Tonkin, d'une part avec l'un des échantillons des couches rhétiennes de la Perse figurés par Schenk sous le nom d'*Asplenium Rösserti*, d'autre part avec le

---

[1] Brongniart, *Hist. végét. foss.*, I, p. 289, pl. 91, fig. 5. Heer, *Urw. d. Schweiz*, p. 48, 53, pl. II, fig. 2, 3; *Fl. foss. Helvetiæ*, p. 68, pl. XXIV, fig. 4-6.

Scolecopteris australis Shirley des gîtes de charbon rhétiens ou liasiques du Queensland. L'une des figures publiées par Schenk dans son travail sur la flore fossile de la chaîne de l'Elbours (pl. I, fig. 3) montre en effet une ressemblance marquée avec la Fougère du Tonkin que je viens de décrire; toutefois les autres figures publiées sous le même nom (pl. I, fig. 2; pl. II, fig. 10; pl. VI, fig. 33; pl. VII, fig. 36) et dont aucune n'appartient réellement au vrai *Cladophlebis Rœsserti*[1], semblent, avec leurs pinnules plus courtes, plus larges, à contour quelque peu ovale, indiquer un type spécifique différent de celui dont il est ici question et plus rapproché du *Pecopteris Meriani;* mais je n'oserais me prononcer d'une façon définitive dans aucun sens sans avoir pu examiner les échantillons eux-mêmes.

Les figures publiées par M. Shirley, sous le nom de *Scolecopteris australis*, montrent des fragments de pennes provenant de frondes au moins tripinnées, les unes stériles, à pinnules contiguës, les autres fertiles, à pinnules un peu espacées, ressemblant beaucoup les uns et les autres aux échantillons du Tonkin représentés sur les figures 4 à 9 de la Planche I; il semble évident, d'ailleurs, qu'il s'agit là de fructifications du type *Asterotheca*, à synangium sessiles, formés de sporanges ovoïdes, et non du type *Scolecopteris*, à synangium pédicellés, formés de sporanges longuement effilés; malheureusement, la figure de la penne stérile ne montre que très imparfaitement la nervation, de sorte que, malgré la grande ressemblance générale, il ne me paraît pas possible d'identifier, sur le vu des seules figures, l'espèce du Tonkin à celle du Queensland. Au surplus, l'identité serait-elle établie, qu'il ne serait pas possible de conserver le nom spécifique d'*australis*, appliqué en 1845 par Morris à une autre espèce australienne du même genre *Pecopteris*.

L'espèce que je viens de décrire doit donc, quels que soient ses rapports avec celles de la Perse et du Queensland qui viennent d'être mentionnées, recevoir un nom spécifique nouveau, et je me fais un plaisir de la dédier à M. Cotton, à l'obligeance de qui je dois un bon nombre d'échantillons intéressants recueillis par lui dans ses mines de Nong-Sön, près de Tourane.

Sans être abondante nulle part, cette espèce a été trouvée sur un grand nombre de points, principalement à Hongaÿ, dans le système de Nagotna. *Provenance.*

Mines de Kébao : puits Lanessan.

_____

[1] Les fig. 4, pl. I; fig. 8, pl. II, et fig. 19, pl. IV, également désignées comme *Asplenium Rösserti*, représentent évidemment une autre forme encore, plus ou moins affine au *Cladophl. denticulata* Brongniart, et n'ont pas à être envisagées ici.

Mines de Hongaÿ. Système de Hatou : mine Marguerite. — Système de Nagotna : Rivière des Mines, entre la Pagode et Claireville; mine de Carrère, toit de la couche Marmottan; mine de Nagotna; vallée orientale de l'OEuf, galerie Léonice.

Île du Sommet Buisson, galerie Jean.

Mine de Nong-Sön, près de Tourane.

PECOPTERIS ADUMBRATA n. sp.

Pl. I, fig. 3.

Description
de l'espèce.

Pennes de dernier ordre à bords parallèles, *graduellement effilées en pointe vers le sommet*, larges de 8 à 15 millimètres, longues de. .?. .; à *rachis* large de 1 millimètre à 1^{mm},5, *marqué de nombreuses cicatricules transversales*, correspondant à des écailles. *Pinnules* étalées-dressées, se touchant sur presque toute leur longueur, à bords parallèles, *arrondies au sommet*, plus ou moins soudées à leur base, *légèrement décurrentes* du côté inférieur et *échancrées du côté antérieur*, larges de 1^{mm},5 à 2^{mm},5, longues de 5 à 8 millimètres.

Nervure médiane souvent à peine visible, décurrente à la base, disparaissant un peu au-dessous du sommet des pinnules; *nervures secondaires indiscernables*.

Remarques
paléontologiques.

Cette espèce ne s'est montrée représentée que par trois ou quatre fragments de pennes très incomplets, dont un seul, celui de la figure 3, Pl. I, montre la terminaison supérieure, la base d'insertion ne paraissant exister sur aucun d'entre eux. Les pinnules sont si étroitement serrées les unes contre les autres, qu'on pourrait parfois les croire soudées entre elles presque jusqu'à leur sommet, si leur contour n'était indiqué par une fine ligne, visible au moins à la loupe, et qui s'infléchit à sa base vers le rachis sans aller toujours jusqu'à lui; il semble bien qu'il y ait là une séparation véritable plutôt qu'un simple pli du limbe. Ces pinnules étaient sans doute assez épaisses, car on ne distingue aucune trace des nervures secondaires, et la nervure médiane elle-même est souvent presque invisible, sans cependant qu'on discerne à la surface du limbe ni villosité, ni écailles susceptibles de masquer la nervation. Par contre, les rachis étaient fortement écailleux : ils se montrent, en effet, marqués de cicatrices ou de saillies transversales nombreuses, et les écailles qui correspondent à ces insertions sont elles-mêmes visibles sur l'un des échantillons, affectant un contour lancéolé, très serrées les unes contre les autres et comme imbriquées. C'est là un des caractères les plus saillants de ces pennes, qui, pour le reste, ne sont presque représentées que par une silhouette, la nervation et parfois même les bords latéraux des pinnules étant à peine discernables.

Cette espèce se distingue de la précédente comme de la suivante par l'in- Rapports
et différences.visibilité de sa nervation, ainsi que par la taille généralement plus réduite de ses pinnules. Elle ne laisse pas de rappeler un peu certains *Pecopteris* houillers, et principalement, par la forme et la soudure partielle des pinnules, le *Pec. unita* Brongniart. Il est à présumer qu'elle avait, comme celui-ci, des frondes au moins tripinnées, sans cependant qu'on puisse, à raison de l'insuffisance des documents recueillis, faire autre chose que des conjectures à son égard. En tout cas, l'espèce dont elle se rapproche le plus me paraît être le *Pecopteris Steinmülleri* Heer, du Trias supérieur de Suisse[1], qui présente des pennes et des pinnules de forme très analogue, à nervation également indistincte, mais qui semble avoir eu des pinnules plus séparées et dont les rachis n'offrent aucune trace d'écailles, de sorte que je ne crois pas qu'on puisse songer à une identification.

Si imparfaitement connue que soit cette Fougère, j'estime en somme qu'elle est assez nettement caractérisée, surtout par les fortes écailles de ses rachis, pour ne pouvoir être confondue avec aucune autre et pour justifier la création d'un nom spécifique nouveau.

Cette espèce ne s'est montrée jusqu'ici qu'en un seul point, à savoir : aux Provenance.mines de Hongaÿ, à Hatou, au toit de la Grande couche.

Peut-être cependant faudrait-il lui rapporter un petit fragment de penne des mines de Nong-Sön (Annam), mais trop incomplet et trop imparfaitement conservé pour être susceptible d'une détermination certaine.

PECOPTERIS TONQUINENSIS Zeiller.

Pl. I, fig. 10 à 13.

1886. **Pecopteris (Merianopteris?) tonquinensis** Zeiller, *Bull. Soc. Géol. Fr.*, 3ᵉ sér., XIV, p. 456, pl. XXIV, fig. 2-4.

Pennes de dernier ordre à bords parallèles, effilées au sommet en pointe Description
de l'espèce.obtuse, larges de 10 à 18 millimètres, pouvant atteindre au moins 8 à 10 centi-

[1] O. Heer, *Flora fossilis Helvetiæ*, p. 70, pl. XXV, fig. 8, 9.

mètres de longueur; à *rachis marqué de fines stries longitudinales. Pinnules étalées-dressées*, contiguës, à bords parallèles, *parfois un peu arquées en avant, arrondies au sommet, légèrement rétrécies vers leur base, soudées entre elles jusqu'au quart ou à la moitié de leur longueur,* larges de 2 à 4 millimètres, longues de 5 à 10 millimètres.

Nervure médiane nette, *décurrente à la base, infléchie en avant* vers le sommet; *nervures secondaires* obliques, *généralement simples,* quelques-unes seulement bifurquées, atteignant le bord du limbe sous des angles aigus, *comprenant entre elles de fausses nervures* plus fines, à raison d'une seule dans chaque intervalle. *Nervules les plus basses naissant directement du rachis* et presque immédiatement bifurquées.

Remarques paléontologiques. Il a été recueilli dans la baie de Hongaÿ, à l'île du Sommet Buisson, d'assez nombreux fragments de pennes, mais toujours détachés des rachis qui les portaient, de sorte qu'on ne peut se rendre compte du degré de division des frondes de cette espèce. Quelques-uns de ces fragments, comme ceux des figures 12 et 13, Pl. I, montrent l'extrémité supérieure des pennes, graduellement effilées en pointe obtuse; mais sur aucun d'eux on ne voit la base d'insertion, sauf peut-être sur celui de la figure 11, où il ne serait pas impossible qu'on eût réellement affaire à l'extrémité inférieure d'une penne, la pinnule la plus basse paraissant un peu plus petite que les suivantes; malheureusement, l'échantillon étant précisément cassé en ce point, on ne peut rien affirmer à cet égard. Tous ces fragments de pennes montrent des pinnules légèrement bombées sur les bords, un peu élargies dans leur moitié supérieure, parcourues par des nervures très nettes, fortement ascendantes, naissant en partie du rachis dans la région inférieure correspondant à la portion mutuellement soudée des pinnules; entre les nervures proprement dites, on distingue de fausses nervures plus fines, semblables à celles de divers *Odontopteris* houillers et aux « nervures récurrentes » des *Angiopteris*.

Rapports et différences. Cette espèce ressemble surtout au *Pecopteris augusta* Heer du Trias supérieur de la Suisse [1] et pourrait presque, à première vue, être confondue avec lui; mais l'examen attentif des figures publiées par Heer, ainsi que de bons échantillons de la Neue Welt, près de Bâle, donnés à l'École supérieure des Mines par M. Greppin, m'a convaincu, comme je l'ai déjà dit en 1886, que

[1] Heer, *Urw. d. Schweiz*, p. 53, pl. II, fig. 8; *Fl. foss. Helvetiæ*, p. 69, 88; pl. XXIV, fig. 7-12; pl. XXXVII; pl. XXXVIII, fig. 7, 8.

l'identification n'était pas possible. Le *Pec. augusta* a, en effet, des pinnules plus séparées, non élargies dans leur région supérieure, des nervures plus serrées, presque toutes bifurquées, aussi bien vers le haut et vers le milieu du limbe que vers le bas ; ces nervures sont généralement flexueuses, et les plus basses d'entre elles, s'incurvant parallèlement au rachis, se ramifient dans la portion du limbe correspondant à la soudure des pinnules, sans qu'on voie presque aucune nervure partir directement du rachis ; enfin il ne paraît pas y avoir trace de nervures récurrentes entre les nervures proprement dites.

Néanmoins, à défaut d'identité spécifique, il y a évidemment une étroite affinité entre ces deux formes, et il est plus que probable que le *Pec. tonquinensis* avait, comme le *Pec. augusta*, de grandes frondes tripinnées, à pinnules presque indépendantes sur les pennes les plus inférieures, de plus en plus soudées au contraire à mesure qu'on approchait des bords de la fronde ; chez l'espèce du Trias de Suisse, on observe même, vers le sommet, des pennes tout à fait simples, à bord seulement incisé par des échancrures plus ou moins profondes.

Outre les échantillons stériles, le *Pec. augusta* s'est montré représenté par des échantillons fructifiés, qui offrent des pinnules fertiles plus étroites et plus séparées que les pinnules stériles, à sores arrondis, disposés en deux séries parallèles, une de chaque côté de la nervure médiane, et séparés les uns des autres dans chaque série par des nervures latérales simples, ou peut-être plutôt par des plis transversaux, puisque, comme on sait, les sores sont généralement fixés sur les nervures elles-mêmes. Heer a créé pour ce type, sous le nom de *Merianopteris*, un genre nouveau, mais qui demeure imparfaitement défini, la constitution de ces sores restant inconnue ; je serais assez porté à penser qu'il s'agit là, non de sores formés de sporanges indépendants, mais de synangium composés de sporanges très étroitement soudés, peut-être plus ou moins analogues à ceux des *Ptychocarpus* houillers, et par conséquent d'une Marattiacée ; mais les figures publiées ne permettent de faire à cet égard que des conjectures. J'ai cru néanmoins devoir dire quelques mots de ces fructifications, l'affinité mutuelle du *Pec. augusta* et du *Pec. tonquinensis* étant assez étroite pour qu'il y ait lieu de présumer que ce dernier devait appartenir, à ce point de vue, au même type générique.

Le *Pecopteris tonquinensis* n'a été jusqu'à présent rencontré qu'en un seul point, à savoir, dans la région de Hongaÿ, à l'île du Sommet Buisson, galerie Jean.

Provenance.

PECOPTERIS (BERNOULLIA?) sp.

Pl. I, fig. 14 à 16.

Description de l'espèce.

Pennes de dernier ordre *rubanées,* à bords parallèles, rectilignes, larges de 9 à 18 millimètres, *formées* apparemment *par la soudure,* bords à bords, *de pinnules de 2mm,5 à 3 millimètres de largeur sur 4 à 8 millimètres de hauteur, pourvues* chacune *d'une nervure médiane* fortement arquée et *décurrente* à la base, de laquelle partent sous des angles aigus des *nervures secondaires,* les unes simples, les autres *une ou deux fois bifurquées,* incurvées à leur base, puis parallèles à la nervure médiane, *comprenant entre elles de fausses nervures* plus fines, à raison d'une seule dans chaque intervalle.

Remarques paléontologiques.

Cette Fougère n'est représentée que par quelques petits fragments très incomplets, ne montrant ni sommet, ni base d'insertion. Ils offrent les uns et les autres la même nervation, composée de nervures groupées en faisceaux, dont chacun correspond évidemment à une pinnule complètement soudée à ses voisines (voir les figures 14 a et 15 a); il semble parfois, comme on peut le remarquer sur la figure 15 a, du côté gauche, que le bord du limbe soit légèrement festonné, et qu'à un feston, limité par un arc faiblement saillant, corresponde un faisceau de nervures, comme si les pinnules demeuraient encore légèrement distinctes à leur extrémité; mais ce festonnement est trop peu accentué et trop inconstant pour qu'on puisse affirmer qu'il n'est pas purement accidentel : c'est ainsi, notamment, que l'on n'en voit aucune trace sur le côté droit de ce même échantillon figure 15. Néanmoins, cette disposition des nervures en faisceaux suffit à attester qu'on a affaire là, non à une Ténioptéridée, mais à une Pécoptéridée plus ou moins analogue au *Pec. unita* Brongniart, du terrain houiller, chez lequel, dans les régions supérieures de la fronde, la soudure mutuelle des pinnules donne également lieu à la formation de pennes rubanées à bord rectiligne ou à peine festonné, pourvues de nervures fasciculées.

Rapports et différences.

O. Heer a observé, dans le Trias supérieur de la Suisse, une espèce très analogue, qu'il a désignée sous le nom de *Bernoullia helvetica*[1] et dont les fragments de pennes que je viens de décrire me semblent devoir être rapprochés, ainsi que je l'ai déjà dit ailleurs[2]. Le *Bernoullia helvetica* montre éga-

[1] O. Heer, *Fl. foss. Helvetiæ,* p. 89, pl. XXXVIII, fig. 1-6.
[2] R. Zeiller, *Bull. Soc. Géol. Fr.,* 3e sér., XIV, p. 579.

lement des pennes simples, mais à bord parfois nettement festonné, la soudure des pinnules étant un peu moins complète ; la nervation en est formée
de faisceaux à axe décurrent, à branches latérales généralement simples ; mais
il n'y a pas de fausses nervures comme sur la Fougère du Tonkin. Certains
échantillons ont offert des pennes fertiles, à nervation indistincte, chargées,
sur les deux tiers ou les trois quarts de leur largeur, de sores, ou peut-être
de synangium, plurisériés, très rapprochés, compris entre la nervure médiane
et les bords du limbe repliés en dessous.

Tout en rapprochant de ce *Bernoullia helvetica* les fragments de pennes que
je viens de décrire, je ne puis m'empêcher de me demander s'ils ne représen-
teraient pas simplement les pennes terminales, à pinnules complètement soudées, du *Pecopteris tonquinensis,* la présence de fausses nervures entre les
nervures vraies constituant un caractère commun de nature à fournir une présomption d'identité. Je ne serais, d'ailleurs, pas surpris que le *Bernoullia helvetica,* auquel ressemblent ces fragments de pennes, représentât de même la
région terminale du *Pecopteris augusta,* auquel j'ai comparé le *Pec. tonquinensis;* il semble, en effet, qu'il y ait bien peu de différences entre la Fougère
figurée à la planche XXIV, fig. 9, de la *Flora fossilis Helvetiæ* comme *Pec.
augusta* et l'échantillon de *Bernoullia helvetica* de la planche XXXVIII, fig. 5 ;
si différentes même que semblent au premier coup d'œil les pennes fertiles
des deux espèces, il ne serait pas impossible que les différences qu'elles présentent fussent du même ordre que celles que l'on observe, par exemple, chez
le *Pec. unita,* où les synangium, disposés sur chaque pinnule en deux séries
parallèles séparées par la nervure médiane, se trouvent nécessairement plurisériés sur les pennes terminales formées par la soudure des pinnules.

Je me garderais bien de formuler, d'après le simple examen des figures de
Heer, une conclusion positive sur cette question des rapports mutuels du *Pec.
augusta* et du *Bernoullia helvetica,* qui ne pourra sans doute être résolue que
par la découverte de nouveaux documents ; mais les fragments de pennes dont
j'ai parlé m'ayant paru devoir être rapprochés du *Bernoullia helvetica* en même
temps que susceptibles peut-être d'appartenir au *Pec. tonquinensis,* il n'était
pas inutile de montrer que ces deux appréciations n'étaient pas inconciliables.
Il ne s'est trouvé, il est vrai, jusqu'à présent, aucun échantillon intermédiaire
entre ces pennes rubanées et les pennes à pinnules bien distinctes du *Pec. tonquinensis,* ce qui semblerait plaider en faveur de leur autonomie ; mais les
échantillons de l'une et de l'autre forme recueillis jusqu'à présent sont trop peu

nombreux pour qu'on puisse accorder grande valeur à une indication négative de ce genre. Dans tous les cas, et en dehors même de la possibilité d'une identification ultérieure avec le *Pec. tonquinensis*, ces fragments de pennes sont trop incomplets pour servir de base à la création d'une espèce nouvelle, et il m'a paru préférable de les signaler simplement sans leur donner de nom spécifique, en me bornant à rappeler leur analogie avec les *Bernoullia* de Heer.

Provenance.   Les quelques fragments de pennes qui ont été récoltés de cette espèce proviennent des mines de Hongaÿ, système de Hatou : découvert de Hatou; et affleurements du chemin des Singes.

Genre CLADOPHLEBIS Brongniart.

1849. **Cladophlebis** Brongniart, *Tabl. d. genr. d. vég. foss.*, p. 25.

Frondes généralement bipinnées. Pinnules habituellement assez grandes, plus ou moins arquées en faux en avant, à bords parallèles ou légèrement convergents vers le sommet, entiers ou brièvement dentés. Nervure médiane nette, plus ou moins arquée en avant; nervures secondaires généralement ascendantes, une ou plusieurs fois bifurquées.

CLADOPHLEBIS cf. LOBIFOLIA Phillips (sp.).

Pl. IV, fig. 1.

1829. **Neuropteris lobifolia** Phillips, *Illustr. Geol. Yorksh.*, p. 148, p. 189, pl. VIII, fig. 13; 2ᵈ edit., p. 119, pl. X, fig. 13.

1836. **Pecopteris lobifolia** Lindley et Hutton, *Foss. Fl. Gr. Brit.*, III, pl. 179, p. 79.

1849. **Cladophlebis lobifolia** Brongniart, *Tabl. d. genr. d. vég. foss.*, p. 105. Seward, *Jurass. Flora*, pt. 1, p. 145; p. 147-149, fig. 20-23; pl. XV, fig. 6.

1869. **Alethopteris lobifolia** Schimper, *Trait. de pal. vég.*, I, p. 567. Feistmantel, *Foss. Fl. Gondwana Syst.*, II, pt. 2, p. 86, pl. III, fig. 1.

1892. **Asplenium lobifolium** Bartholin, *Bot. Tidsskr.*, XVIII, p. 19, pl. VIII, fig. 1, 2.

1894. **Dicksonia lobifolia** Raciborski, *Flora kopalna*, p. 35, pl. XI, fig. 1-7; pl. XII, fig. 1-3, 5, 6. Möller, *Bidr. till. Bornholms foss. flora*, Pterid., p. 19, pl. I, fig. 3-9; pl. II, fig. 1.

Description de l'espèce.   Fronde probablement bipinnée, effilée en pointe vers le sommet. Pennes primaires étalées-dressées, à bords parallèles, rétrécies en pointe au sommet. *Pinnules* étalées-dressées, contiguës, *légèrement arquées* en avant, à bords plus ou moins rapidement convergents vers le sommet, *terminées en pointe ogivale* plus ou moins obtuse, *souvent contractées à leur base du côté antérieur*, un peu

décurrentes vers le bas du côté postérieur, plus ou moins soudées entre elles
à leur base, larges de 1ᵐᵐ,5 à 2 millimètres, longues de 4 à 7 millimètres.
Pinnule basilaire de chaque penne, *du côté inférieur* (catadrome), plus courte
que les suivantes, *nettement bilobée;* pinnule basilaire du côté supérieur (anadrome) un peu plus longue que les suivantes, souvent munie sur son bord
postérieur d'un lobe arrondi faiblement saillant. Pinnules des pennes primaires
supérieures de plus en plus soudées, formant par leur réunion des pennes
simples, à bords lobés ou simplement ondulés.

Nervure médiane nette, *arquée et décurrente à sa base; nervures secondaires*
naissant et se divisant sous des angles aigus, *une ou deux fois bifurquées.*

La Fougère que je viens de décrire ne s'est trouvée représentée que par
quelques rares fragments de frondes, dont le plus complet et le mieux conservé est figuré sur la Planche IV, fig. 1; on a affaire là, à ce qu'il semble,
étant donné l'égale inclinaison des pennes de part et d'autre du rachis, à la
portion terminale d'une fronde plutôt que d'une penne primaire, et l'on voit
les pinnules, à peu près indépendantes sur les pennes les plus inférieures, se
souder de plus en plus à mesure qu'on approche du sommet, les pennes latérales les plus élevées étant remplacées par de grandes pinnules simples à bord
plus ou moins lobé ou ondulé. Sur toutes les pennes, à la seule exception de
ces dernières, la pinnule basilaire du côté inférieur affecte une forme nettement différente des autres, divisée en deux lobes bien distincts, et plus courte
que celles qui la suivent.

Ce dernier caractère me porte à croire qu'il s'agit là du *Cladophlebis lobifolia,* dont les échantillons recueillis ne diffèrent guère que par leurs pinnules
un peu moins grandes, moins indépendantes et moins ondulées, différences
qui peuvent fort bien dépendre uniquement de la place que les pennes
occupent sur la fronde; il y a même, sous ce rapport, concordance à peu près
complète entre l'échantillon que je figure et celui des couches jurassiques de
Jabalpur qu'a figuré Feistmantel, ainsi qu'avec certains échantillons du Lias
de Cracovie ou de Bornholm figurés par M. Raciborski (pl. XI, fig. 7) et par
M. Möller (pl. I, fig. 4, 5). Comme, d'autre part, la nervation est bien telle
que la représente M. Seward, il me paraît infiniment probable que si l'on
avait entre les mains des échantillons plus complets de la Fougère en question,
on y verrait, un peu plus bas, les pinnules se séparer plus complètement,
se contracter à la base et prendre, en augmentant peu à peu de taille, un
contour ondulé ou lobé conforme à celui qui caractérise le *Cladophl. lobifolia,*

Remarques
paléontologiques.

Rapports
et différences.

et que l'on retrouve d'ailleurs au sommet de la figure 1, Pl. IV, sur les pinnules terminales de la fronde.

Néanmoins, il me paraît plus prudent, jusqu'à ce que l'on ait pu recueillir des documents plus complets, de demeurer sur la réserve en ce qui regarde l'identification spécifique.

Cette espèce se distingue, en tout cas, des suivantes par la forme particulière de la pinnule basilaire inférieure de chaque penne, la division en deux lobes qu'elle présente ne se retrouvant ni chez le *Cladophl. Rœsserti*, ni chez les *Cladophl. nebbensis* et *Cladophl. Raciborskii*, qui ont en outre, les uns et les autres, des pinnules sensiblement plus grandes.

Provenance. Je n'ai jusqu'ici constaté la présence de cette espèce qu'aux mines de Kébao : système inférieur, à 20 mètres au toit de la couche principale de la galerie G (couche G); et puits Lanessan, travers-bancs Nord.

CLADOPHLEBIS (TODEA) ROESSERTI Presl (sp.).

Pl. II, fig. 1 à 7; Pl. III, fig. 1 à 3.

1838. **Alethopteris Rœsserti** Presl, *in* Sternberg, *Ess. Fl. monde prim.*, II, fasc. 7-8, p. 145, pl. XXXIII, fig. 14 *a*, 14 *b*.

1849. **Desmophlebis Rœsserti** Brongniart, *Tabl. d. genr. de vég. foss.*, p. 103.

1866. **Asplenites Rösserti** Schenk, *Foss. Fl. d. Grenzsch.*, p. 49, pl. VII, fig. 7 (*an* fig. 6?); pl. X, fig. 1-4. Zeiller, *Ann. des Mines*, 1882, II, p. 302, pl. X, fig. 3.

1869. **Pecopteris (Asplenides) Rœsserti** Schimper, *Trait. de pal. vég.*, I, p. 527.

1872. **Cladophlebis Rœsserti** Saporta, *Plantes jurass.*, I, p. 301, pl. XXXI, fig. 4. Raciborski, *Fl. retycka w Tatrach*, p. 11, pl. III, fig. 26-29; p. 12, pl. III, fig. 24, 25 (*forma parvifolia*). Hjorth, *Danm. geol. Undersog.*, II R, p. 68, pl. III, fig. 4. (*An* Möller, *Bidr. till. Bornholms foss. flora*, *Pterid.*, p. 27, pl. II, fig. 1?)

1878. **Cladophlebis (nebbensis var.) Rösserti** Nathorst, *Fl. Höganäs och Helsingborg*, p. 42; Helsingb., pl. II, fig. 1-3.

1846. **Neuropteris Goeppertiana** Münster, *in* Gœppert, *Genr. d. pl. foss.*, liv. 5-6, p. 104, pl. VIII-IX, fig. 10, 11.

1865. **Acrostichites Goeppertianus** Schenk, *Foss. Fl. d. Grenzsch.*, pl. V, fig. 5; p. 44; pl. VII, fig. 2. (*An* Nathorst, *Fl. Höganäs och Helsingborg*, p. 43, Hög. yngre, pl. I, fig. 7, 8?)

1869. **Pecopteris (Acrostichides) Gœppertiana** Schimper, *Trait. d. pal. vég.*, I, p. 528.

1866. *An* **Pecopteris Whitbiensis?** Newberry (*non* Brongniart), *Smiths. Contrib.*, XV, art. IV, p. 122, pl. IX, fig. 6?

Description de l'espèce. Frondes de grande taille, bipinnées; à rachis primaire lisse, atteignant 15 à 20 millimètres de largeur dans la région inférieure de la fronde. *Pennes primaires* étalées-dressées, espacées d'un même côté de 15 à 30 millimètres, se touchant par leurs bords, *empiétant* même *habituellement les unes sur les autres, à bords parallèles,* effilées en pointe au sommet, larges de 15 à 30 millimètres, atteignant au moins 20 centimètres de longueur.

Pinnules étalées-dressées, contiguës, *arquées en avant,* à bords plus ou moins rapidement convergents vers le haut, *obtusément aiguës* au sommet, *généralement un peu contractées à leur base, empiétant légèrement les unes sur les autres* vers leur milieu, parfois faiblement soudées entre elles, larges de 3 à 6 millimètres sur 7 à 15 millimètres de longueur.

Nervure médiane nette, *légèrement arquée et décurrente* à la base; *nervures secondaires nombreuses, ascendantes, plusieurs fois dichotomes.*

Pinnules fertiles semblables aux pinnules stériles, mais d'ordinaire un peu plus larges par rapport à leur longueur. Sporanges très nombreux, disposés le long des nervures, couvrant toute la face inférieure du limbe, affectant une forme ovoïde ou globuleuse de $0^{mm},50$ à $0^{mm},70$ de diamètre, munis d'une calotte de cellules nettement différenciées, s'ouvrant par une fente longitudinale.

Cette espèce est une de celles que l'on rencontre le plus fréquemment dans les couches charbonneuses du Bas-Tonkin, et les figures 1 à 7 de la Planche II reproduisent les différents aspects sous lesquels elle se présente. Il n'en a été recueilli que des fragments assez incomplets, suffisants cependant pour qu'on puisse affirmer qu'elle possédait de grandes frondes bipinnées, rappelant vraisemblablement par leur port celles du *Todea barbara* Moore de la flore actuelle : les pennes de dernier ordre simplement pinnées se montrent, en effet, toujours également inclinées d'un côté à l'autre des rachis dont elles dépendent, quelles que soient les dimensions de ceux-ci, ce qui exclut l'idée de frondes tripinnées, les pennes primaires de ces dernières offrant toujours sur leur bord supérieur des pennes secondaires plus obliques que celles du bord inférieur. La figure 7 montre l'un des plus gros rachis qui ait été trouvé avec des pennes encore attachées, mais je ne doute pas qu'il faille rapporter également à cette Fougère d'autres fragments de rachis nus, mesurant jusqu'à $2^{cm},5$ de largeur sur une quinzaine de centimètres de longueur, trouvés à la mine de Carrère associés à des fragments de frondes de cette même espèce, et qui doivent représenter des portions inférieures de rachis primaires, comprises entre leur base d'insertion sur la tige qui les portait et les pennes les plus basses de la fronde; il est à présumer, d'après cela, que ces frondes devaient atteindre une longueur de près de 2 mètres, sinon davantage.

Remarques
paléontologiques.

Aucun des échantillons du Tonkin n'a montré de sommet de fronde;
mais on sait, par les figures qu'a publiées Schenk (pl. X, fig. 1 et 2), que, vers
l'extrémité supérieure, les pinnules se soudaient les unes aux autres et qu'aux
pennes latérales simplement pinnées, devenues d'abord pinnatifides, succédaient de grandes pinnules tout à fait simples, comme sur l'échantillon de
Cladophl. cf. lobifolia, de la Planche IV, fig. 1. Quant aux pennes primaires
normales, elles se terminaient en pointe aiguë, ainsi qu'on le constate sur
l'un des échantillons recueillis par M. Leclère à Taï-Pin-Tchang (voir Pl. LIV,
fig. 2).

La forme des pinnules est quelque peu variable d'un échantillon à l'autre :
tantôt faiblement arquées, à bords presque droits sur les deux tiers ou les
trois quarts de leur hauteur, comme sur la figure 7, Pl. II, tantôt assez
fortement courbées en faux, à bords curvilignes rapidement convergents vers
le sommet, et quelque peu dyssymétriques, la portion du limbe comprise
entre la nervure médiane et le contour extérieur étant plus large du côté
postérieur que du côté antérieur, ainsi qu'on le voit sur les figures 5 et 6;
mais il suffit d'avoir sous les yeux un certain nombre d'échantillons différents
pour observer parmi eux tous les passages de l'une à l'autre de ces formes :
c'est ainsi, par exemple, que les figures 1, 2, 3 et 4 de la Planche II relient
à ce point de vue les échantillons de la figure 7, d'une part, aux échantillons
des figures 5 et 6, d'autre part. Les figures grossies correspondantes montrent
d'ailleurs la constance de la nervation, formée de nervures secondaires dressées, plus ou moins arquées, deux et trois fois bifurquées, affectant ainsi le
type névroptéroïde, que Brongniart indiquait comme l'une des caractéristiques principales de son genre *Cladophlebis.*

Un assez grand nombre d'échantillons ont été trouvés fructifiés, et les
figures 1 à 3 de la Planche III reproduisent les mieux conservés d'entre eux : les
pennes se montrent fertiles sur toute leur étendue, et les pinnules dont elles
sont garnies sont elles-mêmes chargées de sporanges sur toute la surface de
leur limbe, ce qui a fait classer ce type de fructification sous le nom générique d'*Acrostichites,* par analogie avec les *Acrostichum* vivants, chez lesquels
toute la face inférieure du limbe est entièrement couverte de sporanges;
mais, sur quelques échantillons, où les sporanges ne sont pas encore ouverts
et n'ont peut-être pas pris encore tout leur développement, on voit qu'ils
sont alignés le long des nervures, ainsi que le montrent la figure 2 et surtout
les figures 3, 3 *a* de la Planche III, conformément à ce qui s'observe, parmi

les Fougères vivantes, chez les *Todea* et chez les *Asplenium*; il me paraît plus que probable que l'échantillon fertile figuré par Schenk (pl. VII, fig. 7) et d'après lequel il a classé cette espèce comme *Asplenites*, représente simplement une penne à pinnules partiellement stériles, sur lesquelles les sporanges, moins nombreux, forment, à raison de leur développement imparfait, des groupes mieux délimités, plus nettement alignés le long des nervures. Au surplus, la limitation plus ou moins nette des sores ne constitue pas un caractère, et l'on voit souvent, chez les *Asplenium* comme chez les *Todea*, les organes fructificateurs arrivés à maturité couvrir toute la surface du limbe sans qu'il reste entre les sores d'intervalles discernables. La distinction générique repose sur le mode de constitution des sporanges, et quelques échantillons se sont fort heureusement trouvés assez bien conservés pour me permettre d'observer cette constitution : les uns, comme celui de la figure 3, Pl. III, montrent la face inférieure des pinnules, avec les sporanges en relief, conservés sous la forme de petits grains charbonneux; la structure de ceux-ci n'est, le plus souvent, dans ce cas, qu'imparfaitement visible, et si l'on peut au microscope discerner le réseau cellulaire, il n'apparaît pas toujours bien nettement différencié et offre l'aspect un peu confus que reproduit la figure 3 b; on peut cependant, sur cette même figure, constater que le sporange placé à 2 centimètres du bord gauche et à 2 centimètres au-dessous du bord supérieur de la figure présente dans sa région droite des cellules notablement plus grandes et surtout plus larges que celles de sa région gauche, qui sont, comme celles qu'on voit sur les sporanges voisins, assez étroites par rapport à leur longueur; la différenciation, néanmoins, n'est pas assez nette pour qu'on puisse, sur ce seul échantillon, affirmer l'existence d'une calotte ou d'une plaque élastique.

Mais d'autres échantillons montrent l'empreinte laissée sur la roche par la face inférieure des pinnules fertiles, et le moulage en creux de la région apicale des sporanges, souvent conservé avec une finesse remarquable. C'est le cas du grand fragment de penne représenté sur la figure 1 de la Planche III : les sporanges, arrivés à complète maturité, couvrent toute la surface du limbe, sur laquelle ils semblent disséminés sans ordre, ainsi qu'on peut le voir sur les figures grossies 1 a et 1 b; l'examen microscopique de l'échantillon montre que ces sporanges étaient ouverts, et sur un grand nombre d'entre eux on distingue nettement l'existence d'une calotte de cellules différenciées à deux ou trois étages, occupant un espace à peu près semi-circulaire, dont le centre est marqué par l'origine de la ligne de déhiscence, tandis que pour d'autres on voit les cellules étroites, allongées, des parois latérales ou du bord même de la ligne de déhiscence.

Les figures 1 c à 1 f, obtenues au moyen de clichés photographiques non retouchés, reproduisent quelques-unes de ces empreintes de sporanges les mieux conservées : la figure 1 c montre ainsi le moule en creux laissé sur la roche par un sporange largement ouvert, tournant vers le haut sa fente en forme de V très surbaissé; à l'opposé de cette fente sont disposées, comme en éventail, de grandes cellules assez larges par rapport à leur longueur, tandis que sur les bords de la fente, surtout du côté gauche, on distingue, au moins à la loupe, deux ou trois files, partant également du sommet de la fente, de cellules beaucoup plus étroites; l'empreinte est, en somme, exactement celle qu'on obtiendrait en prenant le moulage de la même région d'un sporange d'*Osmunda regalis*, étant entendu que ces sporanges, de forme globuleuse, étroitement pressés les uns contre les autres, n'ont pu laisser l'empreinte que d'une portion limitée de leur surface. La figure 1 d reproduit l'empreinte de deux sporanges contigus, dont l'un, placé vers le haut, à peu près au milieu de la figure, et s'étalant de là vers la gauche, montre de la façon la plus nette les grandes cellules, à relief très accusé, de sa plaque élastique, tandis que son voisin, placé vers la droite et un peu plus bas, n'a moulé sur la roche que le bord inférieur de sa plaque élastique, à laquelle succèdent, immédiatement au-dessous, les cellules étroites, allongées, du reste de la surface, formant un réseau à mailles beaucoup moins accentuées. Il en est de même sur la figure 1 e, où l'empreinte médiane montre de fines cellules allongées, accompagnées à gauche par quelques cellules plus grandes appartenant à la plaque élastique. Enfin la figure 1 f reproduit les empreintes, réduites à peu près à la plaque élastique de chacun d'eux, de deux sporanges tournant leur ouverture vers la gauche; sur le plus élevé d'entre eux, la plaque élastique se montre tout entière, nettement limitée vers la droite par un arc semi-circulaire.

On a donc affaire là, sans doute possible, à des sporanges à paroi formée de cellules allongées, très étroites, mais munis, au voisinage de leur sommet, d'une plaque de cellules différenciées plus grandes, plus larges surtout, et plus épaisses, présentant un relief plus saillant, offrant, en un mot, la constitution caractéristique des sporanges d'Osmondées.

Le *Cladophlebis Rœsserti* me semble, dans ces conditions, pouvoir être franchement rapporté au genre *Todea*, avec certaines espèces duquel il paraît avoir, à n'envisager même que les frondes stériles, une analogie marquée. M. Seward a proposé, il est vrai, dans un cas semblable[1], de s'en tenir au nom générique de *Todites*, qui indique l'affinité avec le genre vivant sans préjuger l'identité. Je crois cependant que lorsque tout concorde aussi complètement, lorsqu'on peut observer ainsi sur une plante fossile, à la seule exception, il est vrai, de la structure anatomique, tous les caractères qu'on exigerait d'un échantillon vivant pour le classer dans un genre donné, l'emploi du nom même du genre actuel peut être tenu pour légitime et parfaitement conforme aux principes de la nomenclature.

Le *Cladophl. Rœsserti* peut être rapproché, d'une part, des *Cladophl. remota* Presl (sp.) et *Cladophl. densifolia* Fontaine (sp.), du Trias supérieur, d'autre part, du *Cladophl. Williamsonis* Brongniart, du Lias et de l'Oolithe inférieure, avec lesquels il a d'étroites affinités, si bien même que l'on pourrait être tenté de voir dans ces diverses formes les étapes successives d'un type spécifique unique; je crois cependant qu'il convient, jusqu'à preuve formelle du contraire, de continuer à les regarder cómme distinctes spécifiquement, chacune d'elles possédant, malgré ses analogies avec ses voisines, des caractères qui lui semblent propres et permettent de la reconnaître assez nettement. C'est ainsi que le *Cladophl. remota*[2] a des pinnules plus grandes et surtout proportionnellement plus larges que le *Cladoph. Rœsserti*, à bords souvent un peu ondulés, à nervures encore plus serrées et plus divisées. Le *Cladophl. densifolia*[3], du Trias supérieur des États-Unis, ressemble davantage au *Cladophl. Rœsserti*, et peut-être faudrait-il se demander s'il ne convient pas de le lui identifier; cependant il se distingue par ses pinnules plus fortement contractées à la base du côté inférieur, l'arc qui en forme le contour postérieur partant presque exactement du bas de la nervure médiane; de plus, sur les pennes supérieures, les pinnules se raccourcissent et prennent une forme trapézoïdale, presque carrée, que l'on ne retrouve pas dans les mêmes conditions chez le *Cladophl. Rœsserti*. Enfin le *Cladophl. (Todea) Williamsonis*[4] a les pinnules plus séparées, plus fortement rétrécies à la base, plus arrondies au

Rapports
et différences.

---

[1] A. C. Seward, *Jurassic Flora*, pt. 1, p. 86.

[2] *Neuropteris remota* Presl; voir notamment les planches VIII, fig. 2-7, et IX, fig. 1, de Schœnlein, *Abbildungen von foss. Pflanzen aus dem Keuper Frankens*.

[3] *Acrostichides densifolius* Fontaine, *Older Mesozoic Flora of Virginia*, p. 34, pl. X, fig. 1.

[4] *Pecopteris Williamsonis* Brongniart, *Hist. végét. foss.*, 1, p. 324, pl. 110, fig. 1, 2.

6.

sommet, avec, à ce qu'il semble, des nervures un peu moins dressées et moins serrées.

Peut-être n'est-il pas inutile d'ajouter que les observations faites sur le *Cladophl. Rœsserti* donnent à penser qu'une partie au moins des Fougères du Trias des États-Unis classées comme *Acrostichides* doivent appartenir également au genre *Todea.*

Comparé aux autres espèces du même genre trouvées avec lui dans les couches à charbon du Tonkin, le *Cladophl. Rœsserti* se distingue du *Cladophl.* cf. *lobifolia* dont j'ai parlé précédemment, parce qu'il ne présente pas, comme ce dernier, de pinnule bilobée à la base de chaque penne et, en outre, par les dimensions notablement plus grandes de ses pinnules.

Il me semble différer, d'autre part, du *Cladophl. nebbensis,* avec lequel il a été confondu par quelques auteurs, par ses pinnules plus nettement arquées en avant, à bords plus convergents vers le haut, à sommet moins largement arrondi, ainsi que par ses nervures plus ascendantes, plus divisées et plus serrées.

Synonymie. Je ne doute pas qu'il faille réunir au *Cladophl. Rœsserti* le *Nevropteris Gœppertiana* Münster, qui ne représente, à mon avis, que la forme de cette espèce à pinnules larges, contractées à la base du côté postérieur, telle que la montrent les fig. 6, Pl. II, et fig. 2, Pl. III, forme qui se relie, comme je l'ai dit, par une série continue d'intermédiaires, à la forme à pinnules plus étroites, légèrement soudées entre elles à leur base, qui constitue le type même de l'espèce.

Je suis, en outre, porté à croire qu'il faut attribuer au *Cladophl. Rœsserti* l'échantillon du Nord de la Chine figuré par Newberry sous le nom de *Pecopteris whitbyensis;* je n'oserais cependant, sur le seul examen de la figure, conclure formellement à l'identification.

Je dois également exprimer un doute en ce qui concerne l'attribution au *Cladophl. Rœsserti* de l'échantillon de Bornholm figuré sous ce nom par M. Möller, les pinnules m'en paraissant bien grandes pour cette espèce; peut-être, il est vrai, s'agit-il là d'un fragment appartenant au sommet de la fronde, où les pennes primaires sont remplacées par des pinnules simples.

Provenance. Le *Cladophl. Rœsserti* s'est montré au Tonkin sur un grand nombre de points; il a été surtout rencontré avec une très grande fréquence aux mines de Hongaÿ dans la couche Chater.

Mines de Kébao : puits Lanessan, travers-bancs Nord, et mur de la couche Descenderie; système supérieur, couche n° 2, galerie M (couche M).

Mines de. Hongaÿ. Système de Hatou : Hatou, mur et toit de la Grande couche, et grand banc de schiste; Gia-Ham.— Système de Nagotna: mine de Carrère, mur et toit de la couche Marmottan, toit de la couche Chater.

Île du Sommet Buisson, galerie Jean.

Mines de Dong-Trieu : concession Schædelin; Lang-Sân (Lam-Xâ?); environs de Dong-Trieu.

Mine de Nong-Sön, près Tourane.

CLADOPHLEBIS NEBBENSIS Brongniart (sp.).

Pl. IV, fig. 2 à 4.

1833 ou 1834. **Pecopteris nebbensis** Brongniart, *Hist. végét. foss.*, I, p. 299, pl. 98, fig. 3.

1836. **Alethopteris nebbensis** Gœppert, *Syst. fil. foss.*, p. 306.

1876. **Cladophlebis nebbensis** Nathorst, *Bidr. till Sver. foss. flora*, p. 16, pl. II, fig. 1-6; pl. III, fig. 1-3; *Beitr. z. foss. Fl. Schw.*, p. 10. Möller, *Bidr. till Bornholms foss. flora, Pterid.*, p. 29, pl. II, fig. 22; pl. III, fig. 1.

1879. **Asplenium (Cladophlebis) nebbense** Schimper, *Handb. der Paläont.*, II, p. 99, fig. 70 (2).

1883. **Asplenium nebbense** Renault, *Cours de bot. foss.*, III, p. 63, pl. 6, fig. 4. Bartholin, *Bot. Tidsskr.*, XVIII, p. 18, pl. VII, fig. 3-6.

1889. **Alethopteris** sp. (cf. **Asplenium nebbense**) Feistmantel, *Karoo-Formation*, p. 68, pl. II, fig. 12.

1876. **Cladophlebis Heeri** Nathorst, *Bidr. till Sver. foss. flora*, p. 20, pl. III, fig. 4-5; *Beitr. z. foss. Fl. Schw.*, p. 11.

1878. **Cladophlebis (nebbensis** var.) **Heeri** Nathorst, *Fl. Höganäs och Helsingborg*, p. 42, Hög. yngre, pl. I, fig. 9.

1891. **Asplenium Rœsserti** Yokoyama (*non* Presl sp.), *Journ. Coll. Sci.*, IV, p. 241, pl. XXXII, fig. 1, 2, 5 (*an* fig. 3, 4?); pl. XXXIV, fig. 2. Bartholin, *Bot. Tidsskr.*, XVIII, p. 17, pl. VI, fig. 4, 5 (*an* fig. 6?; *an* pl. VII, fig. 1, 2?).

1896. **Cladophlebis Rœsserti, groenlandica** Hartz, *Medd. om Gronland*, XIX, p. 228, pl. VII-X; pl. XII, fig. 1.

Frondes d'assez grande taille, bipinnées; à rachis primaire lisse, atteignant près d'un centimètre de largeur dans la région inférieure de la fronde. *Pennes primaires* étalées-dressées, généralement *opposées ou subopposées*, espacées d'un même côté de 15 à 40 millimètres, *empiétant d'ordinaire un peu les unes sur les autres*, à bords parallèles, effilées en pointe au sommet, larges de 15 à 40 millimètres, atteignant au moins 20 centimètres de longueur.

Description de l'espèce.

Pinnules assez étalées, contiguës, *droites ou légèrement arquées* en avant, *à bords parallèles sur le tiers ou la moitié environ de leur longueur,* puis *rétrécies vers le sommet en pointe arrondie ou obtusément aiguë, à bords souvent denticulés* dans leur moitié ou leur tiers supérieur, libres ou à peine soudées à leur base, larges de 3 à 7 millimètres sur 6 à 25 millimètres de longueur. *Pinnule basilaire* de chaque penne *du côté inférieur* (catadrome) *plus courte que les suivantes; pinnule basilaire du côté supérieur* un peu plus longue que les suivantes, généralement *contractée à la base du côté postérieur* et laissant un léger intervalle libre entre elle et le rachis primaire.

Nervure médiane nette, droite ou faiblement arquée; *nervures secondaires étalées-dressées, d'ordinaire une seule fois, plus rarement deux fois bifurquées, assez peu serrées.*

Remarques
paléontologiques.

Cette espèce paraît assez rare au Tonkin, mais elle s'y est montrée représentée par quelques fragments de frondes bien caractérisés, tels que ceux des figures 2 à 4 de la Planche IV. On voit sur ceux-ci, notamment sur les figures 2 et 3, comme sur les figures données par MM. Nathorst et Hartz, la pinnule basilaire de chaque penne, du côté supérieur, naissant à une légère distance du rachis et nettement arrondie à sa base, presque complètement libre par conséquent sur son bord postérieur, tandis que la pinnule basilaire inférieure, attachée par toute sa base, est immédiatement contiguë au rachis primaire, ou même insérée dans l'angle des deux rachis. On peut suivre sur l'échantillon de la figure 4, appartenant à la région apicale d'une fronde, les modifications graduelles de taille et de forme des pinnules à mesure qu'on se rapproche du sommet : dans les régions inférieure et moyenne de la fronde, les pinnules, beaucoup plus longues que larges, comme on le voit sur les figures 2 et 3, conservent leurs bords parallèles sur près des deux tiers de leur longueur et sont tout à fait indépendantes, tandis que, sur les pennes supérieures de la figure 4, elles tendent vers la forme triangulaire, devenant en outre, ainsi que cela a lieu également vers l'extrémité des pennes, plus nettement arquées en avant, se soudant peu à peu les unes aux autres, et en même temps les dents marginales (voir fig. 4 a, 4 b) diminuant jusqu'à disparaître complètement, de sorte que le limbe devient tout à fait entier. L'un des échantillons de Pålsjö figurés par M. Nathorst (pl. III, fig. 2) montre qu'au sommet même de la fronde, aux pennes primaires pinnées ou pinnatifides succédaient de grandes pinnules simples, d'abord plus ou moins lobées, et finalement entières, conformément à ce qui a lieu chez le *Cladophl. Ræsserti.*

Les figures de la Planche IV, particulièrement les figures grossies 3*a* et 4*a*, 4*b*, 4*c*, font voir en outre les variations que peut offrir la nervation, les nervures latérales se montrant plus ou moins dressées, quelquefois deux fois divisées, comme sur la figure 4 *a*, mais toujours moins divisées et moins serrées que chez l'espèce précédente.

Le *Cladophl. nebbensis* ressemble surtout au *Cladophl. denticulata* Brongniart (sp.) [1], du Lias et de l'Oolithe, si bien qu'on pourrait se demander, comme pour le *Cladophl. Rœsserti* et le *Cladophl. Williamsonis*, qui appartiennent respectivement aux mêmes niveaux géologiques, s'ils ne représentent pas simplement des formes, d'âges un peu différents, d'un seul et même type spécifique. Il n'y a pas cependant identité complète, le *Cladophl. denticulata* se distinguant en général par ses pinnules plus grandes, plus allongées, d'ordinaire plus élargies à la base, à dents plus fortes se montrant sur la portion inférieure du limbe aussi bien que sur les portions moyenne et supérieure, ainsi que par ses nervures secondaires plus étalées, une seule fois bifurquées; enfin, bien que ce ne soit là qu'un caractère de valeur très secondaire, les pennes primaires paraissent alterner régulièrement chez le *Cladophl. denticulata*, tandis que, chez le *Cladophl. nebbensis*, elles semblent être toujours opposées ou subopposées. Dans ces conditions, et le *Cladophl. denticulata* n'apparaissant dans la série géologique qu'après le *Cladophl. nebbensis*, auquel il paraît se substituer définitivement dès le milieu de l'époque liasique, le maintien de deux noms spécifiques différents me paraît s'imposer.

Le *Cladophl. nebbensis* se rapproche en outre du *Cladophl. Rœsserti*, et les deux espèces ont été parfois confondues ou même réunies par quelques auteurs; elles me semblent cependant assez nettement distinctes, le *Cladophl. nebbensis* ayant, en général, des pinnules plus grandes, plus larges, à bords plus parallèles, à sommet plus arrondi, et munies sur leurs bords, tout au moins dans les régions inférieure et moyenne de la fronde, de dentelures qui ne s'observent jamais chez le *Cladophl. Rœsserti*; en outre, les deux pinnules basilaires de chaque penne, l'une du côté inférieur, l'autre du côté supérieur, présentent par rapport aux suivantes des différences, soit de taille, soit de forme, qu'on ne retrouve pas sur le *Cladophl. Rœsserti*; enfin le *Cladophl. nebbensis* se distingue encore de ce dernier par sa nervation, ayant les nervures secondaires de ses pinnules plus étalées, plus séparées, et notablement moins

Rapports et différences.

---

[1] *Pecopteris denticulata*, Brongniart, *Hist. végét. foss.*, I, p. 301, pl. 98, fig. 1, 2. Voir Seward, *Jurass. Flora*, pt. 1, p. 134, pl. XIV, fig. 1, 3, 4; pl. XV, fig. 4, 5; pl. XX, fig. 3, 4.

divisées. Néanmoins les analogies des deux espèces sont assez accentuées pour qu'on soit fondé à penser que le *Cladophl. nebbensis* devait offrir le même type de fructification que le *Cladophl. Rœsserti*, et appartenir comme lui au genre *Todea;* il ressemble d'ailleurs beaucoup, et même plus encore que ce dernier, au *Todea barbara* Moore, auquel Brongniart comparait déjà, il y a près de soixante-dix ans, le *Cladophl. denticulata*, qu'il mentionnait avec raison comme ayant avec l'espèce vivante de l'Afrique australe et de l'Australie « les rapports les plus frappants »[1].

M. Renault a, au surplus, reconnu[2] pour un *Todea* le *Pecopteris australis* Morris, d'Australie, dont M. Seward signale, de son côté[3], l'extrême ressemblance avec le *Cladophl. denticulata*. Néanmoins, l'observation directe permettra seule une affirmation à cet égard, des espèces presque semblables si l'on n'envisage que les frondes stériles, appartenant parfois, comme on sait, à des genres très différents par les caractères de leur fructification.

Le *Cladophl. nebbensis* peut enfin être comparé au *Cladophl. Raciborskii*, dont il va être parlé; mais, s'il est susceptible d'offrir parfois des pinnules presque aussi grandes, ainsi qu'en témoignent quelques-unes des figures publiées par M. Hartz sous le nom de *Cladophl. Rœsserti groenlandica*, il me paraît s'en distinguer néanmoins par la forme moins effilée de ses pinnules, qui ne semblent pas avoir jamais le sommet aussi aigu, et surtout par ses nervures plus étalées et moins divisées.

Synonymie.

Je n'ai pas à revenir ici sur la question, qu'a discutée M. Nathorst, de l'identité de l'espèce du Lias inférieur de Bornholm, qui constitue le type de Brongniart, et de l'espèce des couches rhétiennes de Pålsjö, à laquelle l'espèce du Tonkin est manifestement identique; mais je crois devoir réunir franchement au *Cladophl. nebbensis* le *Cladophl. Heeri* Nathorst, qui me paraît n'en différer par aucun caractère essentiel, la présence chez ce dernier d'une aile étroite bordant le rachis primaire n'étant peut-être pas bien démontrée et l'apparence que présente à cet égard, sur une partie seulement de son étendue, la figure 4 de la planche III de M. Nathorst pouvant fort bien provenir d'une particularité dans le mode de conservation; au surplus, l'auteur lui-même a-t-il réuni plus tard le *Cladophl. Heeri* au *Cladophl. nebbensis* comme simple variété.

[1] Brongniart, *Hist. végét. foss.*, I, p. 302.
[2] Renault, *Cours de bot. foss.*, III, p. 81, pl. 11, fig. 1-5.
[3] Seward, *Jurass. Flora*, pt. 1, p. 135, 140.

Quant aux échantillons figurés comme *Cladophl. Rœsserti* par M. Yoko-yama et M. Hartz, ce que j'ai dit tout à l'heure des caractères distinctifs des deux espèces suffit à motiver la réunion que j'en fais au *Cladophl. neb-bensis.*

Le *Cladophl. nebbensis* n'a été rencontré jusqu'ici qu'aux mines de Hongaÿ, où il semble fréquent, surtout dans le système de Nagotna. Provenance.

Mines de Hongaÿ. Système de Hatou : mine Hatou. — Système de Na-gotna : Rivière des Mines, rive droite, première vallée; mine de Carrère, toit de la couche Chater, toit de la couche Bavier.

CLADOPHLEBIS RACIBORSKII n. sp.

Pl. V, fig. 1.

Frondes apparemment bipinnées, atteignant probablement de grandes dimensions, à rachis primaire lisse ou très faiblement strié en long. *Pennes primaires* assez étalées, *opposées ou subopposées*, espacées d'un même côté de 25 à 40 millimètres et davantage, *empiétant les unes sur les autres*, à bords parallèles sur une portion importante de leur longueur, puis *effilées en pointe aiguë* vers le sommet, larges de 25 à 60 millimètres, atteignant au moins 20 centimètres de longueur. Description de l'espèce.

Pinnules assez étalées, contiguës, *droites ou légèrement arquées* en avant, *à bords parallèles sur la moitié environ de leur longueur,* puis *effilées en pointe aiguë, à bords dentelés* dans leur moitié ou leur tiers supérieur, *à base légèrement dilatée en avant et contractée en arrière, faiblement soudées entre elles,* larges de 5 à 8 millimètres sur 15 à 35 millimètres de longueur. Pinnule basilaire de chaque penne du côté supérieur (anadrome) de longueur à peu près égale aux suivantes, contiguë ou presque contiguë au rachis primaire.

Nervure médiane nette, *se suivant jusqu'au sommet des pinnules, légèrement décurrente à la base; nervures secondaires* plus ou moins dressées, *bifurquées, presque dès leur base, en deux branches bifurquées elles-mêmes* à peu de distance de leur origine, *assez rapprochées* les unes des autres.

Des quelques échantillons de cette espèce qui ont été recueillis, la figure 1 de la Planche V reproduit le plus complet et le mieux conservé : on y voit, dans la région médiane et droite, deux fragments de frondes qui passent l'un sur l'autre en se croisant, et à gauche la portion terminale d'une grande penne primaire. Les figures grossies 1 *a*, 1 *b*, 1 *c*, montrent, en même temps que la Remarques paléontologiques.

nervation, les dentelures du bord du limbe, bien accusées surtout sur la figure 1 c, et l'élargissement que présente le limbe à sa base du côté antérieur tandis qu'il se contracte plus ou moins du côté postérieur. Cette contraction, ainsi qu'on peut le remarquer en quelques points de la figure 1, est naturellement plus accusée sur les pinnules basilaires de chaque penne, puisque ces pinnules basilaires sont libres à leur base, tandis que les suivantes sont plus ou moins soudées chacune à celle qui la précède; la contraction est cependant moins accentuée que chez l'espèce précédente, et la pinnule basilaire anadrome n'en est pas moins contiguë ou presque contiguë au rachis primaire, sinon dès sa base, au moins par son bord postérieur.

Rapports et différences.

Outre le caractère sur lequel je viens d'insister, cette espèce se distingue du *Cladophl. nebbensis* par ses pinnules plus longues, à sommet beaucoup plus aigu, à dents plus saillantes, et par ses nervures plus dressées, toujours bifurquées deux fois, et notablement plus serrées. Elle se rapproche davantage, au point de vue de la taille et de la denticulation des pinnules, du *Cladophl. denticulata*, qui a parfois des pinnules presque aussi longues[1]; mais outre que, chez celui-ci, les pinnules sont généralement moins effilées au sommet, elles ont, en outre, leurs nervures secondaires plus étalées et une seule fois bifurquées, ce qui ne permet pas de les confondre.

On peut également comparer l'espèce dont je parle ici avec le *Cladophl. Stewartiana* Hartz[2], des couches rhétiennes du Cap Stewart au Groënland; mais si la forme générale des pinnules est au premier coup d'œil très analogue, avec le même rétrécissement au sommet en pointe aiguë, il semble que, chez l'espèce groënlandaise, les pinnules soient presque symétriques à leur base et n'offrent pas sur leur bord postérieur la contraction dont j'ai parlé; l'auteur les indique de plus comme ayant les bords entiers et non denticulés, de telle sorte que l'identification me paraît impossible, la nervation du *Cladophl. Stewartiana* demeurant d'ailleurs inconnue.

Dans ces conditions, l'espèce que je viens de décrire me paraissant nouvelle, j'ai été heureux de la dédier à M. Maryan Raciborski, à qui l'on doit de si belles études, riches de tant d'observations nouvelles, sur la flore des argiles liasiques des environs de Cracovie, dans lesquelles il a découvert notamment plusieurs formes inédites de ce même genre *Cladophlebis*.

---

[1] Voir Seward, *Jurass. Flora*, pt. I, pl. XIV, fig. 1.
[2] Hartz, *Meddel. om Gronland*, p. 231, pl. XI, fig. 1, 2; pl. XII, fig. 2, 3.

Cette espèce ne s'est montrée que sur trois points, et toujours en échantillons très peu nombreux.

Mines de Kébao.

Mines de Hongaÿ, système de Hatou : Hatou, toit de la Grande couche.

Mine de Nong-Sön, près Tourane.

Odontoptéridées.

Frondes divisées en pennes généralement linéaires, à bords parallèles,
composées de pinnules à limbe entier, à bords parallèles, attachées au rachis
par toute leur base, à nervure médiane nulle ou peu accusée, toutes les nervures partant directement du rachis parallèlement les unes aux autres et aux
bords de chaque pinnule, plus ou moins arquées, d'ordinaire une ou plusieurs
fois divisées par dichotomie.

Genre CTENOPTERIS Brongniart.

1872. **Ctenopteris** Brongniart, *in* Saporta, *Plantes jurass.*, I, p. 351.
1886. **Ctenozamites** Nathorst, *Fl. vid Bjuf*, p. 122.

Frondes bipinnées, à pennes décurrentes le long du rachis primaire, celui-ci
étant garni lui-même de pinnules qui font suite, vers le bas, à celles des pennes
primaires et diminuent légèrement de taille depuis la base de chaque penne
jusqu'à la base de celle située immédiatement au-dessous. Pinnules à bords
parallèles, attachées par toute leur base, arrondies au sommet. Nervures naissant du rachis parallèlement au bord de chaque pinnule, simples ou bifurquées, légèrement divergentes.

Ce n'est qu'avec beaucoup de doute que je place ici ce genre parmi les
Fougères en le rangeant dans le groupe des Odontoptéridées. Si, en effet, les
espèces déjà connues, telles que *Ctenopteris cycadea* Brongniart et *Cten. Lec-
kenbyi* Bean (sp.), présentent un aspect tout aussi filicoïde pour le moins que
cycadéen, l'espèce que je vais décrire, avec ses grandes pinnules d'apparence
quelque peu coriace, son rachis puissant, fait certainement songer aux Cycadinées plutôt qu'aux Fougères, et déjà pour les espèces précitées quelques
auteurs avaient jugé, à raison de la ressemblance de leurs pennes primaires

7.

avec les frondes de certaines Ptérophyllées, qu'elles devaient être rapportées aux Cycadinées. M. Nathorst, les comparant à son genre *Ptilozamites*, avait même proposé de substituer le nom de *Ctenozamites* à celui de *Ctenopteris*, qui doit cependant, en tout état de cause, être maintenu, comme ayant la priorité, les noms génériques ne constituant, de même que les noms spécifiques, que des désignations et non des définitions, et l'emploi du nom de *Ctenopteris* ne signifiant nullement que les espèces comprises sous ce nom soient nécessairement des Fougères.

Il est impossible, d'autre part, de méconnaître les affinités que les *Ctenopteris* semblent avoir avec les *Ctenis*, ou tout au moins avec certaines espèces de ce genre, à grandes pinnules d'aspect coriace, portées sur un très fort rachis, sur un certain nombre desquelles M. Raciborski [1] a observé des ponctuations arrondies couvrant toute la largeur du limbe, cantonnées, suivant les espèces, tantôt à la base, tantôt vers le sommet des pinnules, et qui semblent devoir être regardées comme des sores, attestant qu'il s'agirait bien là de Fougères véritables. J'ajoute que le genre *Ctenopteris* ne laisse pas d'offrir également certaines affinités avec le genre *Dichopteris* Zigno, dont l'attribution aux Fougères est généralement acceptée. De plus, on ne connaît, parmi les Cycadinées fossiles, abstraction faite du genre *Ctenopteris* lui-même, aucun genre à frondes bipinnées, et s'il existe aujourd'hui une Cycadinée à fronde bipinnée, le *Bowenia spectabilis* Hooker, il faut reconnaître que les *Ctenopteris* n'offrent guère de ressemblance avec elle.

Peut-être appartiendraient-ils, comme les *Odontopteris* paléozoïques, au groupe ambigu des Cycadofilicinées, dont les affinités complexes avec les Cycadinées d'une part, avec les Fougères d'autre part, n'ont pas encore permis de fixer définitivement la place dans la classification et qui constituent peut-être une classe particulière dont on ne pourra déterminer les rapports avec les groupes dont elles semblent se rapprocher que lorsqu'on en aura découvert les appareils fructificateurs. Pour le moment, et conformément à ce que j'ai dit ailleurs dès Cycadofilicinées [2], je crois préférable de laisser les *Ctenopteris* parmi les Fougères, mais en faisant toutes réserves sur leur classement définitif.

[1] Raciborski, *Flora Kopalna ogniotr. glinek Krakowskich*, p. 51-62, pl. XVII, fig. 4; pl. XIX, fig. 1.

[2] Zeiller, *Éléments de paléobotanique*, p. 125-135.

CTENOPTERIS SARRANI n. sp.

Pl. VI-VII, fig. 1; Pl. VIII, fig. 1, 2.

Frondes bipinnées, de grande taille, atteignant au moins 2 ou 3 mètres Description de l'espèce. de longueur sur 1 mètre de largeur, à rachis primaire strié longitudinalement, large de 15 à 30 millimètres dans la région inférieure de la fronde. *Pennes primaires* alternes ou subopposées, étalées-dressées, *légèrement arquées et décurrentes à la base,* espacées d'un même côté de 5 à 13 centimètres, *se touchant à peine par leurs bords,* à contour longuement linéaire, légèrement rétrécies vers la base, *effilées au sommet en pointe obtuse,* larges de 4 à 8 centimètres, atteignant au moins 50 centimètres de longueur, à rachis large de 2 à 5 millimètres, strié longitudinalement.

Pinnules étalées-dressées, *contiguës à la base, à bords latéraux parallèles ou faiblement convergents,* souvent un peu décurrentes vers le bas, *arrondies au sommet* en arc elliptique, larges de 15 à 30 millimètres sur 2 à 4 centimètres de hauteur.

Nervures toutes égales, partant du rachis parallèlement aux bords des pinnules, *souvent un peu arquées en dehors* et légèrement divergentes, *assez rapprochées, simples ou une seule fois bifurquées,* en général assez peu apparentes.

Il a été recueilli à Hatou et surtout à Kébao plusieurs échantillons de Remarques paléontologiques. cette belle espèce, et notamment une grande plaque de 0^m,30 de largeur et de 0^m,45 de longueur dans le sens parallèle au rachis primaire, dont la portion centrale, la mieux conservée, est représentée sur la Planche VI-VII; sur cette longueur de 0^m,45, le rachis conserve la même largeur d'un bout à l'autre, ce qui donne à penser que la fronde entière devait avoir au moins 2 ou 3 mètres de longueur; du côté droit, celui où l'empreinte est le plus complète, ce rachis porte sept pennes primaires consécutives, espacées en moyenne de 5 centimètres. On voit sur la Planche VI-VII, comme sur la figure 1 de la Planche VIII, qu'à leur base ces pennes primaires s'incurvaient plus ou moins pour se raccorder au rachis, et que les pinnules de leur bord postérieur se continuaient le long de ce rachis en diminuant légèrement de taille. Aucun échantillon n'a montré les pennes primaires sur toute leur longueur, mais la figure 2 de la Planche VIII fait voir leur extrémité, munie de pinnules très réduites et terminée en pointe obtuse; il ne serait pas impossible que les trois pennes de cette figure 2 représentassent les extrémités des trois pennes que l'on voit à droite et au bas de la figure 1, Planche VI-VII, et qui, au point où cette grande plaque est interrompue, manifestent un commencement de convergence; en plaçant les deux échantillons l'un près de l'autre à une distance suffisante pour que les pennes de la figure 2, Planche VIII, fassent suite en direction aux éléments extrêmes de celles de la Planche VI-VII, on trouve que ces pennes auraient eu une longueur totale, mesurée suivant leur rachis, de 60 à 65 centimètres. Il est probable, d'ailleurs, à en juger par les dimensions plus grandes des pinnules que l'on observe sur les échantillons de la même espèce recueillis par M. Leclère à Taï-Pin-Tchang (Pl. LIV, fig. 3 et 4), que ces frondes étaient susceptibles d'atteindre une taille encore plus considérable.

La nervation est d'ordinaire assez peu nette, les nervures paraissant avoir été noyées dans le parenchyme et ne se distinguant qu'imparfaitement à la surface des pinnules. La figure 1 a de la Planche VI-VII les montre cependant assez bien, et l'on peut constater, sur cette figure, qu'elles étaient quelque peu divergentes et que quelques-unes d'entre elles se bifurquaient sous un angle extrêmement aigu. Elles sont d'ailleurs plus visibles sur un autre échantillon, recueilli au mur de la Grande couche de Hatou, qui montre un rachis primaire de 6 millimètres seulement de largeur, correspondant par conséquent à la région terminale de la fronde, et portant des pennes espacées, d'un même côté, de 13 centimètres; les pinnules montrent leur face inférieure, et les nervures y sont assez faciles à suivre sur tout leur parcours : les unes, principalement les plus voisines des bords latéraux, sont tout à fait simples; les autres, c'est-à-dire la majeure partie de celles de la région médiane, se bifurquent une seule fois, soit à peu de distance de leur base, soit le plus souvent vers le milieu ou plutôt vers le dernier tiers de leur parcours.

Entre ces nervures on distingue, à la loupe, de petites ponctuations en saillie, très rapprochées, qui semblent ne pouvoir correspondre qu'aux stomates; elles manquent sur la face supérieure, beaucoup plus lisse, à nervation moins visible, ainsi qu'on peut le constater sur quelques points où la lame charbonneuse a été enlevée et où la roche montre alors l'empreinte de la face supérieure du limbe. L'aspect de ces ponctuations est tout à fait semblable à celui que présente la face inférieure des folioles de certains Cycas, Cyc. revoluta et Cyc. inermis, chez lesquels chaque stomate est placé au fond d'une crypte de forme globuleuse légèrement aplatie, dont les parois supérieures font à la surface du limbe une saillie en forme de dôme surbaissé,

muni d'un pore à son sommet. Il eût été intéressant de s'assurer si les ponctuations saillantes observées sur les pinnules du *Ctenopteris Sarrani* correspondent réellement aux mêmes particularités d'organisation; malheureusement, il m'a été impossible d'obtenir de préparation microscopique de la
cuticule de ces pinnules, la lame charbonneuse qui les représente se dissol-
vant intégralement dans l'ammoniaque après traitement par les réactifs oxydants, sans qu'on puisse, à aucun moment, discerner le moindre détail de
structure.

On peut se demander néanmoins si cette ressemblance d'aspect avec les
deux espèces de *Cycas* dont je viens de parler ne serait pas de nature à plaider
en faveur de l'attribution des *Ctenopteris* aux Cycadinées; mais fût-il même
établi que ces ponctuations saillantes correspondent bien à des cryptes stomatifères, la conclusion serait peut-être encore trop hâtive, étant donné, d'une
part, que les deux *Cycas* en question sont, à ma connaissance, les deux seules
Cycadinées qui possèdent de telles cryptes stomatifères, et d'autre part, que,
si l'on ne connaît pas de Fougères vivantes à stomates enfermés dans des
cryptes, on a observé des cryptes, polystomatiques il est vrai, chez une Fougère jurassique, le *Cycadopteris Brauniana* Zigno[1]. J'ajoute que les Cycadinées fossiles donnant en général, dans les mêmes conditions apparentes de
conservation de la lame foliaire, de bonnes préparations de la cuticule, l'impossibilité d'obtenir, avec l'échantillon en question, aucune préparation de ce
genre pourrait donner à penser qu'on n'a pas affaire ici à une Cycadinée.

En fin de compte, la question d'attribution demeure indécise, ainsi que je
le disais plus haut, et les échantillons dont je viens de parler ne fournissent,
pour la résoudre, aucune indication de nature à être sérieusement prise en
considération.

Le *Ctenopteris Sarrani* se distingue à première vue des autres espèces con- **Rapports
nues du même genre par les dimensions notablement plus grandes de ses et différences.**
pennes comme de ses pinnules; mais il ressemble beaucoup, si l'on n'envisage
que ses pennes primaires, au *Ptilozamites Blasii* Brauns (sp.), du Rhétien
d'Allemagne et de Suède[2], qui est considéré comme ayant une fronde simplement pinnée et appartenant aux Cycadinées. L'échantillon le plus complet

[1] Zeiller, *Ann. sc. nat.*, 6ᵉ sér., *Bot.* XIII, p. 226-231, pl. 10, fig. 15-17.
[2] *Nilssonia Blasii* Brauns, *Palæontographica*, IX, p. 56, pl. XIV, fig. 1. — *Pterophyllum Blasii*
Schenk, *Foss. Flora der Grenzschichten*, p. 168, pl. XL, fig. 1. — *Ptilozamites Blasii* Nathorst,
Floran vid Bjuf, p. 64, 123, pl. XIII, fig. 4-7, 15 (an fig. 8, 9?).

qu'on connaisse de cette espèce est celui qui a été figuré par Brauns et reproduit ultérieurement par Schenk, et il semble qu'en effet il faille voir en lui
une fronde simplement pinnée, plutôt qu'une penne primaire d'une fronde
bipinnée; on peut cependant se demander, en examinant les figures de
Brauns et de Schenk, s'il n'y a pas à la base de l'échantillon une certaine dyssymétrie et si les pinnules ne descendaient pas plus bas du côté gauche que
du côté droit du rachis : l'interruption de l'empreinte ne permet de faire à
cet égard que des conjectures, mais peut-être ne serait-il pas impossible qu'on
eût là sous les yeux une penne dont le côté gauche représenterait le côté postérieur, décurrent vers le bas le long d'un rachis auquel elle aurait été fixée,
auquel cas on aurait affaire à un *Ctenopteris*, très analogue, par la taille
comme par la forme de ses pinnules, à celui que je viens de décrire. La question ne pourrait être tranchée que par la découverte d'échantillons plus complets; mais, à supposer qu'on vienne à constater que le *Ptilozamites Blasii*
doit être reporté dans le genre *Ctenopteris*, je crois que l'espèce du Tonkin
ne pourrait cependant pas lui être identifiée, malgré la ressemblance que j'ai
signalée. Elle s'en distinguerait en effet par ses pennes beaucoup moins rétrécies à leur base, surtout du côté inférieur, où la réduction de taille des pinnules qui passent sur le rachis primaire est parfois à peine sensible et ne se
fait sentir qu'au-dessous du point d'insertion de la penne; de plus, elle a des
pinnules plus arrondies au sommet du côté antérieur, et moins nettement
arquées en avant.

Je n'hésite donc pas à regarder cette espèce comme nouvelle, et je la dédie
au regretté M. Sarran, à qui je dois, comme je l'ai dit, tant d'utiles renseignements et de si riches matériaux.

Provenance.   Elle n'a été rencontrée jusqu'ici au Tonkin que sur deux points seulement,
à Kébao et à Hatou.

Mines de Kébao : système inférieur, à 20 mètres au toit de la couche principale de la galerie G (couche G).

Mines de Hongaÿ, système de Hatou : Hatou, toit de la Grande couche,
et découvert Nord au mur de la Grande couche.

Ténioptéridées.

Frondes à limbe ou à segments rubanés, beaucoup plus longs que larges,
à bords parallèles, à bords entiers ou faiblement crénelés, à nervure médiane

très nette, émettant des nervures secondaires plus ou moins obliques, généralement assez rapprochées, simples, ou ramifiées par dichotomie.

Genre DANÆOPSIS Heer.

1865. **Danæopsis** Heer, *Urw. d. Schweiz*, p. 54; Schimper, *Trait. de pal. vég.*, I, p. 614.

Frondes simplement pinnées, à pennes étalées-dressées, décurrentes à
leur base le long du rachis. Nervures latérales nombreuses, généralement
assez obliques sur la nervure médiane, arquées à la base, d'ordinaire divisées
presque immédiatement en deux branches habituellement simples.

Pennes fertiles semblables aux pennes stériles, marquées à leur face inférieure de ponctuations alignées entre les nervures, correspondant à l'orifice
apical des sporanges.

DANÆOPSIS cf. HUGHESI Feistmantel.

Pl. IX, fig. 1.

1880. **Danæopsis Hughesi** Feistmantel, *Rec. Geol. Surv. India*, XIII, p. 188; *Foss. Fl. Gondwana*
Syst., IV, pt. 1, p. 25, pl. IV-VII; pl. VIII, fig. 1-5; pl. IX, fig. 4; pl. X; pl. XVII,
fig. 1; pl. XVIII, fig. 2; pl. XIX, fig. 1, 2. Krasser, *Denkschr. k. Akad. Wiss. Wien*, LXX,
p. 145, pl. II, fig. 4.
1898. *An* **Neuropteris punctata** Shirley, *Addit. to the foss. Fl. of Queensl.*, p. 20, pl. XIV,
fig. 2?

Pennes simples, à bords parallèles tout à fait entiers, larges d'environ
25 millimètres, à *rachis* large de 2 à 3 millimètres, *strié longitudinalement.*
Nervures latérales inclinées à environ 45° sur le rachis, légèrement arquées
à la base, *bifurquées dès leur origine* ou presque immédiatement au-dessus *en
deux branches* presque rectilignes et *presque toujours simples;* nervures assez
rapprochées, au nombre de 16 à 20 par centimètre de longueur compté sur
le bord du limbe.

Le seul échantillon que j'aie observé de cette Fougère est représenté sur
la figure 1 de la Planche IX; il est impossible, sur un tel fragment, de savoir
s'il provient d'une fronde simple ou bien d'un segment de fronde pinnée,
bipinnée ou tripinnée; mais il offre avec les pennes latérales du *Danæopsis
Hughesi*, des couches de Parsora, intermédiaires entre les *Lower* et les *Upper*
Gondwanas, une ressemblance telle, que je suis porté à croire à l'identité : la

*Description
de l'espèce.*

*Remarques
paléontologiques.*

largeur du limbe et celle du rachis sont les mêmes de part et d'autre; les rachis offrent la même striation longitudinale, et il y a identité parfaite en ce qui regarde les caractères des nervures latérales tant au point de vue de leur direction que de leur mode de division et de leur rapprochement. Néanmoins il est impossible, sur un échantillon aussi incomplet, de conclure positivement à l'identification : il faudrait être assuré qu'il s'agit bien ici d'une penne primaire, et d'une penne primaire à limbe décurrent le long du rachis principal jusqu'à la base de la penne voisine, comme cela a lieu chez le *Danæopsis Hughesi*. Peut-être la découverte d'autres échantillons plus complets permettra-t-elle un jour de résoudre la question. Pour le moment, et quelques présomptions qu'il y ait en faveur de l'identité spécifique, je dois me borner à un rapprochement et m'abstenir de rien affirmer.

Rapports et différences.

L'échantillon que je viens de décrire ne laisse pas de ressembler quelque peu à celui de la figure 2, Pl. IX, que je décris cependant sous un nom différent : il me semble en effet, malgré l'analogie qu'ils présentent au premier coup d'œil, que la nervation n'en est pas assez semblable pour qu'il soit possible de les identifier. Si l'on compare en effet les figures 1 a et 2 a, on voit que, sur cette dernière, les nervures, notablement moins serrées, ne se bifurquent jamais qu'à une certaine distance de leur base; il semble en outre qu'on observe sur quelques branches une seconde bifurcation plus éloignée; enfin l'allure générale n'est pas la même, les nervures se montrant sur l'échantillon de la figure 1 tout à fait droites ou faiblement arquées en dehors, tandis que, sur les figures 2, 2 a, elles sont légèrement arquées en avant, offrant ainsi tous les caractères du *Tæniopteris ensis*.

Synonymie.

J'indique, dans la liste synonymique relative au *Danæopsis Hughesi*, le *Neuropteris punctata*, des couches rhétiennes ou liasiques du Queensland, comme étant peut-être identique à l'espèce indienne créée par Feistmantel : il me paraît, en effet, avoir avec elle une extrême ressemblance, à cela près toutefois, si la figure est exacte, qu'un plus grand nombre de nervures s'y bifurqueraient vers le tiers ou le milieu de leur parcours. Il semble évident, dans tous les cas, qu'il s'agit là d'un *Danæopsis*, à en juger par ce que l'auteur dit lui-même des files de ponctuations qu'il a observées entre les nervures sur un certain nombre d'échantillons.

Provenance.

Cette espèce n'a été observée que sur un seul point, à savoir, dans la baie de Hongaÿ, à l'île du Sommet Buisson, galerie Jean.

Genre TÆNIOPTERIS Brongniart.

1828. **Tæniopteris** Brongniart, *Prodr.*, p. 61 ; *Hist. végét. foss.*, I, p. 262.

Pennes ou frondes simples, rubanées, à bords parallèles, généralement entiers, parfois faiblement crénelés. Nervure médiane ou rachis se suivant presque jusqu'au sommet du limbe; nervures latérales plus ou moins nombreuses, d'ordinaire assez étalées, une ou plusieurs fois divisées par dichotomie.

La division des *Tæniopteris*, qu'avait proposée Schimper[1], en une série de genres tels que *Angiopteridium* ou *Oleandridium*, fondés sur d'apparentes analogies avec les genres vivants *Angiopteris* ou *Oleandra*, tels encore que *Macrotæniopteris* fondé sur la largeur plus grande des frondes, ne me paraît pas de nature à être conservée, et je crois préférable de revenir purement et simplement au nom plus largement compréhensif de *Tæniopteris*, qui ne préjuge aucune affinité. Certaines espèces classées comme *Angiopteridium* ont été reconnues ultérieurement pour de véritables *Marattia*, comme le *Tæn. Münsteri*, dont je parlerai tout à l'heure. Il est plus que douteux, d'autre part, que les formes à frondes simples réunies par Schimper sous le nom générique d'*Oleandridium* aient le moindre rapport avec les *Oleandra*, et la création d'un groupe spécial pour ces espèces à frondes simples n'aurait de raison d'être que si l'on pouvait toujours savoir si une espèce donnée avait des frondes simples ou des frondes pinnées, ce qui est loin d'être le cas; au surplus, Schimper conservait-il le genre *Tæniopteris* pour un certain nombre d'espèces ayant également des frondes simples et qu'aucun caractère générique ne sépare, en fait, de celles qu'il classait comme *Oleandridium*.

Quant à une distinction entre *Tæniopteris* et *Macrotæniopteris*, on sait aujourd'hui que les caractères tirés de la largeur du limbe sont sans valeur réelle, cette largeur pouvant parfois, chez une espèce donnée, offrir les variations les plus étendues : chez le *Macrotæniopteris magnifolia* Rogers (sp.), du Trias supérieur des États-Unis, on observe des formes étroites à limbe de 25 millimètres de largeur, et des formes larges à limbe de 12 centimètres[2]; j'ai observé des variations semblables chez le *Tæn. multinervis* Weiss, du

---

[1] Schimper, *Traité de paléontologie végétale*, I, p. 602-613.
[2] Fontaine, *Older Mesozoic Flora of Virginia*, pl. IV et V.

8.

Permien[1], et l'on en verra d'analogues chez le *Tœn. Jourdyi*, que je décrirai un peu plus loin et que j'avais originairement classé comme *Macrotœniopteris*.

De telles distinctions génériques sont donc tout à fait arbitraires, et il convient de les laisser de côté.

TÆNIOPTERIS ENSIS Oldham (sp.).

Pl. IX, fig. 2.

1863. **Stangerites ensis** Oldham, *in* Oldham et Morris, *Foss. Fl. Gondwana Syst.*, I, pt. 1, p. 35, pl. VI, fig. 8, 9 (*an* fig. 10?).

1869. **Angiopteridium ensis** Schimper, *Trait. de pal. vég.*, I, p. 606. Feistmantel, *Foss. Fl. Gondwana Syst.*, I, pt. 2, p. 97.

1877. **Angiopteridium** cf. **ensis** Feistmantel, *Foss. Fl. Gondwana Syst.*, I, pt. 3, p. 173, pl. I, fig. 6 *a*, 7 *a*.

1882. **Tæniopteris ensis** Zeiller, *Ann. des Mines*, 1882, II, p. 306, pl. XII, fig. 2.

Description de l'espèce.

Pennes (ou frondes?) *à bords entiers, parallèles, graduellement rétrécies vers le sommet,* larges de 10 à 25 millimètres, *à rachis* large de 1 à 2 millimètres, *strié longitudinalement.*

Nervures latérales étalées-dressées, décurrentes à leur base, *bifurquées à quelque distance de leur base en deux branches* simples ou quelquefois dichotomes, *plus ou moins arquées en avant;* nervures au nombre de 12 à 15 par centimètre de longueur compté sur le bord du limbe.

Remarques paléontologiques.

L'échantillon représenté sur la figure 2 de la Planche **IX** est extrêmement fragmentaire et incomplet; cependant il concorde si exactement avec le *Tæniopteris ensis* des couches indiennes de Rajmahal par les caractères de sa nervation, que, comme en 1882, je n'hésite pas à l'identifier à cette espèce. Il montre évidemment, à en juger par la réduction graduelle de largeur du rachis, une portion de penne, ou de fronde, très voisine du sommet; mais il n'ajoute rien, malheureusement, à la connaissance encore très imparfaite que nous avons de cette espèce, dont il n'a été également recueilli dans l'Inde que des fragments très incomplets : on ignore, notamment, si les frondes en étaient simples ou si elles étaient une ou plusieurs fois pinnées. On ne sait rien non plus de son mode de fructification, et il ne serait pas absolument impossible que, comme l'avait pensé Oldham, il s'agit là, non pas d'une Fougère, mais d'une Cycadnée à folioles ténioptéroïdes du type du *Stangeria paradoxa* de

[1] Zeiller, *Bull. Soc. Géol. Fr.*, 3e série, XXII, p. 171, pl. IX, fig. 2 à 5.

la flore actuelle; mais comme on n'a pas, jusqu'à présent, la preuve de l'existence à l'état fossile de Cycadinées de ce type, tandis qu'on n'a aucun doute sur l'attribution aux Fougères d'un bon nombre de ces frondes de Ténioptéridées, il convient évidemment, jusqu'à preuve du contraire, de classer comme *Tæniopteris*, plutôt que comme *Stangerites*, les types spécifiques dont le mode de fructification nous demeure inconnu.

J'ai mentionné tout à l'heure la ressemblance de cette espèce avec le *Danæopsis Hughesi*, tout en indiquant les différences qui me paraissent ne pas permettre de les confondre, même quand on n'en a sous les yeux, comme dans le cas présent, que des lambeaux incomplets : le *Tæniopteris ensis* me semble, en particulier, se distinguer du *Danæopsis Hughesi* par ses nervures moins serrées, arquées en avant dans la dernière partie de leur parcours, et bifurquées seulement à quelque distance de leur base.

Il diffère d'ailleurs des espèces qui vont suivre par l'obliquité beaucoup plus forte de ses nervures qui atteignent le bord du limbe sous un angle toujours relativement aigu.

Le *Tæn. ensis* n'a été rencontré jusqu'ici qu'en un seul point, à savoir, à l'île Hongaÿ.

Rapports et différences.

Provenance.

TÆNIOPTERIS cf. MAC CLELLANDI Oldham et Morris (sp.).

Pl. IX, fig. 3 à 5.

1863. **Stangerites Mac Clellandi** Oldham et Morris, *Foss. Fl. Gondwana Syst.*, I, pt. 1, p. 33, pl. XXIII.

1869. **Angiopteridium Mac Clellandi** Schimper, *Trait. de pal. vég.*, I, p. 605. Feistmantel, *Foss. Fl. Gondwana Syst.*, I, pt. 2, p. 96, pl. XLVI, fig. 5, 6; pt. 4, p. 207, pl. I, fig. 14-16; pl. II, fig. 4.

1881. **Angiopteridium** cf. **Mac Clellandi** Feistmantel, *Foss. Fl. Gondwana Syst.*, III, pt. 2, p. 92, pl. XXI A, fig. 4, 7.

1861. *An* **Tæniopteris danæoides** Bunbury (*non* Mac Clelland), *Quart. Journ. Geol. Soc.*, XVII, p. 332, pl. X, fig. 2?

1882. **Tæniopteris Mac Clellandi** Zeiller, *Ann. des Mines*, 1882, II, p. 302, pl. X, fig. 5.

Pennes (ou frondes?) à bords entiers, parallèles, légèrement rétrécies vers le bas, effilées au sommet en pointe arrondie, larges de 25 à 35 millimètres, à rachis large de 1 à 3 millimètres, *strié longitudinalement.*

Nervures latérales étalées, légèrement décurrentes à la base, *bifurquées* soit dès leur base, soit à quelque distance, *en deux branches simples* ou elles-mêmes

Description de l'espèce.

dichotomes, *légèrement arquées en avant vers leur extrémité; nervures au nombre de 20 à 3o par centimètre de longueur compté sur le bord du limbe.

Les figures 3 à 5 de la Planche IX représentent les principaux échantillons de cette espèce, consistant, tous en fragments trop incomplets pour qu'on puisse s'assurer s'ils proviennent de frondes simples ou de pennes dépendant de frondes une ou plusieurs fois pinnées. L'un d'eux (fig. 5) montre le sommet du limbe terminé en pointe obtusément aiguë, comme sur les figures 14 et 15, pl. I, et fig. 4, pl. II, de la *Fossil Flora of the Gondwana System,* vol. I, pt. 4; la nervation concorde d'ailleurs exactement, tant comme rapprochement que comme allure des nervures, avec celle que montrent les figures d'Oldham et Morris, aussi bien que de Feistmantel, citées dans la liste qui précède; mais le rétrécissement graduel que présente vers sa base l'échantillon de la figure 4, Pl. IX, de même que la grande largeur du limbe de l'échantillon de la figure 3, pourraient donner à penser qu'il s'agit, avec l'espèce du Tonkin, d'une Fougère à fronde simple plutôt que d'une Fougère à fronde pinnée ou bipinnée, de telle sorte que, malgré la concordance des caractères principaux avec le *Tæn. Mac Clellandi,* je n'ose conclure sans réserve à l'identification avec cette espèce, que la planche XXIII d'Oldham et Morris montre représentée par des fragments de frondes pinnés, composés de rachis plus ou moins épais portant des pennes rubanées, sessiles, arrondies à leur base. Quelques-unes de ces pennes offrent bien à leur partie inférieure un rétrécissement graduel du limbe comparable à celui qu'on observe sur la figure 4 de la Planche IX, quoique moins accentué et portant sur une étendue moindre; aussi ce rétrécissement du limbe ne m'avait-il pas paru, en 1882, faire obstacle à l'identification spécifique. Ce qui me fait hésiter davantage aujourd'hui, c'est qu'à ce caractère est venu s'ajouter l'indication fournie par l'échantillon de la figure 3, récolté depuis lors par M. Bavier-Chauffour et dont la grande largeur, très supérieure à celle des pennes les plus larges de l'espèce de l'Inde, donne plutôt l'impression d'une fronde simple que d'une penne détachée d'une fronde composée. Il ne faut pas oublier cependant que les frondes simplement pinnées du *Danæopsis Hughesi* Feistmantel offrent parfois des pennes latérales mesurant jusqu'à 6 centimètres de largeur[1], alors que d'autres échantillons ont des pennes larges seulement de 20 à 25 millimètres, de sorte qu'il n'y a rien d'impossible à ce que les segments latéraux du *Tæn. Mac Clellandi*

[1] *Foss. Flora of the Gondwana System,* IV, pt. 1, pl. IV.

aient atteint eux-mêmes des dimensions égales, sinon supérieures, à celles de l'échantillon que je représente sur la figure 3 de la Planche IX. Il se peut donc que l'espèce du Tonkin soit réellement identique à celle de l'Inde; mais comme cette identité ne peut, actuellement, être positivement établie, quelque concordants que soient les caractères fournis par la nervation comme par le mode de terminaison supérieure du limbe, je me borne à la rapprocher du *Tæn. Mac Clellandi* sans affirmer l'identification.

Cette espèce diffère en tout cas du *Tæn. ensis* par ses nervures à la fois beaucoup plus étalées et plus serrées. Comparée au *Tæn. Münsteri*, elle se distingue par ses nervures moins étalées, au contraire, mais plus rapprochées et plus flexueuses. Enfin elle diffère du *Tæn. Jourdyi* parce que celui-ci a les nervures plus étalées, presque rectilignes et surtout notablement plus serrées.

Elle ne s'est montrée, jusqu'à présent, qu'en deux points du Bas-Tonkin.

Mines de Hongaÿ, système de Hatou : découvert de Hatou.

Mines de Dong-Trieu : Lang-Sân (Lam-Xâ?).

Rapports et différences.

Provenance.

TÆNIOPTERIS (MARATTIA) MÜNSTERI Gœppert.

Pl. IX, fig. 6 à 8.

1842. **Tæniopteris Münsteri** Gœppert, *Genr. d. pl. foss.*, livr. 3-4, p. 51, pl. IV, fig. 1-3. Andræ, *Foss. Fl. Siebenb. u. d. Banates*, p. 37, pl. X, fig. 2; pl. XI, fig. 8. Schenk, *Foss. Fl. d. Grenzsch.*, p. 99, pl. XX, fig. 2-8.

1869. **Angiopteridium Münsteri** Schimper, *Trait. de pal. vég.*, I, p. 603, pl. XXXVIII, fig. 1-6.

1874. **Marattiopsis Münsteri** Schimper, *Trait. de pal. vég.*, III, p. 514. Nathorst, *Fl. Höganäs och Helsingborg*, p. 48, Hög. yngre, pl. I, fig. 6. Zeiller, *Bull. Soc. Géol. Fr.*, 3ᵉ sér., XIV, p. 457, pl. XXIV, fig. 5-7. Hjorth, *Dann. geol. Undersog.*, II R, p. 69, pl. III, fig. 7.

1879. **Marattia Münsteri** Schimper, *Handb. der Paläont.*, II, p. 87, fig. 64. Renault, *Cours de bot. foss.*, III, p. 86, pl. 13, fig. 4, 5. Raciborski, *Fl. retycka poln. stokw.*, p. 6, pl. II, fig. 1-5. Möller, *Bidr. till Bornholms foss. flora, Pterid.*, p. 17, pl. I, fig. 1.

1888. **Angiopteris Münsteri** Schenk, *Foss. Pflanzenreste*, p. 31, fig. 24 b.

1892. **Tæniopteris (Marattiopsis) Münsteri** Bartholin, *Bot. Tidsskr.*, XVIII, p. 23, pl. IX, fig. 6, 9.

Frondes probablement simplement pinnées, à rachis primaire large de 3 à 8 millimètres. *Pennes* primaires étalées-dressées, se touchant par leurs bords ou empiétant légèrement les unes sur les autres, *à bords parallèles entiers ou très faiblement crénelés, sessiles et brusquement arrondies à la base*, graduellement rétrécies vers leur extrémité, *arrondies ou obtusément aiguës au sommet*, larges

Description de l'espèce.

de 12 à 35 millimètres, atteignant sans doute 15 à 20 centimètres au moins de longueur.

Nervure médiane large de 1 à 3 millimètres; *nervures latérales habituellement très étalées*, parfois cependant faiblement obliques et alors légèrement décurrentes à leur base, *bifurquées dès leur origine ou presque immédiatement au-dessus en deux branches généralement droites*, atteignant le bord du limbe sous un angle très ouvert, *comprenant entre elles de fausses nervures* plus fines, à raison d'une seule dans chaque intervalle; nervures au nombre de 15 à 18 par centimètre de longueur compté sur le bord du limbe.

Pennes fertiles semblables aux pennes stériles, portant des sores linéaires, longs de 2 à 7 millimètres, fixés sur les nervures au voisinage de leur extrémité, et formés de deux séries de sporanges soudés les uns aux autres, constituant des synangium bivalves à déhiscence longitudinale.

Remarques paléontologiques.

Il a été recueilli dans le bassin de Hongaÿ plusieurs fragments de pennes de cette espèce, presque tous fertiles, au moins sur une partie de leur étendue, avec des appareils fructificateurs généralement bien conservés. Les plus intéressants sont représentés sur les figures 6 à 8 de la Planche IX. On peut remarquer la grande largeur du limbe de certains d'entre eux, notamment fig. 6 et 7, qui dépassent sensiblement les échantillons les plus larges du *Tæn. Münsteri* des gisements rhétiens d'Europe, si bien même qu'on pourrait se demander s'il ne s'agirait pas ici de fragments de frondes simples plutôt que de pennes détachées; mais un échantillon, non représenté sur la Planche IX à raison de sa conservation trop imparfaite, montre une base de penne brusquement arrondie, quelque peu dyssymétrique, avec des nervures nettement arquées en arrière sur l'un des bords, et dont la disposition atteste que cette forme arrondie ne provient pas d'une déchirure accidentelle, mais correspond bien à une insertion sur un rachis commun. Comme, d'autre part, la nervation, avec ses nervures bifurquées dès leur base, très étalées, séparées par des « nervures récurrentes », concorde exactement avec celle du *Tæn. Münsteri*, il n'est pas douteux qu'on ait réellement affaire à cette espèce, représentée seulement par une forme à pennes un peu plus larges que d'habitude; on trouve d'ailleurs une série de passages entre les formes larges, telles que celles des figures 6 et 7, et les formes étroites, ou, pour mieux dire, de largeur normale, telles que celle de la figure 8. J'ajoute que les échantillons les mieux conservés, celui de la figure 8 en particulier, montrent sur les bords du limbe de très fines crénelures, chaque nervure aboutissant à une légère saillie en forme de demi-ellipse, conformément à ce que montrent les figures données par Schim-per[1] d'un échantillon de *Tæn. Münsteri* de Bayreuth.

L'examen attentif des portions fertiles de ces pennes montre, ainsi que je l'ai indiqué en 1886, que les fructifications dont elles sont chargées offrent tous les caractères de celles du genre vivant *Marattia*, constituées par des synangium coriaces s'ouvrant par une fente longitudinale en deux valves pluri-loculaires. Sur certains échantillons, comme celui de la figure 8, ces synangium sont encore fermés, et l'on peut constater, sur la figure grossie 8 *b*, que quel-ques-uns d'entre eux se présentent avec un relief assez accentué, leur ligne médiane correspondant à la déhiscence, faisant saillie comme l'arête d'un toit, de part et d'autre de laquelle on distingue des bossellements correspon-dant aux sporanges qui constituent chaque valve; d'autres, au contraire, sont déjetés sur le côté et ne montrent alors qu'une seule file de bossellements; mais tous sont limités par un contour curviligne continu ou à peine ondulé, et il est visible qu'il n'y a pas là, comme l'avait cru Schenk, de sporanges indé-pendants tels qu'on en observe chez les *Angiopteris*. Sur le fragment de penne de la figure 7, les synangium paraissent ouverts; ils sont presque contigus, affectant la forme d'étroits rectangles très allongés, arrondis à chaque extré-mité et divisés par une ligne médiane en deux moitiés dont chacune se décom-pose en une quarantaine de compartiments ou de granulations (voir la figure grossie 7 *a*) de 0^{mm}, 15 à 0^{mm}, 20 de largeur, sur 0^{mm}, 4 à 0^{mm}, 5 de hauteur, correspondant aux logettes de chaque valve du synangium. M. Raciborski a fait, d'ailleurs, des observations identiques sur des échantillons de *Tæn. Münsteri* des couches rhétiennes de Gromadzice en Pologne, et il n'est plus possible aujourd'hui de douter que cette espèce appartienne au genre vivant *Marattia*.

Comparé aux espèces qui précèdent, le *Tæn. Münsteri* se distingue du *Tæn. ensis* par ses nervures beaucoup plus étalées et un peu moins écartées, tandis qu'il a, au contraire, les nervures beaucoup moins rapprochées que le *Tæn. cf. Mac Clellandi*, chez lequel elles sont en outre plus flexueuses et un peu moins étalées. Il ne peut non plus être confondu avec le *Tæn. Jourdyi*, qui a une nervation infiniment plus fine et plus serrée. Rapports et différences.

Les échantillons, relativement nombreux, de cette espèce qui ont été récoltés au Tonkin proviennent d'un seul et même point, à savoir, de l'île du Sommet Buisson, galerie Jean. Provenance.

[1] Schimper, *Traité de paléontologie végétale*, pl. XXXVIII, fig. 2, 3.

TÆNIOPTERIS JOURDYI Zeiller.

Pl. X, fig. 1 à 6; Pl. XI, fig. 1 à 4; Pl. XII, fig. 1 à 4 et 6 à 8; Pl. XIII, fig. 1 à 5.

1882. **Tæniopteris spatulata** var. **multinervis** Zeiller (*non* Oldham et Morris), *Ann. des Mines*, 1882, II, p. 3o5, pl. X, fig. 6.

1882. **Tæniopteris** sp. Zeiller, *Ann. des Mines*, 1882, II, p. 3o5, 351, pl. X, fig. 9, 10.

1886. **Macrotæniopteris Jourdyi** Zeiller, *Bull. Soc. Géol. Fr.*, XIV, p. 459, pl. XXV, fig. 1-3.

1895. **Tæniopteris spatulata** Massat (*non* Mac Clelland), *le Naturaliste*, 1895, p. 72.

Description de l'espèce.

Frondes simples, à bords parallèles, entiers, tantôt brusquement contractées et arrondies à la base, tantôt plus ou moins longuement décurrentes sur le pétiole, graduellement rétrécies vers le haut, tantôt tronquées au sommet, tantôt arrondies ou obtusément aiguës, tantôt, et surtout les formes étroites, tout à fait aiguës, *de dimensions très variables,* longues de 10 à 40 centimètres, larges de 10 à 70 millimètres; *rachis* large de 2 à 7 millimètres, *marqué de plis transversaux discontinus très rapprochés.*

Nervures très serrées, très étalées, tantôt partant presque normalement du rachis, tantôt légèrement arquées à la base, parfois simples, *d'ordinaire une ou deux fois bifurquées,* atteignant le bord du limbe sous un angle droit ou presque droit, *au nombre de 35 à 50 par centimètre.*

Remarques paléontologiques.

Cette espèce, l'une des plus communes de la formation charbonneuse du Bas-Tonkin, est remarquable par son polymorphisme et par la grande variabilité de sa taille, rappelant à cet égard ce qu'on observe chez l'*Asplenium nidus* L. de la flore actuelle. On serait, au premier abord, peu disposé à admettre l'identité de formes à frondes larges, arrondies à la base, tronquées au sommet, telles que celles des figures 1 et 2, Pl. X, avec des formes étroites, effilées à la base comme au sommet, telles que celles des figures 1 à 5, Pl. XIII; mais lorsqu'on examine un nombre d'échantillons un peu considérable, on constate que, outre les caractères communs fournis par le mode d'ornementation du rachis et par la nervation, les formes étroites, à sommet aigu, à limbe décurrent le long du rachis, se lient par une série ininterrompue d'intermédiaires aux formes larges, à limbe tronqué ou arrondi au sommet, contracté en arc semi-circulaire à la base. La reproduction de toutes ces formes de passage eût exigé, on le comprendra, des planches trop nombreuses; mais sans vouloir multiplier plus que de raison le nombre de celles-ci, j'ai tenu à faire figurer au moins les étapes principales entre les formes extrêmes, de manière à permettre au lecteur de s'assurer du peu de constance des caractères fournis par la forme aussi bien que par les dimensions de ces frondes.

En ce qui regarde la base du limbe, il n'y a pas de différence sensible entre l'échantillon fig. 2, Pl. X, et l'échantillon fig. 2, Pl. XI, quoiqu'on voie déjà chez ce dernier, du côté gauche, une légère tendance à une terminaison plus oblique du limbe sur le pétiole; cette obliquité est plus accusée sur l'échantillon fig. 1, 1 a, Pl. XII; sur d'autres, la base du limbe aboutit de plus en plus obliquement au contour latéral du pétiole, et l'on arrive à des formes telles que celle de la figure 6, Pl. XII, où l'on voit du côté droit le limbe se rétrécir peu à peu et faire avec le pétiole un angle très aigu, sans cependant qu'il y ait encore décurrence à proprement parler, tandis que du côté gauche le limbe est longuement décurrent le long du pétiole. Sur l'échantillon fig. 1, Pl. XI, cette décurrence se combine avec un rétrécissement assez brusque du limbe, qui se contracte en une aile étroite, tandis que sur les échantillons fig. 6 et fig. 7, Pl. XII, le limbe se rétrécit insensiblement et se montre longuement décurrent sur le rachis, comme il l'est sur les formes étroites des figures 1 et 3 de la Planche XIII. L'échantillon fig. 3, Pl. XI, atteste d'ailleurs que ce rétrécissement graduel du limbe n'est pas l'apanage des frondes étroites et s'observe parfois sur les formes les plus larges, tandis que les frondes étroites semblent n'avoir jamais le limbe brusquement contracté à la base que présentent fréquemment les frondes larges.

Pour ce qui regarde la terminaison supérieure de la fronde, on observe de même tous les passages : la forme tronquée, avec échancrure médiane, de la figure 1, Pl. X, se retrouve sur la figure 3, Pl. X, avec un limbe un peu plus étroit, ainsi que sur la figure 2, Pl. XII, où l'échancrure médiane est seulement moins prononcée. Cette échancrure s'observe encore, mais à peine sensible, sur l'échantillon fig. 3, Pl. XII, qui se termine en pointe plus effilée, et l'échantillon fig. 4, Pl. XII, ne diffère de ce dernier que par son sommet arrondi, ou du moins terminé en pointe obtuse, l'échancrure médiane ayant disparu. Puis, la forme générale restant la même, le sommet s'effile d'autant plus que le limbe se rétrécit lui-même davantage, et l'on passe, par l'intermédiaire de formes telles que celles des fig. 3 et fig. 2, Pl. XIII, à des frondes franchement effilées en pointe aiguë à leur sommet, telles que celle de la figure 1, Pl. XIII.

L'échantillon fig. 1 a, 1′, de la Planche XII, à limbe brusquement contracté

9.

à 3 ou 4 centimètres au-dessous du sommet en une étroite pointe, effilée
elle-même à son extrémité, me paraît devoir être considéré comme un cas
tératologique, dû peut-être à une lésion accidentelle de la région terminale
de la fronde, car je n'en ai pas retrouvé d'autre exemple parmi le très grand
nombre d'exemplaires de cette espèce dont j'ai pu observer l'extrémité supérieure.

Une déformation d'un autre genre m'a été offerte par quelques échantillons, peu nombreux, provenant principalement du découvert de Hatou, tels
que celui de la figure 8, Pl. XII, qui montrent le limbe divisé en segments
plus ou moins réguliers, brusquement tronqués à leur sommet, plus graduellement rétrécis à leur partie inférieure suivant un arc circulaire ou elliptique.
Quelquefois, comme sur le fragment de fronde situé à droite de cette même
figure 8, ces segments sont tous de hauteur égale, et l'on pourrait se demander
si l'on n'aurait pas affaire là à une fronde de quelque Ptérophyllée, comme
le *Pterophyllum* (*Anomozamites*) *inconstans* ou le *Pteroph. Münsteri*; mais sur
d'autres fragments, en particulier sur celui qui occupe la gauche de la même
figure, et dont on peut distinguer plus nettement le contour en recourant à
la loupe, on observe des segments tout à fait irréguliers et l'on reconnaît qu'il
s'agit là d'échancrures accidentelles, comparables à celles que présentent
parfois certaines feuilles vivantes, notamment celles du Laurier-rose. La forme
de ces segments n'est d'ailleurs pas la même que chez les *Pterophyllum* que je
viens de citer, et la nervation, si on l'examine de près, est aussi quelque peu
différente.

Ce que j'ai dit plus haut du nombre des nervures aboutissant au bord du
limbe dans 1 centimètre de longueur montre que la nervation, tout en étant
toujours très serrée et très fine, peut offrir à cet égard certaines variations,
dont on peut, du reste, se rendre compte sur les figures que je donne de
cette espèce, et en particulier sur les figures grossies, qui sont toutes au
double de la grandeur naturelle. Ces variations sont à peu près indépendantes de la largeur de la fronde, peut-être cependant un peu plus étendues
sur les frondes les plus étroites, de 10 à 15 millimètres de largeur, où le
nombre des nervures par centimètre descend parfois à 35 et même à 33
ou 32, tandis qu'il s'élève dans d'autres cas, tout aussi bien que sur les frondes
plus larges, à 50, quelquefois même à 55, comme sur l'échantillon fig. 3, 3 a,
Pl. XIII. Sur les frondes larges, de 4 à 7 centimètres, le nombre des nervures
par centimètre ne varie guère qu'entre 40 et 50. Quelques nervures demeu-

rent tout à fait simples et aboutissent au bord du limbe sans s'être divisées;
la plupart, au contraire, se bifurquent, une ou, plus rarement, deux fois, la
bifurcation pouvant se trouver placée en un point quelconque de leur parcours, soit dès la base, soit plus ou moins loin de celle-ci, parfois même à
peu de distance du bord du limbe.

Sur quelques échantillons, on distingue entre ces vraies nervures de fausses
nervures au nombre d'une dans chaque intervalle, formées d'une ligne plus
fine que les nervures véritables, et parfois discontinue, affectant l'apparence
d'une file de ponctuations très rapprochées; la nervation paraît alors encore
plus serrée, ainsi qu'on peut le voir à la loupe sur la figure 3 de la Planche XI,
particulièrement du côté droit vers le tiers inférieur de la hauteur; mais on
peut toujours, avec un peu d'attention, et en faisant varier l'éclairement, distinguer ces fausses nervures des nervures proprement dites, qui, au besoin,
se reconnaîtraient à leurs bifurcations; il est rare d'ailleurs que, sur tel ou
tel point de l'échantillon, les nervures vraies n'apparaissent pas avec netteté,
les fausses nervures s'effaçant plus ou moins complètement.

Les frondes du *Tæn. Jourdyi* devaient être réunies en touffes, à la manière
de celles de notre Scolopendre officinale : un échantillon de Kébao, représenté sur la figure 4 de la Planche XI, montre en effet quatre ou cinq pétioles
réunis les uns à côté des autres, partant d'un même point, et l'un d'eux, celui
qui aboutit immédiatement au-dessous du chiffre 4, est muni sur son bord
gauche d'un lambeau de limbe contracté à la base en arc arrondi et pourvu
de nervures bien visibles, qui ne laisse aucun doute sur l'attribution spécifique. Quelques racines, munies de fines radicelles, dont l'une se voit nettement sur le bord inférieur de la figure, du côté gauche, semblent dépendre
de la même touffe et appartenir au rhizome qui portait ces frondes.

Sur certains échantillons, comme celui de la figure 2, Pl. XI, les pétioles
semblent avoir été munis à leur base d'une aile membraneuse, graduellement
rétrécie vers le haut, tout à fait comparable à celle que présentent à leur
base les pétioles de l'*Osmunda regalis*; on en voit également un indice à la
base du pétiole de la figure 1, Pl. XI.

Il ne me paraît pas douteux, à en juger notamment par le port de ces
frondes, qu'on ait affaire là à une Fougère et qu'il faille écarter absolument
l'idée, parfois mise en avant pour certains *Tæniopteris*, d'une attribution aux
Cycadinées. Malheureusement, parmi tous les échantillons que j'ai eus entre
les mains, aucun ne s'est rencontré présentant des fructifications, à moins

qu'il ne faille considérer comme tels et rapporter au *Tæniopteris Jourdyi* certains échantillons de Kébao, d'interprétation un peu incertaine, dont le plus net est représenté sur la figure 5 de la Planche XII : ils consistent en des empreintes de frondes linéaires-spatulées, à sommet obtusément aigu, longues de 8 à 9 centimètres sur 10 à 12 millimètres de largeur; la forme générale rappelle, avec un élargissement plus accentué toutefois de la région terminale, celle de la fronde fig. 3, Pl. XIII. La nervure médiane, très forte, est marquée de plis transversaux semblables à ceux qu'on observe chez le *Tæn. Jourdyi*, mais il est impossible de rien discerner de la nervation, ces frondes paraissant avoir été très épaisses. Le long des bords, à 0^{mm},5 ou 1 millimètre de distance, court une bande en relief de 1 millimètre de largeur environ, coupée de plis transversaux rapprochés, qui donne l'impression d'une bande sorifère submarginale, mais dont il est impossible de discerner la constitution, soit qu'on ait affaire là à des frondes incomplètement développées et imparfaitement conservées à raison même de l'insuffisance de leur développement, soit qu'il s'agisse d'organes normalement épais et charnus, peu susceptibles de bonne conservation. On peut se demander si cette bande submarginale ne correspondrait pas à des synangium analogues à ceux du *Tæn. (Marattia) Münsteri*, tels qu'on les voit sur la figure 8 de la Planche IX, ou encore à des groupes de sporanges indépendants fixés le long des nervures, comme chez les *Angiopteris;* le rapprochement même des nervures du *Tæn. Jourdyi* expliquerait peut-être le peu de netteté de l'empreinte, les groupes de sporanges ou les synangium, serrés les uns contre les autres, devant forcément, dans de telles conditions, se montrer mal délimités. Mais il est impossible de faire à cet égard autre chose que des conjectures; tout ce qu'on peut dire, c'est qu'il s'agit là probablement de frondes fertiles de *Tæniopteris*, et peut-être de *Tæn. Jourdyi;* s'il en était ainsi, cette espèce aurait eu des frondes stériles et fertiles, sinon dimorphes à proprement parler, du moins de taille et de consistance très différentes, ainsi que cela a lieu chez plusieurs *Acrostichum* de la flore actuelle.

Rapports et différences. Cette espèce se distingue nettement de celles qui précèdent ainsi que de celles qui vont suivre par ses nervures beaucoup plus nombreuses, plus fines et plus serrées, de sorte qu'il n'est pas possible de les confondre. Elle diffère en outre des suivantes, et en particulier du *Tæn. virgulata,* dont la rapprochent la forme et la dimension de ses frondes, par son limbe tout à fait plan, dépourvu de sillons transversaux séparant les nervures les unes des autres.

Parmi les autres espèces déjà décrites, la seule qui me paraisse devoir être mentionnée ici comme offrant des analogies avec le *Tæn. Jourdyi* est le *Tæn. tenuinervis* Brauns [1], qui ressemble beaucoup aux formes étroites, à limbe décurrent, de l'espèce que je viens de décrire, mais qui semble avoir les nervures un peu moins étalées et moins serrées et quelque peu flexueuses; le *Tæn. tenuinervis* paraît offrir toujours un rachis parfaitement lisse ou à peine strié en long, et aucun des échantillons figurés ne montre les plis transversaux rapprochés qu'on observe avec tant de constance chez le *Tæn. Jourdyi*; enfin le *Tæn. tenuinervis* n'a jamais été trouvé que sous la forme étroite à limbe décurrent sur le rachis et ne montre pas les variations de taille et de forme que l'on constate chez l'espèce du Tonkin. Il n'est donc pas possible de songer à une identification spécifique, et le *Tæn. Jourdyi*, que j'avais établi en 1886 sur les formes larges rapportées du Tonkin par M. le Commandant, aujourd'hui Général Jourdy, me paraît constituer un type nettement autonome.

Les très nombreux échantillons de cette espèce que j'ai reçus depuis lors et qui m'ont permis de constater son polymorphisme m'ont amené à reconnaître qu'il fallait lui rapporter, comme appartenant à sa forme étroite, les quelques fragments de frondes de Hongaÿ et de Kébao que j'avais, en 1882, attribués au *Tæn. spatulata*, var. *multinervis*, attribution qu'avait suivie M. Massat pour les spécimens qu'il a figurés en 1895 et dont la dénomination doit être également rectifiée.

Synonymie.

Le *Tæn. Jourdyi* s'est montré partout assez abondant, particulièrement à Kébao dans la couche M, et à Hatou dans les intercalations schisteuses de la Grande couche.

Provenance.

Mines de Kébao : couche G; mine Rémaury, couche Q; mine de Caï-Daï, plan 4, niveau 70, couche Q; puits Lanessan, mine de la Traînée verte, couche de la Descenderie; système inférieur (Sarran), couche n° 1 (couche C); système supérieur, couche n° 2, galerie M (couche M).

Mines de Hongaÿ. Système de Hatou : Hatou, mur et toit de la Grande couche, grand banc de schiste, découvert Nord au mur de la Grande couche; Gia-Ham. — Système de Nagotna : Rivière des Mines, rive droite, première vallée; rive gauche, entre la pagode et Claireville; mine de Carrère, toit de couche Marmottan, mur et toit de la couche Bavier; Nagotna, toit de la

Brauns, *Palæontographica*, IX, p. 50, pl. XIII, fig. 1-3.

couche Marmottan; vallée orientale de l'Œuf, couche près d'une petite île et galerie Léonice.

Île Hongaÿ.

Île du Sommet Buisson, galerie Jean.

Environs de Dong-Trieu.

TÆNIOPTERIS VIRGULATA n. sp.

Pl. XIV, fig. 1 à 3.

1882. **Macrotæniopteris Feddeni** Zeiller (*non* Feistmantel), *Ann. des Mines*, 1882, II, p. 307, pl. XII, fig. 1.

Description
de l'espèce.

Frondes simples, à bords parallèles, entiers, brusquement contractées et *arrondies à la base,* pétiolées, larges de 5 à 14 centimètres, atteignant au moins 30 à 40 centimètres de longueur; *rachis* large de 3 à 6 millimètres, *marqué de plis transversaux discontinus très rapprochés* et parfois, en outre, de stries longitudinales.

Nervures étalées à angle droit sur le rachis, légèrement arquées à leur base dans la région inférieure de la fronde, *tantôt simples, tantôt bifurquées* soit dès leur base, soit à plus ou moins grande distance, à branches généralement simples, atteignant le bord du limbe *au nombre de 12 à 20 par centimètre; nervures fortement saillantes* sur la face inférieure de la fronde, placées au contraire au fond d'un sillon sur la face supérieure, le *limbe* étant *fortement plissé* et comme gaufré transversalement.

Remarques
paléontologiques.

Cette espèce s'est montrée représentée par un nombre assez restreint d'échantillons qui permettent de se rendre compte, ainsi qu'on peut le voir sur les figures 1 à 3 de la Planche XIV, de la forme que présentait la fronde à sa base et de la grande largeur qu'elle était susceptible d'atteindre; mais sur aucun d'entre eux je n'ai pu observer le mode de terminaison supérieure. Le caractère le plus saillant réside dans la gaufrure transversale du limbe, qui est également accentuée sur l'une et l'autre face, les nervures étant d'un côté en saillie, et de l'autre étant situées au fond de sillons séparés par des arêtes en relief. Ainsi qu'il est *a priori* naturel de le penser, la face du limbe sur laquelle les nervures se présentent en relief est la face inférieure, et c'est sur la face supérieure qu'elles se montrent placées au fond de sillons plus ou moins profonds : un examen attentif permet en effet de constater que sur les échantillons à nervures en creux séparées par des plissements en relief, comme ceux des figures 1 et 2, Pl. XIV, le limbe et surtout les origines des nervures empiètent plus ou moins sur les bords latéraux du rachis, ainsi que cela doit avoir lieu sur la face supérieure de la fronde; en outre, la surface de la lame charbonneuse apparaît tout à fait lisse. Au contraire, sur les échantillons où les nervures sont en relief, comme celui de la figure 3, Pl. XIV, le rachis déborde plus ou moins sur la base des nervures, et l'on voit celles-ci venir converger vers lui, se réunir deux à deux, mais s'arrêter contre lui sans se poursuivre jusqu'à leur origine, ainsi que cela doit être lorsqu'on a affaire à la face inférieure d'une fronde à rachis épais, plus ou moins écrasé; en outre, les portions du limbe comprises entre les nervures affectent une apparence mate et finement grenue, et si on les examine sous un grossissement suffisant, on reconnaît qu'elles sont marquées de nombreuses et très fines dépressions ponctiformes, qu'il est naturel de regarder comme correspondant aux stomates. Sur cette face inférieure, chaque nervure est dessinée par une bande de 1/5 à 1/6 de millimètre de largeur, déprimée en son milieu, de manière à offrir parfois l'apparence de deux lignes parallèles contiguës, tandis que, sur la face supérieure, elle se présente sous la forme d'un mince cordon saillant placé au fond du sillon formé par les plissements du limbe entre lesquels elle est comprise. On peut d'ailleurs, en examinant à la loupe les figures 1 à 3 de la Planche XIV, se rendre compte de tous ces détails.

Par son rachis plissé en travers et par l'étalement de ses nervures, cette espèce ressemble au *Tæn. Jourdyi*, mais elle s'en distingue aisément par la gaufrure de son limbe, le *Tæn. Jourdyi* ayant le limbe parfaitement plan, ainsi que par ses nervures beaucoup moins nombreuses et moins fines. Elle diffère d'autre part du *Tæn. Feddeni* de l'Inde[1], auquel je l'avais rapportée tout d'abord, parce que celui-ci, ainsi que j'ai pu le constater sur des échantillons authentiques de cette espèce donnés à l'École des Mines par le *Geological Survey of India*, a la fronde tout à fait plane, avec des nervures beaucoup plus fines, plus serrées et plus flexueuses.

Le *Tæniopteris danæoides* Royle (sp.)[2] a, au contraire, les nervures bien

Rapports
et différences.

[1] *Macrotæniopteris Feddeni* Feistmantel, *Fossil Flora of the Gondwana System*, III, pt. II, p. 89, pl. XXI A, fig. 3; pl. XXII A, fig. 1-4; IV, pt. 1, p. 31, pl. XXI, fig. 5; IV, pt. 2, p. 24, pl. I A, fig. 1.
[2] *Macrotæniopteris danæoides* Feistmantel, *Fossil Flora of the Gondwana System*, III, pt. II, p. 88, pl. XX A; pl. XXI A, fig. 1, 2.

plus espacées, en même temps qu'il a la fronde plane comme le *Tæn.
Feddeni.*

En somme, parmi les espèces décrites, je n'en ai trouvé aucune avec
laquelle celle-ci fût susceptible d'être identifiée, et j'ai dû en conséquence
lui appliquer un nom nouveau.

Le *Tæn. virgulata*, sans être commun, s'est rencontré sur plusieurs points
dans la région de Hongaÿ et de Kébao.

Mines de Kébao : couche G.

Mines de Hongaÿ. Système de Hatou : mine Jauréguiberry. — Système de
Nagotna : Rivière des Mines, monticule rive gauche en aval de Claireville;
Nagotna, toit de la couche Marmottan.

Île Hongaÿ.

Île du Sommet Buisson, galerie Jean.

TÆNIOPTERIS SPATULATA Mac Clelland.

Pl. XIII, fig. 6 à 12.

1850. *An* **Tæniopteris spatulata** Mac Clelland, *Rep. Geol. Surv. India* 1848-1849, p. 53,
pl. XVI, fig. 1 ?

1863. **Stangerites spatulata** Oldham et Morris, *Foss. Fl. Gondwana Syst.*, I, pt. 1, p. 34, pl. VI,
fig. 1-6 (*non* fig. 7).

1869. **Angiopteridium spathulatum** Schimper, *Trait. de pal. vég.*, I, p. 605. Feistmantel, *Foss.
Fl. Gondwana Syst.*, I, pt. 2, p. 97; pt. 3, p. 172, pl. I, fig. 6 *b*, 7 *b*; pt. 4, p. 206,
pl. I, fig. 8-13, 17, 18; pl. II, fig. 3 (*an* fig. 5, 6?); pl. XV, fig. 11; (an *Rec. Geol.
Surv. India*, XIV, p. 150, pl. I, fig. 3?).

1879. **Tæniopteris (Angiopteridium) spatulata** Medlicott et Blanford, *Manual Geol. India*,
p. 142, pl. IX, fig. 4.

1882. **Tæniopteris spatulata** Zeiller, *Ann. des Mines*, 1882, II, p. 304, pl. X, fig. 8 (*non* fig. 6).
R. D. Oldham, *Manual Geol. India*, 2^d ed., p. 176 bis.

*Frondes simples, à bords parallèles, entiers, à contour étroitement linéaire-lan-
céolé ou linéaire-spatulé*, graduellement rétrécies vers la base, à pétiole court
ou presque nul, tantôt spatulées et arrondies à leur sommet, tantôt effilées
en pointe obtusément aiguë, larges de 3 à 12 millimètres sur 6 à 15 centimètres de longueur; à rachis large de 0^{mm},5 à 1^{mm},5, tantôt lisse, tantôt
marqué soit de stries longitudinales, soit de fines cannelures transversales.

Nervures très étalées, généralement bifurquées dès la base, atteignant le bord
du limbe au nombre de 25 à 30 par centimètre; *limbe fréquemment marqué
de plis transversaux plus ou moins prononcés, divisant sa surface en comparti-*

ments légèrement bombés, de 1/3 à 2/3 de millimètre de hauteur, *portant chacun une nervure bifurquée.*

Cette espèce se présente le plus souvent dans les gîtes charbonneux du Tonkin sous la forme de fragments de frondes plus ou moins incomplets, épars en assez grand nombre les uns à côté des autres, ainsi qu'on le voit sur la figure 12 de la Planche XIII.

Remarques paléontologiques.

Je n'ai jamais observé de fronde absolument complète; mais quelques fragments, comme celui de la figure 7, montrent le sommet, effilé en pointe obtusément aiguë, tandis que d'autres, plus nombreux, comme ceux des figures 8, 9 et 10, laissent voir la base de la fronde, graduellement rétrécie vers le bas, tantôt munie d'un très court pétiole, ainsi qu'on le voit sur la figure 10, tantôt et le plus souvent paraissant dépourvue de pétiole, le limbe se continuant jusqu'à l'extrémité visible du rachis.

Presque tous ces fragments de frondes se montrent plissés transversalement, la face supérieure du limbe divisée par d'étroits sillons rectilignes en compartiments légèrement bombés, dont chacun porte une nervure, généralement bifurquée dès la base, ainsi qu'on le voit sur les figures grossies 8 *a* et 11 *a;* plus rarement la bifurcation n'a lieu qu'à une certaine distance du rachis; les deux branches de chaque nervure demeurent presque toujours simples; je crois cependant avoir observé parfois une seconde bifurcation de l'une ou de l'autre branche, mais sur des échantillons à nervation peu distincte, de nature à laisser quelque doute sur la réalité du fait. Quelquefois le sillon qui sépare deux nervures est moins accentué que ses voisins, de sorte que l'on observe sur un même compartiment deux nervures bifurquées consécutives, séparées seulement par une légère dépression : tel est le cas notamment, sur l'échantillon fig. 11 *a*, pour le quatrième compartiment en partant du haut, du côté gauche. Enfin la fronde est parfois presque plane, les sillons transversaux, ou les plis en relief qui leur correspondent en empreinte, n'étant que très faiblement marqués; c'est ce qui a lieu en particulier sur le fragment de fronde voisin du bord supérieur de gauche de la figure 12.

Ainsi constituées, ces frondes me semblent pouvoir être identifiées sans hésitation à celles des couches de Vemavaram et de Chirakunt que Feistmantel a figurées au volume I, partie 4, de la *Fossil Flora of the Gondwana System,* particulièrement fig. 8, 9, 10, 18, pl. I, et fig. 11, pl. XV, sous le nom d'*Angiopteridium spatulatum;* ces figures semblent, il est vrai, indiquer des frondes planes; mais outre que, comme je l'ai dit, certains échantillons du

Rapports et différences.

Tonkin offrent un limbe à peine plissé, la figure grossie 9 *a* de la planche I précitée montre, par places, de fins traits rectilignes transversaux compris entre deux nervures, qui ne sont pas assimilables aux nervures et qui attestent l'existence, sur les échantillons de l'Inde, de plis identiques à ceux des échantillons du Tonkin, peut-être seulement moins constants et moins fortement accusés. Il n'y a donc aucun doute à avoir sur l'identité respective de ces échantillons, et je ne crois pas non plus qu'on puisse douter de l'identité spécifique des frondes étroites, effilées vers le sommet, représentées par Feistmantel sur les figures que j'ai citées, avec les frondes tant soit peu plus larges, à sommet spatulé, des figures 12 et 13 de la même planche I, ainsi qu'avec les frondes représentées par Oldham et Morris, particulièrement sur les figures 1, 2, 5 de leur planche VI.

Le *Tæniopteris spatulata* ne peut d'ailleurs, à raison de la petite taille et de l'étroitesse de ses frondes, être confondu avec aucune autre espèce. Les plus petites formes du *Tæn. Jourdyi*, telles que celle qui est représentée fig. 5, Pl. XIII, peuvent cependant lui être comparables comme dimensions et comme largeur du limbe; mais la nervation, beaucoup plus fine et plus serrée chez le *Tæn. Jourdyi*, formée chez le *Tæn. spatulata* de nervures plus espacées, bifurquées dès leur base, permettra toujours de les distinguer sans difficulté.

Synonymie.   Tout en conservant à cette espèce le nom spécifique que lui ont appliqué successivement Oldham et Morris, puis Feistmantel, je ne puis m'empêcher de faire remarquer qu'on serait en droit de se demander si c'est bien à elle que se rapporte la figure publiée en 1850 par Mac Clelland et qui représente une fronde large de 19 millimètres, c'est-à-dire d'une largeur inusitée, à ce qu'il semble, chez l'espèce que je viens de décrire; la nervation indiquée sur la figure grossie donnée par le même auteur est en même temps très différente de celle de cette espèce, mais il faut reconnaître que cette figure n'offre aucun caractère d'authenticité, et que le mode de ramification qu'elle indique pour les nervures, divisées toutes, au deuxième tiers de leur parcours, en trois branches fines partant d'un même point, n'est rien moins que vraisemblable. Ce n'est pas, d'ailleurs, la seule des figures de Mac Clelland qui laisse visiblement à désirer sous le rapport de l'exactitude : il suffit, par exemple, de comparer la figure du *Glossopteris acaulis*[1], montrant des nervures étalées,

[1] Mac Clelland, *loc. cit.*, pl. XIV, fig. 3.

non anastomosées, avec celle que Feistmantel a donnée plus tard du même échantillon sous le nom de *Sagenopteris polyphylla*[1], et qui montre des nervures obliques, anastomosées en réseau régulier, pour se rendre compte du peu de confiance qu'il faut accorder aux dessins du travail de Mac Clelland.

Il faudrait, pour juger la question, pouvoir se reporter à l'échantillon lui-même; mais il ne paraît pas qu'Oldham et Morris, et ultérieurement Feistmantel, qui étaient mieux en situation que personne pour le rechercher, aient pu le retrouver dans les collections du *Geological Survey of India*, et ils ont dû s'en tenir au caractère tiré de la forme, qui semble en effet ne se retrouver chez aucune autre espèce des mêmes gisements. J'ajouterai, en ce qui concerne la largeur de la fronde, que, sans parler d'une exagération possible des dimensions sur la figure de Mac Clelland, Oldham et Morris et Feistmantel ont observé, en mélange avec les formes étroites, des fragments de frondes de 14 et 15 millimètres de largeur, qui semblent bien appartenir au même type spécifique et d'après lesquels il est permis de penser que l'échantillon de Mac Clelland représenterait simplement un spécimen exceptionnellement large du même type.

Je crois, en fin de compte, et étant donné le peu d'espoir qu'il paraît y avoir de retrouver jamais l'échantillon type de Mac Clelland, que l'on peut tenir pour légitime l'emploi du nom spécifique de *spatulata* pour l'espèce à laquelle Oldham et Morris ont appliqué ce nom, en considérant qu'il avait été insuffisamment défini par son auteur primitif et que ce sont ces derniers qui en ont précisé la signification. Mais je crois en même temps qu'il faut exclure de la synonymie les formes à nervures très fines et très serrées, qu'Oldham et Morris n'ont distinguées que comme var. *multinervis*, et qui, d'après ce qu'ils disent eux-mêmes, offrent un aspect tout différent. L'échantillon figuré en 1881 par Feistmantel dans les *Records of the Geological Survey of India* me paraît devoir être lui-même rapporté à cette forme plutôt qu'au type.

Quant à l'identification, que j'avais indiquée comme probable en 1882, avec le *Tæn. Daintreei* M'Coy[2], la question me paraît, malgré la très grande ressemblance des deux espèces, devoir être réservée jusqu'à plus ample informé.

---

[1] Feistmantel, *Fossil Flora of the Gondwana System*, III, part. II, pl. XLI A, fig. 4.
[2] Mac Coy, *Prodr. Palæont. Victoria*, Dec. II, p. 15, pl. XIV, fig. 1, 2.

Provenance. Le *Tæn. spatulata* s'est montré assez répandu dans le système de Nagotna, en dehors duquel il n'a, jusqu'ici du moins, pas été rencontré.

Mines de Hongaÿ, système de Nagotna : entrée de la Rivière des Mines; Rivière des Mines, rive droite, première vallée; monticule rive gauche un peu en aval de Claireville; mine de Carrère, toit de la couche Bavier; mine de Nagotna, toit de la couche Bavier, mur de la couche Sainte-Barbe.

Île Hongaÿ.

TÆNIOPTERIS NILSSONIOIDES n. sp.

Pl. XV, fig. 1 à 4.

1882. **Nilssonia polymorpha** Zeiller (*non* Schenk), *Ann. des Mines*, 1882, II, p. 319, pl. XI, fig. 15 (*non* fig. 16).

Description de l'espèce. *Frondes simples, à contour* étroitement *ovale-linéaire,* arrondies à la base et au sommet, larges de 15 à 80 millimètres, longues de 8 à 20 centimètres et plus, brièvement *pétiolées, à bords munis de dents obtuses* saillantes de 1^{mm},5 à 2 millimètres, au nombre de 3 à 7 par centimètre; *rachis* large de 1^{mm},5 à 3 millimètres, *finement plissé et cannelé en travers,* prolongé à la base en un pétiole de 1 centimètre à 1^{cm},5 de longueur.

Nervures très étalées, habituellement peu visibles, au nombre de 10 à 15 par centimètre de longueur à leur origine, souvent *divisées dès leur base en branches* elles-mêmes *une ou deux fois bifurquées,* aboutissant au bord du limbe *au nombre de 40 à 45 par centimètre* de longueur. *Surface du limbe marquée de plis transversaux au nombre de 10 à 15 par centimètre,* souvent inégaux, deux plissements à saillie plus marquée comprenant alors entre eux un pli de moindre importance.

Remarques paléontologiques. Ainsi qu'on le voit sur les figures 1 à 4 de la Planche XV, cette espèce se présente sous la forme de frondes simples, de taille variable, à limbe fortement plissé en travers, munies d'un court pétiole à leur base. Souvent, comme on peut le constater en divers points des figures 1 et 2, le contour de la fronde semble tout à fait entier, et tel était le cas pour les empreintes que j'avais eues en mains en 1882, provenant des récoltes de M. Fuchs. Mais sur les échantillons mieux conservés on constate que le bord du limbe présente une série de dents triangulaires, à sommet obtus, souvent un peu inégales, bien visibles sur le fragment de fronde du haut de la figure 1 à gauche, sur la figure 3 et en divers points de la figure 2; quelquefois ces dents restent engagées dans la roche et peuvent alors échapper à l'observation; mais quelquefois aussi, surtout vers la base des frondes, elles diminuent d'importance et disparaissent presque complètement, le bord du limbe ne présentant plus que de faibles ondulations à peine sensibles; tel est le cas pour la grande fronde de la figure 1, qui, vers sa base du moins, a les bords presque absolument entiers.

La nervation est fréquemment à peu près indiscernable, et l'on est alors porté à croire que les plis transversaux du limbe correspondent à des nervures simples, comprenant entre elles des sillons rectilignes plus ou moins profonds; c'est ce qui m'avait, en 1882, fait attribuer au *Nilssonia polymorpha* les quelques échantillons que j'avais eus de cette espèce, et dont aucun ne présentait les dents marginales si visibles sur plusieurs de ceux qui m'ont été ultérieurement envoyés. Mais lorsque la conservation est meilleure, on distingue, surtout dans la région marginale, de très fines nervures parallèles, espacées d'environ un quart de millimètre, bien visibles d'ailleurs sur la figure grossie 4 a, Pl. XV; en suivant leur parcours, on les voit se réunir deux à deux et l'on reconnaît qu'elles représentent les branches des bifurcations successives des faisceaux issus latéralement du rachis; mais, comme les plis du limbe s'accentuent à mesure qu'on se rapproche de l'axe de la fronde, il est rare qu'on puisse suivre ces nervures jusqu'à leur origine. Cependant, sur quelques échantillons, par exemple sur le petit fragment de fronde à limbe étroit de la figure 2, 2 a, on peut constater que la plupart de ces nervures se bifurquent dès leur base ou presque dès leur base, leurs branches se ramifiant à leur tour un peu plus loin; d'autres, au contraire, demeurent simples sur une certaine étendue avant de se bifurquer. Il semble bien que les plis du limbe correspondent aux faisceaux qui partent du rachis, les plis les plus larges portant les nervures bifurquées dès leur origine, et les plis plus étroits qu'ils comprennent souvent entre eux répondant aux nervures divisées seulement vers le tiers ou le milieu de leur parcours; les nervules issues de ces bifurcations se répartissent d'ailleurs, en s'écartant les unes des autres, sur les bords latéraux des plis et jusque vers le fond des sillons, de sorte qu'au voisinage des bords de la fronde la disposition des nervures n'a plus de rapport avec le plissement.

Cette espèce se distingue facilement, par les dents marginales de son limbe, des autres *Tæniopteris*, qui ont tous des frondes à bord entier; mais, malgré ce caractère particulier, je ne crois pas qu'on puisse la placer ailleurs que dans le genre *Tæniopteris*, sa nervation étant absolument conforme à celle d'un bon nombre des espèces de ce genre et offrant, notamment, une ressem-

Rapports et différences.

blance marquée avec celle du *Tæn. Jourdyi*, ainsi qu'avec celle du *Tæn. Leclerei* de la Chine, dont je parlerai plus loin et dont le limbe présente également des plissements très analogues à ceux qu'on observe chez le *Tæn. nilssonioides.*

Ainsi que je l'ai indiqué, je l'avais primitivement identifiée au *Nilssonia polymorpha* Schenk, dont elle diffère en réalité à la fois par la dentelure de son limbe et par ses nervures plusieurs fois divisées en nervules très rapprochées, tandis que les *Nilssonia* ont des nervures simples; elle diffère également, par ce caractère de la nervation, du *Nilssonia brevis* Brongniart[1], du Rhétien de Hoer en Scanie, qui offre avec elle une certaine ressemblance d'aspect par les dents triangulaires obtuses qui bordent son limbe; mais ces dents, hautes de 1 centimètre et plus, et longues de 12 à 15 millimètres, ne sont nullement comparables à celles, beaucoup plus petites, du *Tæn. nilssonioides;* ce sont en réalité des lobes, plutôt que des dents, provenant d'une lacération du limbe à intervalles réguliers, et l'analogie est trop éloignée pour qu'il y ait lieu de s'y arrêter.

Sans doute la connaissance de l'appareil fructificateur serait nécessaire pour permettre d'affirmer sans réserve qu'on a bien affaire ici à une Fougère plutôt qu'à une Cycadinée à fronde simple; mais tout porte à croire qu'il en est ainsi, et l'espèce dont je viens de parler me paraît, comme je l'ai dit, devoir être, jusqu'à plus ample informé, classée dans le genre *Tæniopteris*, comme y constituant une forme spécifique nouvelle.

Synonymie.   Des deux figures que j'avais publiées en 1882 sous le nom de *Nilssonia polymorpha*, une seule, la figure 15, appartient réellement à l'espèce que je viens de décrire. Le deuxième échantillon, fig. 16, présentait, à peu de distance de ce qui m'avait paru être un rachis, une série de petits tubercules ponctiformes équidistants, que j'avais interprétés comme représentant le moulage des fossettes placées à l'origine des rigoles stomatifères dont j'avais constaté l'existence entre les nervures sur des échantillons authentiques de *Nilssonia polymorpha* de Pålsjö. N'ayant retrouvé ces tubercules sur aucun des nombreux échantillons de *Tæn. nilssonioides* qui m'ont été envoyés depuis lors, j'ai repris l'examen de l'échantillon de Hongaÿ que j'avais figuré jadis, et j'ai été amené à reconnaître qu'il représentait, non pas l'empreinte d'un fragment de fronde ténioptéroïde, mais une portion de moule interne de *Schizoneura Carrerei* avec les petits tubercules contigus à l'articulation; une

[1] Brongniart, *Ann. d. sc. nat.*, 1ʳᵉ sér., IV, p. 218, pl. XII, fig. 4. — *Cycadites Nilssonii* Sternberg, *Ess. Fl. monde prim.*, I, fasc. 4, p. 45, pl. XLVII, fig. 1.

interruption accidentelle de l'empreinte, exactement normale aux côtes longitudinales et située à peu de distance de l'articulation, m'avait fait croire à
l'existence d'un rachis émettant de part et d'autre, à angle droit, des nervures
simples, rectilignes, telles qu'en possède précisément le *Nilssonia polymorpha*,
et j'avais cru trouver ainsi dans cet échantillon la confirmation de ma détermination spécifique. En fait, le *Nilssonia polymorpha* n'a pas été rencontré
dans les formations charbonneuses du Tonkin, et je rectifie ici l'erreur que
j'avais commise il y a vingt ans.

Le *Tœn. nilssonioides* a été trouvé sur divers points des mines de Hongaÿ   Provenance.
comme de Kébao, mais il est surtout abondant à Kébao.

Mines de Kébao : région des îlots, couche G; mine Rémaury, couche Q;
mine de Caï-Daï, plan 4, niveau 70, mur de la couche Q; mine de la Traînée
verte, puits Lanessan, travers-bancs Nord, toit de la couche A, et mur de la
couche Descenderie; système inférieur (Sarran), couche n° 1 (couche C);
système supérieur, couche n° 2, galerie M (couche M); baie de l'Ouest.

Mines de Hongaÿ. Système de Hatou : découvert Hatou. — Système de
Nagotna : mine de Nagotna, toit de la couche Marmottan.

Genre PALÆOVITTARIA Feistmantel.

1876. **Palæovittaria** Feistmantel, *Journ. Asiat. Soc. Bengal*, XLV, pt. ii, p. 368.

Frondes simples, ovales-lancéolées ou ovales-spatulées. Nervure médiane
nulle ou à peine visible, remplacée par un pli médian; nervures latérales
nombreuses, fortement dressées, simples ou dichotomes.

PALÆOVITTARIA KURZI Feistmantel.

Pl. XVI, fig. 1.

1876. **Palæovittaria Kurzi** Feistmantel, *Journ. Asiat. Soc. Bengal*, XLV, pt. ii, p. 368, pl. XIX,
fig. 3, 4; *Foss. Fl. Gondwana Syst.*, III, pt. ii, p. 91, pl. XLIV A, fig. 1-4. Zeiller,
Ann. des Mines, 1882, II, p. 307, pl. XI, fig. 3.

Frondes simples, à bords entiers, *à contour ovale-lancéolé ou ovale-spatulé*,   Description
de l'espèce.
arrondies au sommet, graduellement rétrécies vers la base, dépourvues de
pétiole, larges de 25 à 45 millimètres, longues de 12 à 15 centimètres.

Nervure médiane à peine visible, *marquée seulement*, sauf dans la région inférieure de la fronde, *par un pli médian; nervures latérales fortement dressées*,

IMPRIMERIE NATIONALE.

légèrement arquées vers leur base, puis *rectilignes*, parfois un peu infléchies en avant à leur extrémité, les unes simples, *la plupart une ou même deux fois dichotomes, atteignant le bord du limbe sous un angle très aigu au nombre de 8 à 10 par centimètre* de longueur.

Remarques
paléontologiques.

Le seul échantillon de cette espèce qui ait été rencontré dans les couches charbonneuses du Tonkin est celui que j'avais figuré en 1882, et qui est représenté sur la figure 1 de la Planche XVI. Il montre un fragment de fronde à nervure médiane à peu près indistincte, marquée cependant vers le milieu de la hauteur de l'échantillon par un pli longitudinal bien accusé. Les nervures secondaires, simples ou plus généralement divisées par dichotomie, apparaissent nettement, très obliques sur l'axe, et presque exactement rectilignes, sauf une légère incurvation à leur origine vers le bas de la fronde, et à leur sommet vers le haut. La fronde semble se rétrécir assez brusquement dans la région supérieure, mais un examen attentif montre que, du côté gauche, il y a un pli qui modifie la forme du contour, et que, du côté droit, le limbe ne se suit pas jusqu'au bord; ce rétrécissement n'est donc qu'apparent, mais on ne peut, l'échantillon étant incomplet, se rendre compte de la façon dont la fronde se terminait à son sommet.

Celles que Feistmantel a observées dans les couches de Raniganj ont offert une terminaison arrondie, à contour en forme de demi-ellipse allongée, interrompu parfois par une échancrure médiane qui paraît due à une déchirure accidentelle; l'échantillon principal a montré sept de ces frondes rayonnant autour d'un centre commun, graduellement rétrécies vers le bas, et manifestement sessiles. Dans la région inférieure, la nervure médiane est représentée par une bande étroite, mal délimitée, des bords de laquelle partent les nervures latérales; elle disparaît vers le tiers inférieur de la longueur pour faire place au pli longitudinal qui la représente dans la région supérieure. Il paraît probable que le limbe devait être assez épais, du moins dans sa région médiane, et que l'absence ou le peu de visibilité du rachis provient de ce que le faisceau médian était plus ou moins profondément noyé dans le parenchyme.

Rapports
et différences.

Cette espèce se distingue des autres Ténioptéridées par l'absence de nervure médiane ainsi que par la direction si fortement ascendante des nervures latérales.

Elle ne laisse pas de ressembler un peu, comme aspect général, au *Glossopteris indica*, mais elle en diffère à la fois par l'absence d'anastomoses entre ses nervures latérales et par l'invisibilité de sa nervure médiane; en outre, chez le *Gloss. indica*, les nervures latérales sont plus fortement arquées et moins obliques sur le bord du limbe, ainsi que le montre la comparaison des figures grossies 1 *a* et 2 *a* de la Planche XVI.

Cette espèce n'a été rencontrée qu'à Kébao; l'échantillon recueilli par Fuchs provenait, suivant toute probabilité, des affleurements de la rivière de Kébao.

Provenance.

Dictyoptéridées.

Frondes à nervation aérolée, à nervures anastomosées en un réseau plus ou moins complexe.

On peut distinguer dans ce groupe, fondé sur le seul caractère fourni par l'anastomose mutuelle des nervures, deux sections, comprenant, l'une les types dans lesquels le réseau, formé par des nervures toutes de même ordre, ne présente que des mailles uniformes, l'autre les types à réseau complexe, formé par l'anastomose de nervures de divers ordres constituant des mailles d'importance différente, dont les plus petites renferment souvent des nervilles bifurquées à extrémités libres. Des quatre genres de Dictyoptéridées qui ont été observés dans les formations charbonneuses du Tonkin, exclusion faite des couches de Yen-Baï, un seul, le genre *Glossopteris*, appartient à la première de ces deux sections, les autres, genres *Dictyophyllum* et *Clathropteris*, et le *Woodwardites microlobus* appartenant à la deuxième.

Genre GLOSSOPTERIS Brongniart.

1828. **Glossopteris** Brongniart, *Prodr.*, p. 54; *Hist. végét. foss.*, I, p. 222.

Frondes simples, entières, plus ou moins lancéolées, rétrécies vers leur base. Nervure médiane nette; nervures secondaires nombreuses, plus ou moins arquées, se divisant par dichotomie et s'anastomosant en un réseau à mailles uniformes, polygonales, plus ou moins allongées.

Ces frondes étaient portées par des rhizomes formés d'un axe central pourvu d'ailes longitudinales rayonnantes plus ou moins nombreuses, dont chacune était unie à l'une ou à l'autre de ses voisines, de distance en distance, par des joints transversaux sur lesquels venaient s'insérer les organes foliaires. Ces rhizomes, désignés sous le nom générique de *Vertebraria* Royle, sont restés fort longtemps énigmatiques, et ont donné lieu à des interprétations fort diverses, jusqu'au jour où une série d'échantillons recueillis à Johannesburg m'a permis d'établir la dépendance mutuelle de ces organes et des frondes de *Glossopteris*[1], observations confirmées depuis lors par la découverte d'un certain nombre d'autres échantillons montrant également des frondes de *Glossopteris* encore attachées sur des *Vertebraria*[2]. J'ai reconnu en même temps que ces rhizomes avaient dû porter des frondes de deux sortes, les unes de taille et de constitution normales, les autres beaucoup plus courtes, écailleuses, dépourvues de nervure médiane, quelquefois cependant un peu plus développées et tendant presque à passer à des frondes normales.

On n'a, jusqu'à présent, sur le mode de fructification des *Glossopteris*, que des renseignements très incomplets, encore que certaines empreintes, qui semblent bien devoir être considérées comme des frondes fertiles, aient montré des taches ponctiformes, alignées parallèlement à la nervure médiane entre celle-ci et le bord du limbe; il paraît naturel de penser qu'il y avait là des sores arrondis, comparables à ceux des *Polypodium*, mais on n'a aucune certitude à cet égard, et, s'il s'agit bien de groupes de sporanges, on n'a dans tous les cas aucun indice sur la constitution de ceux-ci. La récolte de frondes fertiles bien conservées permettrait seule de se rendre compte de la place à donner aux *Glossopteris* dans la classification naturelle établie d'après la structure et la disposition des organes fructificateurs.

GLOSSOPTERIS INDICA Schimper.

Pl. XVI, fig. 2 à 5.

1830. **Glossopteris Browniana**, var. β *indica* Brongniart, *Hist. végét. foss.*, I, p. 223, pl. 62, fig. 2. Bunbury, *Quart. Journ. Geol. Soc.*, XVII, p. 326, pl. VIII, fig. 1-4. Seward, *Quart. Journ. Geol. Soc.*, LIII, p. 320, 321, pl. XXI, fig. 2, 3.
1836. **Glossopteris Browniana** Gœppert, *Syst. fil. foss.*, p. 346 (*pars*), pl. XXI, fig. 10.
1869. **Glossopteris indica** Schimper, *Trait. de pal. vég.*, I, p. 645. Medlicott et Blanford, *Manual Geol. India*, p. 117, pl. V, fig. 4. Feistmantel, *Foss. Fl. Gondwana Syst.*, III, pt. II, p. 101, pl. XXIV A; pl. XXV A, fig. 1-3; pl. XXVI A, fig. 3; pl. XXVII A, fig. 3, 5; pl. XXXV A, fig. 4; pl. XXXVIII A, fig. 4; (an pl. XXIII A, fig. 10?); an pl. XXIX A, fig. 7?); IV, pt. 1, p. 33; pt. 2, p. 27, pl. XII A, fig. 2; pl. XIV A, fig. 7. Zeiller, *Bull. Soc. Géol. Fr.*, 3ᵉ sér., XXIV, p. 366; p. 367, fig. 11, 12; p. 368, fig. 3; pl. XVII, fig. 1-3. Potonié, *Foss. Pflanzen aus Deutsch-und Portug.-Ostafrika*, p. 2; p. 3, fig. 22. Zeiller, *Palæont. indica*, New Ser., II, pt. 1, p. 8, pl. I, fig. 1-5; pl. II, fig. 1-4; pl. III, fig. 1, 3; fig. 4-13.

[1] R. Zeiller, *Comptes rendus Acad. Sc.*, CXXII, p. 744-745, 23 mars 1896; *Bull. Soc. Géol. Fr.*, 3ᵉ sér., XXIV, p. 351-362, pl. XV.
[2] R. D. Oldham, *Records Geol. Surv. India*, XXX, p. 45, pl. III. R. Zeiller, *Palæontologia Indica*, New series, II, pt. 1, p. 17. Newell Arber, *Quart. Journ. Geol. Soc.*, LVIII, p. 8-9.

1876. **Glossopteris communis** Feistmantel, *Journ. Asiat. Soc. Bengal*, XLV, pt. II, p. 375,
pl. XXI, fig. 5; *Foss. Fl. Gondwana Syst.*, III, pt. I, p. 16, pl. XVII, fig. 1, 2; p. 53,
pl. XXXI, fig. 4, 5; pt. II, p. 98, pl. XXIV A; pl. XXVI A, fig. 1, 4; pl. XXVII A,
fig. 1; pl. XXIX A, fig. 4, 5, 9; pl. XXXII A, fig. 2; pl. XXXV A, fig. 1-3; pl. XXXVI A,
fig. 1, 2; pl. XXXVII A, fig. 3, 4; pl. XXXVIII A, fig. 1, 2; pl. XL A, fig. 4; IV, pt. 1,
p. 32, pl. XII, fig. 1; pl. XXI, fig. 13, 14; pt. 2, p. 26, pl. II A, fig. 1, 2; pl. XI A,
fig. 6, 8; pl. XII A, fig. 1 (*an* fig. 5 *b*, 6 *a*?). R. D. Oldham, *Manual Geol. India*, 2ᵈ ed.,
p. 162; *Rec. Geol. Surv. India*, XXX, p. 45, 49, pl. III.

1882. **Glossopteris Browniana** Zeiller, *Ann. des Mines*, 1882, II, p. 313, pl. XI, fig. 1.

Frondes normales simples, à bords entiers, *à contour général ovale-lancéolé*,   Description
de l'espèce.
aiguës ou obtusément aiguës au sommet, graduellement rétrécies vers le bas, de
taille très variable, longues de 12 à 40 centimètres, larges de 2ᶜᵐ,5 à 10 centimètres.

Nervure médiane nette, assez large vers le bas de la fronde, puis se rétrécissant peu à peu et disparaissant souvent à quelque distance du sommet; *nervures
secondaires plus ou moins dressées, arquées à leur base, presque rectilignes* et parallèles *sur le reste de leur parcours*, atteignant le bord du limbe sous un angle
variable, généralement de 40° à 60°, plus ou moins rapprochées, mais toujours
assez nombreuses et assez serrées, anastomosées en mailles ordinairement *allongées, polygonales ou trapézoïdales*, habituellement plus larges au voisinage de
la nervure médiane et se rétrécissant à mesure qu'on se rapproche du bord
du limbe.

*Frondes écailleuses affectant un contour plus ou moins rhomboïdal à angles
latéraux arrondis*, longues de 15 à 60 millimètres, larges de 15 à 25 millimètres. Nervure médiane nulle ou à peine indiquée; *nervures* secondaires plus
ou moins *arquées, anastomosées en aréoles allongées*.

Cette espèce a été trouvée au Tonkin représentée tant par des frondes nor-   Remarques
paléontologiques.
males que par des frondes écailleuses, mais rencontrées seulement, jusqu'à
présent du moins, indépendamment les unes des autres, les premières à
Kébao, et les dernières dans la région de Hongaÿ, principalement à Hatou.

Les frondes ainsi trouvées à Kébao affectent, comme on le voit sur la
figure 2 de la Planche XVI, une forme allongée, à contour étroitement lancéolé, à sommet aigu ou obtusément aigu, à nervures latérales assez fortement dressées; elles concordent ainsi de tout point avec les formes indiennes
à limbe étroit que Feistmantel avait comprises sous le nom de *Gloss. indica*,
et avait tenté de distinguer des formes larges auxquelles il appliquait le nom
de *Gloss. communis*. J'ai fait voir, en étudiant les échantillons du Transvaal et

les échantillons mêmes de l'Inde, qu'au point de vue de la forme aussi bien qu'au point de vue de la taille et de la nervation, il y avait passage absolument insensible du *Gloss. indica* au *Gloss. communis* et qu'il était impossible d'établir entre ces formes une distinction spécifique. Si l'on n'a jusqu'ici rencontré au Tonkin que la forme étroite, cela peut tenir à ce qu'on n'a récolté de cette espèce qu'un nombre d'échantillons très restreint, insuffisant pour la représenter sous ses différents aspects.

Quant aux feuilles écailleuses, elles sont de même tout à fait semblables à quelques-unes de celles des gisements indiens que j'ai figurées dans la *Palæontologia indica*, notamment fig. 9 et 10, pl. III; elles affectent, comme on le voit sur les figures 3 et 4 de la Planche XVI, une forme générale à peu près rhomboïdale, à sommet aigu ou obtusément aigu, à base large, à angles latéraux arrondis; la région médiane en est occupée jusque vers le tiers ou le milieu de la hauteur par un faisceau de fines nervures parallèles serrées les unes contre les autres, tendant même parfois, comme sur l'échantillon fig. 5, à se réunir en un cordon unique, et offrant un aspect identique à celui que présentent souvent à leur base les feuilles normales de *Glossopteris*, où la nervure médiane se dissocie à sa partie inférieure en filets parallèles plus ou moins rapprochés. Seulement, sur ces feuilles écailleuses, ces filets se disjoignent peu à peu à mesure qu'ils s'éloignent de la base, et s'écartent les uns des autres en s'anastomosant entre eux, ainsi qu'on peut le voir sur les figures 3 et 3 a, Pl. XVI. La forme et la disposition des mailles du réseau ainsi constitué sont, au surplus, tout à fait conformes à celles des feuilles normales, et il ne peut y avoir aucun doute sur l'attribution. Cependant, n'ayant pas observé ces anastomoses sur les premiers échantillons que j'avais eus en mains en 1886, et les feuilles écailleuses des *Glossopteris* étant, d'ailleurs, encore inconnues à cette époque, j'avais alors, d'après la forme de ces organes et d'après l'aspect général de leur nervation, pensé à un rapprochement avec les feuilles du genre *Euryphyllum* Feistmantel [1]; c'est seulement lorsque j'ai eu à ma disposition des échantillons plus nombreux et mieux conservés, et une fois que j'ai eu connaissance des feuilles écailleuses des *Glossopteris*, en particulier de celles du *Gloss. indica*, trouvées associées en abondance aux feuilles normales de cette espèce sur les échantillons de Reohal (South Rewah) qui m'avaient été communiqués par le *Geological Survey of*

---

[1] Zeiller, *Bull. Soc. Géol. Fr.*, 3e sér., XIV, p. 580.

India, que j'ai pu me rendre compte, sans hésitation, de la vraie nature de ces empreintes.

Il peut paraître assez singulier qu'à côté de ces feuilles écailleuses, assez abondantes à Hatou, du moins dans certains lits de schistes argileux, on ne rencontre pas de feuilles normales de *Gloss. indica*, étant donné surtout que, dans les autres gisements, ce sont en général les feuilles normales qui prédominent. Peut-être peut-on admettre qu'elles ne se développaient pas les unes et les autres à la même époque, et que, se succédant périodiquement, ce sont tantôt les feuilles normales et tantôt les feuilles écailleuses qui doivent prédominer, suivant le moment où s'est fait le dépôt. Peut-être encore peut-on penser que les *Glossopteris*, dont ces couches du Tonkin semblent constituer la limite géologique la plus élevée, étaient alors sur leur déclin et que, leur végétation étant moins vigoureuse, leurs feuilles ne prenaient plus que rarement leur développement normal et ne se présentaient plus guère que sous cette forme de frondes écailleuses. Mais on ne peut faire à cet égard que des hypothèses, sur lesquelles il est inutile d'insister.

Il est à noter qu'on n'a rencontré jusqu'ici dans les formations charbonneuses du Tonkin aucun échantillon de *Vertebraria*, c'est-à-dire des rhizomes qui portaient ces frondes, soit normales, soit écailleuses, de *Gloss. indica*; tout au moins n'en ai-je eu sous les yeux aucun spécimen nettement reconnaissable; cependant quelques fragments, malheureusement très imparfaits, provenant de Hatou, me donnent lieu de présumer que, comme il paraît naturel de le penser, l'absence des *Vertebraria* peut fort bien n'être que provisoire et imputable à une insuffisance de documentation.

Le *Gloss. indica* ne laisse pas de ressembler quelque peu au *Gloss. Browniana* proprement dit, et quelques auteurs, entre autres M. Seward, sont revenus dans ces derniers temps à l'opinion primitive de Brongniart, et les regardent l'un et l'autre comme de simples variétés d'un type spécifique unique, auquel ils rattacheraient également le *Gloss. angustifolia*. Ainsi que je l'ai dit ailleurs avec plus de détail, je crois qu'il y a lieu de maintenir la distinction spécifique admise par Schimper, le *Gloss. Browniana* me paraissant différer du *Gloss. indica* par ses frondes généralement spatulées et non lancéolées, arrondies au sommet, et par ses nervures plus arquées, beaucoup moins rectilignes et moins nettement parallèles entre elles, formant par leurs anastomoses des aréoles plus larges par rapport à leur longueur. En outre, les feuilles écailleuses qui lui sont associées sont beaucoup plus petites, moins élargies en leur milieu,

Rapports et différences.

et offrent dans leur nervation des différences analogues à celles que l'on observe sur les feuilles normales. Chez le *Gloss. indica,* les mailles formées par les nervures affectent généralement, par suite même du parallélisme de celles-ci, et quelque variable que soit parfois leur écartement, une forme nettement allongée par rapport à leur largeur, parfois presque trapézoïdale, qui ne permet guère la confusion avec le *Gloss. Browniana.*

J'avais cependant rapporté à ce dernier en 1882 l'échantillon qui avait été recueilli par Fuchs à Kébao, et qui était, il est vrai, assez incomplet et mal conservé; il montre toutefois une forme générale allongée, s'effilant vers le sommet de manière à devoir se terminer en pointe aiguë, qui ne permet pas de douter de son identité avec les autres échantillons trouvés depuis lors à Kébao et qui, maintenant que j'ai eu entre les mains de nombreux échantillons de l'une et de l'autre espèce, ne me laisse aucune hésitation sur son attribution au *Gloss. indica.*

J'ai rappelé plus haut les motifs qui m'ont amené à réunir le *Gloss. communis* et le *Gloss. indica,* et je ne puis ici que renvoyer aux détails que j'ai donnés ailleurs à l'appui de cette réunion.

Ainsi que je l'ai dit tout à l'heure, les frondes normales et les feuilles écailleuses de cette espèce n'ont été trouvées jusqu'ici au Tonkin que séparées les unes des autres, à Kébao d'une part, dans la région de Hongaÿ d'autre part.

Frondes normales : Mines de Kébao : puits Lanessan, travers-bancs Nord; rivière de Kébao.

Feuilles écailleuses : Mines de Hongaÿ, système de Hatou : Hatou, mur et toit de la Grande couche; Gia-Ham.

Île du Sommet Buisson, galerie Jean.

Genre WOODWARDITES Gœppert.

1836. **Woodwardites** Gœppert, *Syst. fil., foss.,* p. 288.

Frondes (ou pennes primaires) bipinnées. Pinnules de taille moyenne, plus ou moins étalées, à bords généralement entiers, attachées par toute leur base et plus ou moins soudées les unes aux autres. Nervure médiane nette, se prolongeant jusqu'au sommet des pinnules; nervures secondaires anastomosées en un réseau formé d'abord d'une file de grandes mailles, allongées, les unes le long du rachis, d'une pinnule à la suivante, les autres, dans chaque pinnule, le long de la nervure médiane, puis d'une ou de plusieurs séries de mailles plus petites comprises entre la première file d'aréoles et le bord du limbe.

En conservant ici, pour l'espèce que je vais décrire, le nom générique employé pour elle par Schenk, je ne puis m'abstenir de formuler quelques observations sur l'emploi de ce nom. Le nom de *Woodwardites* a été créé par Gœppert pour y placer deux espèces de Fougères du Houiller inférieur de Waldenburg, qui ne sont certainement autre chose que des *Lonchopteris*, ainsi que, d'ailleurs, il l'avait lui-même soupçonné. Brongniart, en rectifiant plus tard l'attribution pour l'une d'elles, a admis néanmoins le nom de Gœppert en l'appliquant plus particulièrement à certaines espèces du Tertiaire [1] qui sont aujourd'hui reconnues pour de véritables *Woodwardia*. Dans le genre vivant, les nervures latérales, toutes de même importance, s'anastomosent en un réseau à mailles uniformes, comprenant d'abord, le long de la nervure médiane comme le long du rachis lui-même, une première série de grandes aréoles allongées, bordées extérieurement par des aréoles plus petites ; quelquefois il n'y a même que cette série d'aréoles, des bords externes desquelles partent des nervures libres ; en tout cas, un caractère constant consiste en ce que les aréoles contiguës au rachis s'étendent d'une pinnule à l'autre, quel que soit l'écartement de celles-ci, sans se subdiviser, aucune nervure ne se détachant jamais du rachis dans l'intervalle compris entre deux pinnules. Or, c'est précisément ce qui semble avoir lieu chez l'espèce dont je viens de parler, lorsque les empreintes n'en sont pas très finement conservées, et c'est à coup sûr ce caractère qui a déterminé Schenk à reprendre pour elle le nom générique de *Woodwardites* : les figures grossies publiées par Schenk en 1866 et par moi-même en 1882 indiquent en effet la nervation comme ainsi constituée, et c'est ce que semble montrer l'échantillon fig. 2 de la Planche XVII, ainsi que la plupart des pennes de l'échantillon fig. 1. Mais sur les échantillons mieux conservés, tels que celui de la fig. 3, Pl. XVII, on constate qu'à l'intérieur des mailles de ce réseau, disposé comme celui des *Woodwardia*, existent des nervures plus fines, dont quelques-unes subdivisent ces mailles, et particulièrement celles qui sont contiguës au rachis, en mailles plus petites, tandis que les autres se ramifient et se terminent par de courtes branches libres.

[1] Brongniart, *Tableau des genres de végétaux fossiles*, p. 30-31.

Il y a donc là un réseau complexe, avec l'existence duquel l'emploi du nom générique de *Woodwardites* ne paraît guère compatible, puisque ce genre a été créé par Gœppert et plus ou moins amendé par Brongniart pour y comprendre des Fougères à réseau de nervures formé de mailles uniformes. Si je le conserve néanmoins ici, au lieu de lui substituer un nom générique nouveau, c'est parce que je serais assez disposé à penser que le *Woodwardites microlobus* pourra trouver sa place naturelle, lorsqu'il sera mieux connu, dans le genre *Dictyophyllum*, sans qu'il soit nécessaire de créer pour lui un cadre générique particulier : il n'est nullement impossible, en effet, que les fragments de pennes bipinnées par lesquels il est représenté proviennent de pennes primaires appartenant à des frondes pédalées, et ne différant de celles des *Dictyophyllum* actuellement connus que par leur degré de division plus élevé. Les *Dictyophyllum* n'ont, en général, que des pennes primaires simplement pinnatifides ou simplement pinnées; cependant le *Dictyophyllum Münsteri* est parfois, et accidentellement, bipinnatifide ou bipinné [1], et chez le *Dict. Schenki* Nathorst (sp.), les pennes primaires sont normalement bipinnatifides [2]; il est clair que le développement plus grand des lobes latéraux, devenant de véritables pinnules, ne saurait constituer un caractère générique, et qu'il n'y aurait rien de choquant à ranger dans le genre *Dictyophyllum*, à côté du *Dict. Schenki* à pennes primaires bipinnatifides, une espèce à pennes primaires franchement bipinnées comme le *Woodwardites microlobus*. Celui-ci n'offre d'ailleurs, ni dans sa nervation, ni dans son mode de fructification, aucun caractère de nature à faire obstacle à son rattachement au genre *Dictyophyllum*, bien au contraire; mais jusqu'à ce que l'on sache s'il avait réellement les frondes pédalées, comme les ont tous les *Dictyophyllum*, il m'a paru qu'il était préférable de ne pas troubler l'homogénéité de ce genre si naturel en le lui attribuant prématurément, et que le nom générique de *Woodwardites* pouvait être conservé, mais à titre provisoire, en attendant que l'on soit fixé, par la découverte d'échantillons plus complets, sur le mode réel de constitution des frondes.

[1] Schenk, *Foss. Fl. der Grenzschichten*, pl. XIV, fig. 6 (*Thaumatopteris Münsteri*, var. *longissima* Gœppert).

[2] *Thaumatopteris Schenki* Nathorst, *Floran vid Höganäs och Helsingborg*, p. 47 (*Thaum. Brauniana* Schenk, *Foss. Flora der Grenzschichten*, pl. XVIII, fig. 1-4).

WOODWARDITES MICROLOBUS Schenk.

Pl. XVII, fig. 1 à 5.

866. **Woodwardites microlobus** Schenk, *Foss. Fl. d. Grenzsch.*, p. 68, pl. XIII, fig. 11-13.
Schimper, *Trait. de pal. vég.*, I, p. 638, pl. XXXIX, fig. 7-9. Zeiller, *Ann. des Mines*,
1882, II, p. 308, pl. XII, fig. 3, 4. Raciborski, *Fl. retyck. Polski*, p. 3, pl. II, fig. 17.

Pennes primaires (ou frondes?) bipinnées, à *rachis* lisse ou faiblement strié Description
de l'espèce.
en long, large de $1^{mm},5$ à 2 millimètres, *garni de pennes latérales simplement*
pinnées, espacées d'un même côté de 5 à 20 millimètres, *bordé, dans l'intervalle*
compris entre elles, *d'une étroite bande de limbe, et portant en outre au milieu*
de chaque intervalle, lorsque les pennes sont suffisamment espacées, *une pin-*
nule fixée directement sur lui.

Pennes secondaires très étalées, larges de 6 à 25 millimètres sur 5 à 10 centimètres de longueur, graduellement effilées vers le sommet, *simples ou à*
peine lobées à leur extrémité, assez fortement contractées à leur base, les pinnules
contiguës au rachis étant insérées dans l'angle des deux rachis et *notablement*
plus courtes que les suivantes.

Pinnules étalées, rétrécies vers le haut, *arrondies ou obtusément aiguës au*
sommet, plus ou moins *soudées entre elles à leur base*, à bords quelquefois légèrement crénelés, parfois même munis de chaque côté de trois ou quatre
lobes obtus plus ou moins saillants, espacées de 2 à 5 millimètres, larges de
$1^{mm},5$ à 5 millimètres, longues de 6 à 13 millimètres.

Nervure médiane se suivant jusqu'au sommet des pinnules ; nervures de second
et de troisième ordre anastomosées en un réseau complexe, composé d'abord *d'une*
série de grandes mailles allongées le long du rachis, allant d'une pinnule à l'autre,
parfois subdivisées par des traits transversaux plus fins en deux ou trois mailles
consécutives, *et d'une série de mailles plus courtes*, polygonales, *bordant de part*
et d'autre la nervure médiane, flanquées parfois, entre elles et le bord du limbe,
d'une rangée de mailles plus petites, du contour extérieur desquelles partent
des *nervures libres aboutissant au bord du limbe*. Nervures de dernier ordre se
bifurquant à l'intérieur des mailles et s'y terminant en courtes branches libres,
parfois se continuant d'un bord jusqu'à l'autre de la maille et la divisant en
mailles plus fines.

Pennes fertiles semblables aux pennes stériles; sporanges paraissant munis
d'un anneau incomplet, longitudinal ou très oblique, réunis en petits groupes

de 5 à 8 chacun, très rapprochés, couvrant presque toute la surface du limbe.

Les échantillons de Veitlahm en Franconie, sur lesquels Schenk a établi l'espèce, en montrent suffisamment les caractères principaux, bien qu'ils se composent seulement de fragments de pennes très incomplets, pour que l'identification des empreintes du Tonkin ne puisse laisser place au doute. On y voit d'une part le réseau principal d'aréoles, reproduisant presque exactement, ainsi que je l'ai dit plus haut, la disposition caractéristique des *Woodwardia* vivants; on y remarque d'autre part, et Schenk n'a pas manqué de le signaler, bien qu'elles n'apparaissent pas avec une grande netteté (fig. 12 de sa pl. XIII), les pinnules qui se trouvent fixées sur le rachis dans les intervalles compris entre deux pennes consécutives. Les échantillons recueillis jadis par M. Douzans à la mine Jauréguiberry, et dont les principaux, figurés déjà en 1882, sont reproduits à nouveau sur la Planche XVII, fig. 1 et 5, m'ont permis de faire connaître un peu mieux cette jolie espèce et de mettre mieux en évidence ce dernier caractère, de la présence, le long du rachis, de pinnules intercalées entre les pennes latérales; l'échantillon fig. 5 montre, ainsi que je l'ai dit alors, que ces pinnules intermédiaires disparaissent vers le sommet des pennes primaires, lorsque les pennes secondaires sont plus rapprochées les unes des autres. On remarque, sur ce même échantillon, que les pennes secondaires se terminent par une lame simple, les pinnules se réduisant peu à peu et se soudant en même temps les unes aux autres sur toute leur hauteur.

A leur base, les pennes latérales se montrent brusquement rétrécies, par suite à la fois du raccourcissement et de l'insertion angulaire des deux pinnules les plus inférieures, ainsi qu'on le voit nettement sur les figures 2, 2 a, 3 et 3 b. Ce dernier échantillon, fig. 3, offre des pinnules de dimensions à peu près doubles, à la fois comme hauteur et comme largeur, de celles des échantillons fig. 1 et 2; quelques-unes d'entre elles ont les bords crénelés, et même presque lobés, et semblent tendre à devenir pinnatifides, de sorte qu'on peut se demander si des portions de frondes plus complètes n'offriraient pas un degré de division encore plus élevé.

La bonne conservation de cet échantillon m'a permis de reconnaître la présence d'un réseau secondaire de nervures plus fines, disposées à l'intérieur des mailles, que Schenk n'avait pas observé et qui m'avait échappé également en 1882, bien qu'il soit possible de le distinguer sur quelques-unes des pennes

de l'échantillon fig. 1, lorsqu'on les examine avec une attention plus sou-
tenue. Cette nervation complexe, bien visible sur la figure 3 *a*, est de nature,
comme je l'ai fait remarquer plus haut, à faire écarter tout rapprochement
avec les *Woodwardia*, dont le réseau de nervures ne se compose que de
mailles uniformes, et à faire penser qu'on a peut-être affaire ici à un *Dictyophyllum;* la connaissance du mode de division des frondes permettra seule de
trancher cette question de l'attribution générique, que j'ai discutée plus haut
et sur laquelle il est inutile de revenir à nouveau.

Le bombement marqué des aréoles qui constituent le réseau principal,
bien visible sur la plupart des empreintes de cette espèce, par exemple sur les
figures 2, 2 *a*, de la Planche XVII, avait conduit Schenk à admettre qu'il
s'agissait là d'échantillons fertiles, à sores allongés, les uns le long du rachis,
les autres le long de la nervure médiane, et correspondant aux aréoles du
réseau de nervures, comme chez les *Woodwardia*. Le fragment de penne fertile représenté sur les figures 4 et 4 *a* de la Planche XVII montre qu'il n'en
est pas ainsi : ce fragment, recueilli par M. Sarran à la vallée de l'Œuf, et
signalé par moi en 1886 [1], se trouve à la surface d'une plaque de schiste qui
porte d'autres fragments de pennes semblables, mais stériles, ou du moins
vus en dessus, et facilement reconnaissables à leur nervation pour des pennes
de *Woodwardites microlobus*. Celui-ci est vu par sa face inférieure, ou plus
exactement montre l'empreinte laissée sur la roche par la face inférieure du
limbe; de part et d'autre de la nervure médiane de chaque pinnule, on distingue de petits groupes de sporanges très rapprochés les uns des autres et
couvrant presque toute la surface du limbe, compris toutefois à l'intérieur de
mailles affectant précisément la disposition caractéristique du *Woodwardites
microlobus;* la forme et la dimension des pinnules, leur étalement presque à
angle droit sur le rachis, ne laissent d'ailleurs aucun doute sur l'attribution
spécifique, que viendrait encore confirmer, s'il en était besoin, le brusque
raccourcissement des deux pinnules basilaires, exactement conforme à celui
qu'on observe sur l'échantillon fig. 2, 2 *a*. Examinés sous un grossissement
suffisant, ces sporanges paraissent être au nombre de 5 à 8 dans chaque
groupe; ils sont trop rapprochés, trop pressés les uns contre les autres, pour
qu'on puisse se rendre un compte exact de leur forme et de leurs dimensions,
mais on voit qu'ils sont munis d'un anneau nettement différencié, formé d'une

[1] *Bull. Soc. Géol. Fr.*, XIV, p. 578.

seule file de cellules. Il est plus que probable, d'après l'examen de ces empreintes (fig. 4 *a'*), que cet anneau était incomplet, et qu'il était disposé longitudinalement, ou du moins suivant un plan très oblique sur l'axe du sporange.
L'aspect général est exactement conforme à celui qu'offriraient des sporanges
de Polypodiacées; mais il est impossible, sur de telles empreintes, de
distinguer si les caractères de détail sont ceux de sporanges de Polypodia-
cécs véritables, ou bien de sporanges de Diptéridinées, les différences qu'il y
a entre les uns et les autres étant déjà quelque peu difficiles à saisir sur le
vivant[1]. Ce qui n'est pas douteux, c'est qu'il y a concordance complète avec
ce qu'on observe sur le *Dictyophyllum Nathorsti* (Pl. XXVI, fig. 3, 3 *a*, 3 *b*,
3 *c*) et que les sores présentent, dans leur disposition et leur constitution, les
caractères essentiels de ceux des Diptéridinées. Il y a donc là un motif de plus
pour penser que le *Woodwardites microlobus* pourra bien venir un jour prendre
place dans le genre *Dictyophyllum*.

Rapports
et différences.   Cette espèce ne peut être confondue avec aucune autre, présentant à la fois
les caractères d'un *Pecopteris* par le mode d'attache, la forme et la taille de
ses pinnules, et les caractères de nervation des Dictyoptéridées à réseau complexe. Il est extrêmement probable, d'après ce que l'on connaît maintenant
de son mode de fructification, que sa place naturelle est dans la famille des
Diptéridinées.

Provenance.   Le *Woodwardites microlobus* n'a été rencontré jusqu'ici au Tonkin que dans
la région de Hongaÿ.

Mines de Hongaÿ. Système de Hatou : Hatou, Grande couche; mine Jauréguiberry. — Système de Nagotna : vallée orientale de l'OEuf, couche près
d'une petite île.

Île du Sommet Buisson, galerie Jean.

Genre DICTYOPHYLLUM Lindley et Hutton.

1834. **Dictyophyllum** Lindley et Hutton, *Foss. Fl. Gr. Brit.*, II, p. 66.

Frondes pédalées, à rachis primaire divisé dès le sommet du pétiole en
deux branches divergentes de longueur variable, du bord supérieur desquelles
se détachent successivement les rachis des pennes primaires, plus ou moins

[1] A. C. Seward and El. Dale, *On the structure and affinities of Dipteris, with notes on the geological history of the Dipteridinæ*, p. 5oo, pl. 48, fig. 11-16.

nombreuses, disposées en éventail. Pennes primaires simplement pinnées ou pinnatifides, tantôt libres dès leur base, tantôt plus ou moins longuement soudées, à segments latéraux généralement soudés entre eux sur une longueur variable, quelquefois entièrement libres, à bords entiers, ou parfois crénelés ou ondulés, plus rarement munis eux-mêmes de lobes plus ou moins développés.

Nervation aréolée complexe. Segments des pennes primaires pourvus d'une nervure médiane très nette atteignant jusqu'à leur sommet, de laquelle partent des nervures latérales plus ou moins flexueuses, qui ne se suivent généralement pas jusqu'au bord du limbe, et s'anastomosent mutuellement en un réseau formé d'abord d'une série de grandes mailles, contiguës tant au rachis de la penne qu'à la nervure médiane de chaque segment, et d'une ou de plusieurs séries de mailles plus petites comprises entre cette première série de grandes mailles et le bord du limbe. Mailles du réseau principal subdivisées elles-mêmes en mailles plus petites, par des nervures plus fines, dont les dernières branches se terminent généralement en nervilles libres à l'intérieur des mailles de dernier ordre.

Sporanges annelés, réunis en sores ponctiformes peu fournis, mais très nombreux, paraissant fixés sur les dernières ramifications des nervures.

Le genre *Dictyophyllum* paraît constituer un groupe tout à fait naturel, les espèces qui y sont comprises offrant les mêmes caractères, aussi bien, semble-t-il, en ce qui regarde la disposition et la constitution des organes fructificateurs, qu'en ce qui regarde le mode de découpure des frondes. Celles-ci peuvent, il est vrai, offrir quelquefois une apparence palmée plutôt que pédalée, comme c'est le cas, par exemple, chez le *Dictyophyllum Nilssoni* Brongniart (sp.)[1]; mais un examen un peu attentif montre que toutes les pennes primaires ne partent pas exactement du même point et qu'elles affectent en réalité une disposition pédalée, s'insérant seulement sur des branches extrêmement courtes du rachis primaire. Le plus souvent, les branches issues de la bifurcation du rachis s'allongent très notablement, portant alors chacune un nombre de pennes très élevé, ainsi que cela a lieu chez le *Dictyophyllum exile* Brauns (sp.)[2] et chez le *Dict. Nathorsti* dont il sera question un peu plus

[1] Nathorst, *Bidrag till Sveriges fossila Flora*, pl. VII, fig. 1.
[2] Nathorst, *Sveriges Geologi*, II, p. 166.

loin (voir notamment les Planches XXIII et XXIV). En tout cas, quels que soient
le développement des branches du rachis et le nombre des pennes qui viennent s'insérer sur leur bord, ces deux branches s'écartent presque toujours
l'une de l'autre suivant deux directions diamétralement opposées; parfois
même l'angle de divergence dépasse 120°, et la forme générale est celle
d'un croissant ou d'un V plus ou moins ouvert, dont le bord interne est constitué par les bords inférieurs du rachis, le bord externe ou convexe étant
occupé par la lame foliaire continue formée par la soudure mutuelle des
pennes primaires, du moins chez les espèces où ces pennes ne sont pas libres
dès la base, comme elles le sont, par exemple, chez le *Dict. exile;* c'est ce
qu'on peut voir notamment d'une façon très nette sur différentes figures
se rapportant au *Dictyophyllum acutilobum* Schenk [1], au *Dict. serratum* Kurr
(sp.) [2], au *Dict. Nilssoni* Brongniart (sp.) [3], et mieux encore peut-être sur la
Planche XXIII du présent travail, représentant le *Dict. Nathorsti,* où le limbe
se développe en éventail sur plus de trois quarts de circonférence. Il est à
noter que, contrairement à ce qui a lieu sur les empreintes de *Laccopteris,*
où la disposition des pennes est la même, au moins morphologiquement,
le pétiole ne se trouve presque jamais contenu dans le même plan que
la fronde et n'apparaît pas entre les pennes extrêmes, suivant la bissectrice
de l'angle formé par les deux branches du rachis : ou bien il paraît absent, ou
bien on le trouve replié sous le limbe, suivant une direction diamétralement
opposée à celle qu'il semblerait devoir occuper, comme sur l'échantillon de
la Planche XXIII. Les pennes primaires médianes n'étaient donc pas dressées
suivant le prolongement plus ou moins direct du pétiole, comme chez le
Matonia pectinata Br. et chez les *Laccopteris,* mais rabattues vers le bas, avec
incurvation ou torsion plus ou moins forte du rachis, comme l'a admis
M. Nathorst dans la restauration qu'il a donnée du *Dict. exile* [4], ou bien peut-
être toutes les pennes s'étalaient-elles dans un plan à peu près horizontal, plus
ou moins perpendiculaire au pétiole, conformément à ce qu'on observe souvent chez l'*Adiantum pedatum* L. de la flore actuelle.

Chez toutes les espèces dont on a pu observer des échantillons fertiles, on
a constaté la présence de sores ponctiformes très nombreux, répartis sur toute

[1] Schenk, *Fossile Flora der Grenzschichten,* pl. XX, fig. 1.
[2] *Camptopteris serrata,* Schimper, *Traité de paléontologie végétale,* pl. XLII, fig. 4.
[3] Nathorst, *Bidrag till Sveriges fossila Flora,* pl. VII, fig. 1.
[4] Nathorst, *Sveriges Geologi,* II, p. 166.

la surface du limbe, paraissant fixés, vers le centre des mailles de dernier ordre, sur les branches terminales des nervures, et composés d'un petit nombre de sporanges ovoïdes pourvus d'un anneau nettement différencié, à un seul rang de cellules. La direction et l'étendue de cet anneau n'ont pu être exactement déterminées, les sporanges étant étroitement pressés les uns contre les autres et plus ou moins déformés, mais il est douteux qu'ils aient eu, comme l'ont admis Gœppert et Schenk, un anneau complet; il paraît plus probable, au contraire, qu'ils étaient pourvus d'un anneau incomplet, longitudinal ou oblique, comme l'a indiqué M. Raciborski [1], et l'attribution qu'ont faite MM. Seward et Dale des *Dictyophyllum* au groupe des Diptéridinées semble absolument justifiée.

Il n'est peut-être pas sans intérêt de faire remarquer, à l'appui de cette attribution, que certains *Dictyophyllum* à pennes primaires soudées entre elles à leur base paraissent avoir eu, comme le *Dipteris conjugata* ou le *Dipt. Wallichi*, des frondes dimidiées, à limbe partagé, par une échancrure médiane descendant jusqu'au sommet du pétiole, en deux moitiés symétriques, indépendantes l'une de l'autre. Il semble en effet en être ainsi pour un des échantillons de *Dict. acutilobum* figurés par Schenk [2], et c'est, en tout cas, ce qui a lieu chez le *Camptopteris Münsteriana* figuré par Gœppert [3], dans lequel je serais porté à voir un *Dictyophyllum* plutôt qu'un *Clathropteris*, et que Brongniart avait, dès 1849 [4], comparé au *Dipteris conjugata*, à raison précisément de la bipartition de sa fronde.

Le genre *Dictyophyllum* s'est montré représenté au Tonkin par quatre espèces, dont trois offrent cette particularité, qu'il n'est peut-être pas inutile de signaler immédiatement, de ressembler beaucoup à des espèces du Rhétien d'Europe, sans pouvoir cependant leur être identifiées spécifiquement; il semble que l'on ait affaire là à des formes locales, issues d'une même souche que les espèces européennes correspondantes, mais ayant subi une évolution indépendante et quelque peu différente.

[1] Raciborski, *Flora kopalna ogniotrwałych glinek Krakowskich*, p. 47-48 (*Dict. cracoviense*).
[2] Schenk, *Fossile Flora des Grenzschichten*, pl. XX, fig. 1.
[3] Gœppert, *Münster's Beiträge zur Petrefactenkunde*, VI. Heft, pl. III, fig. 3.
[4] Brongniart, *Tableau des genres de végétaux fossiles*, p. 31.

DICTYOPHYLLUM FUCHSI Zeiller.

Pl. XVIII, fig. 1, 2.

1882. **Polypodites Fuchsi** Zeiller, *Ann. des Mines*, 1882, II, p. 309, pl. X, fig. 4 (*non* pl. XII, fig. 6).

Description
de l'espèce.

Pennes primaires simplement pinnées, à *rachis lisse*, large d'environ 2 millimètres. *Pennes secondaires étalées*, alternes ou subopposées, espacées d'un même côté de 7 à 18 millimètres, *ne se touchant pas par leurs bords, mais élargies et légèrement confluentes à la base, à contour linéaire*, à bords parallèles, entiers ou parfois légèrement ondulés ou crénelés, *à sommet arrondi* ou obtus, longues de 2 à 13 centimètres sur 3 à 8 millimètres de largeur.

Nervure médiane de chaque penne très nettement marquée en creux sur la face supérieure du limbe, se suivant jusqu'au sommet. *Nervures secondaires étalées*, assez rapprochées, plus ou moins flexueuses, *simples ou bifurquées, se suivant presque jusqu'au bord du limbe*. Réseau formé par l'anastomose des nervures de dernier ordre divisé en *mailles polygonales de petites dimensions* renfermant des nervilles libres.

Remarques
paléontologiques.

Il n'a été recueilli de cette espèce qu'un nombre assez restreint d'échantillons, dont les meilleurs sont en partie représentés sur les figures 1 et 2 de la Planche XVIII. Celui de la figure 1 montre, épars les uns à côté des autres, d'importants fragments de quatre pennes primaires diversement orientées, dont trois seulement sont visibles sur la figure; l'un d'eux, qui occupe la région centrale de la figure, consiste en une portion terminale de penne primaire, dont on voit les segments latéraux devenir de plus en plus courts et de plus en plus obliques sur le rachis à mesure qu'on approche du sommet. Un autre fragment, à segments latéraux un peu plus grands, est représenté au bas de la figure par quatre de ces segments. Le troisième ne montre son rachis que sur une étendue restreinte, au bord de la figure, du côté droit, un peu au-dessus du milieu; il provient d'une penne primaire de plus grande taille dont les segments latéraux mesurent jusqu'à 13 centimètres de longueur; l'un d'eux a été dégagé jusqu'à son extrémité et apparaît pourvu, un peu au delà de son milieu, de lobes latéraux arrondis, plus ou moins saillants, tout à fait analogues à ceux que Gœppert a signalés sur le *Dict. Münsteri*[1]. Sur tous ces fragments de

[1] *Thaumatopteris Münsteri*, var. *longissima* Gœppert, *Genres de plantes fossiles*, livr. 1-2, p. 1, pl. III, fig. 2.

pennes, les segments latéraux s'élargissent à leur base et se soudent les uns aux autres, mais très faiblement, comprenant entre eux, suivant leur direction plus ou moins oblique, des sinus tantôt aigus et tantôt arrondis.

L'échantillon de la figure 2 porte des fragments de trois pennes à rachis presque parallèles, à segments plus courts que ceux de la figure 1 et un peu plus larges proportionnellement; au fragment supérieur se superpose, dans une direction différente, un fragment d'une autre penne à segments beaucoup plus réduits, qu'on pourrait croire, par suite de cette superposition, pourvu de segments singulièrement inégaux d'un côté à l'autre.

Les figures grossies 1 *a*, 2 *a*, 2 *a'*, reproduisent le détail de la nervation, composée d'aréoles polygonales d'assez petite taille, à peu près isodiamétriques, à l'intérieur desquelles on distingue des nervilles libres qui souvent, notamment sur l'échantillon de la figure 2, paraissent légèrement renflées à leur extrémité. Bien que les traits qui circonscrivent ces aréoles soient tous à peu près d'égale force, on voit cependant, avec un peu d'attention, même sur l'échantillon de la figure 2, où elles sont un peu moins accusées, ressortir avec netteté les nervures secondaires issues directement de la nervure médiane de chaque segment; ces nervures, ainsi qu'on peut le voir sur la figure 1 *a*, se suivent pour ainsi dire sans déviation, sauf parfois quelques inflexions légères, presque jusqu'au bord du limbe, les unes demeurant simples, les autres se bifurquant vers le premier tiers ou le milieu de leur parcours.

Aucun des échantillons recueillis n'a offert de fructifications.

La netteté avec laquelle se suivent les nervures secondaires, l'absence apparente de grandes aréoles plus accentuées le long de la nervure médiane, m'avaient conduit, en 1882, à rapprocher cette espèce des *Polypodium* du groupe *Phymatodes* plutôt que des *Dictyophyllum*, malgré les analogies qu'elle offrait avec certaines espèces de ce genre, et à la classer provisoirement sous le nom générique de *Polypodites*. L'examen des échantillons plus nombreux et plus complets que j'ai reçus depuis lors m'a convaincu qu'il s'agissait bien là d'une forme spécifique du genre *Dictyophyllum* et que la dénomination générique devait être rectifiée; il est impossible en effet de méconnaître, lorsqu'on examine l'échantillon fig. 1, Pl. XVIII, la ressemblance marquée qu'il présente avec le *Thaumatopteris Münsteri* Gœppert[1], que tous les auteurs,

Rapports et différences.

[1] Gœppert, *Genres de plantes fossiles*, livr. 1-2, p. 1, pl. I, fig. 2; pl. II, fig. 1-4; pl. III, fig. 1, 2. Schenk, *Foss. Flora der Grenzschichten*, p. 69, pl. XIV, fig. 6; pl. XV, fig. 1-3.

13.

d'accord avec M. Nathorst[1], rattachent aujourd'hui au genre *Dictyophyllum*; il présente exactement le même aspect, avec des variations identiques, consistant dans la présence accidentelle de lobes le long des segments latéraux ou, du moins, de certains d'entre eux. La nervation seule diffère, le *Dict. Münsteri* offrant des aréoles enchevêtrées, entre lesquelles il est impossible de suivre le parcours des nervures secondaires, ces nervures se bifurquant à peu de distance de leur origine sous des angles largement ouverts pour s'anastomoser avec leurs voisines et donner ainsi naissance à un réseau d'apparence plus complexe que celui qu'on observe sur les échantillons du Tonkin dont il est ici question. D'autre part, ce caractère, des nervures secondaires se suivant sans déviation sensible presque jusqu'au bord du limbe, se retrouve chez le *Dict. Remauryi* dont il va être parlé plus loin et dont l'attribution générique ne saurait donner prise à un doute; le *Dict. Fuchsi* a, d'ailleurs, des affinités marquées avec le *Dict. Remauryi*, aussi bien qu'avec le *Dict. Münsteri*, au point de pouvoir être parfois presque confondu avec l'un ou avec l'autre d'entre eux, et il a nécessairement sa place à côté d'eux dans le même cadre générique.

Comparé au *Dict. Münsteri*, il en diffère par ses segments plus rapprochés, moins largement soudés cependant les uns aux autres, et un peu moins effilés vers leur sommet; mais le caractère distinctif principal est celui que fournit la nervation et sur lequel j'ai suffisamment insisté tout à l'heure pour n'avoir pas besoin d'y revenir.

Il est, par rapport au *Dict. Remauryi*, beaucoup moins développé dans toutes ses parties, et la confusion n'est possible qu'avec les régions terminales des pennes primaires de ce dernier, telles, par exemple, que l'échantillon fig. 3, Pl. XX, ou que celui que j'ai précisément figuré à tort en 1882 sous le nom de *Polypodites Fuchsi*; mais, chez le *Dict. Fuchsi*, les segments latéraux paraissent demeurer toujours plus espacés et moins largement soudés à la base qu'ils ne le sont chez le *Dict. Remauryi* au voisinage du sommet des pennes primaires; de plus, l'existence du lobe qui existe chez ce dernier, dans la région moyenne des pennes, entre deux segments consécutifs, est rappelée encore, au voisinage du sommet, où le lobe lui-même disparaît, par la présence, entre les segments, d'une forte nervure simple ou bifurquée, parfois de deux nervures, dont on n'observe, à la même place, aucune trace chez le *Dict. Fuchsi*.

---

[1] Nathorst, *Bidrag till Sveriges fossila Flora*, p. 29.

Synonymie.

Ainsi que je viens de l'indiquer, il faut rayer de la synonymie l'une des figures que j'ai publiées en 1882, et qui représente, en réalité, un fragment de la portion terminale, à segments beaucoup plus rapprochés et tout à fait contigus, d'une penne primaire de *Dict. Remauryi*.

Provenance.

Le *Dict. Fuchsi* s'est montré en divers points de la formation charbonneuse du Bas-Tonkin, mais toujours peu abondant.

Mines de Kébao : mine Rémaury, mur de la couche U.

Baie de Hongaÿ, île du Sommet Buisson, galerie Jean.

Mines de Dong-Trieu : concession Schædelin; Lang-Sân (Lam-Xà?); périmètre Émile, mur de la couche B.

DICTYOPHYLLUM REMAURYI n. sp.

Pl. XIX, fig. 1, 2; Pl. XX, fig. 1 à 4; Pl. XXI, fig. 1, 2.

1882. **Dictyophyllum Nilssoni** Zeiller (*non* Brongniart sp.), *Ann. des Mines*, 1882, II, p. 311, pl. X, fig. 7.
1882. **Polypodites Fuchsi** Zeiller, *Ann. des Mines*, II, pl. XII, fig. 6 (*non* pl. X, fig. 4).

Description de l'espèce.

Pennes primaires profondément *pinnatifides*, probablement *assez peu nombreuses*, atteignant au moins 70 centimètres à 1 mètre de longueur sur 20 à 40 centimètres de largeur, graduellement rétrécies vers le bas, *plus ou moins soudées entre elles à la base*; à rachis lisse ou strié longitudinalement, large de 1mm,5 vers le haut à 4 ou 5 millimètres à la partie inférieure.

Pennes secondaires très étalées, alternes ou plus souvent subopposées, espacées d'un même côté de 7 à 45 millimètres, *ne se touchant généralement pas par leurs bords*, se rétrécissant peu à peu de la base au sommet, arrondies à leur extrémité, *à bords entiers ou munis de crénelures arrondies* faiblement saillantes, longues de 4 à 25 centimètres sur 7 à 30 millimètres de largeur à leur partie inférieure, *réunies entre elles à leur base par une bande de limbe* de 7 à 20 millimètres de largeur *souvent un peu proéminente entre elles sous forme de lobe arrondi*.

Nervure médiane de chaque penne très nettement marquée, se suivant jusqu'au sommet. *Nervures secondaires* assez étalées, *généralement bifurquées, à partir de leur tiers inférieur*, en deux branches dirigées vers les échancrures du limbe. *Réseau* formé par l'anastomose des nervures comprenant d'abord de *grandes mailles polygonales bordant le rachis des pennes primaires et la nervure médiane* des pennes secondaires, puis d'autres un peu moins grandes entre cette première série de mailles et le bord du limbe, ces diverses mailles se subdivisant elles-mêmes en mailles plus petites, dont les dernières renferment des nervilles libres; *grandes mailles contiguës au rachis* des pennes primaires *habituellement au nombre de trois entre deux pennes latérales, les deux extrêmes allongées,* plus ou moins rectangulaires, *l'intermédiaire, correspondant au lobe séparatif des pennes, polygonale, à peu près isodiamétrique,* parfois absente, surtout vers le haut des pennes primaires, remplacée alors par une forte nervure bifurquée presque dès sa base ou quelquefois simple.

Pennes fertiles semblables aux pennes stériles; sporanges groupés en sores ponctiformes peu fournis, mais très nombreux, fixés sur les dernières branches des nervures.

Remarques paléontologiques.

Cette espèce, l'une des plus belles de la flore fossile, a été trouvée en assez grande abondance à Kébao, représentée par des fragments étendus de pennes primaires qui permettent de se rendre compte des dimensions de ces pennes et des variations qu'elles pouvaient offrir de leur base à leur sommet. Le plus considérable de ces fragments est en partie représenté sur les figures 1 et 2 de la Planche XXI; il consiste en une portion de penne de 0^m,60 de longueur, dont le tiers inférieur et le tiers moyen ont seuls été représentés; à l'extrémité supérieure, le rachis mesure encore 2 millimètres de largeur et l'espacement des pennes secondaires n'est pas sensiblement diminué; il n'est pas douteux que cette penne, dans son entier, dépassait 1 mètre de longueur. Aucune des 32 pennes latérales qu'elle porte (17 à gauche et 15 à droite) n'est complète; mais un autre échantillon, celui de la figure 2, Pl. XIX, montre que ces pennes atteignaient, dépassaient même probablement 25 centimètres de longueur; elles sont quelque peu tordues à leur extrémité, mais on voit cependant sur quelques-unes d'entre elles, ainsi que sur divers autres fragments, qu'elles se terminaient en pointe arrondie. Cet échantillon de la Planche XIX, fig. 2, n'a pu, comme celui de la Planche XXI, être représenté qu'en partie : il montre d'un côté 10 et de l'autre 11 pennes secondaires, dont l'écartement varie graduellement de 34 à 20 millimètres, pour une longueur totale du rachis égale à 28 centimètres. On peut ainsi, d'un échantillon à l'autre, suivre le rapprochement graduel des pennes latérales à mesure qu'on s'élève vers la région supérieure des pennes primaires, l'échantillon fig. 4, Pl. XX, avec ses pennes distantes de 18 à 16 millimètres, correspondant à une moindre distance du sommet, et l'échantillon fig. 3, Pl. XX, où l'écartement se réduit peu à peu de 13 millimètres jusqu'à 5 et même à 4 millimètres, appartenant évidemment à la région terminale, au voisinage immédiat de l'extrême sommet.

En sens inverse, l'échantillon fig. 1, Pl. XIX, fait voir les variations que présentent les pennes primaires du côté de leur base, les pennes latérales se raccourcissant rapidement, si bien que les plus basses ne sont plus représentées que par de larges lobes arrondis à peine saillants, variations qu'on retrouve sur les échantillons fig. 1 et 2 de la Planche XX, recueillis à Hatou, et dont le dernier, celui de la figure 2, montre que les pennes primaires se soudaient les unes aux autres à la base et venaient s'attacher en disposition pédalée sur le bord d'un rachis commun de 7 à 8 millimètres de largeur. Ce dernier échantillon, que je dois à l'obligeante amabilité de M. Bavier-Chauffour, atteste ainsi que les frondes de cette espèce étaient réellement constituées sur le plan habituel des frondes de *Dictyophyllum*, malgré le très grand développement de leurs pennes primaires, dans lesquelles on eût pu être tenté de voir des frondes complètes; mais il est à présumer que, comme chez le *Dict. Nilssoni*, auquel le *Dict. Remauryi* ne laisse pas de ressembler quelque peu, le nombre des pennes primaires devait être assez réduit.

L'examen des échantillons recueillis, et simplement même des diverses figures des Planches XIX à XXI, montre que les pennes latérales, non contiguës dans la région inférieure et moyenne des pennes primaires et comprenant entre elles une sorte de lobe plus ou moins saillant, deviennent tout à fait contiguës à l'extrémité supérieure, ce lobe intermédiaire diminuant peu à peu et finissant par disparaître complètement. En même temps, le bord des pennes devient graduellement tout à fait entier et rectiligne, les crénelures plus ou moins accentuées dont il était muni dans les régions inférieure et moyenne s'atténuant insensiblement et finissant par ne plus se manifester.

Examiné au point de vue de la nervation, le *Dict. Remauryi* présente à la fois le réseau complexe caractéristique des *Dictyophyllum*, à grandes mailles polygonales alignées le long des rachis et de la nervure médiane (voir notamment Pl. XXI, fig. 1 *a* et 2 *a*), et les nervures secondaires nettement accentuées se suivant presque sans déviation jusqu'au voisinage du bord du limbe, que j'ai signalées chez le *Dict. Fuchsi*. Ces nervures sont bien visibles notamment sur les échantillons fig. 2, Pl. XIX; fig. 3, Pl. XX, et fig. 1 et 2, Pl. XXI; on voit sur ces figures qu'en général elles se bifurquent à peu de distance de leur base, et que la branche postérieure, qui souvent est en prolongement immédiat du tronc commun, se dirige vers l'échancrure du limbe la plus rapprochée,

tandis que la branche antérieure, infléchie en avant, se dirige vers l'échancrure suivante; mais l'une et l'autre branche se ramifient et s'unissent aux
branches les plus rapprochées des nervures voisines sans atteindre jusqu'au
bord même du limbe.

A la base de chaque penne, la branche postérieure de la première nervure
se dirige parallèlement au rachis, formant le bord d'une grande aréole à
contour souvent presque rectangulaire, limitée, à peu près vers le milieu de
l'intervalle compris entre les deux pennes consécutives, par une aréole généralement hexagonale, formée par deux nervures partant directement du rachis en
regard du lobe intermédiaire aux deux pennes. Le rachis se trouve ainsi bordé,
sur la plupart des échantillons, ainsi qu'on le voit nettement sur les figures 1
et 2 de la Planche XXI, par une série de grandes mailles disposées par trois
dans chaque intervalle, la supérieure et l'inférieure allongées, l'intermédiaire
plus courte et polygonale. Vers le haut des pennes primaires, cette maille intermédiaire se rétrécit en même temps que le lobe auquel elle correspond
(fig. 3 a, Pl. XX); souvent même elle disparaît, sa place restant marquée seulement par une nervure d'abord bifurquée presque dès sa base, puis simple, qui
finit, au voisinage du sommet, par ne plus guère se distinguer des autres veines
du réseau général.

Vers le bas des pennes primaires, il semble, d'après ce que l'on voit sur
l'échantillon fig. 1, Pl. XX, que le lobe intermédiaire aille au contraire en se
développant, ne le cédant qu'à peine en importance aux pennes voisines, et
présentant une nervure médiane nette; mais les échantillons qui montrent les
bases de pennes sont à la fois trop peu nombreux et trop incomplets pour
qu'on puisse suivre avec précision les modifications tant de la nervation que du
mode de division du limbe.

Des divers échantillons recueillis, un seul s'est trouvé fructifié, à savoir, le
grand fragment de penne de la Planche XXI, qui, un peu au-dessous du tiers
inférieur de sa longueur, présente du côté gauche une penne fertile, la troisième à gauche en partant du haut de la figure 1. La figure grossie 1 b
montre que les sporanges y sont réunis par petits groupes très nombreux,
répartis sur toute la surface du limbe, affectant une disposition semblable à
celle que Schenk a reconnue chez le *Dict. acutilobum* [1] et très analogue, en
même temps, à celle qu'on observe chez les *Dipteris*. Malheureusement, la

_____

[1] Schenk, *Fossile Flora der Grenzschichten*, pl. XIX, fig. 5 a.

BAS-TONKIN ET ANNAM. — FOUGÈRES. 105

conservation n'est pas assez fine pour qu'on puisse discerner la constitution des sporanges.

Parmi les espèces déjà décrites du genre *Dictyophyllum*, le *Dict. Remauryi* me paraît devoir être rapproché du *Dict. Nilssoni* Brongniart (sp.) et surtout des grandes formes de cette espèce, telles que les ont figurées Sternberg, Germar et Schenk[1]; j'avais même cru pouvoir rapporter au *Dict. Nilssoni* le premier échantillon, très incomplet, que j'avais eu en mains, en 1882, ayant constaté, sur des échantillons de Pålsjö, donnés à l'École des Mines par M. Nathorst, que l'espèce de Scanie offrait parfois sur le bord de ses segments latéraux de légères crénelures, à peu près semblables à celles que j'avais constatées sur l'échantillon recueilli par Fuchs à Kébao. Depuis lors, l'examen des échantillons plus nombreux et plus complets qui m'ont été envoyés m'a montré que l'espèce du Tonkin différait du *Dict. Nilssoni* par les dimensions beaucoup plus grandes de toutes ses parties, par l'importance et la régularité plus grandes des crénelures marginales de ses pennes secondaires, par la présence d'un lobe plus ou moins saillant entre ces pennes secondaires, enfin par les caractères de la nervation, particulièrement par la netteté avec laquelle se suivent les nervures secondaires jusqu'au voisinage du bord du limbe, les déviations et les inflexions qu'elles peuvent présenter étant beaucoup moins accusées que chez le *Dict. Nilssoni*, où l'œil est surtout frappé par les contours des grandes aréoles polygonales du réseau de nervures, et où les nervures secondaires sont loin d'apparaître avec la même évidence.

Par ce dernier caractère, le *Dict. Remauryi* ne laisse pas de ressembler quelque peu, ainsi que je l'ai déjà dit, au *Dict. Fuchsi*; mais lorsqu'on a affaire à des fragments provenant de la région inférieure ou de la région moyenne des pennes primaires, la grande dimension des segments latéraux, les ondulations de leur bord, la disposition des grandes aréoles contiguës au rachis ne permettent pas d'hésiter sur l'attribution. Il n'en est plus de même lorsqu'on se trouve en présence de fragments immédiatement voisins du sommet des pennes primaires, à segments latéraux réduits, de dimensions comparables à ceux du *Dict. Fuchsi*, à bords rectilignes, et à aréoles parfois peu accusées; tel était le cas de l'un des échantillons que j'avais figurés en 1882 comme *Polypodites Fuchsi*[2], échantillon dont la nervation insuffisamment caractérisée

---

[1] Sternberg, *Ess. Flore monde prim.*, I, fasc. 4, pl. XLII, fig. 2. — Germar, *in* Dunker, *Palæontographica*, I, pl. XIV, fig. 2, 3. — Schenk, *Foss. Flora der Grenzschichten*, pl. XIX, fig. 7.

[2] *Annales des Mines*, 1882, II, pl. XII, fig. 6.

14

ne fournit pas d'éléments précis de détermination, mais dont l'identité à peu près absolue avec la région la plus élevée de l'échantillon fig. 3, Pl. XX, m'a conduit cependant à rectifier l'attribution. Il ne semble pas, d'ailleurs, que le *Dict. Fuchsi* ait jamais les pennes secondaires aussi rapprochées et aussi largement soudées entre elles à leur base. Il n'en est pas moins vrai qu'il peut, dans certains cas, pour des échantillons trop fragmentaires, subsister un doute entre l'une et l'autre espèce, de même qu'il reste parfois quelque incertitude entre les espèces respectivement affines du Rhétien de l'Europe, *Dict. Nilssoni* et *Dict. Münsteri* [1].

Le *Dict. Remauryi* ressemble encore au *Dict. Sarrani*, dont la description va suivre; mais ce dernier a les pennes secondaires plus rapidement rétrécies, et surtout présente une nervation différente, les nervures secondaires, généralement non bifurquées, aboutissant au sommet des lobes, au lieu de se diriger vers les échancrures du limbe, et la disposition des mailles contiguës au rachis n'offrant pas la même régularité.

L'espèce que je viens de décrire ne pouvant ainsi être identifiée à aucune autre, je me suis fait un plaisir de la dédier au regretté M. H. Rémaury, ingénieur-conseil de la Société de Kébao, à l'obligeance de qui je dois une bonne partie des plus beaux échantillons de cette remarquable Fougère.

Synonymie.   Ainsi que je l'ai dit tout à l'heure, je crois qu'il faut rapporter au *Dict. Remauryi* et non au *Dict. Fuchsi* l'un des échantillons que j'avais figurés en 1882 sous ce dernier nom spécifique, et sur les pennes inférieures duquel on découvre, en dégageant soigneusement leurs bords, des indices de crénelures exactement semblables à ceux que présentent les pennes de la partie moyenne de l'échantillon fig. 3, Pl. XX.

Provenance.   Cette belle espèce est surtout répandue à Kébao, où elle a été trouvée en abondance sur certains points, particulièrement à la mine Rémaury.

Elle a été rencontrée à Hongaÿ avec une certaine fréquence dans le système de Hatou, mais elle semble beaucoup plus rare dans le système de Nagotna.

Mines de Kébao : système inférieur, à 20 mètres au toit de la couche principale de la galerie G (couche G); mine Rémaury, mur et toit de la couche Y, mur de la couche U; puits Lanessan, travers-bancs Nord de l'étage 120; rivière de Kébao.

---

[1] Nathorst, *Bidrag till Sveriges fossila Flora*, p. 26, 28, 30; *Beiträge zur fossilen Flora Schwedens*, p. 15, 16; pl. VI, fig. 1.

Mines de Hongaÿ. Système de Hatou : Hatou, toit de la Grande couche; Gia-Ham. — Système de Nagotna : Rivière des Mines, monticule rive gauche en aval de Claireville; mine de Carrère, toit de la couche Marmottan; vallée orientale de l'OEuf, galerie Léonice.

Île du Sommet Buisson, galerie Jean.

DICTYOPHYLLUM SARRANI n. sp.

Pl. XXII, fig. 1.

Description de l'espèce.

Pennes primaires pinnatifides, à rachis lisse ou très finement strié en long, large de 2 à 3 millimètres. *Pennes secondaires très étalées*, alternes, espacées d'un même côté de 35 à 50 millimères, *ne se touchant pas par leurs bords*, *soudées entre elles à leur base* sur 20 à 25 millimètres de hauteur, *séparées par des sinus arrondis*, se rétrécissant plus ou moins rapidement de la base au sommet, arrondies à leur extrémité, *à bords munis de crénelures arrondies* faiblement saillantes, longues de 7 à 15 centimètres sur 30 à 35 millimètres de largeur à leur base.

Nervure médiane de chaque penne très nettement marquée, se suivant jusqu'au sommet. *Nervures secondaires assez étalées, plus ou moins flexueuses, généralement non divisées, aboutissant au sommet des lobes.* Réseau formé par l'anastomose des nervures, divisé en mailles polygonales dont les dernières renferment à leur intérieur des nervilles libres.

Remarques paléontologiques.

Cette espèce n'est représentée que par un seul échantillon, un fragment de penne primaire long de 26 centimètres sur 18 à 20 centimètres de largeur, portant, d'un côté, 6 et, de l'autre, 7 pennes secondaires de longueur variable, les unes rompues à 13 centimètres de leur base et ne montrant pas leur sommet, comme celle qui, sur la figure 1 de la Planche XXII, aboutit au bord supérieur extrême; d'autres, comme celle qui aboutit à l'angle inférieur de gauche, rapidement rétrécies, à contour presque deltoïde, ne mesurant que 7 centimètres de longueur. Les unes et les autres ont d'ailleurs le bord de leur limbe nettement festonné, et elles se soudent mutuellement sur une hauteur assez notable, comprenant entre elles des sinus arrondis, concaves vers l'extérieur.

Les nervures s'anastomosent en un réseau à aréoles polygonales dans lequel on ne distingue, au premier coup d'œil, comme nettement prédominantes, que les nervures secondaires qui partent, sous des angles très ouverts, et à des

14.

distances de 5 à 8 millimètres les unes des autres, de la nervure médiane de chaque penne latérale: ces nervures se dirigent, en s'infléchissant plus ou moins en zigzag, vers le sommet des crénelures du limbe, et une partie au moins d'entre elles se suivent jusqu'à l'extrême bord de la penne, ainsi qu'on le voit sur les figures grossies 1 *a* et 1 *b*. De leurs points d'inflexion partent des nervures transversales moins accusées, qui divisent les intervalles compris entre elles en mailles irrégulières, tantôt grossièrement rectangulaires, tantôt trapézoïdales, tantôt polygonales; ces premières mailles se résolvent à leur tour en un réseau plus fin, dont les derniers éléments renferment à leur intérieur des nervilles libres.

Le long du rachis principal de la penne, le réseau est également assez irrégulier : en général, à la hauteur du sinus séparatif de deux pennes, une nervure assez forte part du rachis à angle presque droit pour se diriger vers ce sinus, et elle s'anastomose, avant de l'atteindre, avec les premières nervures secondaires des deux pennes immédiatement voisines, de manière à donner naissance à de grandes mailles grossièrement triangulaires ou trapézoïdales, subdivisées ensuite en mailles plus petites. Quelquefois, au lieu d'une nervure, deux nervures plus ou moins obliques partent du rachis à quelque distance l'une de l'autre, à la hauteur du sinus séparatif des pennes et se rejoignent pour former une maille triangulaire, flanquée, au-dessus et au-dessous, d'autres mailles triangulaires ou trapézoïdales, ainsi qu'on peut le voir à la loupe vers le bas de la figure, du côté droit, au-dessous du rachis.

Il est probable que cette espèce était comparable, comme constitution de la fronde et comme dimensions des diverses parties de celle-ci, au *Dict. Remauryi*.

Rapports et différences.

Elle a en effet une assez grande analogie avec le *Dict. Remauryi*, et l'on pourrait, si l'on ne procédait à un examen attentif, se demander si elle n'en représente pas une simple variété; mais, outre que les pennes latérales sont plus largement soudées à leur base et plus rapidement rétrécies vers leur sommet, la nervation est trop différente pour permettre une identification spécifique : le principal caractère, à ce point de vue, est fourni par les nervures secondaires, qui, au lieu de se bifurquer, restent simples, et qui, se suivant beaucoup plus loin, aboutissent au sommet des lobes et non aux échancrures qui les séparent. De plus, on ne retrouve pas ici les grandes mailles contiguës au rachis qui apparaissent si nettement chez la précédente espèce. Enfin la substitution, au point de jonction de deux pennes consécutives, d'un sinus

concave au lobe plus ou moins saillant qui existe chez le *Dict. Remauryi*, constitue encore un caractère auquel il paraît impossible de ne pas attribuer une
valeur spécifique.

L'espèce étant nouvelle, je l'ai dédiée à M. Sarran, à qui en est due la découverte.

Elle n'a été observée jusqu'ici qu'en un seul point, à savoir, dans la baie de   *Provenance.*
Hongaÿ, à l'île du Sommet Buisson, galerie Jean.

DICTYOPHYLLUM NATHORSTI n. sp.

Pl. XXIII, fig. 1; Pl. XXIV, fig. 1; Pl. XXV, fig. 1 à 6; Pl. XXVI, fig. 1 à 3; Pl. XXVII, fig. 1;
Pl. XXVIII, fig. 3.

1882. **Dictyophyllum acutilobum** Zeiller (*non* Schenk), *Ann. des Mines*, 1882, II, p. 311,
pl. X, fig. 11.
1900. **Dictyophyllum exile** Zeiller (*non* Brauns sp.), *C. R. Acad. Sc.*, CXXX, p. 186.

Fronde pédalée, à pétiole lisse, large de 6 à 10 millimètres, à *rachis pri-*   Description
maire divisé en deux branches fortement divergentes, arquées en croissant, lisses,   de l'espèce.
larges de 3 à 4 millimètres, longues de 8 à 12 centimètres, comprenant entre
elles un espace libre correspondant à une ouverture angulaire d'environ 90°,
et *portant chacune sur leur bord supérieur* (bord externe) *20 à 25 pennes
primaires disposées en éventail*, longues de 30 à 45 centimètres et plus, *soudées
entre elles à leur base* sur 5 à 8 centimètres de longueur.

Pennes primaires pinnatifides ou pinnatilobées dans leurs régions moyenne et
supérieure, munies seulement vers le bas de crénelures plus ou moins accentuées, larges dans leur partie moyenne de 16 à 55 millimètres, peu à peu
rétrécies vers le sommet, à rachis lisse, large de 1 à 2 millimètres. *Segments
secondaires étalés-dressés*, alternes ou subopposés, *soudés entre eux sur le tiers
ou la moitié environ de leur longueur, graduellement rétrécis vers le sommet* dans
leur partie libre, *terminés en pointe obtusément aiguë*, longs de 8 à 35 millimètres sur 6 à 16 millimètres de largeur à leur base, *séparés par d'étroits sinus
aigus*.

Nervure médiane de chaque segment très nettement marquée, se suivant
jusqu'au sommet. *Nervures secondaires étalées-dressées, flexueuses, anastomosées
en un réseau à mailles polygonales* assez grandes, subdivisées en mailles plus
petites, dont les dernières renferment des nervilles libres.

Pennes fertiles semblables aux pennes stériles; sporanges probablement réunis par petits groupes, mais étroitement serrés les uns contre les autres et couvrant toute la face inférieure du limbe, à l'exception du voisinage immédiat des bords.

Remarques paléontologiques.

Cette espèce se rencontre le plus souvent sous la forme de fragments de pennes primaires, tels que ceux que montrent les figures 1 à 6 de la Planche XXV et qui permettent de se rendre compte des variations qu'elle peut présenter sous le rapport de la taille, comme de la forme et de l'espacement des segments; l'échantillon fig. 5 paraît correspondre au maximum de taille, rarement atteint d'ailleurs, aucun autre ne m'ayant offert de pennes de dimensions supérieures, ni même égales; mais la largeur des pennes peut, par contre, s'abaisser parfois jusqu'à 15 ou 16 millimètres, ces pennes étroites, très exceptionnelles aussi, affectant exactement l'aspect de la penne fig. 1, Pl. XXV, supposée réduite aux trois cinquièmes ou à la moitié de sa grandeur. L'échantillon fig. 4 fait voir le rétrécissement graduel des pennes au voisinage du sommet, en même temps que les segments latéraux se soudent plus largement les uns aux autres; aucune empreinte n'a montré l'extrémité supérieure tout à fait complète.

Vers le bas, les segments latéraux se soudent plus largement encore, ainsi qu'on le voit sur la figure 1, Pl. XXV, leur partie libre se réduisant de plus en plus; le limbe, au lieu d'être pinnatilobé, devient ainsi simplement crénelé, puis ondulé, ou même tout à fait entier, avant de se souder à celui des pennes voisines. C'est ce que montrent la figure 2, Pl. XXVI, et surtout les échantillons plus complets des Planches XXIII et XXIV et de la figure 1, Pl. XXVII. Ces échantillons, en particulier celui de la Planche XXIII, dont le quart à peine en surface a pu être représenté, font voir que sur le bord convexe du croissant formé par les deux branches divergentes du rachis venaient s'attacher une cinquantaine de pennes, disposées en éventail, de longueur légèrement décroissante depuis le milieu, correspondant à l'origine des branches du rachis, jusqu'à l'extrémité de celles-ci. Sur cet échantillon de la Planche XXIII, la penne la plus complète, celle qui est coupée par le bord inférieur de la figure au point où celui-ci est reporté le plus loin vers le bas, se suit en réalité sur 38 cm,5 de longueur sans qu'on arrive à son extrême sommet. Ces pennes atteignaient certainement 45 et probablement 50 centimètres de longueur, sinon davantage, et leur ensemble devait couvrir un cercle d'au moins 40 ou 50 centimètres de rayon. On remarque, vers le haut, à gauche, de la Planche XXIV, que les pennes extrêmes des deux branches du croissant non seulement convergeaient les unes vers les autres, mais allaient parfois jusqu'à se croiser, circonscrivant complètement l'espace plus ou moins circulaire limité par les bords internes des deux branches du rachis.

L'étalement complet de ces pennes sur le plan de stratification de la roche, tel qu'on l'observe sur les Planches XXIII et XXIV et sur la figure 1 de la Planche XXVII, semble bien indiquer qu'à l'état de vie ces pennes étaient ainsi à peu près étalées dans un plan, oblique ou transversal par rapport à la direction du pétiole. Sur les échantillons de la figure 1, Pl. XXVII, et de la Planche XXIII, le pétiole se replie sous le plan de l'éventail formé par les pennes, et l'on voit, sur la figure 1 *bis*, Pl. XXVII, que ce pétiole fait un angle de 45° environ avec le plan du limbe, la ligne inclinée qui limite cette figure vers le haut correspondant à la trace de ce plan sur le plan de la figure. Sur l'échantillon de la Planche XXIV, la fronde qui occupe la partie inférieure de la figure a, au contraire, son pétiole situé dans un plan presque parallèle à celui du limbe et peu distant de celui-ci; et si l'on n'examinait que cette figure, où tous les détails ne peuvent être nettement visibles, par suite de la réduction aux trois huitièmes de la grandeur naturelle, on pourrait croire que les bords latéraux du pétiole forment la suite des bords externes des deux branches du rachis, sur lesquels viennent s'insérer les pennes primaires. En réalité, ce pétiole est situé dans un plan un peu oblique sur le reste de l'empreinte, et le bord du rachis d'où partent les pennes ne fait pas suite aux bords externes du pétiole : du côté gauche, il y a eu rupture du rachis et déchirure même du bord du pétiole dans le sens longitudinal; du côté droit, le rachis se suit, représenté par une lame charbonneuse assez épaisse, jusqu'à 2 centimètres à peu près de la bifurcation, mais là il est à demi déchiré transversalement et visiblement tordu sur lui-même, ainsi que l'indique la figure 1 ci-après, réduite aux deux tiers de la grandeur naturelle. Les axes des pennes primaires voisines de la région médiane sont eux-mêmes brisés et interrompus, et il est clair que le rabattement du pétiole, sous le poids peut-être des sédiments qui l'ont recouvert, n'a pu se faire qu'au prix de froissements et de déchirures notables. Cette orientation du pétiole par rapport au plan du limbe n'est donc pas l'orientation normale, et il faut admettre qu'à l'état de vie les deux branches du rachis s'étalaient dans un plan faisant avec le pétiole un angle au moins égal à 45° ou 50°, peut-être un angle droit ou presque droit; les pennes primaires étaient sans doute légèrement dressées et arquées à leur base et s'étalaient ensuite ou retombaient en formant panache autour du croissant central, celles de la région médiane plus ou moins inclinées vers le sol, celles des portions termi-

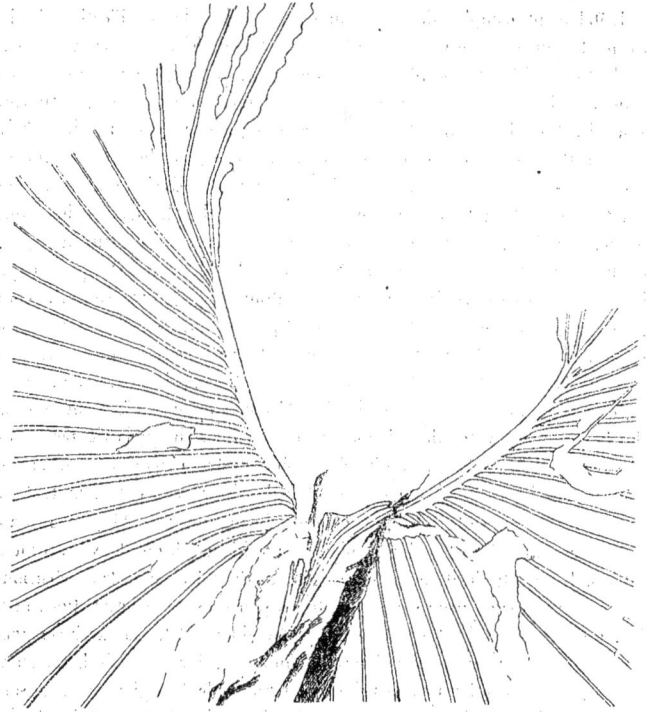

Fig. 1. — *Dictyophyllum Nathorsti* Zeiller.
Fronde du bas de la Pl. XXIV, aux deux tiers de la grandeur naturelle.

nales des deux branches du rachis plus ou moins ascendantes, ainsi qu'on peut le présumer d'après les échantillons fig. 1, Pl. XXIII, et fig. 1, Pl. XXVII. Le port devait être, comme je l'ai déjà dit, assez analogue à celui des frondes de l'*Adiantum pedatum* L.

Peut-être les pennes étaient-elles parfois dressées en cornet plus ou moins elliptique, plus ou moins aplati dans le sens du plan de symétrie passant par le pétiole, car M. Portal a recueilli à Kébao un échantillon (Pl. XXVIII, fig. 3 *a*, 3 *b*, 3 *c*) qui montre ainsi la fronde complètement repliée sur elle-même : bien qu'une seule des deux branches du rachis soit conservée; et encore n'en voit-on (fig. 3 *a*) que l'extrémité tout à fait supérieure, l'inspection de l'échantillon, notamment sur la figure 3 *b*, montre que ces deux branches du rachis étaient repliées presque l'une contre l'autre et que les pennes extrêmes se touchaient presque d'un côté à l'autre; l'échantillon se prolonge un peu plus bas que les figures ne le représentent, mais il est cependant incomplet, et la région médiane de la fronde fait défaut; toutefois la courbure de l'une au moins des faces au point où il est interrompu montre que le cornet n'allait pas tarder à se refermer. Cet échantillon étant le seul qui se soit présenté sous cet aspect, peut-être encore ne faut-il voir dans cette disposition qu'un accident de conservation, la fronde ayant pu ne se replier ainsi sur elle-même qu'au moment où elle a été entraînée dans le bassin de dépôt.

Je crois qu'il faut rapporter à la même espèce, comme en représentant l'état jeune, les deux petites frondes pédalées de l'échantillon fig. 1, Pl. XXVI, recueilli au toit de la Grande couche de Hatou, où le *Dict. Nathorsti* est extrêmement abondant. Les segments latéraux sont un peu moins largement soudés que sur les échantillons de taille normale, mais l'aspect général est absolument conforme cependant à celui de plusieurs échantillons nettement attribuables à cette espèce, tels, entre autres, que celui de la figure 4, Pl. XXV; la largeur relative et la contiguïté des segments conduisent d'ailleurs à écarter le *Dict. Fuchsi*, le seul en faveur duquel on eût pu hésiter, et le peu que l'on voit de la nervation, avec quelques grandes aréoles bien accusées, confirme l'attribution au *Dict. Nathorsti*. La plus petite des deux frondes, celle du bas, paraît avoir eu six ou sept pennes primaires, et l'autre huit ou neuf. Ce n'est apparemment qu'à l'état adulte, lorsque les branches du rachis s'allongeaient et que le nombre des pennes augmentait, que le plan du limbe s'infléchissait sur le pétiole. La longueur du pétiole, qui, pour la fronde supérieure, se suit sur 8 centimètres, donne lieu de penser que, chez les frondes arrivées à leur taille, le pétiole devait atteindre une longueur au moins égale à celle des pennes primaires.

Les figures des Planches XXIII, XXV et XXVI, en particulier les figures grossies, montrent assez nettement les détails de la nervation pour qu'il soit inutile d'insister sur les caractères de celle-ci, aucune particularité n'étant d'ailleurs à relever. Je signalerai seulement ce fait, que quelquefois les différences de valeur qui distinguent les nervures de divers ordres tendent à s'effacer, cessent même presque d'être perceptibles, comme c'est le cas sur le fragment de penne fig. 6, 6 *a*, Pl. XXV, où il semblerait, du moins en certains points, qu'on ait affaire à un réseau à mailles uniformes, allongées dans le sens des nervures secondaires des segments latéraux; cependant on voit çà et là apparaître des nervilles libres à l'intérieur de ces mailles, et aussi des nervures plus fortes se dessiner par places, circonscrivant des aréoles plus grandes, conformément au type habituel. Cette tendance à l'égalisation des nervures s'observe, du reste, parfois vers l'extrémité des segments de pennes à nervation normale, notamment en quelques parties de l'échantillon fig. 5, Pl. XXV, et en particulier à l'extrémité du segment supérieur de la figure grossie 5 *a*. Il ne faut donc voir là qu'un accident individuel ou local, auquel il n'y a pas à attacher d'importance.

Quelques échantillons ont offert des traces, malheureusement assez mal conservées pour la plupart, de fructifications; parmi eux cependant il s'en est trouvé un, celui de la figure 3, Pl. XXVI, où la roche argileuse, d'un grain fin, offre l'empreinte assez nette de la face inférieure du limbe et des sporanges qui y étaient fixés : les pennes se montrent fertiles sur toute leur étendue visible, sauf au sommet des segments et au voisinage immédiat de leurs bords (fig. 3 *a*, 3 *b*). Les sporanges couvrent tout le reste de la surface, étroitement pressés les uns contre les autres, de sorte qu'aucun d'entre eux n'est visible dans son entier; ils paraissent avoir été ovoïdes, et sont munis d'un anneau très net à un seul rang de cellules (fig. 3 *c*) dont la position par rapport à leur plan diamétral est impossible à préciser, mais qui semble pourtant avoir dû être longitudinal ou tout au moins très oblique. Il est probable qu'on a affaire là à des sporanges ouverts, ce qui rend leur disposition plus confuse. Sur un autre échantillon, recueilli à Hatou, les sporanges, encore intacts, apparaissent plus distincts, mesurant environ $0^{mm},15$ sur $0^{mm},20$, réunis, dans chacune des mailles de dernier ordre, en groupes arrondis, au nombre de 5 à 8 à ce qu'il semble, couvrant toute la surface de la maille; mais c'est à peine si l'on soupçonne sur quelques-uns d'entre eux la présence de l'anneau, la conservation en étant trop imparfaite. Sur l'échantillon fig. 1, Pl. XXVII, qui montre la face supérieure d'une fronde évidemment fertile en dessous, on voit également dans chaque maille des granulations saillantes correspondant aux

-sporanges fixés sur la face inférieure, mais sans pouvoir se rendre un compte exact de la disposition et du nombre de ceux-ci.

En somme, les caractères observables n'ont rien que de conforme à ceux des Diptéridinées, les sporanges paraissant seulement avoir des dimensions beaucoup plus fortes que ceux des *Dipteris* de la flore actuelle.

Les pennes isolées du *Dict. Nathorsti* ressemblent extrêmement à celles du *Dict. acutilobum* Schenk [1], et aussi à certains échantillons rapportés par M. Nathorst au *Dict. exile* Brauns (sp.) [2], mais dont l'un, tout à fait semblable à quelques-uns des échantillons du Tonkin, à celui de la Planche XXV, fig. 3, en particulier, avait été primitivement figuré par l'auteur sous le nom de *Dict. acutilobum* [3]; les deux espèces en question sont d'ailleurs très voisines, et Schenk avait lui-même identifié le *Camptopteris exilis* Brauns [4] à son *Dict. acutilobum*. Aussi, après avoir, en 1882, attribué l'espèce du Tonkin au *Dict. acutilobum*, étais-je revenu, d'après les dernières déterminations de M. Nathorst, relatives aux échantillons de Bjuf, au nom de *Dict. exile*. L'examen des échantillons plus complets que j'ai reçus en dernier lieu m'ayant inspiré quelques doutes, j'ai eu recours à l'affectueuse et inépuisable obligeance de M. Nathorst, et je lui ai communiqué notamment des photographies des échantillons Pl. XXIII et Pl. XXIV, en le priant de vouloir bien me faire connaître son avis à leur sujet. Il ressort des renseignements détaillés qu'il a bien voulu me donner que l'espèce du Tonkin, malgré la ressemblance de ses pennes, à l'état isolé, avec celles du *Dict. exile* et du *Dict. acutilobum*, n'est assimilable à aucune de ces deux espèces. Elle diffère nettement, par ses pennes largement soudées à leur base, du *Dict. exile*, chez lequel, ainsi que l'indique la belle figure restaurée publiée par M. Nathorst [5], les pennes primaires sont entièrement libres et indépendantes dès leur insertion sur les branches du rachis; la constitution de la fronde est exactement la même chez l'une et chez l'autre, mais ce caractère des pennes, soudées chez la première, libres chez la seconde, ne permet pas l'identification. J'ajoute qu'en général, et bien qu'il puisse y avoir confusion pour certains échantillons, le *Dict. Nathorsti* a les segments plus dressés et plus saillants que le *Dict. exile* :

Rapports
et différences.

[1] Schenk, *Fossile Flora der Grenzschichten*, p. 77, pl. XIX, fig. 2-5; pl. XX, fig. 1.

[2] Nathorst, *Floran vid Bjuf*, p. 39, 119, pl. V, fig. 7; pl. VII, fig. 1; pl. XI, fig. 1.

[3] *Ibid.*, p. 38, pl. XI, fig. 1.

[4] Brauns, *Palæontographica*, IX, p. 54, pl. XIII, fig. 11.

[5] Nathorst, *Sveriges Geologi*, II, p. 166.

chez celui-ci, comme le montre la figure type de Brauns et comme j'ai pu le constater également sur d'excellents estampages envoyés par M. Nathorst, les nervures médianes des segments font un angle plus ouvert avec le rachis de la penne; les segments eux-mêmes sont plus aigus, presque triangulaires parfois, limités sur leur bord supérieur par une ligne presque normale au rachis et quelquefois même déjetée vers le bas du côté extérieur; enfin ils sont plus largement soudés, souvent sur plus de moitié de leur longueur.

Chez le *Dict. acutilobum*, les pennes primaires sont soudées entre elles à leur base, mais les branches du rachis ne semblent pas atteindre jamais une longueur comparable à celle qu'on leur voit chez le *Dict. Nathorsti*, et le nombre des pennes n'est jamais, à beaucoup près, aussi élevé, d'après les observations faites sur des frondes complètes par M. Nathorst, qui rapprocherait plutôt, sous ce rapport, m'a-t-il dit, le *Dict. acutilobum* du *D. Nilssoni*. Il semble, en outre, que, chez le *Dict. acutilobum*, les pennes primaires soient plus larges que chez le *Dict. Nathorsti*, que leurs segments latéraux soient proportionnellement plus larges et plus espacés, et assez généralement séparés les uns des autres, ainsi que l'avait indiqué Schenk, par des sinus arrondis [1], ce qui n'a jamais lieu chez l'espèce du Tonkin.

Il est même permis de se demander, à raison de ce caractère, s'il ne faudrait pas rapporter au *Dict. Nathorsti* plutôt qu'au *Dict. acutilobum* l'espèce du Rhétien de la Perse figurée par Schenk sous ce dernier nom [2], qui montre des segments contigus, séparés seulement par d'étroits sinus tout à fait aigus, et qui paraît singulièrement pareille aux échantillons du Tonkin.

Dans tous les cas, il ressort de ce qui vient d'être dit que ceux-ci ne peuvent être identifiés ni avec le *Dict. exile* ni avec le *Dict. acutilobum*, quelque difficulté qu'il puisse y avoir parfois à les distinguer de l'un ou de l'autre lorsqu'on n'a que des fragments de pennes isolés. L'espèce est donc nouvelle, et j'ai été heureux de la dédier à l'éminent savant de Stockholm, qui m'a si complaisamment aidé de ses lumières et à qui la science doit tant d'observations nouvelles, et d'un si haut intérêt, particulièrement en paléobotanique et en géologie.

Synonymie.   J'ai indiqué tout à l'heure en détail les raisons qui m'ont amené à rectifier mes déterminations antérieures. J'aurais été un peu tenté de faire figurer

---

[1] Nathorst, *Floran vid Höganäs och Helsingborg*, Helsingborg, pl. 1, fig. 7, 9, 10.
[2] Schenk, *Fossile Pflanzen aus der Albourskette*, p. 5, pl. 11, fig. 7.

également dans la liste synonymique le *Dictyophyllum* du Rhétien de la Perse, dont j'ai signalé l'extrème ressemblance avec le *Dict. Nathorsti;* mais tant qu'on n'en connaitra pas des échantillons plus complets, il est prudent de s'abstenir d'une assimilation sur laquelle des documents ultérieurs obligeraient peut-être à revenir.

Le *Dict. Nathorsti* se montre répandu dans toute la formation charbonneuse du Bas-Tonkin; il a été surtout rencontré en abondance à Hatou. *Provenance.*

Mines de Kébao : mine Rémaury, couche V; puits Lanessan; système inférieur, couche n° 1 (couche C); système supérieur, couche n° 2, galerie M (couche M).

Mines de Hongaÿ. Système de Hatou : Hatou, Grande couche et grand banc de schiste; Gia-Ham; mine Jaurégulberry. — Système de Nagotna : Claireville (Hal-Lam); Rivière des Mines, monticule rive gauche en aval de Claireville; mine de Carrère, toit de la couche Marmottan; vallée orientale de l'OEuf, galerie Léonice.

Île Hongaÿ.

Île du Sommet Buisson, galerie Jean.

Mines de Dong-Trieu : concession Schædelin.

Genre CLATHROPTERIS Brongniart.

1828. **Clathropteris** Brongniart, *Prodr.*, p. 62; *Hist. végét. foss.*, 1, p. 379.

Frondes pédalées (au moins chez l'une des espèces), à rachis primaire divisé dès le sommet du pétiole en deux branches divergentes, du bord supérieur desquelles se détachent les rachis des pennes primaires, disposées en éventail. Pennes primaires simples, ou pinnées. Pennes de dernier ordre (primaires ou secondaires) plus ou moins profondément dentées.

Nervation aréolée complexe. Rachis des pennes émettant des nervures latérales assez rapprochées, plus ou moins étalées, rectilignes, aboutissant au sommet des dents; nervures secondaires se détachant sous des angles très ouverts et souvent tout à fait droits, tantôt rectilignes, tantôt plus ou moins flexueuses, formant, entre les nervures primaires qui aboutissent aux dents, une première série de grandes mailles à contour plus ou moins rectangulaire, subdivisées ensuite en mailles plus petites, parfois à peu près rectangulaires elles-mêmes, et enfin en mailles polygonales dont les dernières renferment à leur intérieur des nervilles libres.

Ce genre ne diffère, en réalité, du genre *Dictyophyllum* que par la forme généralement rectangulaire des premières mailles de son réseau de nervures, et encore passe-t-on parfois, comme on le verra, du moins sur certains échantillons un peu exceptionnels de *Clathr. platyphylla*, à des mailles tout à fait polygonales; cette dernière espèce offre, en outre, le même type de fructification que les *Dictyophyllum* et paraît, comme eux, devoir être rangée parmi les Diptéridinées. Elle appartient donc botaniquement au même type générique, et c'est avec raison que MM. Seward et Dale ont proposé de la leur rattacher [1].

Si cependant je conserve ici le nom générique de *Clathropteris*, c'est parce que, d'une part, la classification des Fougères fossiles étant fondée sur les caractères de la nervation, il me semble à la fois convenable et pratique de ne pas faire abstraction du caractère distinctif si saillant fourni par la forme habituellement rectangulaire des premières mailles du réseau; que, de plus, les frondes du *Clathr. platyphylla* ne semblent pas avoir eu tout à fait le même port que celles des *Dictyophyllum*, les branches du rachis paraissant diverger moins fortement, et dressant, à ce qu'il semble, à la fois leurs pennes extrêmes et leurs pennes médianes vers le haut, et non en sens inverse les unes des autres, ainsi que cela semble avoir lieu chez presque tous les *Dictyophyllum* à frondes complètement développées. Enfin il me semblerait difficile de séparer le *Clathr. platyphylla* du *Clathr. meniscioides* Brongniart, qui offre identiquement le même type de nervation; et actuellement il ne paraît pas possible, ne sachant si ce dernier avait des frondes pédalées à pennes primaires simplement pinnées, ou bien des frondes régulièrement pinnées, ni quel était.son mode de fructification, de le réunir au genre *Dictyophyllum*, dont toutes les espèces ont des frondes pédalées et qui semble à tous égards si homogène. Le genre *Clathropteris* paraissant ainsi devoir être conservé, au moins jusqu'à nouvel ordre, pour le *Clathr. meniscioides*, il est naturel de continuer à y ranger le *Clathr. platyphylla*, qui lui appartient sans conteste par les caractères de sa nervation.

[1] Seward and Dale, *On the structure and affinities of Dipteris, with notes on the geological history of the Dipteridinæ*, p. 5o3, 5o5.

CLATHROPTERIS PLATYPHYLLA Gœppert (sp.).

Pl. XXVII, fig. 2, 3; Pl. XXVIII, fig. 1, 2; Pl. XXIX, fig. 1 à 4; Pl. XXX, fig. 1 à 8; Pl. XXXI, fig. 1;
Pl. XXXII-XXXIII, fig. 1; Pl. XXXIV, fig. 1.

1846. **Camptopteris platyphylla** Gœppert, *Genr. d. pl. foss.*, liv. 5-6, p. 120, pl. XVIII-XIX,
fig. 1-3 (*an* fig. 4, 5?). Bronn et Rœmer, *Leth. geogn.*, 3ᵉ éd., II, p. 52, pl. XIV¹,
fig. 6.

1849. **Clathropteris platyphylla** Brongniart, *Tabl. d. genr. d. vég. foss.*, p. 32, 104. Schenk,
Foss. Fl. d. Grenzsch., p. 81 (*pars*), pl. XVI, fig. 5-9 (*non* fig. 2-4); pl. XVII, fig. 1-4.
Schimper, *Trait. de pal. vég.*, I, p. 636, pl. XLII, fig. 1-3. Saporta, *Plantes jurass.*, I,
p. 33, pl. XXXVI, fig. 1; pl. XXXVII, fig. 3-5; pl. XXXVIII, fig. 1-4; pl. XXXIX,
fig. 1; pl. XL, fig. 1. Nathorst, *Fl. vid Bjuf*, p. 41, pl. V, fig. 6; pl. VII, fig. 2; *Fl.
Höganas och Helsingborg*, p. 15, Hög. äldre, pl. II, fig. 4-5 *a*; p. 48, Hög. yngre, pl. II,
fig. 2. Hantken, *Die Kohlenfl. u. d. Kohlenbergb. in d. Länd. d. ung. Krone*, p. 120, fig. 15.
Schimper, *Handb. der Paläont.*, II, p. 138, fig. 110. Zeiller, *Ann. des Mines*, 1882, II,
p. 312, pl. X, fig. 12-13; pl. XII, fig. 5. Renault, *Cours de bot. foss.*, III, p. 65, pl. X,
fig. 5-9. Massat, *Le Naturaliste*, 1895, p. 72. Zeiller, *Elém. de paléobot.*, p. 116, 117,
fig. 89, 90. Möller, *Bidr. till Bornholms foss. flora, Pterid.*, p. 46, pl. IV, fig. 14.

1901. **Dictyophyllum platyphyllum** Seward et Dale, *Phil. Trans. Roy. Soc. London*, B,
vol. 194, p. 505 (*pars*).

1835 ou 1836. **Clathropteris meniscioides** Brongniart, *Hist. végét. foss.*, I, p. 380 (*pars*),
pl. 134, fig. 3 (*non* fig. 1, 2), Germar, *in* Dunker, *Palæontographica*, I, p. 117, pl. XVI,
fig. 1-4. Brauns, *Palæontographica*, IX, p. 52, pl. XIII, fig. 9, 10.

1862. **Camptopteris fagifolia** Brauns, *Palæontographica*, IX, p. 55, pl. XIV, fig. 3.

1862. **Camptopteris planifolia** Brauns, *Palæontographica*, IX, p. 55, pl. XIV, fig. 2.

1867. **Clathropteris Münsteriana** Schenk, *Foss. Fl. d. Grenzsch.*, p. XVIII, p. 85 (*pars*),
pl. XVI, fig. 5-9 (*non* fig. 2-4); pl. XVII, fig. 1-4.

1888. *An* **Clathropteris** sp., Schenk, *in* Richthofen, *China*, IV, p. 250, pl. LI, fig. 1?.

1897. **Clathropteris** Zeiller, *Rev. Gén. de Bot.*, IX, p. 410, pl. 21, fig. 6.

Fronde pédalée, à pétiole lisse, large de 3 à 20 millimètres, *à rachis primaire* Description
divisé en deux branches divergentes, faisant entre elles un angle d'environ 100° de l'espèce.
à 120°, longues de 3 à 12 centimètres sur 2 à 12 millimètres de largeur,
souvent un peu arquées en dehors à leur extrémité, portant chacune sur leur bord
supérieur de 5 à 15 pennes primaires disposées en éventail, longues de 20
à 80 centimètres et plus, *soudées entre elles à leur base sur 5 à 12 centimètres*
de longueur.

Pennes primaires simples, à contour linéaire-lancéolé, à bords parallèles, légèrement rétrécies vers le bas, peu à peu rétrécies vers le sommet, larges dans
leur partie moyenne de 3 à 14 centimètres, à rachis lisse, large de 1 millimètre
à 3ᵐᵐ,5, *munies sur leurs bords de dents obtusément aiguës*, espacées de 4

à 15 millimètres, saillantes de 2 à 10 millimètres, *séparées par des sinus de largeur variable.*

Nervures latérales alternes ou subopposées, *étalées,* parfois légèrement ascendantes, *rectilignes. ou un peu arquées en avant, aboutissant au sommet des dents. Nervures secondaires généralement normales ou presque normales aux nervures primaires, le plus ordinairement non ramifiées, divisant l'intervalle* compris entre deux nervures primaires *en compartiments réguliers, affectant la forme de rectangles ou de parallélogrammes,* quelquefois subdivisés à leur tour en compartiments rectangulaires plus petits par des nervures parallèles aux nervures primaires; plus rarement les nervures secondaires se bifurquent, et s'anastomosent entre elles en formant de grandes aréoles polygonales. *Mailles d'ordre plus élevé toujours polygonales,* les dernières d'entre elles renfermant à leur intérieur des nervilles libres.

Pennes fertiles semblables aux pennes stériles; sporanges annelés, réunis, au nombre de 5 à 12, en sores arrondis, plus ou moins rapprochés, répartis sur toute la surface du limbe.

Remarques
paléontologiques, Cette belle espèce, dont la présence a été constatée dans les couches rhétiennes sur presque tous les points de l'hémisphère boréal où celles-ci ont été rencontrées renfermant des empreintes végétales, paraît avoir été excessivement abondante au Tonkin, à l'époque de la formation des dépôts charbonneux du bassin de Hongaÿ et de Kébao; il n'est guère, en effet, de plaque de schiste un peu étendue qui ne montre quelque débris de penne lui appartenant, et l'on en a trouvé souvent à Kébao, mais surtout à Hatou, des fragments considérables de frondes, à pennes soudées entre elles à leur base et encore attachées à l'une des branches du rachis primaire, parfois même des frondes presque complètes, comme on le voit sur les Planches XXXI et XXXII-XXXIII.

Le mode de division de ces frondes a été reconnu dès l'origine, le premier échantillon figuré, celui qui constitue le type de Gœppert, offrant un fragment de fronde visiblement pédalée, composé de cinq pennes disposées en éventail, attachées les unes à la suite des autres sur le bord d'un même rachis, conformément à ce qui a lieu sur les échantillons fig. 3, Pl. XXVII, et fig. 2, Pl. XXIX. Toutefois de tels fragments sont insuffisants pour qu'on puisse se rendre compte avec certitude de l'aspect et du port que devait affecter la fronde complète, la longueur des branches qui portent ces pennes demeurant inconnue, et les pennes elles-mêmes pouvant, soit demeurer indépendantes d'une demi-fronde à l'autre, la fronde étant en ce cas dimidiée comme celle des *Dipteris*, soit, au contraire, se souder d'une branche à l'autre, de manière à constituer un éventail unique. La première et, d'ailleurs, la seule fronde complète qui ait été observée jusqu'ici est celle qui a été figurée par Schenk en 1867, à la planche XVII de la *Fossile Flora der Grenzschichten*, fronde de taille médiocre, formée seulement de 10 ou 11 pennes primaires, mais montrant celles-ci soudées à leur base en un limbe continu, sans division médiane. Cette soudure mutuelle des pennes en un limbe unique et continu est confirmée par les échantillons recueillis au Tonkin, bien que la plupart d'entre eux n'offrent qu'une des moitiés de la fronde, comme si celle-ci avait eu ses deux moitiés repliées l'une vers l'autre; mais on ne voit jamais le bord externe de la penne la plus voisine du milieu se prolonger jusqu'à la base, et la partie inférieure du limbe montre toujours, au contraire, au point où celui-ci est interrompu, des déchirures qui prouvent bien qu'il était réellement continu. Au surplus, le grand échantillon représenté aux deux cinquièmes de sa taille sur la Planche XXXI, et en vraie grandeur sur la Planche XXXII-XXXIII, ne laisse subsister aucun doute sur cette continuité du limbe; tel qu'il m'a été envoyé, il ne laissait voir primitivement que deux faisceaux inégalement importants de pennes primaires montrant leur face inférieure, les plus longues d'entre elles mesurant 50 centimètres de longueur, et leurs axes convergeant à la base les uns vers les autres; j'ai pu les dégager jusqu'à leur insertion sur le rachis commun, et suivre, sur le bord de l'échantillon, ces deux branches du rachis primaire au delà de leur torsion et de leur reploiement sur elles-mêmes, jusqu'à leur point de réunion. J'ai réussi, en outre, à dégager la face supérieure des pennes médianes, qu'on voit nettement, sur les deux planches précitées mais surtout sur la Planche XXXII-XXXIII, soudées latéralement les unes aux autres en un limbe parfaitement continu. Ici les deux moitiés de la fronde ne se repliaient pas l'une vers l'autre, mais chacune des moitiés était en partie repliée sur elle-même, de manière à former dans l'ensemble une sorte de cornet presque fermé, entrebâillé seulement en avant à la partie inférieure, les pennes extrêmes se recouvrant mutuellement dans leur région supérieure. On peut remarquer, du côté droit de la fronde, qu'à la grande penne qui termine la branche du rachis et en forme le prolongement, succède encore une autre penne, mais beaucoup plus petite, insérée sur le bord externe du rachis, conformément d'ailleurs à ce qu'avait constaté Schenk et à ce qu'on observe, en général, sur les frondes offrant cette disposition pédalée, notamment chez le *Matonia pectinata* R. Br. Sur l'échantillon dont je parle, la plupart des pennes vont en se rétrécissant vers le bas sur toute leur étendue; les plus longues seulement, celle notamment qui aboutit au milieu du bord supérieur de la Planche XXXI et qui mesure 51 centimètres, offrent des bords parallèles sur quelques centimètres de longueur; il est donc probable que le point où elles sont interrompues devait être situé à peine au delà de leur milieu et qu'elles devaient, dans leur intégrité, mesurer au moins 80 centimètres de longueur, celles de la région médiane atteignant ou dépassant peut-être 1 mètre.

Cet échantillon, bien que présentant dans toutes ses parties des dimensions notablement supérieures à celles du type de Gœppert, n'est d'ailleurs pas un des plus développés qu'on puisse rencontrer : ceux des fig. 1, Pl. XXIX, et fig. 3 et 8, Pl. XXX, offrent en effet des pennes encore plus larges, dépassant celles du grand échantillon d'Halberstadt figuré en 1847 par Germar; l'échantillon fig. 3, Pl. XXX, n'ayant même pas son bord intact, on peut estimer à 14 centimètres la largeur totale de la penne à laquelle il appartenait.

En même temps que les dimensions, le nombre des pennes primaires devait varier dans certaines limites, sans doute cependant moins étendues. La fronde complète figurée par Schenk se compose, comme je l'ai déjà dit, de 10 ou de 11 pennes; sur l'échantillon de la Planche XXXI, on peut estimer le nombre total des pennes à 18, en comptant les deux petites pennes extrèmes. Un échantillon de Hatou, qui fait partie des collections paléobotaniques du Muséum d'histoire naturelle de Paris, montre 10 ou 11 pennes se succédant le long d'une portion de rachis qui ne descend peut-être pas tout à fait jusqu'au point de réunion des deux branches. Cet échantillon est d'ailleurs presque semblable, sauf que ses pennes se suivent sur 15 centimètres de longueur, à l'échantillon fig. 3, Pl. XXVII, qui a seulement les pennes un peu plus rapprochées à leur base et sur lequel on compte 14 de ces pennes, ce qui en suppose une trentaine pour la fronde complète; mais il semble que ce nombre doive représenter à peu près le maximum. Il est, d'ailleurs, à noter que, sur ces échantillons à pennes plus nombreuses, les axes des pennes sont en même temps plus rapprochés, ce qui donne à penser que le nombre et la largeur des pennes primaires devaient varier en sens inverses, et que les frondes qui comptaient le plus de digitations n'étaient pas celles qui avaient les pennes les plus larges.

L'échantillon de la Planche XXXI est malheureusement interrompu à sa partie inférieure, de telle façon qu'on ne peut suivre vers le bas les branches du rachis et les voir se réunir en un pétiole. On pourrait croire, au premier coup d'œil, que l'échantillon de la figure 2, Pl. XXIX, comble cette lacune et qu'on est là en présence d'une portion de fronde munie de son pétiole, mais composée seulement de six pennes primaires, les trois pennes supérieures correspondant à une moitié de la fronde, et l'autre moitié étant incomplète; en réalité, un examen attentif montre qu'à l'axe de la penne situé à 1 centimètre du bord inférieur de la figure et parallèle à ce bord succède un peu plus bas l'axe d'une penne semblable, repliée en dessous, lequel vient s'attacher au rachis plus loin encore vers la droite; on peut d'ailleurs l'apercevoir sur la figure, partant du bord inférieur à 8 centimètres de l'angle de gauche et faisant avec ce bord inférieur un angle d'environ 25°; on n'a donc affaire là qu'à une portion latérale de fronde, composée d'une seule branche, probablement incomplète, du rachis primaire, et ne montrant que ses quatre ou cinq pennes extrêmes, les autres étant arrachées ou repliées en dessous, comme sur l'échantillon de la Planche XXXI.

En fait, le pétiole ne s'est trouvé visible que sur un seul échantillon, recueilli à Kébao, dont on trouvera la figure ci-après, Pl. F, fig. 1. Cet échantillon offre à sa partie supérieure les deux branches divergentes du rachis primaire, l'une et l'autre incomplètes, celle de gauche rompue très près de sa naissance et déchirée sur son bord supérieur, celle de droite se suivant sur 5 centimètres, puis interrompue, mais présentant sur son bord supérieur les naissances de huit pennes consécutives; on ne distingue rien du limbe, mais la largeur de ces branches, l'identité de celle de droite avec les rachis de divers autres échantillons plus complets, tels que ceux des fig. 3, Pl. XXVII, fig. 2, Pl. XXIX, et de la Planche XXXI, ne permettent pas de douter qu'on ait affaire au *Clathr. platyphylla*. On voit sur la figure que les deux branches du rachis partent du sommet d'un pétiole commun, qui mesure 12 millimètres de largeur et se suit sur 8 centimètres de longueur. Il est à présumer, d'après la largeur comparative des branches latérales, que les grandes frondes, telles que celle des Planches XXXI et XXXII-XXXIII, devaient avoir des pétioles plus forts encore, mesurant au moins 16 à 18 millimètres de largeur. On trouve d'ailleurs, associés à ces frondes, des fragments d'axes de cette largeur, plus ou moins striés en long, que je suis porté à regarder comme correspondant à ces pétioles. Les pétioles de ces frondes atteignaient sans doute au moins 1 mètre ou 1^m,50 de hauteur,

à en juger par comparaison avec le *Dipteris conjugata*, avec lequel le *Clathr.*
platyphylla devait avoir, au point de vue du port général, la plus grande
analogie.

S'il a été recueilli au Tonkin un assez grand nombre d'empreintes montrant
des bases de frondes, en revanche les terminaisons de pennes paraissent être
là, comme ailleurs du reste, d'une extrême rareté : l'échantillon le moins
incomplet à cet égard est celui de la figure 1, Pl. XXX, sur lequel on voit
une penne de 5 centimètres de largeur rétrécie vers le haut à 2 centimètres
seulement; mais elle ne se suit pas jusqu'à son extrême sommet, de sorte
qu'on ne peut savoir si celui-ci était aigu, ou plus ou moins arrondi.

Les divers échantillons figurés permettent de se rendre compte des variations que présentait cette espèce au point de vue de la forme et de l'espacement des dents du bord du limbe, comme au point de vue de la nervation. En
général, ces dents sont de forme triangulaire, aiguës ou obtusément aiguës,
plus rarement tout à fait obtuses, d'ordinaire assez peu saillantes et séparées
par des sinus tantôt arrondis et assez larges, comme sur la figure 2, Pl. XXVIII,
tantôt très étroits, comme sur la figure 2, Pl. XXVII. Leur forme et leur disposition relative dépendent d'ailleurs de la courbure plus ou moins accentuée
de la nervure, qui parfois se relève fortement vers son extrémité supérieure,
comme sur les figures 2, 4 et 6, Pl. XXX, parfois, au contraire, demeure
rectiligne jusqu'au bout, comme, par exemple, sur les figures 1 et 5, Pl. XXX;
les dents prennent dans ce dernier cas la forme d'un triangle presque isocèle,
et paraissent en même temps plus saillantes que lorsqu'elles sont arquées
vers le haut; il en est ainsi, par exemple, sur la fronde figurée par Schenk,
pl. XVII, fig. 1, où elles atteignent jusqu'à 10 millimètres de longueur; j'en
ai, du reste, observé d'aussi longues, avec un contour tout à fait isocèle, sur
un fragment de fronde recueilli à Yen-Cu, entre Hongaÿ et Quang-Yen, par
M. Charpentier; mais il est rare qu'elles soient aussi développées.

En ce qui regarde la nervation, la disposition des nervures secondaires est
quelque peu variable, et l'aspect général peut aussi varier assez notablement
suivant leur plus ou moins de relief. Comme disposition, le type le plus habituel est représenté par la figure 1, Pl. XXXII-XXXIII, sur laquelle on
voit la plupart des nervures secondaires aller directement, sans se diviser,
d'une nervure primaire à l'autre, en s'infléchissant seulement ou s'incurvant
un peu, formant ainsi des mailles à peu près régulières en forme de rectangles
ou de parallélogrammes à longs côtés plus ou moins flexueux, plus ou moins

curvilignes, tandis que quelques autres nervures se bifurquent et donnent naissance, en s'anastomosant avec leurs voisines ou avec celles qui partent de la nervure primaire la plus rapprochée, à des mailles tantôt triangulaires et tantôt pentagonales; c'est sur cette dernière disposition que Brauns avait établi en 1862 son *Camptopteris fagifolia*, qu'il a lui-même, quatre ans plus tard, fait rentrer purement et simplement dans le *Clathr. platyphylla*[1]. La figure 2 de la Planche XXX montre encore les mêmes variations de la nervation, telles qu'elles se présentent, non plus sur la face inférieure, mais sur la face supérieure du limbe.

Plus rarement on n'observe sur une même penne que l'un de ces deux types, mais dans ce cas c'est le premier qui se montre le plus fréquent, c'est-à-dire le type à nervures secondaires simples et parallèles entre elles, le plus souvent franchement normales aux nervures primaires, offrant ainsi le caractère du genre *Clathropteris* bien accentué, comme on le voit sur la figure 1 de la Planche XXVIII, où quelques-unes des grandes mailles rectangulaires sont à leur tour divisées en mailles rectangulaires plus petites par des nervures transversales, parallèles aux nervures primaires. Quelquefois les nervures secondaires, tout en demeurant à peu près parallèles, s'inclinent au contraire fortement, à 50° ou même à 45°, sur les nervures primaires, comme sur la figure 2, Pl. XXVIII, dessinant alors des mailles en forme de parallélogrammes très obliques.

Le second type, à nervures secondaires toutes ramifiées, s'anastomosant en mailles polygonales, se montre assez rarement seul sur toute l'étendue d'une penne; les figures 3, 4 et 6 à 8 de la Planche XXX en offrent cependant des exemples, relativement peu accentués sur les échantillons fig. 3 et 4 à raison du faible relief des nervures, beaucoup plus caractérisés sur les échantillons fig. 6 à 8, où l'on voit trois et parfois quatre séries de mailles polygonales comprises entre deux nervures primaires consécutives, et où la nervation s'écarte ainsi du type normal des *Clathropteris* pour prendre l'aspect de celle des *Dictyophyllum;* le relief extrêmement accusé des nervures de second et de troisième ordre contribue d'ailleurs, pour une part importante, à donner à ces échantillons l'aspect un peu anormal qu'ils présentent, car celui de la figure 5, Pl. XXX, offre une apparence générale presque semblable, et cependant, si on l'examine avec un peu d'attention, on reconnaît que les nervures

---

[1] Brauns, *Palæontographica*, XIII, p. 243.

secondaires y sont pour la plupart simples et parallèles; mais les nervures de troisième ordre étant presque aussi fortes qu'elles, les grandes mailles rectangulaires ne se dessinent plus nettement, et l'on n'aperçoit tout d'abord que des mailles plus ou moins polygonales. Il suffit, au surplus, de rapprocher les unes des autres les figures 2 à 8 de la Planche XXX pour constater qu'on passe peu à peu du type normal de la figure 2 à l'aspect anormal des figures 6 à 8 et qu'il n'y a là que de simples variations d'un type spécifique unique.

Inversement le relief, même des nervures secondaires, peut aller en s'atténuant, et le limbe, au lieu d'apparaître divisé en compartiments, rectangulaires ou polygonaux, à surface plus ou moins bombée, devient alors presque plan, comme on le voit, par exemple, sur les échantillons fig. 2, Pl. XXVIII, fig. 1, Pl. XXIX, ou fig. 4, Pl. XXX.

Enfin il m'a paru intéressant, comme cas tératologiques ou tout au moins comme anomalies exceptionnelles, de figurer, Pl. XXIX, fig. 3 et 4, deux échantillons, recueillis à Hatou par M. Bavier-Chauffour, sur lesquels on voit deux nervures primaires voisines s'infléchir brusquement pour se rapprocher un instant l'une de l'autre (fig. 3 à gauche, au-dessus du milieu), ou même pour s'unir momentanément en une nervure unique et se séparer ensuite (fig. 4 à droite, au-dessus du milieu); j'ajoute que cette dernière anomalie m'a été signalée chez le Châtaignier, par M. Laville, préparateur à l'École supérieure des Mines, qui m'a rapporté des bois de Meudon des feuilles montrant ainsi deux nervures latérales réunies en une seule sur une petite portion de leur parcours.

Quelques échantillons, peu nombreux, ont été trouvés portant des fructifications : le meilleur d'entre eux est représenté sur la figure 1 de la Planche XXXIV; il montre la face inférieure d'une fronde à pennes en partie fertiles et en partie stériles, quelques-unes d'entre elles étant chargées d'organes fructificateurs dans leur région inférieure. Les sporanges, de forme ovoïde, mesurent environ $0^{mm},15$ de diamètre sur $0^{mm},20$ à $0^{mm},30$ de longueur; ils sont réunis par petits groupes non contigus, bien qu'assez rapprochés, les uns arrondis, formés de sept ou huit sporanges disposés en rosette, conformément à ce qu'a observé Schenk [1], les autres irréguliers et formés d'un nombre tantôt plus grand et tantôt moindre de sporanges

---

[1] Schenk, *Fossile Flora der Grenzschichten*, pl. XVII, fig. 3.

(Pl. XXXIV, fig. 1 *b*, 1 *c*). Aucun de ces échantillons fertiles n'est, malheureusement, assez bien conservé pour qu'il ait été possible de distinguer l'anneau des sporanges; mais la constitution et la répartition des sores rappellent ce qu'on observe chez les *Dipteris*.

Le *Clathr. platyphylla* est suffisamment caractérisé par le mode de découpure de ses pennes primaires, à dents en général très faiblement saillantes, ainsi que par sa nervation, la forme rectangulaire des mailles s'observant presque toujours sur une partie ou une autre du limbe, pour que sa détermination ne puisse donner lieu à un doute, sans risque de confusion avec aucune autre espèce, de celles du moins qu'on peut rencontrer avec lui dans les gisements du Tonkin. Il ne peut y avoir d'hésitation que lorsqu'on se trouve en présence de bases de frondes à pennes soudées ne montrant pas la partie libre de leur limbe, auquel cas on peut se demander si l'on a affaire au *Clathr. platyphylla* ou à un *Dictyophyllum*, particulièrement au *Dict. Nathorsti;* mais même dans ce cas, si l'échantillon n'est pas trop incomplet, la distinction entre l'un et l'autre pourra en général se faire d'après la force des rachis et l'écartement des axes des pennes, les branches du rachis primaire du *Dict. Nathorsti* n'atteignant pas la largeur de celles du *Clathr. platyphylla,* et les pennes de celui-ci étant toujours moins nombreuses, et par conséquent moins rapprochées, en même temps qu'elles offrent un rachis plus épais. C'est ainsi, par exemple, que, sur l'échantillon fig. 3, Pl. XXVII, en dehors de la comparaison avec des échantillons plus complets, mais identiques à lui dans leur portion inférieure, la largeur des axes des pennes et l'épaisseur considérable de la branche de rachis sur laquelle ils viennent s'insérer excluent le *Dict. Nathorsti* et permettent de reconnaître le *Clathr. platyphylla.*

Il peut arriver toutefois que les échantillons soient trop incomplets pour que ces différences puissent être observées, lorsque, par exemple, on n'a affaire qu'à un fragment comprenant seulement les axes d'un trop petit nombre de pennes, et qu'on n'a pas sous les yeux la branche du rachis primaire à laquelle elles venaient s'attacher; la détermination demeure alors incertaine.

La liste synonymique que j'ai donnée pour cette espèce ne me paraît comporter d'autres explications que celles qui sont nécessaires pour justifier l'absence de certains noms spécifiques que l'on a généralement considérés comme synonymes du *Clathr. platyphylla.* C'est ainsi, tout d'abord, que j'ai exclu de cette liste le *Camptopteris Münsteriana* et que je n'ai admis comme se rappor-

Rapports
et différences.

Synonymie.

tant au *Clathr. platyphylla* qu'une partie des figures publiées par Schenk : j'ai
déjà fait remarquer plus haut[1] que le *Campt. Münsteriana* figuré par Gœppert[2] avait une fronde nettement dimidiée, comme les *Dipteris*, et cette
division du limbe en deux moitiés indépendantes me semble constituer un
caractère spécifique important, de nature à le distinguer nettement du *Clathr.
platyphylla*, chez lequel, comme on l'a vu, le limbe s'étale en un éventail
continu sans séparation médiane. J'ajoute que le *Campt. Münsteriana* paraît se
distinguer en outre par ses pennes plus étroites, par ses nervures latérales et
ses dents beaucoup plus espacées proportionnellement à la largeur du limbe,
et aussi par sa nervation, qui est plutôt celle d'un *Dictyophyllum* que d'un
Clathropteris, bien qu'il semble susceptible d'offrir parfois de grandes mailles
rectangulaires. On observe en effet de telles mailles sur l'échantillon type de
Presl[3], que Gœppert affirme être identique avec l'espèce qu'il a figurée[4],
mais qui est peut-être, il est vrai, trop incomplet pour qu'on puisse se prononcer en toute certitude sur son attribution. Parmi les échantillons figurés
par Schenk qui me semblent devoir être regardés comme des sections de
frondes dimidiées et attribués pour ce motif au *Campt. Münsteriana*[5], il en
est un également qui offre, entre les nervures primaires aboutissant aux dents,
de grandes mailles rectangulaires, d'après lesquelles on pourrait le rapporter
au genre *Clathropteris*[6]; mais ces nervures primaires présentent, dans leur
disposition, des irrégularités qui sont de nature à exclure absolument l'attribution au *Clathr. platyphylla* : la plupart sont plus ou moins flexueuses, elles
sont inégalement espacées, et parfois deux d'entre elles viennent aboutir à
une même dent, ce qu'on ne voit jamais chez le *Clathr. platyphylla*. Bref, sans
me prononcer sur la question de l'attribution générique du *Campt. Münsteriana*, pour lequel on peut hésiter entre les deux genres *Clathropteris* et
Dictyophyllum, je crois, avec Gœppert[7], qu'il doit être considéré comme
spécifiquement distinct du *Clathr. platyphylla*. Peut-être pourrait-on lui rapporter les échantillons de Bornholm figurés par M. Bartholin sous le nom de

[1] Voir *suprà*, p. 97.
[2] Gœppert, *Münster's Beiträge zur Petrefactenkunde*, VI. Heft, pl. III.
[3] *Camptopteris Münsteriana* Presl, in Sternberg, *Ess. Fl. monde prim.*, II, fasc. 7-8, p. 168,
pl. XXXIII, fig. 9.
[4] Gœppert, *Münster's Beiträge*, VI. Heft, p. 88.
[5] Schenk, *Fossile Flora der Grenzschichten*, pl. XVI, fig. 2-4.
[6] *Ibid.*, pl. XVI, fig. 4.
[7] Gœppert, *Genres de plantes fossiles*, livr. 5-6, p. 120.

Clathr. platyphylla [1], mais dont l'attribution à ce dernier ne me paraît pas admissible.

Il est permis de se demander si le *Clathr. reticulata* Kurr [2], que Heer déclare lui-même extrêmement voisin du *Clathr. platyphylla*, ne devrait pas, comme il l'avait, dit-il, admis tout d'abord, être purement et simplement réuni à celui-ci, ce qui ferait remonter l'existence de l'espèce à l'époque triasique supérieure : la forme des dents, plus droites et offrant un contour triangulaire isocèle, que Heer indique comme un caractère distinctif, ne semble pas avoir une grande valeur, étant donné les variations qu'on observe à cet égard chez l'espèce rhétienne. Mais peut-être faut-il avoir égard à ce fait, que, sur les échantillons du Trias de Suisse figurés par Heer, les mailles rectangulaires comprises entre les nervures primaires se montrent subdivisées en mailles, également rectangulaires, bien plus étroites et plus nombreuses qu'on ne les voit jamais chez le *Clathr. platyphylla*. Je serais donc, sans vouloir cependant rien affirmer, porté à croire à une différence spécifique, et je me suis abstenu d'inscrire le *Clathr. reticulata* dans la liste synonymique.

J'ai également laissé de côté, dans cette liste, les échantillons du Trias des États-Unis signalés par Newberry et par M. Fontaine comme appartenant au *Clathr. platyphylla* : si l'échantillon du New Jersey figuré par Newberry [3] semble en effet, bien que très fragmentaire, assimilable à cette espèce, ceux de la Virginie [4] me paraissent se distinguer à la fois par l'extrême largeur de leur limbe, qui atteint jusqu'à 18 ou 19 centimètres, et par le rapprochement de leurs nervures secondaires, qui forment des mailles rectangulaires beaucoup plus étroites et en même temps plus régulières qu'on ne les voit chez le *Clathr. platyphylla*.

Enfin j'avais, il y a peu d'années, en parlant de l'échantillon représenté à la figure 3 de la Planche XXVII, indiqué [5] le *Propalmophyllum liasinum* Lignier, du Lias moyen de l'Orne [6], comme identifiable, sinon positivement au *Clathr.*

---

[1] Bartholin, *Botanisk Tidsskrift*, XVIII, pl. XI, fig. 1-3.

[2] Heer, *Fl. foss. Helvetiæ*, p. 73, pl. XXV, fig. 4, 5 (an fig. 6?).

[3] Newberry, *U. S. Geol. Surv. Monographs*, XIV, pl. XXII, fig. 6.

[4] Fontaine, *U. S. Geol. Surv. Monographs*, VI, pl. XXXI, fig. 3, 4; pl. XXXII, fig. 1; pl. XXXIII, fig. 1; pl. XXXIV, fig. 1; pl. XXXV, fig. 2.

[5] Zeiller, *Revue des travaux de paléontologie végétale publiés dans le cours des années 1893-1896*, p. 52.

[6] Lignier, *Contributions à la flore liasique de Sainte-Honorine-la-Guillaume*, p. 28, pl. VII, fig. 20, 21.

platyphylla, tout au moins au genre *Clathropteris*. Je dois revenir ici sur cette assimilation, qui a été admise par MM. Seward et Dale [1], mais qui ne me paraît pas devoir être maintenue : en effet, d'après M. Lignier, les frondes de son genre *Propalmophyllum* auraient un limbe symétrique, avec des nervures partant des deux bords d'un même rachis, tandis que chez les *Clathropteris* et les *Dictyophyllum* les axes des pennes ne s'insèrent, en réalité, que sur l'un des deux bords du rachis primaire, l'autre bord demeurant nu. Il est vrai que l'un des échantillons de M. Lignier, celui de la figure 21, que j'avais rapproché des *Clathropteris*, ne montre avec évidence de nervures ou d'axes de pennes que sur le bord gauche de son rachis et que peut-être il peut, comme je l'avais pensé, représenter un fragment de rachis appartenant à une fronde pédalée; mais deux ou trois des nervures qui partent de ce rachis paraissent se bifurquer dès leur base, ce qui n'a lieu ni chez les *Clathropteris*, ni chez les *Dictyophyllum*. On aurait donc affaire là à un type générique particulier, sur lequel des documents plus complets pourront seuls faire la lumière, type peut-être différent, d'ailleurs, de celui de la figure 20, dont on peut se demander s'il ne représenterait pas plutôt un verticille foliaire entourant une tige centrale, mais écrasé obliquement et plus ou moins déformé.

Provenance. Ainsi que je l'ai déjà dit, le *Clathr. platyphylla* est extrêmement abondant dans toute la formation charbonneuse du Bas-Tonkin, et a été trouvé sur presque tous les points où ont été faits des travaux.

Mines de Kébao : mine Rémaury, toit de la couche Y, mur de la couche U; mine de Caï-Daï, plan 4, niveau 70, couche Q; puits Lanessan, travers-bancs Nord de l'étage 120, et couche de la Descenderie; mine de la Traînée verte, 2ᵉ niveau; système inférieur (Sarran), toit de la couche n° 1 (couche C); rivière de Kébao.

Mines de Hongaÿ. Système de Hatou : Hatou, Grande couche et grand banc de schiste; Gia-Ham; mine Jauréguiberry; mine Henriette; mine Marguerite. — Système de Nagotna : Rivière des Mines, rive gauche, entre la Pagode et Claireville; monticule rive gauche de la rivière en aval de Claireville; mine de Carrère, toit de la couche Marmottan, toit de la couche Chater, toit de la couche Bavier; mine de Nagotna, toit de la couche Bavier, mur de la couche Sainte-Barbe; vallée orientale de l'OEuf, galerie Léonice et couche près d'une petite île.

[1] Seward and Dale, *On the structure and affinities of Dipteris, with notes on the geological history of the Dipteridineæ*, p. 505.

Île Hongaÿ.

Île du Sommet Buisson, galerie Jean.

Yen-Cu (entre la baie de Hongaÿ et Quang-Yen).

Quang-Yen, concession Sarran.

Mines de Dong-Trieu : environs de Dong-Trieu; périmètre Émile, mur de la couche D.

Mine de Nong-Sön, près Tourane.

Frondes de Fougères en vernation.

SPIROPTERIS Schimper.

Pl. XXXV, fig. 1.

1869. **Spiropteris** Schimper, *Trait. de pal. vég.*, I, p. 688.

Frondes de Fougères enroulées en crosse, soit complètement, soit en partie.

On a rencontré parfois au Tonkin, comme dans tous les gisements où l'on trouve des Fougères fossiles, des frondes enroulées en crosse, reconnaissables, d'après cet enroulement même, pour de jeunes frondes de Fougères, mais impossibles, naturellement, à déterminer même génériquement, puisque les pinnules, non encore développées, n'en sont pas accessibles à l'observation. De tels échantillons ont été recueillis notamment à Hatou, à Nagotna, et à la vallée orientale de l'OEuf. Ils n'offrent aucun intérêt spécial, et il n'y a lieu de les mentionner que pour mémoire. Il m'a paru utile cependant de figurer l'un d'eux (Pl. XXXV, fig. 1), à raison de ses grandes dimensions et de la grosseur de son rachis : cette crosse appartient certainement à une Fougère de grande taille, et il ne serait pas impossible, d'après la largeur du rachis, qu'on eût affaire là à une jeune fronde de *Clathropteris platyphylla*.

Rhizomes de Fougères.

Si les frondes de Fougères abondent dans les formations charbonneuses de Kébao et de Hongaÿ, les rhizomes qui correspondaient à ces frondes y font au contraire défaut, ou du moins ne se trouvent pas ou pour ainsi dire pas

17.

représentées parmi les échantillons recueillis, peut-être en partie parce que, n'offrant pas, en général, de caractères bien saillants, ils n'ont pas été remarqués par les collecteurs.

J'ai mentionné plus haut, en parlant du *Glossopteris indica*, la présence à Hatou de quelques fragments, très incomplets malheureusement, dans lesquels je serais porté à voir des tronçons de *Vertebraria*, c'est-à-dire de rhizomes de cette espèce.

J'ai, en outre, signalé en 1882 un fragment d'empreinte, provenant de Hatou, qui m'avait paru appartenir à un *Rhizomopteris*[1], portant, sur une écorce chagrinée, « des cicatrices arrondies, de 3 à 4 millimètres de diamètre, munies d'une cicatrice vasculaire en forme de fer à cheval, à extrémités fortement infléchies vers l'intérieur ». J'ajoutais que trois de ces cicatrices étaient disposées en série rectiligne, comme dans les *Rhizomopteris* de Pålsjö et de Bjuf figurés par M. Nathorst. L'échantillon a malheureusement été endommagé depuis lors, et ce qui reste de l'empreinte est trop imparfait pour qu'il me soit possible aujourd'hui de vérifier l'exactitude de ma détermination première et d'en permettre le contrôle au lecteur en donnant la figure de l'échantillon. Je n'en parle donc ici que pour mémoire.

Équisétinées.

Genre ANNULARIOPSIS nov. gen.

Feuilles lancéolées ou spatulées, uninerviées, libres jusqu'à leur base, étalées à chaque verticille dans un plan probablement à peu près perpendiculaire à la tige, ou faiblement dressées autour de celle-ci.

ANNULARIOPSIS INOPINATA n. sp.

Pl. XXXV, fig. 2 à 7.

Description de l'espèce.

Tiges (ou rameaux?) articulées, mesurant 2 à 5 millimètres de largeur, à surface marquée de fines *stries longitudinales irrégulières*, ainsi que de petites ponctuations plus ou moins nombreuses, dispersées sans ordre.

---

[1] *Rhizomopteris* sp., *Annales des Mines*, 1882, II, p. 312.

Feuilles lancéolées-spatulées, obtusément aiguës au sommet, *au nombre de 16 à 24 par verticille, longues de 2 à 5 centimètres* sur 2 à 5 millimètres de largeur, *à surface très finement ridée en travers* de part et d'autre de la nervure médiane.

Les figures 2 à 7 de la Planche **XXXV** reproduisent les meilleurs échantillons de ce type et donnent idée des variations qu'il peut présenter en ce qui regarde le nombre, la taille et la forme des feuilles. Il est visible qu'on a affaire, sur ces empreintes, à des verticilles de feuilles étalées en rosette et rappelant par leur forme et leur disposition celles des *Annularia* du terrain houiller, de l'*Ann. stellata* Schlotheim (sp.) principalement. En général, cependant, la rosette est incomplète et les feuilles ne couvrent que les deux tiers ou les trois quarts du cercle au centre duquel elles ont leur origine commune, ainsi qu'on peut le remarquer sur les échantillons des figures 2 et 4; néanmoins un ou deux échantillons, trop mal conservés malheureusement pour pouvoir être utilement représentés, m'ont offert des verticilles complets et sans lacune.

Remarques
paléontologiques.

Les échantillons des figures 2, 4, 6 montrent ces feuilles attachées à l'extrémité de tiges de 2 à 5 millimètres de diamètre, tantôt marquées, comme sur l'échantillon fig. 6, d'étroits sillons longitudinaux, d'ailleurs peu réguliers, tantôt offrant seulement à leur surface de fines cicatricules ponctiformes ou linéaires plus ou moins rapprochées, mais distribuées irrégulièrement, qui donneraient à penser que ces tiges ont été plus ou moins chargées de poils ou d'écailles. Sur tous les échantillons que j'ai eus en mains, ces portions de tiges se terminent à la rosette de feuilles, et lorsque deux ou trois verticilles foliaires se succèdent sur la même plaque, comme c'est le cas sur la figure 4, on constate que les fragments de tiges dont ils dépendent, au lieu de se raccorder et de se suivre d'un verticille à l'autre, sont orientés dans des sens différents : c'est ainsi que, sur la figure 4, la tige du verticille du milieu est oblique sur la verticale, dirigée vers le chiffre 5, tandis que les tiges des deux autres se dirigent verticalement vers le bas. Si l'on examine avec attention l'extrémité de ces fragments de tiges, on distingue, au centre de la rosette de feuilles, une dépression circulaire ou elliptique de 1 à 2 millimètres de diamètre, entourée d'un anneau légèrement charbonneux de 1 millimètre environ d'épaisseur suivant le rayon, présentant sur tout son pourtour de petites saillies ponctiformes contiguës, exactement semblables à celles que montrent les empreintes des cassures nodales de tiges ou de rameaux d'*Equisetum*, telles qu'on les voit, par exemple, sur les figures 1 2, 1 3, 1 3 *a* de la Planche **XXXIX**. On peut, du reste, le constater à la loupe sur la figure 2, ainsi qu'au centre du verticille inférieur de la figure 4. Il n'est donc pas douteux qu'on ait affaire là à des fragments de tiges articulées, rompues aux nœuds, et offrant les caractères des tiges d'Équisétinées, à savoir une grande lacune centrale et, dans l'anneau de tissu qui la circonscrit, un cercle de petites lacunes, en nombre égal, à ce qu'il semble bien, à celui des feuilles.

Aucun des échantillons recueillis ne montrant la continuation de la tige au-dessus du verticille foliaire, il y a lieu de penser que ces tiges étaient très fragiles et avaient tendance à se rompre aux nœuds comme celles de la plupart de nos Prêles, ou peut-être encore qu'elles n'étaient pas droites, mais qu'elles s'infléchissaient à chaque nœud, auquel cas l'absence de l'entre-nœud suivant serait imputable, non à une rupture, mais au changement de direction par suite duquel cet entre-nœud serait demeuré engagé dans la roche. Peut-être pourrait-on invoquer en faveur de cette dernière hypothèse l'apparence de dyssymétrie des verticilles foliaires, dont les feuilles semblent souvent de longueurs quelque peu inégales, comme le sont réellement celles d'une partie au moins des *Annularia* houillers ; il n'y aurait rien de surprenant, si la tige se coudait à chaque nœud, si la plante n'avait pas un axe de symétrie rectiligne, que les verticilles foliaires fussent eux-mêmes dyssymétriques ; mais cette inégalité des feuilles ne me paraît pas assez sûrement établie pour qu'il y ait à en tirer argument. Il n'est pas certain, en effet, que les feuilles latérales qui semblent plus courtes sur ces verticilles d'aspect dyssymétrique se suivent jusqu'à leur sommet : sur l'échantillon fig. 2, en particulier, elles commencent vers leur extrémité à se relever quelque peu, ce qui donne à penser qu'elles ne sont pas tout à fait complètes et qu'elles se continuaient dans la roche de la contre-empreinte. Sur d'autres échantillons, comme sur celui de la figure 7 ou sur le verticille inférieur de la figure 5, où l'on a, au contraire, des feuilles bien complètes, on ne remarque, sur la portion assez étendue de verticille qu'on a sous les yeux, aucune tendance à l'inégalité.

Je suis donc porté à croire qu'on a affaire ici à une Équisétinée à feuilles toutes égales ou à peu près égales dans chaque verticille, mais plus ou moins redressées vers leur extrémité, formant ainsi à chaque nœud une sorte de coupe largement ouverte, peut-être parfois légèrement dressées dès leur base, et que c'est à ce relèvement des feuilles, ou à leur direction générale plus ou moins ascendante, qu'il faut attribuer à la fois les apparences d'inégalité dans la longueur de ces feuilles, et l'absence habituelle des feuilles appartenant à la portion antérieure du verticille. Il est clair que si les feuilles étaient, à leur base, normales ou à peu près normales à l'axe de l'entre-nœud, lorsque cet entre-nœud avec son verticille foliaire est venu se coucher sur le fond du bassin de dépôt, les feuilles du verticille n'ont dû s'étaler à plat que sur une partie du pourtour, tandis que les feuilles antérieures, demeurant plus ou moins dressées, ont dû être prises ensuite dans les sédiments qui ont simplement recouvert leurs voisines.

La comparaison des divers échantillons figurés montre que ces feuilles affectaient une forme tantôt à peu près lancéolée, leur largeur maxima étant cependant toujours au delà du milieu de leur longueur, tantôt nettement spatulée comme sur le verticille inférieur de la figure 5. Elles présentent une nervure médiane très nette, et leur limbe se montre, du moins sur les échantillons de schiste argileux, où le grain de la roche est assez fin pour ne pas masquer ces détails, marqué de rides transversales extrèmement fines et serrées, rappelant un peu celles qu'on observe sur les feuilles de l'*Asterophyllites equisetiformis* Schlotheim (sp.) du terrain houiller, mais plus confuses.

Les échantillons recueillis n'apprennent malheureusement rien de plus sur cette plante : les tiges étaient-elles simples ou portaient-elles des rameaux latéraux, il est impossible de s'en rendre compte, et l'on demeure également dans une ignorance absolue pour tout ce qui concerne l'appareil fructificateur.

Bien que rappelant un peu les *Annularia*, la plante dont je viens de parler ne peut leur être assimilée génériquement, les *Annularia* ayant toujours leurs feuilles et leurs rameaux parfaitement étalés dans un seul et même plan, sur toute leur étendue, avec plusieurs verticilles foliaires consécutifs le long d'un même axe, et offrant une ramification distique régulière, caractères qu'on ne retrouve pas ici. On peut encore moins songer à un rapprochement avec les *Asterophyllites*, dont les tiges et les rameaux, portant toujours une série de verticilles foliaires plus ou moins rapprochés, sont munis de feuilles linéaires dressées autour de l'axe, et qui ont, comme les *Annularia*, une ramification régulièrement distique.

Il ne me paraît pas possible non plus de rapporter cette plante au genre *Schizoneura*, qui a des feuilles longuement et étroitement linéaires, beaucoup plus dressées, et n'offre jamais un étalement des verticilles foliaires compa-

Rapports et différences.

rable à ce qu'on observe ici. Il m'a donc paru nécessaire de créer pour ce type un nom générique nouveau, que j'ai tiré de son apparente ressemblance avec les *Annularia*.

Peut-être est-il permis de se demander s'il né faudrait pas rapprocher, du moins génériquement, de l'*Annulariopsis inopinata* l'*Annularia maxima* Schenk[1] du terrain houiller de Lui-Pa-Kou, province du Hou-Nan, en Chine. Schenk a décrit de ce gisement, à côté de fragments de frondes de Fougères identifiées, peut-être un peu arbitrairement, à des espèces houillères, un très remarquable type de Fougère, qu'il a désigné sous le nom de *Megalopteris nicotianæfolia*[2], et qui paraît voisin surtout des genres *Dictyophyllum* et *Clathropteris* de la flore secondaire; sur l'exemplaire qu'il m'a envoyé de son travail sur les plantes fossiles de la Chine, il a, il est vrai, substitué de sa main à ce nom générique de *Megalopteris*, employé auparavant dans un autre sens par Dawson, celui d'*Idiophyllum*, créé par Lesquereux pour une empreinte de la formation houillère de Mazon Creek dans l'Illinois; mais M. Sellards a fait récemment justice de ce type, demeuré énigmatique, en montrant qu'il ne s'agissait, en réalité, sur cette empreinte de Mazon Creek, que d'un fragment d'une fronde de *Nevropteris rarinervis* Bunbury incomplètement développée[3]. Il ne reste plus, dès lors, dans la flore paléozoïque, aucun type comparable au *Megalopteris nicotianæfolia* de Lui-Pa-Kou, et les affinités de celui-ci, avec les *Dictyophyllum* principalement, me semblent assez marquées pour donner à penser que ce gisement du Hou-Nan pourrait bien appartenir, non pas au Houiller, mais à un niveau géologique beaucoup plus élevé. Je ne prétends pas, bien entendu, rectifier, sur cette simple présomption, le classement admis par Schenk pour ces couches de Lui-Pa-Kou : il faudrait non seulement pouvoir étudier les échantillons mêmes que Schenk a figurés, mais disposer de matériaux plus nombreux et plus complets; j'ai voulu simplement, à raison de l'intérêt que peut offrir cette détermination de l'âge des couches à charbon du Hou-Nan, et l'*Annularia maxima* étant l'une des formes qui semblent venir le plus nettement à l'appui de l'opinion de Schenk, signaler la ressemblance de cette espèce avec l'*Annulariopsis inopinata*, et appeler l'attention sur la possibilité d'une autre interprétation.

[1] F. von Richthofen, *China*, IV, p. 231, pl. XXXI, fig. 3-6.
[2] *Ibid.*, p. 238, pl. XXXII, fig. 6-8; pl. XXXIII, fig. 1-3; pl. XXXV, fig. 6.
[3] E. H. Sellards, *On the validity of* Idiophyllum rotundifolium Lesquereux, *a fossil plant from the Coal Measures of Mazon Creek, Illinois.*

L'*Annulariopsis inopinata* n'a été rencontré que sur un petit nombre de
points, à Kébao, à Hongaÿ et à Dong-Trieu.

Mines de Kébao : système supérieur, couche n° 2, galerie M (couche M).

Mines de Hongaÿ, système de Nagotna : vallée orientale de l'Œuf, galerie
Léonice; et peut-être Rivière des Mines, rive droite, première vallée, un
échantillon de cette provenance, malheureusement insuffisamment déter-
minable, paraissant susceptible d'être attribué à cette espèce.

Mines de Dong-Trieu : périmètre Émile, mur de la couche B.

Genre SCHIZONEURA Schimper et Mougeot.

1844. **Schizoneura** Schimper et Mougeot, *Plantes foss. du Grès bigarré des Vosges*, p. 48.

Feuilles étroitement linéaires, uninerviées, d'abord soudées en gaine,
ensuite libres jusqu'à leur base, parfois demeurant partiellement soudées
les unes aux autres, plus ou moins dressées ou étalées-dressées.

SCHIZONEURA CARREREI n. sp.

Pl. XXXVI, fig. 1, 2; Pl. XXXVII, fig. 1; Pl. XXXVIII, fig. 1 à 8.

1882. **Phyllotheca indica** Zeiller (*non* Bunbury), var. *longifolia*, *Ann. des Mines*, 1882, II,
p. 301, pl. XI, fig. 1, 2 A.
1882. **Nilssonia polymorpha** Zeiller (*non* Schenk), *Ann. des Mines*, 1882, II, pl. XI, fig. 16
(*non* fig. 15).
1886. **Phyllotheca** (?) sp. Zeiller, *Bull. Soc. Géol. Fr.*, XIV, p. 455, pl. XXIV, fig. 1.
1900. *An* **Schizoneura** Krasser, *Foss. Pfl. aus China u. Central-Asien*, p. 8, pl. III, fig. 1-3 *a* (?).

Tiges de 2 à 12 centimètres de largeur, à entre-nœuds longs de 3 à
12 centimètres, *à surface externe lisse, marquées* aux nœuds *de cicatrices
foliaires* elliptiques ou arrondies *contiguës*, larges de 1^{mm},5, atteignant parfois
jusqu'à 3 millimètres sur les plus grosses tiges. *Moule interne marqué d'étroites
côtes longitudinales* espacées de 0^{mm},5 à 1 millimètre, et *portant en outre à
chaque articulation une rangée de petites protubérances ponctiformes*, distantes
de 1 millimètre à 1^{mm},5, comprenant entre elles tantôt une et tantôt deux
côtes.

Rameaux peu nombreux, disposés en verticilles, mais seulement à certaines
articulations, mesurant de 3 à 5 millimètres de largeur.

Feuilles linéaires, presque filiformes, *dressées ou étalées-dressées*, générale-

IMPRIMERIE NATIONALE.

ment *libres jusqu'à leur base, longues de 7 à 20 centimètres et plus, sur 1 millimètre à 1ᵐᵐ, 5 de largeur,* marquées d'une nervure médiane plus ou moins nette, au nombre de 80 à 100 à chaque nœud sur les grosses tiges.

Remarques paléontologiques.

Cette belle Équisétinée se présente le plus ordinairement, à Hongaÿ aussi bien qu'à Kébao où M. Sarran en a recueilli de nombreux échantillons, sous forme de grosses tiges atteignant parfois 10 centimètres et plus de largeur, et souvent munies encore à chaque nœud d'un verticille de longues feuilles affectant la forme d'un ruban très étroit, presque filiforme, dépassant parfois 22 centimètres de longueur. Sur les empreintes les mieux conservées, on distingue une nervure médiane assez forte, occupant le tiers ou la moitié de la largeur de la feuille et faisant fréquemment sur la face dorsale une saillie assez prononcée.

Ces feuilles semblent quelquefois, au voisinage de leur base, soudées les unes aux autres par deux ou par trois sur une certaine étendue, ainsi qu'on peut le voir en quelques points de la figure 1, Pl. XXXVI, ainsi que de la Planche XXXVII; cependant un examen attentif me porte à croire qu'il y a plutôt contact immédiat ou superposition partielle des bords que soudure véritable. Quoi qu'il en soit, et bien qu'aucun échantillon n'ait offert de véritables gaines lacérées simplement de place en place suivant la commissure des feuilles, il n'est pas douteux qu'on ait affaire ici à une espèce appartenant au genre *Schizoneura*, mais au groupe des espèces à feuilles habituellement libres, *Schiz. Meriani* Brongniart (sp.) et *Schiz. hœrensis* Hisinger (sp.), très voisine surtout de cette dernière.

Ces tiges sont généralement marquées de fines côtes longitudinales plus ou moins accentuées, mais la comparaison des différents échantillons montre que ces côtes appartiennent au moule interne, sur lequel elles sont toujours bien visibles, et qu'à l'extérieur, au contraire, la surface de la tige était tout à fait unie. C'est ainsi notamment que l'échantillon fig. 1, Pl. XXXVIII, fait voir le moule interne, finement costulé, en place à l'intérieur d'une grosse tige à surface externe parfaitement lisse. Le contour extérieur de la tige n'existe que du côté gauche, et l'on voit le moule interne suivre lui-même ce contour à 7 ou 8 millimètres de distance. Vers le milieu de l'échantillon, le moule interne est recouvert par la portion extérieure de la tige, dont la surface antérieure est conservée sur une assez grande étendue; plus à droite, au contraire, le moule interne a été enlevé de manière à faire apparaître tout le long du contour de la figure, sur 1 à 2 centimètres de largeur, l'empreinte correspondant à la face postérieure. Dans cette région, comme vers le milieu de l'échantillon, la surface externe montre la trace de côtes semblables à celles du moule interne, mais très faiblement accusées et parfois à peine visibles; en réalité, ces côtes sont simplement celles du moule interne qui transparaissent à l'extérieur par suite de l'aplatissement de l'anneau de tissu qui entourait la grande lacune centrale ; on peut s'assurer en effet, sur le bord gauche de l'échantillon, dans la région qui s'étend au delà du bord du moule interne, que la surface externe est absolument lisse : elle ne montre que des stries longitudinales excessivement fines et serrées, provenant vraisemblablement de l'alignement régulier des cellules épidermiques. Il en est de même sur la portion inférieure de l'échantillon fig. 6, 6 a, Pl. XXXVIII, qui montre, au-dessous de l'articulation, l'empreinte de la surface extérieure de la tige, et au-dessus de l'articulation, celle du moule interne.

Si l'on se reporte à la figure 1, on remarque sur la droite, dans la partie correspondant à l'empreinte de la surface externe, que l'articulation est jalonnée par une série de cicatrices contiguës, visibles au nombre de cinq, affectant la forme de triangles à peu près équilatéraux à pointe tournée vers le bas, à base supérieure légèrement curviligne et convexe vers le haut. Ce sont évidemment là des cicatrices foliaires, fort analogues, du reste, à celles que l'on a observées sur certains échantillons de *Schizoneura Meriani*[1]. Au surplus, ces mêmes cicatrices, avec une forme tantôt triangulaire, tantôt tendant à s'arrondir, se retrouvent sur l'échantillon fig. 6, Pl. XXXVIII, et j'ai pu dégager au burin la base des feuilles qui partaient des deux cicatrices situées le plus à droite (voir la figure grossie 6 a).

On trouve parfois des fragments de tiges rompues aux articulations et qui semblent, par suite de la contiguïté de ces cicatrices foliaires, se terminer en une série de dents triangulaires, comme on le voit sur la figure 2 de la Planche XXXVIII; de tels échantillons pourraient être pris pour des portions de gaines d'*Equisetum* à dents courtes, si l'identité avec les tiges complètes non rompues aux nœuds, telles que celles des échantillons fig. 1 et 6, n'était évidente; on ne voit d'ailleurs, sur ces dents, ni nervure médiane, ni plis correspondant aux lignes de commissure, comme on en observe invariablement sur les *Equisetum*.

[1] Voir Schœnlein, *Abbildungen von fossilen Pflanzen aus dem Keuper Frankens*, pl. VI, fig. 1 (les deux articulations inférieures).

Outre ces cicatrices foliaires, qui sont toujours placées immédiatement au-dessous de la ligne nodale, on observe quelquefois des cicatrices plus fortes, orbiculaires, ombiliquées au centre, situées sur la ligne nodale elle-même, et qui correspondent sans doute possible à des insertions de rameaux : l'échantillon fig. 3, Pl. XXXVIII, montre deux de ces cicatrices, sur l'une desquelles, celle qui est le plus rapprochée du milieu de la figure, on distingue nettement un double contour circulaire correspondant vraisemblablement aux limites externe et interne de l'anneau de tissu qui entourait la lacune centrale. On rencontre assez fréquemment, du moins dans les schistes de Hatou, des fragments de rameaux tels que celui de la figure 7, Pl. XXXVIII, dont le diamètre correspond bien à celui de ces cicatrices raméales et dont l'association constante avec les tiges du *Schizoneura Carrerei* ne permet guère de douter qu'ils leur appartiennent; celui de la figure 7 semble même venir s'attacher à l'articulation inférieure de la tige qui occupe le bord gauche de l'échantillon; mais la dépendance n'est pas certaine, et le fait que cette tige ne semble représentée que par un moule interne est de nature à faire douter qu'il y ait réellement connexion.

Ces moules internes sont, comme je l'ai déjà indiqué, marqués de fines côtes longitudinales séparées les unes des autres par des sillons de même largeur qu'elles; tantôt elles se suivent d'un entre-nœud à l'autre, tantôt elles alternent à l'articulation. Celle-ci se montre généralement faiblement étranglée, et marquée de légères dépressions ponctiformes, qui sur la contre-empreinte se traduisent naturellement par autant de petites protubérances. Ces ponctuations comprennent entre elles soit une, soit deux côtes; quelquefois, comme on peut le voir sur certains points au moins de l'échantillon en contre-empreinte de la figure 5, Pl. XXXVIII, deux ponctuations consécutives se montrent séparées alternativement par une et par deux côtes avec une assez grande régularité; d'autres fois on compte presque constamment deux côtes dans chaque intervalle. Ces variations semblent, du reste, se retrouver également chez le *Schiz. hærensis* [1]. Il n'est pas douteux que ces ponctuations du moule interne correspondent aux insertions de feuilles, et cette correspondance peut même être constatée directement sur quelques échantillons analogues à celui de la figure 1, Pl. XXXVIII, où l'on a affaire à la fois au moule interne et à l'empreinte laissée par la surface extérieure de

[1] Nathorst, *Floran vid Höganäs och Helsingborg*, Höganäs äldre, pl. I, fig. 1.

la tige, et où l'on voit ces ponctuations placées en regard même des cicatrices foliaires.

Sur les moules internes les mieux conservés on distingue, sur le dos de chaque côte, une bande de fines stries longitudinales parallèles serrées les unes contres les autres, tandis qu'entre elles, c'est-à-dire sur les bords et au fond des sillons, apparaît un réseau assez confus à mailles isodiamétriques, indiquant un tissu cellulaire. Les bandes striées se bifurquent aux articulations et représentent ainsi, sans doute possible, les faisceaux caulinaires. En l'absence d'échantillons à structure conservée, il est impossible de se rendre compte avec certitude des particularités d'organisation par suite desquelles les faisceaux libéroligneux se trouvent correspondre aux côtes du moule interne, alors que, chez les Calamites houillers, les côtes correspondent, au contraire, aux intervalles compris entre les coins ligneux. Il est probable cependant que les tiges des *Schizoneura* étaient purement herbacées, et que ces côtes en relief du moule interne proviennent de l'écrasement des lacunes qui devaient, dans chaque entre-nœud, accompagner les faisceaux libéroligneux.

Il est à remarquer que les cicatrices foliaires ou les dépressions qui leur correspondent ne sont pas, comme cela a lieu chez les *Equisetum*, en nombre égal à celui des faisceaux libéroligneux de l'entre-nœud : il semble qu'à cet égard les *Schizoneura*, ou tout au moins les *Schiz. Carrerei* et *Schiz. hœrensis*, ne soient pas sans analogie avec les Calamites paléozoïques, avec les *Arthropitys* notamment, chez lesquels, suivant les espèces ou peut-être même simplement suivant les régions de la tige, les cordons foliaires sont tantôt en nombre égal à celui des faisceaux de l'entre-nœud et tantôt en nombre moitié moindre [1]; mais ici le rapport n'est pas constant sur une même articulation, puisqu'on y compte tantôt un faisceau et tantôt deux faisceaux caulinaires par cordon foliaire.

Outre les échantillons déjà mentionnés, je crois devoir rapporter encore à cette dernière espèce, quoiqu'il semble peut-être bien fragmentaire pour comporter une détermination positive, celui qui est représenté sur la figure 8 de la Planche XXXVIII et pour lequel j'avais hésité, en 1886, entre les genres *Phyllotheca* et *Schizoneura*. Cet échantillon montre une base de verticille foliaire étalée à plat sur la roche, et laisse voir au centre le diaphragme nodal mesurant

[1] B. Renault, *Flore fossile du bassin houiller et permien d'Autun*, 2ᵉ partie, p. 93. — Williamson et Scott, *Phil. Trans. Roy. Soc. London*, vol. 185 B, p. 875-876.

7 à 8 millimètres de diamètre, représenté par une lamelle de charbon, sur laquelle on peut, avec un grossissement suffisant, reconnaître un réseau de cellules isodiamétriques, polygonales, d'environ $0^{mm}, 10$ de diamètre. On ne distingue malheureusement, sur le pourtour, aucun détail d'organisation susceptible de fournir une indication relative à la signification des côtes du moule interne. Les feuilles étant libres jusqu'à leur base, et leur largeur, de $1^{mm}, 5$, correspondant exactement aux dimensions des cicatrices foliaires du *Schiz. Carrerei*, je crois qu'on peut, malgré l'insuffisance des caractères, conclure à l'identification spécifique.

Rapports
et différences. Ainsi que je l'ai déjà fait remarquer, l'espèce que je viens de décrire ressemble extrêmement au *Schizoneura hœrensis* Hisinger (sp.) du Rhétien d'Europe[1]. Je n'ai pas osé cependant l'identifier avec celui-ci, qui, d'après les figures publiées par M. Nathorst, paraît avoir des feuilles sensiblement plus larges, et probablement aussi plus longues : les dimensions des feuilles, chez les Équisétinées, vont, comme on sait, en diminuant avec l'importance des axes dont elles dépendent, et l'on peut constater, chez le *Schiz. Carrerei*, que les feuilles de la petite tige de la figure 4, Pl. XXXVIII, par exemple, sont sensiblement moins longues que celles des grosses tiges des Planches XXXVI et XXXVII. Or, l'un des échantillons figurés par M. Nathorst[2] montre, attachées à un rameau de 5 à 6 millimètres seulement de largeur, des feuilles larges de 2 millimètres à $2^{mm}, 5$ et longues de plus de 12 centimètres, car elles sont rompues à cette distance de leur origine et n'offrent encore aucune trace de rétrécissement. J'ajoute, à cette différence dans les dimensions des feuilles, que les tiges de l'espèce du Tonkin paraissent avoir atteint un diamètre notablement plus considérable que celles de l'espèce d'Europe. Il semble, en fin de compte, qu'on ait affaire ici à une forme représentative de celle du Rhétien de Suède et de Franconie, mais non spécifiquement identique. J'ai donc cru devoir donner un nom nouveau à ce *Schizoneura*, et j'ai été heureux de le dédier à M. de Carrère, qui a bien voulu, comme président du Conseil d'administration de la Société française des charbonnages du Tonkin, me faire envoyer de si nombreux et si intéressants échantillons.

Synonymie. Les spécimens de cette espèce que j'avais eus en mains en 1882 n'étant pas suffisamment complets et ne permettant pas de suivre les feuilles jusqu'à

---

[1] Voir Nathorst, *Floran vid Bjuf*, pl. X, fig. 6-8, et *Floran vid Höganäs och Helsingborg*, Hög. äldre, pl. 1, fig. 1-4; Helsingb., pl. 1, fig. 5.

[2] Nathorst, *Floran vid Höganäs och Helsingborg*, Hög. äldre, pl. 1, fig. 3.

leur point d'insertion, j'avais présumé que celles-ci se soudaient vers leur
base en une gaine continue, et j'avais assimilé à tort ces échantillons au
Phyllotheca indica Bunbury[1] de l'étage de Damuda, tout en ajoutant qu'ils
se distinguaient de la forme indienne par la longueur plus grande de leurs
feuilles, que cependant je ne croyais pas alors supérieure à 4 ou 5 centimètres.

J'ai également indiqué plus haut (p. 80-81) par suite de quelle méprise
j'avais rapporté au *Nilssonia polymorpha* un fragment de moule interne de
Schizoneura Carrerei présentant, à peu de distance de l'articulation, une
interruption parallèle à celle-ci, dans laquelle j'avais cru voir un rachis
médian émettant de part et d'autre des nervures simples, rectilignes, qui
n'étaient autre chose que les côtes longitudinales de ce moule interne.

Enfin j'inscris dans la liste synonymique, comme me paraissant devoir
appartenir à cette même espèce, les moules internes de *Schizoneura* de
Hsu-Kia-Ho, dans le Se-Tchouen, figurés récemment, sans dénomination
spécifique, par M. Krasser; il est plus que probable, étant donné la présence du
Podozamites distans dans cette même localité, que ces couches de Hsu-Kia-Ho
doivent appartenir au Rhétien, comme l'a admis l'auteur, et être contemporaines de celles du Bas-Tonkin; la présence du *Schizoneura Carrerei* dans
ces couches n'aurait donc rien que de parfaitement naturel; toutefois, malgré
la ressemblance parfaite de ces échantillons avec ceux de Hongaÿ et de
Kébao, je n'ose, en l'absence des feuilles, conclure sans réserve à l'identité
spécifique, la question ne pouvant être résolue définitivement que par la
découverte d'empreintes plus complètes, montrant la surface externe des tiges
avec les feuilles encore en place.

Le *Schizoneura Carrerei* s'est montré assez abondant sur quelques points des   *Provenance.*
mines de Kébao, comme des mines de Hongaÿ.

Mines de Kébao : système inférieur, couche n° 1 (couche C); rivière
de Kébao.

Mines de Hongaÿ. Système de Hatou : Hatou, mur de la Grande couche
et grand banc de schiste. — Système de Nagotna : Rivière des Mines, rive
droite, première vallée; mine de Carrère, toit de la couche Marmottan.

Île Hongaÿ.

Île du Sommet Buisson, tranchée en avant de la galerie Jean.

[1] Bunbury, *Quart. Journ. Geol. Soc.*, XVII, p. 335, pl. X, fig. 6-9; pl. XI, fig. 1, 2

Genre EQUISETUM Linné.

Feuilles linéaires uninerviées, soudées presque jusqu'à leur sommet en une gaine continue, plus ou moins étroitement appliquée contre la tige, terminée par une série de dents correspondant aux extrémités libres des feuilles.

Épis fructificateurs composés de verticilles consécutifs de sporangiophores, dilatés à leur sommet en une lame peltée à contour hexagonal plus ou moins régulier.

EQUISETUM SARRANI n. sp.

Pl. XXXIX, fig. 1 à 13.

Description
de l'espèce.

Tiges atteignant au moins 8 centimètres de largeur, à entre-nœuds longs, sans doute, de 10 à 15 centimètres, à surface divisée, par de très minces sillons longitudinaux s'atténuant peu à peu vers le bas de l'entre-nœud, en côtes plates de 4 à 5 millimètres de largeur, qui commencent à se rétrécir à 1 cm,5 ou 1 centimètre au-dessous de l'articulation, et se continuent ensuite dans la gaine foliaire en se rétrécissant de plus en plus; région dorsale des côtes et des dents marquée de fines ponctuations en creux.

Rameaux larges de 5 à 12 millimètres, divisés en entre-nœuds de 2 à 5 centimètres de longueur, à surface finement ponctuée; gaines foliaires étroitement appliquées sur le rameau, formées de 20 à 30 feuilles de 0mm,50 à 0mm,75 de largeur, séparées par des sillons d'abord linéaires, puis graduellement élargis, et terminées par des dents libres très aiguës, de 2 à 3 millimètres de longueur.

Épis fructificateurs cylindriques, longs d'environ 4 centimètres de longueur sur 7 à 8 millimètres de largeur, formés de verticilles contigus de sporangiophores terminés en un écusson hexagonal de 1 millimètre de diamètre.

Remarques
paléontologiques.

Bien que M. Sarran ait recueilli de nombreux échantillons de cet Equisetum, principalement sous la forme de grosses tiges, dans un des gisements explorés par lui vers le fond de la vallée orientale de l'Œuf, aucun d'eux n'a montré que des fragments d'entre-nœuds, tels, par exemple, que celui de la figure 1, Pl. XXXIX, incomplets en largeur comme en longueur, n'offrant jamais qu'une seule articulation et ne permettant pas de juger avec précision du diamètre des tiges, non plus que de la longueur des entre-nœuds. On peut seulement conclure des dimensions des plus grands d'entre eux que ces tiges devaient atteindre au moins 8 centimètres de largeur, avec des entre-nœuds longs, au moins dans certains cas, de plus de 14 centimètres. Sur tous ces échantillons, les gaines foliaires ont complètement disparu; on voit seulement, au-dessous de l'articulation, des sillons longitudinaux d'abord larges de 1 millimètre environ et marqués d'un pli médian, qui vont en se rétrécissant rapidement jusqu'à $0^{mm},5$ au plus de largeur et semblent s'atténuer peu à peu vers le bas, sans aller cependant, même sur les plus longs fragments d'entre-nœuds, jusqu'à disparaître complètement. Sur la lame charbonneuse qui correspond à la surface extérieure de la tige, on distingue de très nombreuses dépressions ponctiformes (voir la figure grossie 1 a), ayant l'apparence de pores, et semblables à celles qu'on observe si fréquemment sur les échantillons bien conservés d'*Equis. arenaceum* Jæger (sp.), et sur lesquelles M. Nathorst a jadis appelé l'attention [1].

Parmi les échantillons, moins abondants, rencontrés à Hatou, deux ont montré des restes, malheureusement incomplets, de gaines foliaires (fig. 2 et 3, Pl. XXXIX), sur lesquels on voit les sillons séparatifs des côtes aller, au-dessus de l'articulation, en s'élargissant de plus en plus, la région dorsale de la feuille, limitée par deux lignes graduellement convergentes vers le haut, se rétrécissant au fur et à mesure; mais la partie supérieure de la gaine, avec les dents libres qui devaient former la terminaison des feuilles, a disparu, et l'on ne peut que conjecturer, par comparaison avec les gaines des rameaux, quelles pouvaient être la forme et la dimension de ces feuilles, qui devaient atteindre vraisemblablement une longueur totale d'environ 2 centimètres à $2^{cm},5$. Dans la partie qui en a été conservée, elles sont également marquées, comme les côtes auxquelles elles font suite, de fines et nombreuses ponctuations semblables à celles de l'*Equis. arenaceum*; mais, contrairement à ce qui a lieu chez cette espèce et chez l'*Equis. hyemale* L. actuel, auquel M. Nathorst l'a comparée, les arêtes du pli qui forme la limite entre la région dorsale de la feuille ou de la côte et le sillon commissural sont absolument lisses. Je n'ai pas retrouvé, chez les *Equisetum* vivants, d'ornementation tout à fait semblable, mais je crois, avec M. Nathorst, qu'il faut voir dans ces ponctuations des dépressions du revêtement siliceux épidermique, analogues surtout aux dépressions, généralement linéaires, mais quelquefois plus circonscrites et presque

[1] Nathorst, *Öfvers. af k. Vetensk. Akad. Förhandl.*, 1881, p. 76, pl. I, fig. 4, 5.

ponctiformes, qu'on observe sur les gaines et sur les côtes de notre *Equis. hyemale*. Peut-être, à raison même de cette incrustation siliceuse, les gaines foliaires étaient-elles particulièrement fragiles et faut-il imputer à cette fragilité leur disparition habituelle; toujours est-il que sur les échantillons d'herbier de certaines espèces vivantes, telles notamment que l'*Equis. giganteum* L. et l'*Equis. hyemale*, les gaines foliaires sont souvent très incomplètes, et manquent même quelquefois, du moins sur les plus grosses tiges, de sorte que leur absence sur des échantillons fossiles n'est pas autrement surprenante.

Avec ces grosses tiges, et parfois en relation de position telle qu'il semble bien y avoir dépendance mutuelle, M. Sarran a recueilli un certain nombre de moules internes, à surface marquée de côtes longitudinales distantes de $0^{mm},75$ à 1 millimètre ou $1^{mm},5$, qui ressemblent aux moules internes de *Schizoneura Carrerei*, mais qui en diffèrent par le rapprochement et la finesse un peu moindres de leurs côtes, ainsi que par la présence constante d'un petit tubercule au sommet de chacune de celles-ci. Je représente sur la figure 6 de la Planche XXXIX un moule interne semblable, trouvé à Hatou associé à de nombreux rameaux d'*Equis. Sarrani*, et qui, à raison de ces caractères en même temps que de cette association, me semble devoir être attribué à cet *Equisetum*.

Parmi les échantillons récoltés à la vallée de l'Œuf, il s'est trouvé aussi un fragment de tige à surface non costulée (Pl. XXXIX, fig. 5), mais offrant sur sa face antérieure deux cicatrices orbiculaires ombiliquées et portant latéralement, à la même hauteur, un organe appendiculaire à surface finement chagrinée, marquée de stries longitudinales recoupées de traits transversaux très fins, rappelant l'aspect des racines des Calamites houillers; la surface même de la tige est également très finement striée en long. Il ne me paraît pas douteux qu'on ait affaire là à un organe caulinaire d'Équisétinée, appartenant probablement à l'*Equis. Sarrani*, si abondamment représenté dans ce gisement; peut-être serait-ce une tige dépouillée de son épiderme; mais j'inclinerais plutôt à y voir un rhizome portant une racine latérale et deux cicatrices probablement raméales.

Enfin ce même gisement de la vallée orientale de l'Œuf a fourni, associés à ces tiges d'*Equisetum*, des rameaux du même genre et présentant les mêmes caractères, à cela près que les sillons commissuraux n'y sont marqués que sur une faible hauteur et qu'il n'y a pas de pli transversal accusant l'articulation; mais la surface en est ponctuée comme celle des grosses tiges (Pl. XXXIX, fig. 7, 7 a), et les arêtes marginales des sillons commissuraux sont, de même, parfaitement lisses. Cette concordance de caractères, jointe à l'association mutuelle, ne permet pas de douter que ces rameaux appartiennent à l'*Equis. Sarrani*. On a, d'ailleurs, retrouvé à Hatou, avec de grosses tiges de cette espèce, de nombreuses empreintes de ces mêmes rameaux, remarquablement bien conservées, dont quelques-unes sont reproduites sur la Planche XXXIX, fig. 8 à 11. Deux d'entre elles (fig. 10 et 11) montrent leur extrémité supérieure terminée en pointe aiguë, et l'on voit leurs entre-nœuds se raccourcir peu à peu en approchant du sommet. Les gaines foliaires apparaissent formées de feuilles étroitement appliquées contre l'entre-nœud, séparées par des sillons commissuraux graduellement élargis vers le haut, et terminées en une pointe très aiguë, presque sétacée (voir la figure grossie 9 a), libre sur 2^{mm},5 à 3 millimètres de longueur. L'articulation n'étant pas marquée par un pli transversal, on peut se demander où commence exactement la gaine foliaire, les sillons commissuraux pouvant peut-être, comme sur les grosses tiges, se prolonger vers le bas plus ou moins loin au delà du nœud ; cependant la terminaison très nette de ces sillons à une même hauteur me semble devoir être considérée comme marquant l'insertion de la gaine, qui aurait alors, sur les rameaux, une hauteur totale, dents comprises, de 8 à 10 millimètres. Il n'y a, en effet, rien de surprenant à ce que les sillons commissuraux s'arrêtent sur les rameaux à l'articulation même, tandis que sur les grosses tiges ils se prolongent bien au-dessous de la ligne nodale, le même fait s'observant, sans doute possible, chez l'*Equis. arenaceum*.

Plusieurs de ces rameaux, obliques ou normaux au plan de sédimentation et rompus à une articulation, ou peut-être à leur base d'attache, ont laissé sur la roche l'empreinte de leur tranche (Pl. XXXIX, fig. 12, 13, 13 a), sur laquelle on reconnaît au centre le diaphragme nodal entouré d'un cercle de fossettes allongées dans le sens radial et qui semblent devoir correspondre à de grandes lacunes, homologues apparemment des lacunes externes de nos *Equisetum* actuels, avec la section nodale desquels ces empreintes offrent la plus grande ressemblance.

Sur l'une des plaques portant ces empreintes de rameaux se sont trouvées, en outre, les empreintes de deux épis de fructification, l'un mal conservé, mais paraissant à peu près complet, long d'environ 4 centimètres sur 7 ou 8 millimètres de largeur, l'autre rompu à 2 centimètres de sa base, mais mieux conservé et porté à l'extrémité d'un pédoncule de 1^{mm},30 de diamètre (Pl. XXXIX, fig. 4). Il semble qu'on distingue à sa base (fig. 4 a) une sorte de collerette brièvement dentée, formée par un court verticille foliaire très étalé, comme on en observe souvent chez les *Equisetum* vivants; en tout cas, l'épi lui-même est exactement semblable à ceux des espèces actuelles, offrant à sa surface des rangées transversales d'écussons hexagonaux, à centre légèrement proéminent, à côtés verticaux contigus sur une même rangée, et alternant de l'une à l'autre de manière à s'emboîter mutuellement (voir la figure grossie 4 b). Il n'y a pas à douter que ces épis soient ceux de l'*Equisetum Sarrani*, aux rameaux et aux tiges duquel ils sont associés, aucune autre espèce du même genre n'ayant été rencontrée dans ce gisement.

Rapports et différences.

Ainsi que je l'ai dit jadis lorsque j'en ai mentionné la découverte [1], l'espèce que je viens de décrire se rapproche, par sa grande taille, de deux espèces keupériennes, l'*Equis. arenaceum* Jæger (sp.) [2] et l'*Equis. conicum* Sternberg (sp.) (*Equis. platyodon* Brongniart) [3]; elle ressemble à la première d'entre elles par la division de ses entre-nœuds en côtes plates sur une partie au moins de leur longueur, les sillons correspondant aux plis commissuraux de la gaine descendant bien au-dessous de l'articulation, caractère que j'ai trouvé notamment très accentué sur de bons échantillons d'*Equis. arenaceum* du Trias supérieur de Lunz; elle lui ressemble également par les ponctuations qui couvrent le dos des côtes et des feuilles, mais elle en diffère par la largeur plus grande de ses côtes et de ses feuilles, par la longueur plus grande de ses entre-nœuds, par l'absence de ponctuations ou de rugosités sur les arètes du bord des plis commissuraux; elle a, en outre, des épis fructificateurs moins gros, beaucoup plus allongés, et à écussons notablement plus petits; enfin il me paraît douteux qu'elle ait atteint jamais un aussi fort diamètre. La largeur de ses côtes et la longueur des entre-nœuds la rapprochent, d'autre part, de l'*Equis. conicum*; mais celui-ci a les côtes encore plus larges, les entre-nœuds moins longs, les feuilles moins aiguës, séparées par des sillons commissuraux beaucoup plus rapidement élargis, et déprimées, à ce qu'il semble, sur leur face dorsale; enfin les sillons commissuraux paraissent s'arrêter, même sur les plus grosses tiges, à très peu de distance au-dessous de la ligne nodale.

[1] Zeiller, *Bull. Soc. Géol. Fr.*, 3ᵉ sér., XIV, p. 577.

[2] Heer, *Flora fossilis Helvetiæ*, p. 74, pl. XXVI, fig. 1-3; pl. XXVII, fig. 1-5; pl. XXVIII, fig. 1-7.

[3] Sternberg, *Ess. Fl. monde prim.*, II, fasc. 5-6, p. 44, pl. XVI, fig. 8; fasc. 7-8, p. 107, pl. XXX, fig. 1. — Heer, *Flora fossilis Helvetiæ*, p. 76, pl. XXVII, fig. 6-9; pl. XXVIII, fig. 8.

L'*Equisetum* de Hongaÿ ne saurait donc être identifié à aucune de ces deux espèces et doit constituer un type spécifique nouveau, auquel il est naturel de donner, comme j'en avais exprimé l'intention [1], le nom de M. Sarran, à qui en est due la découverte.

En dehors des deux localités des mines de Hongaÿ déjà citées et que je Provenance. vais rappeler, je n'ai vu, d'autres provenances, que des échantillons dont l'attribution à l'*Equis. Sarrani* demeure douteuse, à raison de leur état fragmentaire : ce sont, d'une part, un fragment d'épi, très analogue, il est vrai, à celui de la figure 4, Pl. XXXIX, recueilli par Fuchs à Kébao; et d'autre part, une empreinte qui semble bien être un fragment de gaine de cette espèce, trouvée aux mines de Nong-Sön.

Mines de Hongaÿ. Système de Hatou : Hatou, Grande couche et grand banc de schiste. — Système de Nagotna : vallée orientale de l'OEuf, couche près d'une petite île.

Cordaïtées.

Genre NOEGGERATHIOPSIS Feistmantel.

1879. **Nöggerathiopsis** O. Feistmantel, *Foss. Fl. Gondwana Syst.*, III, pt. 1, p. 23.

Feuilles simples, lancéolées, spatulées ou linéaires-lancéolées, parcourues par de nombreuses nervures parallèles se divisant par dichotomie sous des angles extrêmement aigus et ne comprenant pas entre elles de fausses nervures.

NOEGGERATHIOPSIS HISLOPI Bunbury (sp.).

Pl. XL, fig. 1 à 6; an fig. 7 à 9 (?).

1861. **Nœggerathia? (Cyclopteris?) Hislopii** Bunbury, *Quart. Journ. Geol. Soc.*, XVII, p. 334, pl. X, fig. 5.

1879. **Nœggerathia (Zamia) Hislopi** Medlicott et Blanford, *Manual Geol. India*, p. 117, pl. VI, fig. 6.

1879. **Nöggerathiopsis (Zamia?) Hislopi** Feistmantel, *Foss. Fl. Gondwana Syst.*, III, pt. 1, p. 23, pl. XIX, fig. 1-6; pl. XX, fig. 1, 2.

----

[1] Zeiller, *Bull. Soc. Géol. Fr.*, 3ᵉ sér., XIV, p. 578.

1881. **Nœggerathiopsis Hislopi** Feistmantel, *Foss. Fl. Gondwana Syst.*, III, pt. 1, p. 58,
pl. XXVIII, fig. 1-7; pl. XXIX, fig. 1-4; pl. XXX, fig. 5-9; pt. 11, p. 118, pl. XLV A,
fig. 1-11; pl. XLVI A, fig. 3; IV, pt. 1, p. 41, pl. IX, fig. 1-3; pl. XIII, fig. 2-4;
pl. XIV, fig. 1-3, 6, 9; pl. XV, fig. 4 *b*; pl. XVII, fig. 4; pl. XVIII, fig. 1; pl. XX,
fig. 10; pl. XXI, fig. 6, 8, 10; pt. 2, p. 40, pl. XII A, fig. 5 *a*; pl. XIII A, fig. 5. Zeiller,
Ann. des Mines, 1882, II, p. 320, pl. XI, fig. 10 B, 13; pl. XII, fig. 1. Feistmantel,
Karoo-Formation, p. 38, pl. IV, fig. 1. Kurtz, *Contrib. palæophyt. argentina*, II, p. 15,
pl. III, fig. 3, 4; (*an* pl. IV, fig. 1?). Zeiller, *Bull. Soc. Géol. Fr.*, 3ᵉ sér., XXIV,
p. 372; p. 373, fig. 16, 17; pl. XVIII, fig. 6-9. Seward, *Quart. Journ. Geol. Soc.*, LIII,
p. 322, pl. XXI, fig. 4 *b*. R. D. Oldham, *Manual Geol. India*, 2ᵈ ed., p. 159.

Description de l'espèce.

Feuilles plus ou moins étroitement *ovales-linéaires*, parfois presque linéaires, *arrondies au sommet, graduellement rétrécies vers le bas*, longues de 8 à 20 ou 25 centimètres et plus, larges à leur base de 3 à 15 millimètres, atteignant de 12 à 45 millimètres dans leur plus grande largeur.

Nervures assez fortes, larges de 0^{mm},2 à 0^{mm},3, distantes entre elles de 0^{mm},25 à 0^{mm},75, se divisant par dichotomie sous des angles extrêmement aigus; intervalles compris entre les nervures marqués, sur la face supérieure de la feuille, de stries longitudinales très fines et très serrées et, sur la face inférieure, de fines ponctuations correspondant aux stomates.

Remarques paléontologiques.

Les feuilles de cette espèce se rencontrent en assez grande abondance dans la formation charbonneuse du Bas-Tonkin, mais le plus souvent sous forme de lambeaux incomplets, ne montrant ni le sommet ni la base d'attache, ainsi qu'il arrive dans le terrain houiller pour les feuilles des Cordaïtes, auxquelles elles ressemblent d'une façon frappante. On peut distinguer parmi elles deux formes extrêmes, à savoir, d'une part, des feuilles telles que celle de la figure 5, Pl. XL, à contour ovale-linéaire, atteignant 25 à 30 millimètres de largeur, et, d'autre part, des feuilles presque linéaires, comme celles des figures 1 et 2, dont la largeur se réduit parfois jusqu'à 12 ou 11 millimètres. Au premier abord on serait tenté de se demander s'il n'y a pas là deux formes spécifiques distinctes, et si les plus larges, les plus ovales, ne devraient pas seules être rapportées au *Nœggerathiopsis Hislopi;* mais, en rapprochant et comparant entre eux les divers échantillons recueillis, on constate que ces deux formes extrêmes se relient par une série continue d'intermédiaires, et que la forme étroite ne peut même pas être distinguée à titre de variété.

L'examen des nombreuses figures publiées par Feistmantel montre d'ailleurs, parmi les échantillons de l'Inde, des variations de même ordre et peut-être plus étendues encore, puisque la longueur varie parmi eux de 8 à

25 centimètres et plus, et la largeur de 14 à 45 millimètres, tandis que les feuilles les plus courtes des gisements du Tonkin ne semblent guère descendre qu'à 14 centimètres ou 14ᶜᵐ, 5 et que la largeur reste comprise entre 11 et 30 millimètres. Aussi est-il facile de trouver, dans les figures de la *Fossil Flora of the Gondwana System*, les similaires de la plupart des échantillons recueillis au Tonkin, les figures 1 des planches XIX et XX du volume III correspondant de tout point à l'échantillon fig. 5, Pl. XL, les figures 1 et 3, pl. XXVIII, et fig. 7, pl. XLV A, du volume III, les fig. 1, pl. XVIII, et fig. 5, pl. XIII A, du volume IV, ne différant pour ainsi dire pas des échantillons fig. 3 et fig. 4 de la Planche XL, quelques-unes d'entre elles offrant même des bases d'insertion plus étroites encore ; enfin les fig. 1 et 2 de la Planche XL peuvent être comparées aux fig. 1, pl. XLV A du volume III et fig. 9, pl. XIV du volume IV, qui montrent des feuilles un peu plus larges, il est vrai, mais tout aussi linéaires.

Quelques fragments de feuilles bien conservés m'ont offert entre les nervures, comme je l'avais observé sur des échantillons du Transvaal [1], de fines ponctuations correspondant aux stomates et indiquant qu'on a affaire à la face inférieure de l'organe. D'autres, au contraire, montrent, entre les nervures, de fines stries longitudinales très serrées (voir le bord droit de la figure grossie 5 *a*, vers le haut), différant par leur aspect comme par leur rapprochement des nervures fines des Cordaïtes, et provenant vraisemblablement de l'alignement longitudinal des cellules épidermiques que j'ai constaté [2] sur la face supérieure des feuilles de cette espèce.

On trouve quelquefois sur ces feuilles des sortes de petites boutonnières longues de 1 millimètre, et quelquefois un peu davantage, sur 0ᵐᵐ, 3 à 0ᵐᵐ, 5 de largeur, qui correspondent évidemment à la présence de Champignons parasites du type des *Hysterites* (Pl. XL, fig. 6) ; ils ressemblent notamment beaucoup à ceux que M. Nathorst a observés dans le Rhétien de Suède sur les folioles du *Podozamites distans* et qu'il a désignés sous le nom de *Hysterites Friesi* [3], et peut-être plus encore à ceux qu'on rencontre souvent sur les feuilles de Cordaïtes du terrain houiller et auxquels M. Grand'Eury a donné le nom de *Hysterites Cordaitis* [4].

---

[1] *Bull. Soc. Géol. Fr.*, 3ᵉ sér., XXIV, pl. XVIII, fig. 8.
[2] *Ibid.*, p. 373, fig. 16.
[3] Nathorst, *Bidrag till Sveriges fossila Flora*, p. 11, pl. I, fig. 1, 2.
[4] Grand'Eury, *Flore carbonifère du département de la Loire*, p. 10, pl. I, fig. 7.

Le mode de terminaison que présentent à leur base ces feuilles de *Nœggera-thiopsis Hislopi*, du moins celles qui sont suffisamment intactes, offrant un bord un peu arqué et légèrement épaissi, parfaitement symétrique de part et d'autre de la ligne médiane (Pl. XL, fig. 1 et 2), ne permet pas de douter qu'il s'agisse là, conformément à l'opinion que j'exprimais en 1882, de feuilles simples, et non pas, comme l'avait admis Feistmantel, de folioles détachées de frondes pinnées. On trouve d'ailleurs, associés à leurs débris, des fragments d'écorce ou des tronçons de rameaux portant des cicatrices foliaires dont la forme et les dimensions leur correspondent assez exactement pour qu'on soit fondé à présumer leur dépendance mutuelle. La figure 8, Pl. XL, reproduit notamment l'empreinte d'un de ces fragments d'écorce, que j'avais déjà figuré en 1882, et qui montre des cicatrices allongées dans le sens transversal, larges de 8 à 9 millimètres sur 2 à 3 millimètres de hauteur, à bords supérieur et inférieur convexes en dehors, à angles latéraux aigus légèrement infléchis vers le bas, et marquées à leur intérieur d'une rangée à peu près horizontale de cicatricules ponctiformes, correspondant aux cordons libéroligneux. Immédiatement au-dessus de chaque cicatrice existe un espace lisse, en forme de croissant de 2 millimètres de hauteur environ en son milieu, tandis que, sur tout le reste de la surface, l'écorce se montre marquée de fines rides transversales irrégulières.

On observe des cicatrices semblables sur le rameau fig. 7, Pl. XL, qui mesure 16 millimètres de diamètre; les seules différences consistent en ce que ces cicatrices sont un peu plus petites, sensiblement plus rapprochées, et que la surface de l'écorce se montre moins ridée, ce qui tient probablement au moindre développement et à l'âge moins avancé du rameau. Il me paraît extrêmement probable que ces deux échantillons, fig. 7 et 8, doivent appartenir au *Nœggerathiopsis Hislopi*, les dimensions de ces cicatrices étant exactement celles des bases de feuilles que l'on peut voir sur la même Planche XL.

Le petit rameau de la figure 9 offre encore des cicatrices semblables, mais plus petites encore, susceptibles cependant de correspondre à des feuilles très rétrécies à leur base, comme celles des figures 3 et 4, et il m'a paru intéressant à figurer, comme pouvant peut-être appartenir également à cette même espèce. Il ne laisse pas cependant d'offrir quelques analogies, notamment par l'espacement irrégulier de ses cicatrices, qui vont en s'écartant de plus en plus d'une extrémité à l'autre de l'échantillon, avec les tiges ou branches d'*Ano-*

mozamites figurées par M. Nathorst [1], et il ne serait pas impossible qu'il appartînt à quelque Cycadinée de ce type.

Il pourrait sans doute en être de même des échantillons des figures 7 et 8; mais ceux-ci semblent si bien correspondre aux feuilles de *Nœggerathiopsis Hislopi*, ils rappellent si exactement, par la disposition et la forme de leurs cicatrices, les *Cordaicladus* ou rameaux de *Cordaites* du terrain houiller, qu'on peut regarder, je crois, comme très vraisemblable leur attribution au *Nœggerathiopsis Hislopi*, dont les feuilles sont elles-mêmes si semblables à celles des Cordaïtes.

C'est à raison de toutes ces ressemblances que j'inscris ici les *Nœggerathiopsis* comme appartenant à la classe des Cordaïtées, les graines qui les accompagnent dans les gisements de l'Inde me paraissant, comme je l'ai dit ailleurs [2], venir à l'appui de cette manière de voir, par la concordance parfaite de leurs caractères extérieurs avec les *Cordaicarpus* paléozoïques.

Tout en ressemblant singulièrement aux *Cordaites* à côté desquels je crois devoir le classer, le *Nœggerathiopis Hislopi* en diffère cependant par l'absence, entre les nervures, des nervures plus fines qu'on observe d'une façon constante chez les Cordaïtées et qui correspondent, non aux faisceaux libéroligneux, mais à des bandes longitudinales de fibres hypodermiques.

En outre, la disposition des stomates ne semble pas être la même, ceux des Cordaïtes étant, au moins le plus souvent, disposés en files longitudinales entre les fausses nervures, tandis que, chez le *Nœggerathiopsis Hislopi*, ils sont groupés sans ordre régulier entre les nervures.

Rapports et différences.

Des feuilles de cette espèce ont été trouvées en abondance sur différents points des mines de Kébao et de Hongaÿ, ainsi que de Dong-Trieu.

Provenance.

Mines de Kébao : région des îlots; système inférieur (Sarran), à 20 mètres au toit de la couche principale de la galerie G (couche G); couche G; mine Rémaury, couche U, couche Y; puits Lanessan, mur de la couche Descenderie, travers-bancs Nord de l'étage 120; système supérieur (Sarran), couche n° 2, galerie M (couche M); rivière de Kébao.

Mines de Hongaÿ. Système de Hatou : Hatou, mur et toit de la Grande couche, et grand banc de schiste; mine Jauréguiberry; mine Marguerite, toit de la couche Marguerite. — Système de Nagotna : Rivière des Mines,

---

[1] Nathorst, *Beitr. z. Kenntnis einiger mesoz. Cycadophyten*, p. 9, pl. 2, fig. 1-19 (voir notamment les fig. 13 et 16 à 17), et pl. 3 (*Williamsonia angustifolia*).
[2] Zeiller, *Palæontologia indica*, New series, II, pt. 1, p. 32.

rive gauche entre la Pagode et Claireville, monticule rive gauche en aval de Claireville; mine de Nagotna, mur de la couche Sainte-Barbe; vallée orientale de l'OEuf, galerie Léonice.

Île Hongaÿ.

Île du Sommet Buisson, galerie Jean et tranchée en avant de la galerie.

Mines de Dong-Trieu, périmètre Émile, mur de la couche D.

Les rameaux que je crois pouvoir rapporter au *Nœggerathiopsis Hislopi* ont été trouvés sur les points suivants :

Mines de Kébao : rivière de Kébao; système supérieur, couche n° 2, galerie M (couche M).

Mines de Hongaÿ, système de Hatou : Hatou, Grande couche et grand banc de schiste; mine Marguerite, toit de la couche Marguerite.

Île Hongaÿ.

Cycadinées.

Cycaditées.

Frondes simplement pinnées, à folioles linéaires uninerviées.

Genre CYCADITES Sternberg.

1826. **Cycadites** Sternberg, *Ess. fl. monde prim.*, I, fasc. 4, p. xxxii; Brongniart, *Prodr.*, p. 93.

Frondes simplement pinnées, à folioles linéaires entières, uninerviées, plus ou moins étalées, généralement contiguës.

CYCADITES SALADINI Zeiller.

Pl. XLI, fig. 1 à 4.

1882. **Taxites planus** Zeiller (*non* Feistmantel), *C. R. Acad. sc.*, XCV, p. 194.

1882. **Cycadites Saladini** Zeiller, *Ann. des Mines*, 1882, II, p. 322, pl. XI, fig. 8, 9, 10 A; pl. XII, fig. 8-10.

Description de l'espèce.

Frondes linéaires-lancéolées, larges de 20 à 85 millimètres, atteignant jusqu'à 30 ou 40 centimètres de longueur; rachis lisse, large de 1^mm,5 à 3 ou 4 millimètres.

Folioles linéaires, droites ou faiblement arquées en avant, *étalées ou étalées-dressées*, contiguës, *arrondies ou obtusément aiguës au sommet*, plus ou moins *contractées à leur base*, longues de 15 à 45 millimètres sur 1^{mm},5 à 3 milli-mètres de largeur, marquées d'une nervure médiane très nette.

Remarques
paléontologiques.

Aucun des échantillons, assez nombreux cependant, qui ont été recueillis de cette espèce, n'a montré de fronde complète; deux seulement (Pl. XLI, fig. 1 et 3) font voir, sinon la base même de la fronde, du moins sa région tout à fait inférieure, et permettent de se rendre compte de son rétrécisse-ment graduel vers le bas et de la forme lancéolée ou linéaire-lancéolée qu'elle devait offrir. Les dimensions en étaient évidemment très variables; car si la largeur demeure, sur la plupart des empreintes, comprise entre 30 et 50 milli-mètres, elle s'abaisse sur quelques-unes jusqu'à 20 millimètres, tandis que sur d'autres elle atteint 60, 80 et 85 millimètres (Pl. XLI, fig. 2), se rap-prochant ainsi de celle que l'on observe chez certaines espèces actuelles, du moins sur les frondes de tiges non encore parvenues à leur complet déve-loppement.

Les folioles, toujours exactement contiguës, parfois même empiétant légè-rement les unes sur les autres, sont d'ordinaire assez étalées, faisant avec le rachis un angle de 60° à 80°, quelquefois cependant un peu plus obli-ques, d'autres fois encore tout à fait normales au rachis, du moins à leur origine, puis faiblement arquées en avant. Arrondies ou terminées en pointe obtuse au sommet, elles présentent à leur base une contraction assez marquée de leurs bords, tout en s'insérant sur le rachis par une fraction importante de leur largeur. Elles offrent souvent, du côté antérieur, un léger élargissement basilaire avant de se contracter, tandis que, du côté inférieur, on constate par-fois, à la suite de la contraction basilaire, un léger infléchissement de leur contour vers le bas, indiquant une tendance à la décurrence. Leur surface est tantôt à peu près plane, tantôt nettement convexe, au moins sur les bords, ainsi qu'on peut le voir sur la figure 4 de la Planche XLI; il est probable que les bords étaient souvent repliés en dessous et que c'est à ce fait qu'il faut attribuer la présence fréquente, sur les empreintes laissées par la face in-férieure des folioles, de deux fines lignes parallèles à la nervure médiane, qui suivent le contour extérieur à une distance de 0^{mm},2 à 0^{mm},4 et dispa-raissent au voisinage de la base comme du sommet, et qui me semblent devoir être considérées comme correspondant au bord réel du limbe, ramené, par son reploiement, en deçà du contour extérieur. Peut-être encore

20.

ces deux lignes marginales marqueraient-elles simplement, ainsi que je l'avais pensé jadis[1], les limites de deux bandes stomatifères légèrement concaves qui auraient été placées de part et d'autre de la nervure médiane : il semble bien qu'on discerne parfois, dans la région qu'elles circonscrivent, de petites dépressions ponctiformes qui pourraient correspondre aux stomates, mais je doute que, s'il n'y avait pas eu en même temps reploiement des bords du limbe, ces lignes eussent laissé sur les empreintes une trace aussi visible. On peut les discerner notamment en divers points de l'échantillon fig. 4, Pl. XLI, en particulier sur la troisième foliole à gauche en partant du bas sur la figure grossie 4 a.

Rapports et différences.

Cette espèce, que j'ai dédiée à M. E. Saladin, Ingénieur civil des Mines, le compagnon et le collaborateur de Fuchs, me paraît bien distincte, par la contraction basilaire de ses folioles, de tous les autres *Cycadites* connus, ceux-ci ayant les folioles attachées par toute leur base sans indice de contraction.

Il semble cependant que chez le *Cycadites Saportæ* Seward, du Wealdien d'Angleterre[2], les pinnules tendent à se contracter légèrement à la base, et affectent dans cette région un contour quelque peu analogue à celles de l'espèce du Tonkin, dont elles diffèrent d'ailleurs par leur longueur plus grande et surtout par leur moindre largeur relative ; mais cette tendance des bords des folioles à s'arrondir au voisinage de l'insertion n'est visible que sur l'une seulement[3] des trois figures données, et l'auteur ne la mentionne pas dans sa description, de sorte que la réalité en demeure finalement assez incertaine.

Ce même caractère se montrait, il est vrai, sans doute possible, chez une espèce de l'Oolithe inférieure du Yorkshire, le *Cycadites zamioides* Leckenby[4], qui offre des folioles nettement et fortement contractées à la base, mais plus espacées et plus étalées que celles de l'espèce que je viens de décrire ; aussi avais-je cru pouvoir les rapprocher l'une de l'autre[5], mais ce rapprochement ne saurait être maintenu aujourd'hui, M. Seward tenant

---

[1] *Annales des Mines*, 1882, II, p. 324, pl. XII, fig. 8, 8 A.

[2] A. C. Seward, *Wealden Flora*, pt. II, p. 29, pl. III, fig. 7; pl. VI, fig. 5; pl. VIII, fig. 2.

[3] *Ibid.*, pl. III, fig. 7.

[4] Leckenby, *Quart. Journ. Geol. Soc.*, XX, p. 77, pl. VIII, fig. 1.

[5] Zeiller, *Ann. des Mines*, 1882, II, p. 323.

l'espèce du Jurassique d'Angleterre, non pour une fronde de Cycadinée, mais pour un rameau de Conifère, qu'il a classé sous la dénomination générique de *Taxites* [1], et la figure qu'il donne paraissant bien légitimer cette interprétation.

Quoique, à l'origine, j'aie moi-même regardé comme des rameaux de Conifères les premiers échantillons récoltés au Tonkin par MM. Fuchs et Saladin, et que je les aie assimilés au *Taxites planus* Feistmantel des Upper Gondwanas [2], je ne crois pas que l'interprétation admise par M. Seward pour le *Cycadites zamioides* puisse être appliquée au *Cycadites Saladini*, les folioles paraissant bien, chez ce dernier, insérées toutes latéralement, sans trace de torsion à leur base, et les échantillons des figures 1 à 3 de la Planche XLI me semblant, ceux des figures 1 et 3 par le raccourcissement graduel de ces folioles vers le bas, celui de la figure 2 par leur grande longueur, leur étalement à la base et leur légère incurvation en avant, ne pas permettre de douter qu'il s'agisse bien réellement ici de frondes de Cycadinées et non point de rameaux de Conifères.

Bien que je n'aie fait que mentionner, sans la figurer, cette espèce sous le nom de *Taxites planus*, je ne crois pas inutile de rappeler, dans la synonymie, la dénomination erronée que je lui avais tout d'abord appliquée. — Synonymie.

Le *Cycadites Saladini* a été rencontré en abondance sur divers points des mines de Hongaÿ; il n'a, jusqu'à présent, pas été observé à Kébao. — Provenance.

Mines de Hongaÿ. Système de Hatou : Hatou, mur et toit de la Grande couche; mine Jauréguiberry; mine Henriette. — Système de Nagotna : Rivière des Mines, monticule rive gauche en aval de Claireville; mine de Carrère, toit de la couche Chater; mine de Nagotna, toit de la couche Chater.

Île Hongaÿ.

Île du Sommet Buisson.

Mines de Dong-Trieu : mamelon aux environs de Dong-Trieu; périmètre Émile, mur de la couche D.

---

[1] A. C. Seward, *Jurassic Flora*, pt. 1, p. 300, pl. X, fig. 5.
[2] O. Feistmantel, *Fossil Flora of the Gondwana System*, 1, pt. 4, p. 221, pl. XIII, fig. 1-8; pl. XIV, fig. 1, 2, 4, 5; pl. XV, fig. 2.

Zamitées.

Frondes simplement pinnées, à folioles plurinerviées, à base d'insertion rétrécie.

Genre PODOZAMITES F. Braun.

1843. **Podozamites** F. Braun, *Münster's Beiträge*, VIme Heft, p. 36.

Frondes simplement pinnées; folioles plus ou moins étroitement ovales-lancéolées ou linéaires-lancéolées, graduellement rétrécies en coin vers le bas, à sommet tantôt aigu, tantôt arrondi, à bords entiers, alternant d'un côté à l'autre du rachis et d'ordinaire assez espacées, plus ou moins dressées, articulées à la base, parcourues par des nervures simples ou dichotomes.

On s'est quelquefois demandé si le genre *Podozamites* ne représenterait pas des rameaux de Conifères plus ou moins analogues aux *Dammara* actuels, plutôt que des frondes de Cycadinées; tout récemment encore M. Seward s'est posé la même question et, sans y répondre d'une façon formelle, a exprimé l'avis que c'était peut-être en effet du côté des *Dammara* qu'il fallait chercher les affinités réelles de ce genre[1]. Schenk avait déjà discuté cette même interprétation et avait conclu[2], au contraire, que la structure de l'axe qui porte les organes foliaires, ainsi que la forme et la disposition des cellules épidermiques de ces derniers, plaidait en faveur de l'attribution des *Podozamites*, non aux Conifères, mais aux Cycadinées. L'examen que j'ai fait moi-même de cuticules bien conservées de *Podozamites* du Lias inférieur de Steierdorf m'a conduit à la même conclusion, les caractères qu'elles présentent différant à peine de ceux des cuticules des Zamiées, des *Zamia* en particulier.

Au surplus, si quelques échantillons, par exemple celui de la figure 1, Pl. XLII, où les folioles étaient en partie détachées ou près de se détacher, peuvent donner à penser qu'elles étaient disposées tout autour de l'axe, comme les feuilles d'un rameau de Conifère, d'autres, tels que ceux des figures 4 à 6 de la même planche, et bien d'autres antérieurement figurés, montrent ces folioles insérées régulièrement en disposition alternante de part et d'autre de cet axe, étalées toutes dans un même plan sans le moindre indice de torsion à

---

[1] A. C. Seward, *Jurassic Flora*, pt. 1, p. 241-242.
[2] Schenk, *Fossile Flora der Grenzschichten*, p. 161.

leur base, et parfois, si les échantillons sont suffisamment étendus, diminuant de longueur vers les deux extrémités de l'axe, comme cela doit avoir lieu vers la base et vers le sommet d'une fronde. Enfin j'ajoute que M. Nathorst regarde comme appartenant, presque sans doute possible, aux *Podozamites* les écailles séminifères qu'il a décrites sous le nom de *Cycadocarpidium Erdmanni*[1], et qui offrent les caractères essentiels des écailles séminifères des Zamiées : elles portent en effet deux graines fixées de part et d'autre d'un court pédicelle; seulement celui-ci, au lieu de s'épanouir en écusson, se dilate en une lame foliaire à contour ovale-linéaire, à nervures parallèles, rappelant elle-même, sauf ses dimensions beaucoup moindres, les folioles des *Podozamites*.

Je n'hésite donc pas à ranger ici le genre *Podozamites* dans la classe des Cycadinées, en prenant d'ailleurs ce terme dans son acception la plus large, c'est-à-dire comprenant aussi bien les Bennettitées que les Zamiées et les Cycadées proprement dites[2].

PODOZAMITES DISTANS Presl (sp.).

Pl. XLII, fig. 1 à 4.

1838. **Zamites distans** Presl, *in* Sternberg, *Ess. fl. monde prim.*, II, fasc. 7-8, p. 196, pl. XLI, fig. 1. Ettingshausen, *Lias u. Oolithflora*, p. 8, pl. I, fig. 3. Schenk, *Foss. Fl. d. Grenzsch.*, p. 159, pl. XXXV, fig. 10; pl. XXXVI, fig. 1-9; (*an* pl. XXXVII, fig. 1?).

1843. **Podozamites distans** Braun, *Münster's Beitr.*, VIme Heft, p. 28, 36. Schimper, *Trait. de pal. vég.*, II, p. 158, pl. LXXI, fig. 1. Saporta, *Plantes jurass.*, II, p. 44, pl. LXXVI, fig. 2. Nathorst, *Bidr. till Sver. foss. flora*, p. 50, pl. XIII, fig. 6-16; pl. XV, fig. 20; *Beitr. z. foss. Fl. Schwedens*, p. 23. Renault, *Cours de bot. foss.*, I, p. 61, pl. VI, fig. 9. Zeiller, *Ann. des Mines*, 1882, II, p. 320, pl. XI, fig. 2. Saporta et Marion, *Evol. du règne végétal, Phanérogames*, I, p. 112, fig. 60 A. Raciborski, *Fl. retyck. Polski*, p. 16, pl. II, fig. 4. Potonié, *Lehrb. d. Pflanzenpal.*, p. 283, fig. 283. Zeiller, *Elém. de paléobot.*, p. 229, fig. 153.

1876. **Podozamites lanceolatus distans** Heer, *Jurafl. Ostsibiriens*, p. 109, pl. XXVI, fig. 7; pl. XXVII, fig. 3, 4. Nathorst, *Fl. vid Bjuf*, p. 75, pl. XVI, fig. 4-7; *Sveriges Geologi*, II, p. 177, fig. 1. Krasser, *Foss. Pfl. aus China u. Central-Asien*, p. 8, pl. IV, fig. 1.

1883. **Podozamites lanceolatus** var. *distans* Schenk, *in* Richthofen, *China*, IV, p. 251, pl. L, fig. 5; *Palæontographica*, XXXI, p. 173, pl. XIV, fig. 5, 8 b, 9 b; pl. XV, fig. 9, 10. Hjorth, *Danm. geol. Undersog.*, II R, p. 75, pl. IV, fig. 18; (*an* pl. III, fig. 17?).

1876. **Podozamites lanceolatus intermedius** Heer, *Jurafl. Ostsibiriens*, p. 108, pl. XXII, fig. 4 d; pl. XXVI, fig. 4, (*an* fig. 8 a?); *Foss. Fl. Sibiriens*, p. 20, pl. V, fig. 10. Nathorst, *Fl. vid Bjuf*, p. 74, pl. XVI, fig. 3.

[1] Nathorst, *Floran vid Bjuf*, p. 91, pl. XXVI, fig. 15-20; *Beitr. z. Kenntnis einiger mesoz. Cycadophyten*, p. 8, pl. I, fig. 5, 6.
[2] Zeiller, *Éléments de paléobotanique*, p. 225, 245.

1876. **Podozamites lanceolatus minor** Heer, *Jurafl. Ostsibiriens*, p. 110, pl. XXVII, fig. 5 *a*, *b*; 6, 7, 8.

1899. **Podozamites lanceolatus** var. *minor* Hjorth, *Danm. geol. Undersog*, II R, p. 74, pl. III, fig. 15.

1891. **Podozamites lanceolatus** Yokoyama, *Journ. Coll. Sci.*, IV, p. 245, pl. XXXIV, fig. 3, 4. Raciborski, *Fl. retycka poln. stoka*, p. 19, pl. IV, fig. 16 *b*; V, pl. fig. 3, 12-17, 19, 20, (*an* fig. 2, 8, 11, 18??).

1852. **Zamites Haueri** Ettingshausen, *Lias u. Oolithflora*, p. 8, pl. II, fig. 5.

1866. *An* **Podozamites Emmonsii** Newberry, *Smiths. Contrib.*, XV, art. IV, p. 121, pl. IX, fig. 2?

Description de l'espèce.

Frondes à contour ovale-lancéolé, larges de 7 à 12 centimètres, atteignant 20 centimètres et plus de longueur; rachis lisse, large de 1 mm,5 à 3 millimètres.

Folioles alternes, espacées d'un même côté du rachis de 8 à 20 millimètres, *étalées-dressées*, *non contiguës*, *lancéolées ou ovales-lancéolées*, *arrondies ou obtusément aiguës* au sommet, *graduellement rétrécies vers leur base en une sorte de pédicelle* extrêmement court, articulées à la base et *facilement caduques*, longues de 4 à 10 centimètres sur 5 à 14 millimètres de largeur.

Nervures légèrement divergentes à leur origine, se bifurquant sous des angles très aigus à peu de distance de leur base, *ensuite* simples et *parallèles* sur la plus grande partie de leur parcours, espacées de 0 mm,4 à 0 mm,7.

Remarques paléontologiques.

Les folioles de cette espèce étaient évidemment rapidement caduques, et on les rencontre le plus habituellement détachées du rachis, disséminées en plus ou moins grande abondance à la surface des plaques de schiste. Parfois cependant on trouve des fragments de frondes plus ou moins étendus, composés du rachis et d'un certain nombre de folioles encore en place, tels que ceux des figures 1 et 4, Pl. XLII. Il pourrait sembler, sur la figure 1, ainsi que je l'ai déjà dit plus haut, qu'on ait affaire à un rameau portant des feuilles disposées en hélice autour de son axe, plutôt qu'à une fronde pinnée; mais un examen un peu attentif montre qu'une partie seulement des pinnules adhèrent encore au rachis, tandis que les autres sont détachées et déplacées, et juxtaposées accidentellement aux premières; peut-être même une partie d'entre elles provenaient-elles d'une autre fronde. Plusieurs de ces folioles, notamment celles de la région inférieure du côté droit, sont nettement inéquilatères, à bord inférieur bien plus fortement arqué que le bord supérieur, ce qui ne devrait pas avoir lieu, semble-t-il, si l'on avait affaire aux feuilles d'un rameau, tandis que cette dyssymétrie n'a rien que de naturel pour les folioles d'une fronde pinnée, étalées dans un même plan à droite et à gauche du rachis. D'autres fois, les folioles affectent, comme sur l'échantillon de la figure 4, une forme exactement lancéolée sans la moindre dyssymétrie ; mais on voit, sur la figure 1, qu'on passe d'une forme à l'autre sur le même échantillon et qu'on ne peut attribuer à ce caractère de valeur spécifique. On constate également, sur les figures de la Planche XLII, que les pinnules sont plus ou moins brièvement pédicellées à leur base et qu'elles se terminent au sommet en pointe tantôt arrondie, tantôt obtusément aiguë.

Les nervures sont généralement très visibles, plus ou moins espacées suivant que les folioles sont plus ou moins larges, bifurquées presque dès leur base et d'abord quelque peu divergentes, puis simples et à peu près parallèles, sauf une légère convergence vers le sommet du limbe; une partie seulement d'entre elles atteignent le sommet, les plus extérieures s'arrêtant successivement sur les bords de la foliole. La face supérieure du limbe se montre marquée entre les nervures de stries longitudinales excessivement fines et serrées, provenant, à n'en pas douter, de l'alignement des cellules épidermiques. Des préparations de cuticules de cette espèce, provenant d'échantillons de Steierdorf, et s'étendant sur toute la largeur d'une foliole, m'ont montré en effet l'épiderme supérieur constitué par des cellules allongées parallèlement aux nervures, disposées en files régulières, et tantôt rectangulaires, tantôt trapézoïdales, ainsi que l'avait, d'ailleurs, constaté Schenk[1]. Sur la face inférieure, la disposition est la même le long des nervures, mais entre les nervures, surtout au voisinage des stomates, les cellules sont moins régulières, plus isodiamétriques, et souvent polygonales; les stomates sont tantôt disséminés sans ordre apparent, tantôt rangés en files assez régulières, mais discontinues. On peut, du reste, sur les empreintes elles-mêmes, lorsqu'elles sont suffisamment bien conservées, discerner sur la face inférieure des bandes alternantes à peu près de même largeur, les unes très finement striées en long, qui ne sont autres que les nervures, les autres marquées de fines ponctuations, qui correspondent aux stomates.

Le *Podozamites distans* est extrêmement voisin du *Podoz. lanceolatus* Lindley et Hutton (sp.) de l'Oolithe inférieure[2], auquel de nombreux auteurs, à la suite de Heer, l'ont réuni comme simple variété, et dont, en effet, il est souvent fort difficile de le distinguer : c'est ainsi, par exemple, qu'on ne saurait méconnaître la ressemblance qui existe entre l'échantillon du Tonkin de la figure 1, Pl. XLII, et celui de l'Oolithe de Scarborough qu'a figuré récem-

Rapport
et différence.

[1] Schenk, *Fossile Flora der Grenzschichten*, p. 161, pl. XXXVI, fig. 9 a.
[2] Lindley et Hutton, *Fossil Flora of Great Britain*, III, p. 121, pl. 194.

ment M. Seward[1]. Toutefois, outre la différence assez notable des niveaux géologiques auxquels appartiennent l'une et l'autre forme, le *Podoz. distans* me semble pouvoir, en général, être distingué par ses folioles proportionnellement plus larges, et terminées au sommet en pointe moins effilée et moins aiguë.

Il diffère, d'autre part, par les dimensions plus grandes de ses frondes et de ses folioles, du *Podoz. Schenki*, chez lequel, outre cette différence de taille, les folioles se terminent en pointe extrêmement fine et aiguë, de sorte qu'il ne semble guère possible de les confondre.

Synonymic. — Heer a indiqué lui-même comme synonymes de *Podoz. distans* les noms de *Podozamites lanceolatus distans*, *intermedius* et *minor*, en mentionnant pour chacun les formes du Rhétien de Franconie, figurées par Schenk, qu'il prenait pour types, et de fait les échantillons qu'il a figurés sous ces divers noms ne diffèrent du *Podoz. distans* par aucun caractère appréciable; aussi les ai-je mentionnés dans la liste synonymique, en exprimant seulement certains doutes pour quelques figures. Mais, étant donné que les couches de Sibérie d'où proviennent les échantillons étudiés par Heer appartiennent à un niveau plus élevé que celui qui a fourni le véritable type du *Podoz. distans*, établi par Presl sur des empreintes du Rhétien de Bamberg, peut-être l'identification ne devrait-elle être acceptée que sous réserves, des folioles en apparence semblables de tout point pouvant provenir d'espèces non réellement identiques. Par contre, je ne crois pas qu'il y ait à douter de l'identité avec le *Podoz. distans* des échantillons qui ont été figurés sous ces mêmes noms par MM. Nathorst, Hjorth, Raciborski, Schenk, Krasser et Yokoyama, et qui proviennent de gisements rhétiens.

Quant au *Zamites Haueri* Ettingshausen, du Rhétien de Bayreuth, son identité avec le *Podoz. distans* ne peut faire l'objet d'un doute, et tous les auteurs l'ont depuis longtemps admise.

Je serais également porté à réunir à ce dernier le *Podozamites Emmonsi* Newberry, trouvé en Chine, à l'Ouest de Pékin, dans un gisement vraisemblablement rhétien; il présente toutefois, à la base de ses folioles, un pédicelle plus accusé qu'on ne l'observe généralement chez le *Podoz. distans*, de sorte que je ne l'inscris qu'avec quelque doute dans la liste synonymique.

Enfin je me suis abstenu de faire figurer dans cette liste les figures données jadis par Agardh, Nilsson et Hisinger, sous les noms d'*Amphibolis septentrionalis*,

---

[1] A. C. Seward, *Jurassic Flora*, pt. I, p. 245, fig. 44.

Potamophyllites Agardhiana, *Zosterites Agardhiana* et *Cycadites giganteus*, indiquées cependant par M. Nathorst[1] comme se rapportant au *Podozamites distans;* il ne me semble guère douteux, étant donné la provenance des échantillons, que cette identification soit fondée, mais ces échantillons me semblent trop fragmentaires pour fournir la base d'une détermination absolument sûre, et ils n'offrent pas des caractères suffisamment définis pour qu'on puisse, quelque ancienne que soit la date de la publication des noms qui leur correspondent, considérer l'un ou l'autre d'entre eux comme constituant le type de l'espèce. Aussi m'a-t-il paru préférable de les laisser de côté.

Sans être très abondant nulle part, le *Podozamites distans* s'est montré dans toute la formation charbonneuse du Bas-Tonkin. *Provenance.*

Mines de Kébao : puits Lanessan; système supérieur, couche n° 2, galerie M (couche M).

Mines de Hongaÿ. Système de Hatou : Gia-Ham. — Système de Nagotna : Rivière des Mines, rive droite, première vallée; monticule rive gauche en aval de Claireville; mine de Carrère, toit de la couche Chater, toit de la couche Bavier; mine de Nagotna; vallée orientale de l'OEuf, galerie Léonice.

Île Hongaÿ.

Île du Sommet Buisson.

Mines de Dong-Trieu : concession Schædelin; périmètre Émile.

PODOZAMITES SCHENKI Heer.

Pl. XLII, fig. 5, 6.

1867. **Zamites angustifolius** Schenk (*non* Eichwald), *Foss. Fl. d. Grenzschichten*, p. 158, pl. XXXV, fig. 8.

1870. **Podozamites angustifolius** Schimper, *Trait. de pal. vég.*, II, p. 159. Nathorst, *Bidr. till Sver. foss. flora*, p. 54, pl. XIII, fig. 4; *Beitr. z. foss. Fl. Schwedens*, p. 24.

1876. **Podozamites Schenkii** Heer, *Jurafl. Ostsibiriens*, p. 45. Nathorst, *Fl. Höganäs och Helsingborg*, p. 28, Hög. äldre, pl. III, fig. 12; *Fl. vid Bjuf*, p. 76, 124, pl. XVI, fig. 11-13. Szajnocha, *Foss. Pflanzenreste aus Cacheuta*, p. 17, pl. II, fig. 3 *b*. Hartz, *Medd. om Gronland*, XIX, p. 240, pl. XIII, fig. 2, 7. Hjorth, *Danm. geol. Undersog.*, II R, p. 76, pl. IV, fig. 20.

Frondes à contour ovale-lancéolé, larges de 1 à 5 centimètres, atteignant 10 centimètres de longueur et peut-être davantage; rachis lisse, large de $0^{mm},5$ à $1^{mm},5$. *Description de l'espèce.*

[1] Nathorst, *Bidrag till Sveriges fossila Flora*, p. 50.

Folioles alternes, espacées d'un même côté du rachis de 5 à 10 millimètres, *étalées-dressées, non contiguës, linéaires-lancéolées, effilées* au sommet *en pointe très aiguë, graduellement rétrécies en coin à leur base,* longues de 15 à 45 millimètres de longueur sur 1^{mm},5 à 3 millimètres ou 3^{mm},5 de largeur.

Nervures faiblement divergentes à leur origine, se bifurquant sous des angles très aigus à peu de distance de leur base, *ensuite* simples et *parallèles* sur la plus grande partie de leur parcours, espacées de 0^{mm},3 à 0^{mm},4.

Remarques
paléontologiques.

Il a été recueilli dans les gisements du Bas-Tonkin quelques échantillons de cette jolie espèce, qui tous ont montré des folioles encore attachées au rachis, alternant d'un côté à l'autre, inclinées sur le rachis sous des angles de 30° à 40°, comme on le voit sur les figures 5 et 6 de la Planche XLII, de telle sorte qu'il semble que ces folioles devaient être moins caduques que celles de la précédente. Sur l'échantillon de la figure 5, les folioles les plus élevées tendent visiblement à diminuer peu à peu de longueur comme de largeur; cette décroissance graduelle est plus nettement accusée encore sur d'autres échantillons un peu plus complets, notamment sur un fragment de fronde récolté récemment à Hoanh-Mô par M. Charpentier, et où l'on voit les folioles, longues d'environ 3 centimètres dans la région moyenne, se réduire vers le sommet à 2 centimètres de longueur. D'autres présentent également des variations semblables, mais du côté inférieur, et cette réduction graduelle de taille vers les deux extrémités, jointe à l'alternance régulière des folioles, bien nettement étalées dans un même plan sans la moindre trace de torsion basilaire, ne permet pas de douter qu'on ait affaire ici à des frondes pinnées, et écarte l'idée de rameaux de Conifères à feuilles déjetées latéralement à droite et à gauche. La conclusion qui en découle pour l'attribution de cette espèce aux Cycadinées s'applique, d'ailleurs, nécessairement à la précédente, dont celle-ci ne diffère, dans l'ensemble, que par ses moindres dimensions et avec laquelle elle a manifestement les plus étroites affinités.

Rapports
et différences

Très semblable, comme je viens de le dire, au *Podoz. distans*, le *Podoz. Schenki* s'en distingue cependant assez facilement, et par la taille très réduite de ses frondes, et, si l'on entre dans le détail, par la forme même de ses folioles, qui sont beaucoup plus étroites par rapport à leur longueur, parfois même presque exactement linéaires, qui s'effilent à leur sommet en une pointe beaucoup plus longue et plus aiguë, et qui ne se contractent pas à leur base en pédicelle discernable; elles semblent, en outre, infiniment moins caduques et ne se rencontrent presque jamais isolées.

Les deux noms spécifiques inscrits dans la synonymie proviennent de ce fait, que celui d'*angustifolius* avait été employé en 1865 par Eichwald [1] pour une espèce de l'Oxfordien de Russie, qui paraît appartenir également au genre *Podozamites*, de sorte que le nom proposé deux ans plus tard par Schenk se trouvait constituer un double emploi, et a été avec raison rejeté par Heer, qui lui a substitué celui de l'auteur même de l'espèce.

Le *Podoz. Schenki* n'a été observé jusqu'ici que sur deux points seulement. Mines de Hongaÿ, système de Hatou : Hatou, toit de la Grande couche. Hoanh-Mô, près Dong-Trieu.

Genre ZAMITES Brongniart.

1828. **Zamites** Brongniart, *Prodr.*, p. 91, 94; *Tabl. des genres de vég. foss.*, p. 61. Schimper, *Trait. de pal. vég.*, II, p. 151.

Frondes simplement pinnées; folioles généralement lancéolées ou ovales-lancéolées, plus ou moins brusquement contractées et arrondies à la base, d'ordinaire épaissies à leur point d'insertion, aiguës ou plus rarement arrondies au sommet, à bords entiers, attachées sur la face supérieure du rachis et alternant d'un côté à l'autre, habituellement assez rapprochées les unes des autres, étalées ou étalées-dressées, parcourues par des nervures simples ou dichotomes à peu près parallèles entre elles.

Je prends ici le genre *Zamites* dans un sens assez large, comme l'a fait M. Seward [2], qui y comprend notamment le *Zam. Buchianus* Ettingshausen (sp.), assez différent déjà des formes typiques du genre à folioles ovales-lancéolées, largement arrondies à la base, telles que le *Zam. Feneonis* Brongniart. Je dois même l'élargir un peu davantage pour y faire entrer l'espèce dont je vais parler et qui, par ses folioles tronquées au sommet, s'écarte de toutes celles qui ont été jusqu'ici décrites sous ce nom générique; mais comme, en dehors de ce mode de terminaison du limbe, elle offre bien les caractères du genre *Zamites*, dans lequel elle viendrait se ranger tout naturellement si les bords des folioles se prolongeaient seulement un peu davantage pour se raccorder suivant un contour terminal plus ou moins arrondi ou ellip-

[1] Eichwald, *Lethæa rossica*, II, p. 39, pl. II, fig. 7.
[2] A. C. Seward, *Wealden Flora*, pt. 2, p. 78.

tique, il m'a paru que cette différence n'exigeait pas la création d'un nom générique nouveau à ajouter à tous ceux qui ont été déjà introduits dans la nomenclature par démembrement du genre primitif de Brongniart.

ZAMITES TRUNCATUS n. sp.

Pl. XLIII, fig. 3 à 6.

Description de l'espèce.

Froudes de 7 à 9 centimètres de largeur, probablement assez longues; rachis marqué de rides transversales irrégulières, large d'environ 3 millimètres.

Folioles alternes, étalées ou étalées-dressées, non contiguës, étroitement ovales-linéaires, brusquement tronquées au sommet, graduellement rétrécies en coin vers le bas, à base arrondie ou elliptique munie d'une callosité plus ou moins prononcée, articulées et facilement caduques, longues de 35 à 50 millimètres sur 5 à 13 millimètres de largeur.

Nervures fines, nombreuses, une ou deux fois dichotomes, parallèles sur presque tout leur parcours, espacées de $0^{mm},25$ à $0^{mm},30$.

Remarques paléontologiques.

Cette espèce n'est représentée que par un petit nombre d'échantillons, sur lesquels, à l'exception d'un seul, elle se montre sous la forme de folioles isolées, détachées du rachis qui les portait. Le limbe offre, dans son ensemble, la forme d'un triangle presque isocèle à angles arrondis, à base très courte par rapport aux deux autres côtés, lesquels sont légèrement curvilignes et convexes vers le dehors, surtout au voisinage du sommet. Ce sommet du triangle correspond à la base d'insertion, qui affecte un contour arrondi et se montre, du moins sur certaines empreintes correspondant vraisemblablement à la face supérieure, pourvue d'une callosité assez prononcée (voir les figures 4, 4 a et 6 de la Planche XLIII), limitée par un arc légèrement convexe du côté du limbe, conformément à ce qui existe chez la plupart des *Zamites*. Les nervures partent, en divergeant très légèrement, de la base de la foliole; quelques-unes, peu nombreuses, les plus extérieures, s'arrêtent le long des bords latéraux; la plupart se suivent parallèlement, après s'être une ou deux fois bifurquées, jusqu'à la troncature terminale. Celle-ci est généralement presque exactement normale à l'un des bords et un peu plus oblique sur l'autre, qu'il est naturel de regarder comme le bord antérieur, la troncature devant, selon toute apparence, être à peu près parallèle au rachis de la fronde.

C'est, d'ailleurs, ce que l'on constate sur l'échantillon fig. 3, qui montre plusieurs pinnules situées de part et d'autre d'un même rachis, dont il est probable qu'elles dépendaient; elles ne sont pas, il est vrai, en connexion directe avec lui, mais elles occupent par rapport à lui, et les unes par rapport aux autres, des positions telles, se suivant d'un même côté à intervalles réguliers et affectant toutes une même direction, qu'il ne me paraît pas douteux qu'elles appartenaient à une même fronde et que, détachées du rachis au moment où ce fragment de fronde est venu s'étaler au fond du bassin de dépôt, elles n'ont été qu'à peine dérangées de leur position primitive. Le fragment subsistant du rachis est situé un peu en avant des bases des folioles, et nous offre vraisemblablement sa face inférieure; la callosité basilaire des folioles est en même temps à peu près indiscernable, comme c'est le cas chez le *Zamites Fenconis* lorsqu'on a affaire à la face inférieure du limbe. Les folioles auraient été, d'après cet échantillon, quelque peu obliques sur le rachis commun, faisant avec lui des angles de 60° à 80°; il est probable que leur inclinaison devait varier, du moins dans certaines limites, d'un point à l'autre de la fronde.

Ainsi que je l'ai déjà dit, cette espèce diffère de toutes les autres espèces à moi connues du genre *Zamites* par la forme de ses folioles, brusquement tronquées à leur sommet. On peut, à ce point de vue, la rapprocher du *Sphenozamites Rogersianus* Fontaine du Trias supérieur de la Virginie [1], auquel je l'avais comparée jadis [2], mais celui-ci, dont l'attribution au genre *Sphenozamites* ne laisse pas, d'ailleurs, d'être discutable, a des folioles infiniment plus grandes, longues de 12 à 20 centimètres sur 4 à 10 centimètres de largeur, et le mode d'attache de ces folioles, munies à la base d'une sorte de pédicelle très court et dépourvues de callosité, constitue, par rapport à l'espèce du Tonkin, une différence de nature à faire écarter l'idée d'une affinité mutuelle tant soit peu étroite.

Le *Zamites truncatus* n'a été observé, jusqu'ici, qu'en un seul point, à savoir : aux mines de Hongaÿ, dans le système de Nagotna, à la vallée de l'Œuf, galerie Léonice.

Rapports et différences.

Provenance

[1] W. M. Fontaine, *Older Mesozoic Flora of Virginia*, p. 80, pl. XLIII, fig. 1; pl. XLIV, fig. 1, 2; pl. XLV, fig. 1, 2.

[2] Zeiller, *Bull. Soc. Géol. Fr.*, 3ᵉ sér., XIV, p. 578.

Genre OTOZAMITES F. Braun.

1843. **Otozamites** F. Braun, *Münster's Beiträge*, VI^tes Heft, p. 36.

Frondes simplement pinnées, folioles tantôt ovales-lancéolées, plus ou moins allongées, tantôt ovales, parfois même presque orbiculaires, échancrées à la base et munies de deux oreillettes plus ou moins accusées, dont l'antérieure plus développée que la postérieure, à bords entiers, attachées sur la face supérieure du rachis, généralement épaissies à leur point d'insertion, contiguës ou empiétant même un peu les unes sur les autres; parcourues par des nervures simples ou dichotomes, divergeant d'ordinaire assez fortement à la base, surtout du côté antérieur.

OTOZAMITES INDOSINENSIS n. sp.

Pl. XLIII, fig. 1.

Description de l'espèce.   *Frondes à contour linéaire-lancéolé*, larges de 20 à 25 millimètres, longues probablement de 12 à 15 centimètres, à rachis large de 1^mm,5 à 2 millimètres.

Folioles alternes ou subopposées, étalées ou étalées-dressées, *contiguës par leurs bords, à contour ovale-linéaire, très légèrement arquées* en avant, *arrondies au sommet*, faiblement échancrées à la base, *à oreillette antérieure bien accusée, à oreillette postérieure nulle* ou presque nulle, longues de 10 à 13 millimètres sur 4 à 5 millimètres de largeur, *attachées par leur tiers inférieur*, légèrement calleuses à leur insertion.

Nervures fortement divergentes à leur base, une ou deux fois bifurquées, *nombreuses*, espacées de 0^mm,25 à 0^mm,30.

Remarques paléontologiques.   La figure 1 de la Planche XLIII reproduit le seul échantillon qui ait été recueilli de cette espèce, offrant l'empreinte laissée sur la roche par la face antérieure d'un fragment de fronde, la place du rachis marquée par une saillie longitudinale, mais presque entièrement couverte par les bases des folioles, celles-ci légèrement en creux, ce qui indique qu'elles étaient un peu bombées sur leurs bords. On voit que ces folioles sont attachées par leur région inférieure, avec indices d'un épaississement au point d'attache; la base d'insertion s'étend presque jusqu'au bord postérieur, qui n'est libre que sur un demi-millimètre à peine de largeur et ne présente pas d'oreillette sensible; du côté antérieur, au contraire, les folioles sont libres sur un peu plus de la moitié de leur largeur, munies d'une oreillette limitée par une ligne presque droite ou à peine convexe vers le rachis, se raccordant par une brusque courbure avec le bord antérieur du limbe, lequel est légèrement concave vers le haut. Les nervures, très serrées, divergent fortement dans la région correspondant à l'oreillette, tandis que celles qui parcourent la moitié inférieure du limbe sont presque parallèles entre elles.

Ce fragment de fronde est malheureusement très incomplet, mais on y voit, du côté gauche, vers son extrémité inférieure, les sommets de deux ou trois folioles déjà sensiblement plus courtes que celles de la région médiane, et l'on peut conclure, d'après le contour ainsi jalonné, que la fronde devait être étroitement ovale-lancéolée et ne mesurait sans doute guère plus de 12 ou 15 centimètres de longueur.

Cette espèce me semble pouvoir être rapprochée surtout de deux espèces du Lias, l'*Otoz. Mandeslohi* Kurr (sp.) [1] et l'*Otoz. obtusus* Lindley et Hutton (sp.) [2].

Rapports et différences.

Elle leur ressemble à tous deux par son aspect général et par la forme de ses pinnules; mais, comparée au premier, elle a les folioles proportionnellement moins élargies à la base, à bords plus parallèles, moins imbriquées en outre d'un côté à l'autre de la ligne médiane du rachis, sur laquelle n'empiètent pas les oreillettes antérieures, et les nervures sont beaucoup plus divergentes.

Elle ressemble peut-être davantage à l'*Otoz. obtusus,* particulièrement aux échantillons du Lias de Bornholm figurés sous ce nom par M. Bartholin [3]; elle s'en distingue cependant bien nettement par ses pinnules à base moins élargie, plus largement arrondies au sommet, par l'absence d'empiètement des oreillettes sur l'axe du rachis, par le contour de l'oreillette plus anguleux, à changement de courbure plus brusque, et par l'absence d'oreillette inférieure, le point d'attache étant situé plus bas. Elle a en même temps, à raison même de cette situation du point d'attache, les nervures encore plus fortement divergentes du côté antérieur, un peu moins divergentes au contraire du côté postérieur.

Elle ne peut donc être identifiée à aucune de ces deux espèces, et j'ai dû lui imposer un nom nouveau.

[1] Kurr, *Beiträge zur fossilen Flora der Juraformation Würltembergs,* p. 10, pl. I, fig. 3.
[2] Lindley et Hutton, *Fossil Flora of Great Britain,* II, p. 129, pl. 128, fig. 1.
[3] Bartholin, *Botanisk Tidsskrift,* XIX, p. 93, pl. II, fig. 6, 9 *b*; pl. III, fig. 2.

IMPRIMERIE NATIONALE.

Elle n'est représentée jusqu'à présent, comme je l'ai dit, que par un seul échantillon, recueilli aux mines de Hongaÿ, mais dont la provenance n'a pas été autrement précisée.

OTOZAMITES RARINERVIS Feistmantel.

Pl. XLIII, fig. 2.

1879. **Otozamites rarinervis** Feistmantel, *Foss. Fl. Gondwana Syst.*, I, pt. 4, p. 211, pl. VIII, fig. 8-11; pl. IX, fig. 6. Zeiller, *Ann. des Mines*, 1882, II, p. 319, pl. XII, fig. 7.

Frondes à contour étroitement linéaire-lancéolé, larges de 10 à 20 millimètres, atteignant probablement 12 à 15 centimètres de longueur, à rachis large de 1 à 3 millimètres.

Folioles alternes ou subopposées, étalées-dressées, *contiguës ou empiétant légèrement* les unes sur les autres par leurs bords, *à contour ovale-linéaire, très faiblement arquées en avant, arrondies au sommet, à peine échancrées à la base, attachées par leur milieu, à oreillettes* plus ou moins développées, mais *presque égales entre elles*, longues de 5 à 12 millimètres sur 2 millimètres à 3^{mm},5 de largeur.

Nervures faiblement divergentes, simples ou bifurquées, *peu nombreuses*, espacées de 0^{mm},4 à 0^{mm},5.

L'échantillon qui est représenté sur la figure 2 de la Planche XLIII, et que j'avais déjà figuré en 1882, est le seul de cette espèce qui ait été jusqu'à présent rencontré au Tonkin. Il montre la région inférieure d'une fronde, dont le rachis se prolonge en un pétiole de 25 millimètres de longueur; les folioles, franchement ovales à la base et d'abord non contiguës, s'allongent peu à peu à mesure qu'on s'élève, se rapprochent, et empiètent même un peu les unes sur les autres. Elles sont à peu près symétriques à leur base de part et d'autre de l'insertion, qui se trouve placée presque exactement au milieu et intéresse une portion notable de la largeur; les oreillettes, très peu développées sur les folioles inférieures, le sont davantage un peu plus haut, sans cependant que les folioles offrent jamais, à leur contact avec le rachis, un élargissement bien prononcé.

Les nervures, à peine divergentes à la base, sont peu nombreuses et par conséquent assez écartées les unes des autres; les unes restent simples, d'autres se bifurquent plus ou moins loin de leur origine (voir la figure grossie 2 a).

Ainsi constitué, ce fragment de fronde ne diffère de l'*Otoz. rarinervis*, tel que l'a figuré Feistmantel, que par les dimensions un peu plus grandes de ses folioles, ce qui n'est pas de nature à constituer une différence spécifique, et il concorde avec lui par les caractères essentiels de sa nervation, à savoir, par le petit nombre et l'espacement relatif de ses nervures, ainsi que par leur très faible divergence, caractères qui ne se retrouvent chez aucune autre forme spécifique du même genre. Aussi ai-je cru pouvoir l'identifier avec cette espèce, établie par Feistmantel sur des empreintes provenant de l'étage indien de Rajmahal, ou du moins de couches appartenant à la zone supérieure de cet étage.

L'*Otoz. rarinervis* peut être rapproché, au point de vue de la forme et de la dimension de ses folioles, de quelques autres espèces du même genre à folioles de petite taille, telles, par exemple, que l'*Otoz. angustatus* Feistmantel [1] ou l'*Otoz. Hislopi* Oldham [2], des Upper Gondwanas de l'Inde; mais ceux-ci offrent, de même que les formes voisines, des nervures notablement plus nombreuses, plus divisées et bien plus divergentes, de sorte que la confusion n'est pas possible.

Rapports et différences.

L'*Otoz. rarinervis* n'a été rencontré jusqu'ici qu'une seule fois, aux mines de Hongaÿ, dans le système de Hatou, à la mine Jauréguiberry.

Provenance.

Genre PTILOPHYLLUM Morris.

1837. **Ptilophyllum** Morris, *Trans. Geol. Soc. London*, 2ᵈ ser., V, Expl. of plates, pl. XXI. Schimper, *Trait. de pal. vég.*, II, p. 165.

Frondes simplement pinnées; folioles linéaires plus ou moins effilées vers leur extrémité, à bords entiers, attachées sur la face supérieure du rachis par une fraction plus ou moins étendue de leur base, libres du côté antérieur et munies d'une oreillette arrondie plus ou moins accusée, décurrentes sur le rachis du côté postérieur, généralement contiguës et se recouvrant parfois plus ou moins; parcourues par des nervures simples ou dichotomes, d'ordinaire faiblement divergentes.

[1] Feistmantel, *Foss. Fl. Gondwana System*, II, pt. 2, p. 93, pl. VI, fig. 8; pl. VII, fig. 1.
[2] Feistmantel, *ibid.*, I, pt. 4, p. 212, pl. VIII, fig. 2-4; II, pt. 2, p. 92, pl. VI, fig. 3, 4; pl. XI, fig. 1.

22

PTILOPHYLLUM ACUTIFOLIUM Morris.

(Pl. LVI, fig. 7, 8.)

1837. **Ptilophyllum acutifolium** Morris, *Trans. Geol. Soc. London*, 2ᵈ ser., V, p. 327; Expl. of plates, pl. XXI, fig. 1 *a*, 2, 3. Feistmantel, *Palæont. Beiträge*, I, p. 11, pl. I; pl. II; pl. III, fig. 1, 2; *Foss. Fl. Gondwana Syst.*, I, pt. 2, p. 112, pl. XL; pt. 3, p. 178, pl. II, fig. 1, 2, 4; pt. 4, p. 213, pl. X, fig. 1-3, 7-9; pl. XI, fig. 1; pl. XV, fig. 12, 13; pl. XVI, fig. 14; II, pt. 1, p. 44, pl. V, fig. 4; pt. 2, p. 94, pl. V, fig. 1-5; pl. VI, fig. 2. Medlicott et Blanfort, *Manual Geol. India*, p. 142, pl. VIII, fig. 1.

1863. **Palæozamia acutifolium** Morris, *in* Oldham et Morris, *Foss. Fl. Gondwana Syst.*, I, pt. 1, p. 29, pl. XX; pl. XXI, fig. 2.

1863. **Palæozamia rigida** Oldham, *in* Oldham et Morris, *Foss. Fl. Gondwana Syst.*, I., pt. 1, p. 30, pl. XXII, fig. 1, 4, 5.

1870. **Ptilophyllum rigidum** Schimper, *Trait. de pal. vég.*, II, p. 166.

1850. **Zamia Theobaldii** Mac Clelland, *Rep. Geol. Survey India* 1848-1849, p. 52, pl. XII, fig. 1, 2.

1876. **Ptilophyllum tenerrimum** Feistmantel, *Palæont. Beiträge*, I, p. 12, pl. III, fig. 2; *Foss. Fl. Gondwana Syst.*, I, pt. 2, p. 118, pl. XLI, fig. 3.

Description de l'espèce.

Frondes à contour linéaire-lancéolé, larges de 2 à 8 centimètres, atteignant parfois plus de 30 centimètres de longueur; rachis large de 1 à 3 millimètres.

Folioles généralement alternes, étalées ou étalées-dressées, *plus ou moins arquées en avant, généralement contiguës ou empiétant même un peu les unes sur les autres, au moins à leur base, à contour linéaire, effilées au sommet en pointe aiguë ou obtusément aiguë, arrondies à la base du côté antérieur en une oreillette libre* plus ou moins développée, attachées au rachis par les deux tiers ou les trois quarts inférieurs de leur largeur et *plus ou moins décurrentes vers le bas,* longues de 1 à 4 centimètres sur 1ᵐᵐ, 5 à 5 millimètres de largeur.

Nervures faiblement divergentes à la base, simples ou bifurquées, *légèrement arquées en avant,* espacées de 0ᵐᵐ,15 à 0ᵐᵐ,40.

Remarques paléontologiques.

Je rapporte à cette espèce, largement répandue dans les Upper Gondwanas de l'Inde, un très petit fragment de fronde qui se trouve sur la même plaque que le grand échantillon de *Dictyophyllum Nathorsti* de la Planche XXIII, mais qui est trop incomplet malheureusement pour qu'il y ait eu intérêt à le figurer; il ressemble d'ailleurs beaucoup à celui de la figure 8, Pl. LVI, et peut être classé comme appartenant à la variété *tenerrimum* Feistmantel. Il se compose d'une portion de rachis de 23 millimètres de longueur, portant d'un seul côté des folioles, au nombre de onze, faisant avec lui un angle d'environ 60°, contiguës entre elles, déchirées à 9 ou 10 millimètres de leur origine, et larges de $1^{mm},5o$ à $1^{mm},75$; à leur base, elles mesurent 2 millimètres de largeur, étant munies du côté antérieur d'une oreillette assez accentuée, tandis qu'elles sont légèrement décurrentes du côté postérieur. La nervation est indiscernable, mais les caractères fournis par l'insertion des folioles ne permettent pas de douter qu'il s'agisse là d'un fragment de fronde de *Ptilophyllum*, et le peu de largeur des folioles par rapport à leur longueur permet de l'attribuer au *Ptil. acutifolium* plutôt qu'au *Ptil. cutchense*.

Le genre *Ptilophyllum*, qui, par le mode d'attache de ses folioles, fait en quelque sorte passage entre les Zamitées et les Ptérophyllées, a été longtemps considéré comme appartenant en propre à la flore fossile de l'Inde. En fait, il n'est pas douteux qu'il faille également lui rattacher certaines Cycadinées du Jurassique européen, telles que le *Zamites gracilis* Kurr, du Lias du Würtemberg [1], dont Schimper avait signalé les affinités avec ce genre [2], le *Pterophyllum imbricatum* Ettingshausen, du Lias de Steierdorf [3], et le *Pterophyllum pecten* Phillips (sp.), de l'Oolithe inférieure d'Angleterre, que M. Seward [4] a rattaché au genre *Williamsonia* à raison de la constitution des inflorescences qui accompagnent ses frondes, et dont il a définitivement établi l'identité générique avec le *Ptilophyllum* de l'Inde. Il se demande même s'il n'y aurait pas identité spécifique et s'il ne faudrait pas réunir purement et simplement en une seule les deux espèces liasiques qui viennent d'être nommées et les deux espèces de la flore fossile indienne, *Ptil. acutifolium* et *Ptil. cutchense;* il regarde toutefois, en fin de compte, l'identité spécifique comme peu probable, et il semble qu'en effet, malgré la ressemblance de quelques-uns des échantillons figurés par M. Seward avec l'une ou l'autre des espèces de l'Inde, l'espèce de Scarborough se distingue de celles-ci par l'écartement plus grand de ses folioles, qui le plus souvent ne sont même pas contiguës à leur base, ainsi que par leur forme un peu différente, leurs bords latéraux offrant presque dès la base une convergence marquée vers le sommet.

Le *Ptil. acutifolium* et le *Ptil. cutchense* [5] ont, au contraire, sauf à l'extrême

Rapports et différences.

[1] Kurr, *Beiträge zur fossilen Flora der Juraformation Württembergs*, p. 11, pl. I, fig. 4.

[2] Schimper, *Traité de paléontologie végétale*, II, p. 171.

[3] C. von Ettingshausen, *Lias und Oolithflora*, p. 7, pl. I, fig. 1.

[4] A.-C. Seward, *Jurassic Flora*, pt. 1, p. 190, p. 198-199, fig. 33, 34; pl. II, fig. 7; pl. III, fig. 1-8.

[5] *Fossil Flora of the Gondwana System*, I, pt. 1, p. 30, pl. XXI, fig. 1, 3-6; pl. XXII, fig. 2, 6; pt. 2, p. 118; pt. 3, p. 179, pl. II, fig. 3; pt. 4, p. 213, pl. II, fig. 11-13; pl. X, fig. 10; II, pt. 1, p. 42, pl. IV, fig. 6, 7; pl. V, fig. 1, 2 a, 3; pl. VI, fig. a; pt. 2, p. 94, pl. VI, fig. 1.

base de la fronde, les folioles exactement contiguës sur la plus grande partie
de leur longueur; en général même elles empiètent un peu les unes sur les
autres, le bord postérieur de chacune étant recouvert par le bord antérieur
de celle qui se trouve immédiatement au-dessous; elles ont en outre leurs bords
latéraux parallèles sur une portion notable de leur longueur. Le *Ptil. acutifolium* se distingue d'ailleurs du *Ptil. cutchense* parce que ses folioles sont plus
longues par rapport à leur largeur, plus arquées en avant, plus effilées vers
l'extrémité et terminées en pointe plus aiguë; chez le *Ptil. cutchense*, les folioles
sont proportionnellement plus larges, à bords droits et parallèles sur toute
leur longueur, et tout à fait arrondies au sommet.

Il semble donc bien, quelque voisines que soient ces différentes formes,
qu'il y ait lieu de les distinguer.

Provenance.   Le seul échantillon de *Ptil. acutifolium* observé jusqu'à présent dans la formation charbonneuse du Tonkin a été trouvé aux mines de Hongaÿ, dans la
Grande couche de Hatou.

Ptérophyllées.

Frondes simplement pinnées, à folioles plurinerviées, attachées au rachis
par toute leur largeur, parfois même un peu élargies à leur base.

Genre PTEROPHYLLUM Brongniart.

1824. **Pterophyllum** Brongniart, *Ann. sc. nat.*, 1ʳᵉ sér., IV, p. 211; *Prodr.*, p. 95.

Frondes simplement pinnées; folioles linéaires, plus ou moins longues par
rapport à leur largeur, tantôt tronquées, tantôt arrondies, plus rarement
effilées en pointe à leur sommet, attachées au rachis par toute leur largeur,
quelquefois même un peu élargies à leur base; parcourues par des nervures
simples ou dichotomes, parallèles entre elles.

Le genre *Pterophyllum*, établi par Brongniart pour les Cycadinées fossiles à
folioles linéaires attachées par toute leur base, a été subdivisé plus tard en
une série assez nombreuse de sous-genres ou de genres distincts, fondés sur
la forme des folioles, et notamment sur le rapport existant entre leur longueur
et leur largeur. C'est ainsi, par exemple, que Schimper a établi, à côté du

genre *Pterophyllum*, restreint aux espèces à folioles beaucoup plus longues que larges, droites, normales au rachis, trois autres genres, désignés par lui sous les noms d'*Anomozamites*, *Pterozamites* et *Ctenophyllum*[1], les deux premiers comprenant les formes à folioles relativement larges et courtes, le dernier comprenant les formes à folioles étroites, généralement beaucoup plus longues que larges, plus ou moins élargies à la base, mais différant de celles des vrais *Pterophyllum* par leur insertion oblique sur le rachis et leur courbure plus ou moins prononcée en avant. Dans le genre *Anomozamites*, les folioles, quelquefois irrégulièrement soudées entre elles en une lame continue, affectent un contour à peu près rectangulaire, étant tronquées au sommet parallèlement au rachis, sans réduction sensible de leur largeur, sauf un léger arrondissement des angles, principalement du côté inférieur. Dans le genre *Pterozamites*, les folioles, régulières et égales, affectent une forme trapézoïdale, leur troncature terminale étant oblique par rapport au rachis, avec des angles largement arrondis.

Ces deux derniers genres ont été assez généralement acceptés, bien que le nom de *Pterozamites* pût paraître constituer un double emploi dans la nomenclature, d'autres auteurs s'étant déjà servis de ce nom antérieurement, dans un sens différent. En fait, F. Braun avait, le premier, en 1843[2], proposé ce nom de *Pterozamites* pour réunir dans une même coupe générique à la fois les *Pterophyllum*, les *Ctenis*, les *Nilssonia* et une partie des *Tæniopteris*; il y distinguait d'ailleurs cinq sous-genres, dont l'un, pour lequel il reprenait le nom d'*Asplenopteris* Sternberg, était destiné à comprendre les Ptérophyllées du type du *Pterophyllum Münsteri*, de telle sorte que le genre *Pterozamites* de Schimper, établi pour ce type, se trouve coïncider avec ce sous-genre de Braun. Mais comme le nom d'*Asplenopteris*, employé principalement par Sternberg[3] pour des feuilles de Dicotylédones de l'époque tertiaire, ne pouvait être conservé, et que, d'autre part, les quatre autres sous-genres de Braun se trouvaient déjà nommés (*Tæniopteris*, *Pterophyllum*, *Nilssonia* et *Ctenis*), on peut admettre que le cinquième sous-genre pouvait et devait garder, en passant au rang de genre, le nom de *Pterozamites*, entendu seulement dans un sens beaucoup plus restreint. Il est dès lors assez vraisemblable, bien que Schimper ait donné ce nom générique comme créé par lui, sans référence au travail de Braun, que c'est

---

[1] Schimper, *Traité de paléontologie végétale*, II, p. 140, 143, 145.
[2] F. Braun, *Münster's Beiträge*, VIme Heft, p. 36.
[3] Sternberg, *Ess. Fl. monde prim.*, I, fasc. 4, p. xxi.

en réalité par cette considération qu'il a été amené à le choisir, ou plutôt à le reprendre, et l'emploi qu'il en a fait peut ainsi être tenu pour légitime.

Si naturelles cependant que puissent paraître ces coupes génériques, l'examen des nombreux échantillons que j'ai eus entre les mains m'a conduit à y renoncer et à revenir purement et simplement au nom de *Pterophyllum,* pris dans le sens large où l'avait entendu Brongniart, en conservant toutefois, mais à titre seulement de section du genre, le nom d'*Anomozamites.* Parmi les espèces qui vont être décrites, deux, *Pteroph. Münsteri* et *Pteroph. Portali,* se rangeraient dans le groupe des *Pterozamites* de Schimper; mais si l'on examine les figures des Planches XLV et XLVI, on constate que, chez l'une et chez l'autre, les folioles sont susceptibles de s'allonger très notablement (Pl. XLV, fig. 1 et partie inférieure, à droite, de la fig. 5; Pl. XLVI, fig. 2), de telle façon que les proportions relatives de longueur et de largeur ne diffèrent plus de celles des *Pterophyllum* et que la même espèce devrait, suivant qu'elle a les folioles plus ou moins longues, être classée tantôt comme *Pterophyllum* et tantôt comme *Pterozamites.* Inversement, les figures 1 et 3 de la Planche XLVIII montrent, chez le *Pteroph. contiguum,* des formes à folioles courtes qu'il faudrait, d'après les proportions relatives de celles-ci, classer comme *Pterozamites,* les dimensions absolues des folioles ne pouvant, si réduites qu'elles soient, constituer un caractère générique, et n'étant d'ailleurs que bien peu inférieures à celles que l'on observe parfois chez le *Pterozamites Münsteri,* ainsi qu'on peut s'en assurer en rapprochant les frondes des figures 1 et 3, Pl. XLVIII, du fragment de fronde qui se trouve à l'angle inférieur de gauche de la figure 5, Pl. XLV. Il me paraît donc impossible d'établir une ligne de démarcation de quelque valeur entre les *Pterozamites* et les *Pterophyllum,* de même qu'entre ces derniers et les *Ctenophyllum* de Schimper; le *Pter. contiguum* (Pl. XLVIII), qui ressemble à beaucoup d'égards au *Pteroph. Braunianum* Gœppert[1], type du genre *Ctenophyllum,* appartiendrait à ce genre par ses folioles arquées en avant, mais il en différerait par l'absence d'élargissement de la base d'insertion, tandis que le *Pteroph. æquale* (Pl. XLIX, fig. 4 à 7), qu'on ne peut songer à classer autrement que comme *Pterophyllum,* offre fréquemment l'élargissement basilaire et l'empiétement partiel de chaque foliole sur la suivante, ainsi que l'insertion quelque peu oblique, que Schimper indiquait comme caractères de son genre *Ctenophyllum.*

---

[1] Schenk, *Foss. Fl. der Grenzschichten,* p. 164, pl. XXXVIII.

Dans ces conditions, et en l'absence de renseignements sur leurs appareils fructificateurs, la réunion de toutes ces formes en un seul et même groupe générique m'a paru s'imposer, et je n'ai cru pouvoir faire exception que pour les *Anomozamites;* encore me semblent-ils, ainsi que je l'ai dit, ne devoir être considérés que comme une simple section du genre *Pterophyllum.* On peut, en effet, réunir dans cette section, comme paraissant former un groupe à la fois assez homogène et assez étendu, les formes à folioles assez larges, de longueur à peine supérieure à leur largeur, ou tout au plus égale au double de celle-ci, affectant, par suite de la brusque troncature de leur sommet, un contour presque rectangulaire, et parfois soudées entre elles en plus ou moins grand nombre; mais ces folioles s'allongent parfois assez, par rapport à leur largeur, comme le montrent, par exemple, les fig. 8, Pl. XLIII, et fig. 4, Pl. XLIV, pour établir une liaison manifeste avec les *Pterophyllum* proprement dits, les *Pterozamites* formant le lien entre les termes extrêmes de la série, si bien qu'une distinction générique formelle entre les *Anomozamites* et les *Pterophyllum* me semblerait peu naturelle et peu compatible avec l'enchaînement de toutes ces formes. M. Nathorst a fait connaître le port et les appareils reproducteurs de l'une de ces espèces d'*Anomozamites*[1], et peut-être des découvertes ultérieures permettront-elles de s'assurer si les autres espèces, non seulement de la même section, mais du genre *Pterophyllum* pris dans son ensemble, présentent ou non les mêmes caractères, ou, en d'autres termes, si le genre est bien homogène ou s'il est, au contraire, hétérogène et s'il doit être démembré. Mais dans l'état actuel de nos connaissances, et la classification demeurant établie sur les seuls organes foliaires, la division du genre *Pterophyllum* en une série de genres autonomes me semble, je le répète, reposer sur des caractères trop artificiels et trop variables chez une même espèce pour pouvoir être conservée.

PTEROPHYLLUM (ANOMOZAMITES) INCONSTANS F. Braun (sp.).

Pl. XLIII, fig. 8; Pl. XLIV, fig. 1 à 5.

1843. **Pterozamites (Ctenis) inconstans** F. Braun, *Münster's Beitr.*, VIme Heft, p. 30.
1843. **Ctenis inconstans** F. Braun, *Münster's Beitr.*, VIme Heft, p. 41, p. 100; pl. XI, fig. 6, 7.
1844. **Pterophyllum inconstans** Gœppert, *Ueber die foss. Cycadeen*, p. 54. Schenk, *Foss. Fl. d. Grenzsch.*, p. 171, pl. XXXVII, fig. 5-10.

[1] A. G. Nathorst, *Nya anmärkingar om Williamsonia; Beiträge zur Kenntnis einiger mesozoischen Cycadophyten*, p. 9-16.

1870. **Anomozamites inconstans**.Schimper, *Trait. de pal. vég.*, II, p. 140 (*pars*). Saporta, *Plantes jurass.*, II, p. 43, pl. LXXIX, fig. 3. Zeiller, *Ann. des Mines*, 1882, II, p. 318, pl. XI, fig. 4-7; *Élém. de paléobot.*, p. 237, fig. 166.

<table>
<tr><td>Description de l'espèce.</td><td>

Frondes à contour linéaire-lancéolé, larges de 15 à 40 millimètres sur 10 à 20 centimètres de longueur et peut-être davantage; *rachis* large de 1 à 3 millimètres, *marqué de rides transversales* plus ou moins rapprochées.

Folioles alternes ou subopposées, *partant du rachis sous un angle très ouvert* et souvent presque droit, *à contour presque rectangulaire,* souvent *à peine plus longues que larges,* au maximum deux fois à deux fois et demie plus longues que larges, parfois très faiblement arquées en avant, *attachées sur la face supérieure du rachis par toute leur largeur,* souvent même un peu élargies à la base, *à bords antérieur et postérieur parallèles ou presque parallèles, parfois très légèrement rétrécies au sommet, tronquées parallèlement au rachis,* mais à angles arrondis, surtout du côté postérieur, longues de 8 à 25 millimètres sur 3 à 10 millimètres de largeur, *parfois soudées les unes aux autres en une lame continue de hauteur variable.*

Nervures nombreuses et serrées, partant presque normalement du rachis, *bifurquées dès leur base,* à branches d'ordinaire une ou deux fois dichotomes, espacées de 0^{mm},20 à 0^{mm},35.
</td></tr>
<tr><td>Remarques paléontologiques.</td><td>

La plupart des échantillons recueillis au Tonkin offrent une taille un peu plus grande et des folioles un peu plus larges que les échantillons du Rhétien de Franconie figurés par F. Braun et par Schenk; cependant il s'en trouve parmi eux de taille plus réduite, tels que ceux, très fragmentaires, que j'avais figurés en 1882, dont la concordance avec ceux de Franconie est assez complète pour qu'il n'y ait pas lieu de douter de l'identité spécifique. On voit, d'ailleurs, sur les échantillons représentés Pl. XLIII, fig. 8, et Pl. XLIV, que la longueur des folioles est, comme sur les échantillons types, tantôt à peine supérieure à leur largeur, tantôt deux fois ou deux fois et demie plus grande; de même ces folioles sont tantôt régulières, de largeur à peu près constante, comme sur les figures 1, 3, 5, Pl. XLIV, et tantôt irrégulières et de largeur variable, comme sur les fig. 8, Pl. XLIII, fig. 2 et 4, Pl. XLIV, conformément à ce qui a lieu chez le *Pteroph. (Anomozamites) inconstans.* Enfin, comme Braun et Schenk l'ont observé chez ce dernier, certaines frondes montrent les folioles soudées les unes aux autres en une lame continue d'étendue variable; le plus souvent, cette soudure intéresse seulement la région inférieure de la fronde (Pl. XLIII, fig. 8; Pl. XLIV, fig. 2 et 4), tandis que, dans la
</td></tr>
</table>

région moyenne et supérieure, les folioles demeurent indépendantes; plus rarement, la soudure se fait soit vers le sommet, soit à une hauteur quelconque, comme sur les échantillons que j'ai figurés en 1882, ou comme sur le petit fragment de fronde de Taï-Pin-Tchang qui est représenté Pl. LVI, fig. 6, et qui concorde de tout point avec un de ceux qu'a figurés Schenk[1].

Quelques-uns de ces échantillons (Pl. XLIV, fig. 2, 3) font voir le sommet de la fronde, qui se termine par de très courtes folioles, insérées obliquement sur le rachis, tantôt libres (fig. 3), tantôt en partie soudées à celles qui les précèdent (fig. 2), ainsi que cela a lieu sur quelques-uns des échantillons figurés par F. Braun et par Schenk.

Les figures 1 a et 4 a, Pl. XLIV, montrent le détail de la nervation, formée de nervures bifurquées dès leur base, à branches courant parallèlement aux bords des folioles, souvent une ou deux fois bifurquées à leur tour, et très rapprochées les unes des autres.

On trouve assez fréquemment, associées aux frondes de cette espèce (Pl. XLIV, fig. 1), des écailles ou feuilles écailleuses à contour lancéolé, à bords entiers, qui paraissent avoir été assez épaisses et charnues, et dont la surface est marquée de rides irrégulières parfois anastomosées en réseau; la région médiane, occupée évidemment par un puissant faisceau libéroligneux, se montre ridée et comme plissée transversalement, offrant un aspect très analogue à celui que présente le rachis des frondes de *Pteroph. (Anomozamites) inconstans*. Il serait fort possible, étant donné à la fois cette association mutuelle et cette ressemblance dans le mode d'ornementation de l'axe, que ces écailles, qui seront décrites un peu plus loin sous le nom de *Cycadolepis corrugata*, appartinssent au *Pteroph. (Anomozamites) inconstans*.

Cette espèce ressemble surtout à l'une de ses congénères de la section *Anomozamites*, à savoir, au *Pterophyllum Nilssoni* Phillips (sp.) de l'Oolithe de Scarborough[2], qui a, comme elle, les folioles soudées parfois, et sans régularité, en une lame continue, mais qui paraît avoir des nervures beaucoup moins serrées. Elle diffère, d'autre part, du *Pteroph. (Anomozamites) minus* Brongniart (sp.)[3], du Rhétien de Suède, auquel Schimper l'avait réunie, par ses folioles plus longues par rapport à leur largeur, moins exactement

Rapports et différences.

[1] Schenk, *Fossile Flora der Grenzschichten*, pl. XXXVII, fig. 7.
[2] Phillips, *Geol. of Yorkshire*, pl. VIII, fig. 4. Seward, *Jurassic Flora*, pl. 1, p. 205, fig. 36.
[3] Brongniart, *Ann. sc. nat.*, 1ᵉ sér., IV, p. 219, pl. 12, fig. 8. Nathorst, *Fl. vid Bjuf*, p. 66, pl. XIV, fig. 5-7; pl. XVIII, fig. 4.

contiguës, et à angle supérieur plus arrondi; il semble en outre que, chez le *Pteroph.* (*Anomozamites*) *minus*, les folioles soient beaucoup plus régulières, plus constamment égales en largeur les unes aux autres, et qu'elles ne se soudent presque jamais entre elles, si ce n'est à l'extrême base de la fronde et sur une étendue toujours extrêmement restreinte.

Elle ressemble également au *Pteroph.* (*Anomozamites*) *Schenki* Zeiller, dont la description va suivre; mais celui-ci me paraît s'en distinguer par la forme de ses pinnules, à bords légèrement divergents, plus larges au sommet qu'au voisinage de la base, tandis que, chez le *Pteroph.* (*Anomozamites*) *inconstans*, les folioles ont, au contraire, tendance à se rétrécir un peu vers leur sommet; les mêmes différences se retrouvent dans la nervation, les nervures étant exactement parallèles entre elles chez ce dernier, tandis qu'elles divergent visiblement en éventail chez le *Pteroph.* (*Anomozamites*) *Schenki*.

Le *Pteroph.* *Münsteri* peut aussi quelquefois (voir notamment la figure 1, Pl. XLV) ressembler un peu au *Pteroph.* (*Anomozamites*) *inconstans*, mais il est toujours facile de les distinguer l'un de l'autre à la forme des folioles et à la nervation, les folioles du *Pteroph.* *Münsteri* ayant l'angle inférieur beaucoup plus largement arrondi et offrant par conséquent un contour plutôt trapézoïdal que rectangulaire, et leur nervation étant moins fine et moins serrée.

Enfin les fragments de frondes de *Pteroph.* (*Anomozamites*) *inconstans* à folioles soudées peuvent être parfois assez difficiles à distinguer du *Tæniopteris Jourdyi*; mais il est rare qu'ils ne comprennent pas quelques folioles libres, dont la forme rectangulaire régulière permet de les reconnaître; ils ont d'ailleurs, en général, les nervures moins serrées et pour la plupart bifurquées dès leur base, ce qui n'a pas lieu chez le *Tæn. Jourdyi*, où les nervures ne se bifurquent généralement qu'à une certaine distance du rachis et sont souvent, en outre, assez nettement arquées à leur origine.

Provenance.   Je n'ai constaté la présence de cette espèce qu'à Hongaÿ, aussi bien d'ailleurs dans le système de Nagotna que dans celui de Hatou.

Mines de Hongaÿ. Système de Hatou : mine et découvert de Hatou; mine Jauréguiberry. —— Système de Nagotna : mine de Carrère, toit de la couche Marmottan; vallée orientale de l'OEuf, galerie Léonice.

Île du Sommet Buisson, galerie Jean et tranchée en avant de la galerie.

PTEROPHYLLUM (ANOMOZAMITES) SCHENKI Zeiller.

Pl. XLIII, fig. 7.

1886. **Anomozamites Schenki** Zeiller, *Bull. Soc. Géol. Fr.*, XIV, p. 46o, pl. XXIV, fig. 9.
1886. **Pterophyllum** cf. **Falconeri** Zeiller, *Bull. Soc. Géol. Fr.*, XIV, p. 46o.

Frondes à contour linéaire-lancéolé, larges de 4o à 5o millimètres, atteignant   Description
sans doute 2o centimètres de longueur et peut-être davantage ; rachis large   de l'espèce.
de 2 à 3 millimètres, *marqué à la fois de stries longitudinales et de rides trans-*
versales plus ou moins serrées.

Folioles généralement subopposées, *partant du rachis sous un angle presque*
droit, deux fois à deux fois et demie plus longues que larges, à bords antérieur et
postérieur légèrement divergents, un peu *élargies à la base et au sommet, tron-*
quées à leur extrémité suivant un arc à faible courbure, longues de 18 à 25 millimètres sur 7 à 9 millimètres de largeur dans leur région la plus étroite, larges
de 10 à 12 millimètres à leur sommet.

Nervures nombreuses, partant presque normalement du rachis, *bifurquées*
plus ou moins près de leur origine, à branches simples ou elles-mêmes dichotomes, *divergeant légèrement sur la seconde moitié ou les deux derniers tiers de leur*
parcours, espacées de o^{mm},25 à o^{mm},4o.

Cette espèce n'est représentée que par un très petit nombre d'exemplaires,   Remarques
dont le plus net et le plus étendu, celui, d'ailleurs, sur lequel j'avais établi   paléontologiques.
l'espèce en 1886, est reproduit sur la figure 7 de la Planche XLIII. Les
dimensions des pinnules ne varient, de l'un à l'autre, que dans des limites
assez étroites ; elles présentent toutes un léger élargissement à la base et un
élargissement un peu plus marqué au sommet, avec une troncature terminale
curviligne, convexe vers l'extérieur ; l'angle inférieur du contour est un peu
plus largement arrondi que l'angle supérieur. Les deux bords, antérieur et
postérieur, divergent, ainsi que les nervures, plus ou moins rapidement à
partir de la base, et cette divergence, sans être très prononcée, est toujours
bien visible.

Cette espèce ressemble à la précédente par son aspect général, mais elle   Rapports
en diffère par la forme de ses folioles, qui, après s'être légèrement contractées   et différences.
au voisinage immédiat de leur base, vont ensuite en s'élargissant peu à peu
vers le sommet, tandis que, chez le *Pteroph. (Anomozamites) inconstans*, elles
conservent la même largeur sur toute leur étendue ou même, parfois, se

rétrécissent légèrement vers leur extrémité. Les nervures divergent elles-mêmes, comme les bords des folioles, au lieu de demeurer parallèles entre elles, caractère qui rapproche cette espèce du genre *Ptilozamites* Nathorst[1]. De plus, le contour terminal des folioles est nettement arqué, tandis que, chez l'espèce précédente, il est formé par une ligne presque droite et parallèle au rachis. Enfin les divers échantillons recueillis ont offert des folioles parfaitement égales entre elles, et toutes indépendantes, sans aucune trace de ces inégalités de largeur qui ont fait donner à l'espèce précédente le nom spécifique d'*inconstans*.

Le *Pteroph. (Anomozamites) Schenki* ressemble, d'autre part, par l'élargissement de ses folioles et la divergence de leurs nervures, au *Pteroph. (Anomozamites) Balli* Feistmantel[2], de l'étage de Barakar dans les Lower Gondwanas de l'Inde; mais celui-ci a les folioles moins rapprochées, et notablement plus longues par rapport à leur largeur; en outre, les nervures, beaucoup moins serrées, sont plus ou moins flexueuses sur tout leur parcours.

La ressemblance est plus grande encore avec l'*Anomozamites Loczyi* Schenk[3], des couches de Kouang-Yuen-Shien, dans le Se-Tchouen, que Schenk rapporte au Jurassique moyen; mais les folioles de cette espèce, tout en offrant une forme générale très analogue à celles du *Pteroph. (Anomozamites) Schenki*, sont à la fois plus larges et plus courtes; leurs bords antérieur et postérieur sont assez fortement arqués, tournant leur concavité vers le dehors, de sorte que les folioles, ou sont plus séparées, ou empiètent plus fortement les unes sur les autres par leur extrémité. En outre, les nervures, bifurquées toutes dès leur origine, sont beaucoup moins rapprochées à leur base, s'écartant les unes des autres en approchant du rachis, celles de la moitié ou du tiers supérieur de la foliole s'infléchissant vers le haut, celles de la région moyenne et inférieure vers le bas, pour venir se raccorder tangentiellement avec le rachis, caractère qui distingue nettement l'espèce de la Chine de celle du Tonkin.

Synonymie. J'avais signalé en 1886 comme pouvant appartenir au *Pterophyllum Falconerianum* Oldham et Morris[4] un fragment de fronde de Ptérophyllée rapporté

[1] A. G. Nathorst, *Floran vid Höganäs och Helsingborg*, p. 21.
[2] *Anomozamites (Pterophyllum) balli* Feistmantel, *Records Geol. Surv. India*, XIV, p. 256, pl. II, fig. 3, 4. — *Platypterygium Balli* Feistmantel, *Foss. Flora Gondwana Syst.*, IV, pt. 2, p. 37, pl. II A, fig. 4-8; pl. III A, fig. 2.
[3] Schenk, *Palæontographica*, XXXI, p. 172, pl. XIV, fig. 1-4.
[4] Oldham et Morris, *Foss. Flora Gondwana Syst.*, I, pt. 1, p. 19, pl. XV, fig. 2; pl. XVI, fig. 1, 3.

par M. Jourdy de la baie de Hongaÿ, mais qui m'avait paru trop incomplet pour pouvoir être déterminé avec certitude. Ayant réussi à le dégager plus complètement, j'ai constaté que les folioles se terminaient à 25 millimètres du rachis par une troncature curviligne et que leurs bords, dans la région ainsi découverte, allaient, de même que les nervures, en divergeant peu à peu : en fait, il ne s'agissait là que d'un échantillon de *Pteroph. (Anomoza-mites) Schenki* à folioles un peu plus allongées et un peu moins rapidement élargies.

Je n'ai constaté la présence de cette espèce que sur un seul point, à savoir, dans la baie de Hongaÿ, à l'île du Sommet Buisson, galerie Jean.

Provenance.

PTEROPHYLLUM MÜNSTERI Presl (sp.).

Pl. XLV, fig. 1 à 5.

1838. **Zamites Münsteri** Presl, *in* Sternberg, *Ess. Fl. monde prim.*, II, fasc. 7-8, p. 199, pl. XLIII, fig. 1, 3.

1844. **Pterophyllum Münsteri** Gœppert, *Ueber die foss. Cycadeen*, p. 53. Schenk, *Foss. Fl. d. Grenzsch.*, p. 167, pl. XXXIX, fig. 1-3, 9.

1870. **Pterozamites Münsteri** Schimper. *Trait. de pal. vég.*, II, p. 145. Zeiller, *Ann. des Mines*, 1882, II, p. 237, pl. X, fig. 2 B; pl. XI, fig. 11; *Élém. de paléobot.*, p. 236, fig. 165.

1880. **Nilssonia Münsteri** Schimper, *Handb. d. Paläont.*, II, p. 226.

1894. **Nilssonia (Pterozamites) Münsteri** Bartholin, *Bot. Tidsskr.*, XIX, p. 91; (an pl. IX, fig. 13; pl. X, fig. 1?).

Frondes à contour linéaire-lancéolé, larges de 15 à 50 millimètres sur 12 à 20 centimètres de longueur et peut-être davantage; *rachis* large de 1 à 3 millimètres, *marqué de rides transversales* peu rapproch.ées.

Description
de l'espèce.

Folioles alternes ou plus souvent subopposées, insérées sur la face supérieure du rachis et presque contiguës par leurs bases d'une rangée à l'autre, géné-ralement *normales ou presque normales au rachis*, parfois faiblement arquées en avant, *à contour trapézoïdal*, d'ordinaire *deux fois à deux fois et demie plus longues que larges*, attachées par toute leur largeur, quelquefois un peu élargies à la base, *à bords antérieur et postérieur légèrement convergents* vers l'extrémité, *tronquées suivant un contour oblique par rapport au rachis*, arrondies ou obtusément aiguës au sommet, *largement arrondies surtout du côté postérieur*, longues de 8 à 25 millimètres sur 3 à 10 millimètres de largeur, généralement *toutes égales entre elles*, diminuant toutefois un peu de largeur vers le sommet de la fronde.

Nervures assez espacées, partant presque normalement du rachis, *d'ordinaire une seule fois bifurquées*, espacées de 0^{mm},35 à 0^{mm},50.

Cette espèce a été rencontrée avec plus ou moins de fréquence sur un grand nombre de points du Bas-Tonkin, sous la forme de frondes de dimensions variables, mesurant le plus habituellement 25 à 35 millimètres de largeur, avec des folioles contiguës ou presque contiguës à leur base, de longueur égalant deux fois ou deux fois et demie leur largeur, ainsi qu'on le voit sur les figures 2, 3 et 5 de la Planche XLV. Parfois le rapport entre la longueur et la largeur des folioles se modifie, tantôt dans un sens, et tantôt dans l'autre : c'est ainsi que, les folioles s'allongeant ou se rétrécissant davantage, leur longueur peut atteindre au quadruple de leur largeur, comme sur le fragment de fronde de la figure 1 ou sur ceux du bas de la figure 5; plus rarement la longueur et la largeur tendent à devenir égales, comme sur l'échantillon fig. 4, mais cela n'a lieu que sur des frondes de petite taille, appartenant évidemment à des pieds jeunes, et non arrivées sans doute à leur forme normale; on trouve d'ailleurs tous les intermédiaires entre ces formes extrêmes et la forme normale : sur l'échantillon même de la figure 4, les frondes du bas de l'échantillon se rapprochent déjà plus du type habituel que la fronde du haut à gauche, dont les folioles sont remarquables à la fois par leur brièveté et par la forte convergence de leurs bords.

Vers le sommet des frondes, les folioles se rétrécissent quelque peu et tendent à prendre une direction plus oblique; en même temps leur longueur va en diminuant, et la fronde se termine, ainsi qu'on le voit sur les figures 2 à 4, par deux folioles très petites, parfois plus ou moins soudées l'une à l'autre, comme sur la figure 2.

Les nervures, toujours très nettes, sont tantôt bifurquées dès leur base, tantôt simples sur une partie de leur parcours, se divisant ensuite en deux branches à plus ou moins grande distance de leur origine; quelquefois, lorsque la bifurcation a lieu à la naissance même, l'une ou l'autre des branches se subdivise à son tour; enfin on observe parfois, mais beaucoup plus rarement, des nervures tout à fait simples. Le plus souvent elles sont presque exactement rectilignes et parallèles; quelquefois cependant, lorsque les folioles s'élargissent à leur base, elles cessent d'être parallèles dans la région intéressée par cet élargissement, et elles s'écartent quelque peu les unes des autres en approchant du rachis; toutefois leur divergence est toujours peu accentuée.

Cette espèce offre une grande ressemblance avec le *Pterophyllum comptum* ou *Nilssonia compta* Phillips (sp.) de l'Oolithe inférieure[1], qui présente des folioles de même taille et de même forme; mais celles-ci sont moins constamment égales entre elles, elles se soudent parfois en une lame plus ou moins étendue, et elles sont parcourues par des nervures toujours simples, caractères qui ont conduit avec raison à la ranger dans le genre *Nilssonia*.

Rapports et différences.

Elle ressemble également beaucoup au *Pteroph. Richthofeni* Schenk[2], des couches jurassiques de Toumoulou en Mongolie que Schenk a rapportées au Jura brun; mais celui-ci a les folioles beaucoup plus rétrécies vers leur extrémité, à contour général parfois presque triangulaire, et de plus, d'après la description de l'auteur, des nervures presque toujours simples.

Elle est peut-être plus voisine encore des *Pteroph. Hartigianum* Germar[3] et *Pteroph. crassinerve* Gœppert[4] de l'Infralias d'Halberstadt; mais l'un et l'autre ont, comme le *Pteroph. Richthofeni*, les folioles plus effilées vers leur sommet en même temps que plus obliques sur le rachis; en outre, chez le *Pteroph. crassinerve*, les folioles, plus écartées les unes des autres, sont quelque peu soudées entre elles à la base.

Enfin le *Pteroph. Münsteri* offre d'étroites affinités avec le *Pteroph. Portali* dont la description va suivre, ainsi qu'on peut le constater en rapprochant la figure 4, Pl. XLVI, des figures de la Pl. XLV, notamment des figures 2, 3 et 5; mais le *Pteroph. Portali* a les folioles généralement plus grandes, plus arrondies au sommet, de consistance évidemment plus coriace, et surtout les nervures beaucoup plus fortes, faisant une saillie prononcée sur la face inférieure du limbe, et marquées sur la face supérieure par un mince cordon faiblement saillant occupant le milieu d'une bande déprimée de largeur appréciable, caractères que je n'ai jamais observés chez le *Pteroph. Münsteri*, où les nervures sont simplement marquées par une très fine ligne, légèrement en creux sur l'une des faces du limbe, et à peine en saillie sur l'autre.

Brongniart avait exprimé l'avis[5] que le *Pteroph. Münsteri* devrait être rapporté au genre *Nilssonia*, et Schimper, qui avait proposé spécialement pour cette espèce le genre *Pterozamites*, s'est conformé en dernier lieu à cette ma-

Synonymie.

[1] A. C. Seward, *Jurassic Flora*, pt. 1, p. 223; p. 225, fig. 39; pl. IV, fig. 5.
[2] Schenk, *in* Richthofen, *China*, IV, p. 247, pl. XLVII, fig. 7; pl. XLVIII, fig. 5, 6, 8.
[3] Germar, *in* Dunker, *Palæontographica*, I, p. 123, pl. XV, fig. 4.
[4] *Ibid.*, p. 123, pl. XV, fig. 5.
[5] Brongniart, *Tableau des genres de végétaux fossiles*, p. 63.

nière de voir, acceptée également par M. Bartholin. À mon sens, le genre *Nilssonia* doit demeurer réservé pour les Ptérophyllées à folioles inégales et surtout à nervures constamment simples, et le *Pteroph. Münsteri*, avec ses folioles nettement indépendantes, toujours égales entre elles, à nervures presque toutes une ou même deux fois bifurquées, ne saurait y prendre place.

Provenance.

Le *Pteroph. Münsteri*, sans être absolument commun, s'est montré assez fréquemment à Kébao, à Hongaÿ dans le système de Hatou ainsi que dans le système de Nagotna, et autour de Dong-Trieu; parfois même il apparaît en grande abondance, et certaines plaques de schiste sont entièrement couvertes de ses frondes.

Mines de Kébao : mine Rémaury, couche Q, couche Y; puits Lanessan, mur de la couche Descenderie; rivière de Kébao.

Mines de Hongaÿ. Système de Hatou : Gia-Ham; découvert de Hatou; mine Marguerite, toit de la couche Marguerite. — Système de Nagotna : Claire-ville; mine de Carrère, toit de la couche Bavier; mine de Nagotna, toit de la couche Bavier; vallée orientale de l'OEuf, galerie Léonice.

Île Hongaÿ.

Île du Sommet Buisson, galerie Jean.

Mines de Dong-Trieu : périmètre Émile, mur de la couche B.

PTEROPHYLLUM PORTALI n. sp.

Pl. XLVI, fig. 1 à 5.

Description de l'espèce.

Frondes à contour linéaire-lancéolé ou étroitement lancéolé, larges de 25 à 70 millimètres sur 15 à 25 centimètres de longueur et peut-être davantage; rachis large de 1 à 4 millimètres, *marqué de stries longitudinales* parallèles *et plus ou moins ridé transversalement*.

Folioles alternes ou subopposées, insérées sur la face supérieure du rachis et très rapprochées par leurs bases d'une rangée à l'autre, *normales ou presque exactement normales au rachis*, à contour trapézoïdal plus ou moins allongé, *de longueur tantôt à peine supérieure à leur largeur, tantôt notablement plus grande* et pouvant atteindre près de cinq fois la largeur, *attachées par toute leur base*, quelquefois un peu élargies à leur insertion, *à bords antérieur et postérieur parallèles ou très faiblement convergents* vers l'extrémité, *tronquées suivant une ligne quelque peu oblique sur le rachis, arrondies au sommet en arc elliptique*, longues de 12 à 35 millimètres sur 7 à 15 millimètres de largeur, toutes égales entre elles.

Nervures fortes, une ou deux fois bifurquées, espacées de 0^{mm},40 à 0^{mm}.70, très saillantes sur la face inférieure du limbe, marquées sur la face supérieure par une bande légèrement déprimée large de 0^{mm},08 à 0^{mm},10, munie en son milieu d'un mince cordon longitudinal en relief.

Les figures 1 à 5 de la Planche XLVI reproduisent quelques-uns des meilleurs échantillons de cette espèce et montrent les formes qu'elle est susceptible de prendre. Le plus souvent, les folioles sont environ deux fois à deux fois et demie plus longues que larges, comme sur les échantillons des figures 3 et 4; quelquefois elles s'allongent davantage, jusqu'à devenir cinq fois plus longues que larges, ainsi que cela a lieu sur l'échantillon fig. 2; d'autres fois, mais plus rarement à ce qu'il semble, on observe des frondes à folioles plus courtes, dont la longueur dépasse à peine la largeur, comme sur les échantillons des figures 1 et 5, ce dernier établissant d'ailleurs la liaison entre la forme à folioles très courtes, élargies à la base, de la figure 1, et les formes normales fig. 4 et fig. 3. Ces variations font ressortir, ainsi que je l'ai dit plus haut, le peu de valeur des coupes génériques fondées sur les rapports existant entre la longueur et la largeur des folioles, les formes les plus habituelles, telles que fig. 3 et 4, appartenant aux *Pterozamites*, les frondes à folioles allongées, comme celles de la figure 2, aux *Pterophyllum* proprement dits, tandis que les frondes à folioles courtes, comme celle de la figure 5, se rapprochent des *Anomozamites*, auxquels on serait même tenté de rattacher, à l'extrémité de la série, l'échantillon fig. 1.

Toutes ces frondes se montrent pourvues d'un rachis épais, plus ou moins fortement ridé en travers, en même temps que strié longitudinalement. Elles affectent un contour général tantôt linéaire ou linéaire-lancéolé, tantôt plus franchement lancéolé, suivant la longueur de leurs folioles; celle de la figure 3 pourrait presque passer pour spatulée, son maximum de largeur se trouvant assez voisin du sommet; mais il semble qu'elle ait subi quelque accident de développement, et sa terminaison semble un peu trop brusque pour être considérée comme tout à fait normale. On voit en tout cas que, vers le haut, les folioles se rétrécissent légèrement et deviennent en même temps plus obliques sur le rachis; vers le bas, elles tendent à devenir presque triangulaires en même temps qu'à s'espacer un peu et à s'élargir à leur base; le rachis se prolonge en un pétiole nu sur 10 à 15 millimètres de longueur (fig. 4 et 5).

Les folioles semblent avoir été assez coriaces, et les nervures qui les parcourent sont remarquablement fortes et épaisses : sur la face inférieure du

Remarques paléontologiques.

24.

limbe, elles sont dessinées par une saillie très prononcée, en arête de toit très aiguë; mais le plus souvent les échantillons offrent seulement l'empreinte laissée par la face supérieure du limbe, et les nervures y sont marquées par une étroite bande en relief bien délimitée, creusée, sur toute sa longueur, d'un étroit sillon médian; c'est ce que montrent notamment les échantillons fig. 2, 4 et 5, et les figures grossies 4 a et 5 a; les folioles elles-mêmes devaient donc offrir, sur leur face supérieure, des sillons de largeur appréciable, parcourus suivant leur axe par un mince cordon légèrement saillant. Une partie des nervures se bifurquent dès leur base; d'autres à peu de distance de leur origine, quelques-unes seulement vers leur dernier tiers ou leur dernier quart; enfin on en observe parfois de tout à fait simples. Elles sont le plus généralement bien parallèles entre elles, sauf sur les folioles à insertion élargie, où elles s'écartent un peu les unes des autres en approchant du rachis (fig. 4 et 5).

C'est principalement par les caractères de sa nervation que cette espèce se distingue du *Pteroph. Münsteri*, chez lequel les nervures, quelle que soit la face du limbe à laquelle on a affaire, sont toujours marquées par un simple trait, faiblement saillant ou faiblement en creux suivant les cas, tandis qu'ici elles sont beaucoup plus fortes et ont un relief bien plus accusé, affectant surtout, sur les empreintes correspondant à la face supérieure de la fronde, cet aspect particulier de bandes saillantes avec sillon médian, que mettent en évidence les figures 4 a et 5 a. D'une façon générale, les frondes paraissent avoir été plus puissantes, plus développées dans toutes leurs parties que celles du *Pteroph. Münsteri*; leurs folioles sont plus larges, plus coriaces, et aussi plus variables au point de vue du rapport entre la longueur et la largeur; en même temps elles sont un peu différentes de forme, ayant en général les bords plus parallèles, étant un peu moins obliquement tronquées à leur extrémité du côté postérieur et plus régulièrement arrondies au sommet.

Cette espèce offre en outre une certaine ressemblance avec le *Pteroph. venetum* Zigno [1] des couches liasiques de Rotzo dans le Vicentin, qui a des frondes encore plus développées, avec des pinnules à peu près semblables de forme, d'ordinaire deux fois plus longues que larges, arrondies au sommet suivant un contour un peu plus ovale, mais parcourues également par de très fortes nervures, marquées par deux traits parallèles et dont l'aspect, à en juger par les figures publiées, rappelle beaucoup celui que j'ai signalé sur les em-

[1] A. de Zigno, *Flora fossilis formationis oolithicæ*, II, p. 27, pl. XXX, fig. 1-3.

preintes correspondant à la face supérieure du limbe; seulement ces nervures sont plus écartées, étant moins nombreuses et moins divisées.

L'espèce que je viens de décrire ne m'ayant paru finalement assimilable à aucune autre espèce déjà connue, je me suis fait un plaisir de la dédier à M. Portal, ancien directeur de la Société des mines de Kébao, à qui je dois la récolte de très nombreux et très intéressants échantillons.

Le *Pteroph. Portali* n'a été rencontré jusqu'à présent qu'à Kébao.

Mines de Kébao : couche G; mine Rémaury, couche Y, couche Q; mine de Caï-Daï, plan 4, niveau 70, couche Q; puits Lanessan; mine de la Traînée verte, mur de la couche Descenderie; système supérieur, couche n° 2, galerie M (couche M).

Provenance.

PTEROPHYLLUM TIETZEI Schenk.

Pl. XLVII, fig. 1 *a*, 1, 1′.

1887. **Pterophyllum Tietzei** Schenk, *Foss. Pfl. aus der Alboursketle*, p. 6, pl. VI, fig. 27-29; pl. IX, fig. 52.

Frondes de grande taille, à contour probablement étroitement lancéolé, larges de 6 à 15 centimètres, atteignant au moins 80 centimètres à 1 mètre de longueur; *rachis* large de 3 à 5 millimètres, plus ou moins fortement *strié en long.*

Description
de l'espèce.

Folioles alternes ou subopposées, *normales ou presque normales au rachis, à contour trapézoïdal très allongé, de trois à cinq fois plus longues que larges,* attachées par toute leur base, parfois un peu élargies à leur insertion, *à bords parallèles à l'origine, puis convergeant peu à peu vers l'extrémité, tronquées en arc elliptique sur leur bord postérieur, arrondies au sommet,* longues de 3 à 7 centimètres, larges de 8 à 18 millimètres, *souvent inégales* entre elles comme largeur.

Nervures nombreuses, assez fines, simples ou bifurquées, parallèles, espacées de $0^{mm},30$ à $0^{mm},35$.

La figure 1 *a* de la Planche XLVII reproduit, aux deux cinquièmes de sa vraie grandeur, un fragment de fronde de cette espèce, long de $0^m,50$, trouvé à Kébao et qui donne une idée de la grande taille de ces frondes, dont la longueur devait atteindre environ 1 mètre; il est croisé obliquement par un autre fragment de fronde semblable, long de $0^m,25$, qui n'est représenté qu'en partie. Les figures 1 et 1′, de grandeur naturelle, correspondent respectivement à la région supérieure et à la région inférieure de l'échantillon.

Remarques
paléontologiques.

On voit que les folioles allaient en se raccourcissant graduellement vers la base, mais aucun échantillon, pas plus parmi ceux de la Perse que parmi ceux du Tonkin, n'a montré la terminaison supérieure de la fronde, dont on peut présumer seulement qu'elle affectait dans son ensemble un contour étroitement lancéolé.

Les folioles étaient, comme on le voit, de largeurs assez inégales, tantôt à bords exactement parallèles à la base, tantôt élargies à leur insertion; le plus souvent droites, quelquefois, du moins dans la région inférieure, un peu arquées en arrière. Normalement, le bord antérieur est droit ou presque droit, tandis que le bord inférieur, d'abord rectiligne et normal au rachis, s'infléchit en avant suivant un contour elliptique, pour se raccorder ensuite au sommet avec le bord supérieur par un arc plus ou moins circulaire à plus forte courbure.

Les nervures, en partie masquées sur l'échantillon de la Planche XLVII par un enduit blanc probablement sériceux, sont cependant bien visibles sur certaines folioles, et on peut les voir assez facilement à la loupe dans la région supérieure de la figure 1. Elles sont assez serrées et assez fines, parallèles entre elles et aux bords des folioles, pour la plupart peu divisées, parfois cependant bifurquées sous un angle extrêmement aigu.

D'autres échantillons, plus petits, ont offert les mêmes caractères, présentant cependant parfois des pinnules à élargissement basilaire un peu plus accentué et par suite moins rapprochées les unes des autres.

Rapports et différences. Ainsi constitués, ces fragments de frondes concordent de tout point avec ceux des couches rhétiennes de la Perse que Schenk a décrits sous le nom de *Pteroph. Tietzei*, et je n'hésite pas à les regarder comme leur étant spécifiquement identiques.

Ainsi que l'avait fait remarquer Schenk, le *Pteroph. Tietzei* ressemble beaucoup, du moins par son aspect général, comme par la grande taille de ses frondes, au *Pteroph. rajmahalense* Morris [1], des couches de Rajmahal dans l'Inde; mais une comparaison un peu attentive montre qu'ils diffèrent l'un de l'autre par la forme des folioles, celles-ci ayant, chez le *Pteroph. rajmahalense*, leur bord inférieur rectiligne et parallèle au bord supérieur sur presque toute leur longueur, avec le sommet plus brusquement tronqué, terminé presque en demi-cercle, de sorte que les folioles demeurent exactement contiguës jusqu'à leur extrémité; chez le *Pteroph. Tietzei*, le bord inférieur,

[1] *Fossil Flora of the Gondwana System*, 1, pt. 1, p. 25, pl. XIII, fig. 3-5; pl. XIV, fig. 1-3; pl. XVIII, fig. 2.

d'abord rectiligne, s'infléchit ensuite graduellement vers le haut, et la foliole, se rétrécissant ainsi peu à peu, cesse, sur la seconde moitié ou le dernier tiers de sa longueur, d'être en contact avec celle qui la précède; en outre, les folioles sont le plus souvent très sensiblement inégales, ce qui ne paraît pas avoir lieu chez le *Pteroph. rajmahalense*, où, sur tous les échantillons figurés, elles se montrent parfaitement régulières et de largeur égale. Aussi est-ce avec raison, à mon avis, que Schenk a considéré l'espèce qu'il avait en mains comme un type autonome et lui a imposé un nom nouveau.

Le *Pteroph. Tietzei* ne laisse pas, d'autre part, de rappeler un peu, par la forme de ses folioles, à bord inférieur arqué, le *Pteroph. Portali*, et surtout les échantillons de cette espèce à folioles allongées, tels que celui de la figure 2, Pl. XLVI; mais, outre que les frondes du *Pteroph. Portali* sont loin d'atteindre la taille de celles du *Pteroph. Tietzei*, la forme même des folioles n'est pas identique de l'une à l'autre, l'incurvation du bord postérieur ne commençant pas aussitôt et étant plus brusque chez le *Pteroph. Portali*, dont les folioles sont ainsi moins rétrécies vers leur sommet; de plus, chez cette dernière espèce, les folioles, plus étroites, paraissent être toujours de largeur parfaitement égale; enfin les nervures sont beaucoup plus fortes et plus espacées, et ce seul caractère suffirait à empêcher de les confondre.

Le *Pteroph. Tietzei* n'a été observé jusqu'ici au Tonkin qu'à Kébao, et représenté seulement par un nombre d'échantillons très restreint. *Provenance.*

Mines de Kébao : région des îlots; mine Rémaury; mine de Caï-Daï.

PTEROPHYLLUM CONTIGUUM Schenk.

Pl. XLVIII, fig. 1 à 8.

1883. **Pterophyllum contiguum** Schenk *in* Richthofen, *China*, IV, p. 262, pl. LIII, fig. 6.
1887. *An* **Pterophyllum æquale** Schenk (*non* Brongniart), *Foss. Pfl. aus der Albourskette*, p. 6, pl. V, fig. 23-25; pl. VI, fig. 32; pl. VII, fig. 35?

Frondes à contour linéaire-lancéolé, larges de 8 à 60 millimètres, longues de 10 à 25 centimètres et peut-être davantage; *rachis large de 1 à 2 millimètres, légèrement canaliculé sur sa face supérieure, marqué à la fois de stries longitudinales et de rides transversales* plus ou moins serrées. *Description de l'espèce*

Folioles alternes ou subopposées, normales au rachis à leur base, puis *arquées en avant, de trois à six fois plus longues que larges, attachées par toute leur base, à bord postérieur parallèle au bord antérieur sur la plus grande partie de la longueur, puis incurvé en arc elliptique, arrondies ou obtusément aiguës à leur extrémité, contiguës les unes aux autres jusqu'au voisinage immédiat de leur sommet,* longues de 4 à 30 millimètres sur 1^{mm},5 à 6 millimètres de largeur, toutes égales entre elles, souvent un peu bombées sur les bords.

Nervures assez fortes, simples ou dichotomes, fréquemment bifurquées dès leur base, parallèles entre elles et aux bords des folioles sur la plus grande partie de leur parcours, *souvent un peu divergentes au voisinage du sommet,* espacées de 0^{mm},30 à 0^{mm},40.

Remarques
paléontologiques. Cette espèce s'est montrée assez fréquente à Hongaÿ, représentée par des frondes de dimensions et d'aspect très variables, ainsi que le font voir les figures 1 à 8 de la Planche XLVIII : aux extrémités de la série, on observe, d'une part, des frondes à petites folioles, courtes et très serrées, comme celle de la figure 3, qui est, d'ailleurs, un peu exceptionnelle; d'autre part, des frondes de dimensions beaucoup plus grandes, à folioles atteignant jusqu'à 5 ou 6 millimètres de largeur et 3 centimètres de longueur, à sommet plus effilé, comme sur l'échantillon fig. 5; mais on trouve toutes les formes intermédiaires, établissant le lien entre les termes extrêmes. C'est ainsi que l'on passe de frondes telles que celles de la figure 3 à celles des figures 1, 2, 6 et 4, pour aboutir, par une série continue, aux formes les plus développées, comme celles des figures 7, 8 et 5, la forme des folioles ne subissant d'un bout à l'autre de la série d'autre modification qu'un rétrécissement terminal un peu plus accentué et intéressant une fraction un peu plus considérable de la longueur, et la nervation conservant constamment le même aspect, ainsi que le montre la comparaison des figures grossies 2 *a*, 4 *a*, 4 *b* et 5 *a*. D'ailleurs, même chez les formes à petites folioles, ce rétrécissement du limbe, généralement limité au voisinage immédiat du sommet, se manifeste parfois un peu plus tôt, comme on le voit notamment sur la droite de l'échantillon fig. 4, où les folioles s'effilent et se séparent les unes des autres sur le dernier tiers de leur longueur, tout comme celles de l'échantillon fig. 5.

On voit sur les figures 2 et 3 que les folioles vont en diminuant peu à peu de longueur vers le bas des frondes, et que le rachis se prolonge au delà des plus basses en un pétiole nu de 10 à 20 millimètres de longueur; de même, vers le haut, la fronde se rétrécit peu à peu et se termine en pointe arrondie, en même temps que les folioles deviennent quelque peu obliques sur le rachis, ainsi que le montrent notamment les figures 1, 4, 6 et 7.

Les nervures, fortement marquées, partent du rachis à angle droit, sauf sur les folioles supérieures, et se montrent tantôt simples sur une partie de leur parcours, tantôt bifurquées à leur origine même; elles se suivent, parallèles entre elles et aux bords des folioles jusque vers le dernier tiers de la longueur de celles-ci, à partir duquel, une partie d'entre elles se bifurquant sous des angles très aigus, elles divergent légèrement.

Je n'hésite pas à identifier cette espèce au *Pteroph. contiguum* Schenk, des couches vraisemblablement rhétiennes de Kouei-Tchou, dans le Hou-Péi, l'échantillon figuré par Schenk, si fragmentaire qu'il soit, étant exactement conforme aux échantillons à petites folioles de Hongaÿ, tels notamment que ceux des figures 1 à 3 de la Planche XLVIII.

On peut se demander s'il n'y aurait pas en outre identité entre le *Pteroph. contiguum* et le *Pteroph. Nathorsti* Schenk, de la même localité de la Chine [1]; mais celui-ci a les folioles plus écartées, surtout sur l'un des échantillons figurés où elles laissent entre elles un intervalle notable; de plus, elles offrent, à ce qu'il semble, des proportions un peu différentes, étant sensiblement plus larges par rapport à leur longueur. Je crois donc qu'il y a lieu de considérer ces deux espèces comme distinctes, ainsi que l'a admis Schenk, mais elles sont, évidemment, assez voisines l'une de l'autre.

Ainsi que je l'ai dit plus haut, le *Pteroph. contiguum* appartiendrait, par la forme arquée de ses folioles, au genre *Ctenophyllum* de Schimper, et il ressemble en particulier à l'une des espèces rangées dans ce genre par son auteur, à savoir, au *Pteroph. Braunianum* Gœppert [2], auquel j'avais comparé en 1886 les formes à folioles relativement larges recueillies à la mine Marguerite [3]. Le *Pteroph. Braunianum* a, en général, il est vrai, des folioles beaucoup plus longues; mais il offre aussi des formes à folioles courtes (*Ctenis abbreviata* Braun [4]) qui sont très analogues d'aspect aux échantillons tels que ceux des figures 2, 4, 6 de la Planche XLVIII; il n'y a toutefois pas de confusion possible entre les deux espèces, les folioles du *Pteroph. Braunianum* étant nettement élargies à leur insertion et commençant, presque dès leur base, à se rétrécir vers leur sommet, de sorte qu'il n'y a jamais contiguïté entre leurs bords et qu'elles offrent une forme sensiblement plus effilée que celles du *Pteroph. contiguum*.

Rapports
et différences.

[1] Richthofen, *China*, IV, p. 261, pl. LIII, fig. 5, 7.
[2] Schenk, *Foss. Fl. der Grenzschichten*, p. 164, pl. XXXVIII.
[3] Zeiller, *Bull. Soc. Géol. Fr.*, 3ᵉ sér., XIV, p. 579.
[4] F. Braun, *Münster's Beiträge*, VIᵗᵉⁿ Heft, p. 39, pl. XI, fig. 2 *a*. — Schenk, *Foss. Fl. der Grenzschichten*, pl. XXXVIII, fig. 2.

Enfin, celui-ci ressemble également un peu aux formes du *Pteroph. Münsteri* à folioles étroites, telles que les montre notamment le bas de la figure 5, Pl. XLV; mais le *Pteroph. Münsteri* n'a jamais les folioles aussi étroites comme dimensions absolues, ni aussi longues par rapport à leur largeur, et de plus ses folioles sont toujours droites, au moins sur leur bord antérieur, et non arquées en avant comme celles du *Pteroph. contiguum.*

Je serais porté à rattacher à cette espèce quelques-uns des échantillons du Rhétien de la Perse figurés par Schenk comme *Pteroph. æquale* et dont l'attribution à ce dernier a déjà été critiquée à bon droit par M. Krasser [1]; tout au moins les figures 23, 24, 32 et 35, qui montrent des folioles nettement arquées vers le haut, contiguës jusqu'au voisinage de leur extrémité, puis rétrécies et arrondies au sommet, ressemblent-elles singulièrement au *Pteroph. contiguum.* Je n'ose cependant conclure sans réserve à l'identification, et je me borne à la signaler comme probable, sans vouloir être trop affirmatif.

Le *Pteroph. contiguum* n'a été jusqu'à présent rencontré qu'à Hongaÿ, où il s'est montré surtout commun à Hatou, dans la Grande couche.

Mines de Hongaÿ. Système de Hatou : mine Hatou, Grande couche et grand banc de schiste; mine Jauréguiberry; mine Marguerite, couche Marguerite. — Système de Nagotna : mine de Carrère, toit de la couche Marmottan, toit de la couche Bavier.

PTEROPHYLLUM ÆQUALE Brongniart (sp.).

Pl. XLIX, fig. 4 à 7.

1824. **Nilsonia?** **æqualis** Brongniart, *Ann. sc. nat.*, 1ʳᵉ sér., IV, p. 219, pl. 12, fig. 6.
1828. **Pterophyllum dubium** Brongniart, *Prodr.*, p. 95. Hisinger, *Leth. suec.*, p. 109, pl. XXXIII, fig. 8.
1878. **Pterophyllum æquale** Nathorst, *Fl. vid Bjuf*, p. 11; p. 67, pl. XV, fig. 6-10 (an fig. 11?); *Fl. Höganäs och Helsingborg*, p. 18, Hög. äldre, pl. II, fig. 13; p. 48, Hög. yngre, pl. II, fig. 8-11. Zeiller, *Ann. des Mines*, 1882, II, p. 317, pl. XI, fig. 12. (*An* Schenk, *in* Richthofen, *China*, IV, p. 247, pl. XLVIII, fig. 7?). Hjorth, *Danm. geol. Undersøg.*, II R., p. 77, pl. IV, fig. 21.

Frondes à contour plus ou moins étroitement lancéolé, larges de 5 à 12 centimètres sur 20 à 30 centimètres de longueur et peut-être davantage; *rachis* large de 2 à 5 millimètres, *irrégulièrement ridé en long et parfois en travers.*

[1] Krasser, *Sitzungsber. k. Akad. Wiss. Wien*, C, Abth. I, p. 421.

Folioles alternes ou subopposées, *tantôt normales au rachis, tantôt quelque peu obliques et dressées* vers le haut, *à contour général rectangulaire, de cinq à douze fois plus longues que larges,* attachées par toute leur base, et souvent un peu élargies à leur insertion, principalement du côté antérieur, chacune empiétant un peu sur la base de celle qui la suit, *à bords parallèles, exactement rectilignes, arrondies ou tronquées en arc arrondi à leur extrémité,* longues de 2 à 6 centimètres sur 2^{mm},5 à 5 millimètres de largeur, toutes égales entre elles et contiguës les unes aux autres.

Nervures une ou deux fois dichotomes, *généralement bifurquées dès leur base, parallèles* entre elles, espacées de 0^{mm},15 à 0^{mm},25.

Il a été trouvé dans les gîtes de charbon du Bas-Tonkin, mais presque exclusivement dans la région de Hongaÿ, d'assez nombreux échantillons de cette espèce, parfois sous la forme de fragments de frondes de près de 20 centimètres de longueur, la plupart incomplets, au moins vers l'une de leurs extrémités, d'où l'on peut inférer que ces frondes atteignaient, dépassaient même sans doute une trentaine de centimètres de longueur. Plusieurs de ces échantillons ont montré la base de la fronde, le rachis se prolongeant au delà des folioles les plus inférieures en un pétiole nu assez épais, de 3 à 4 centimètres de longueur, ainsi qu'on le voit sur la figure 6, Pl. XLIX. Dans sa région inférieure et surtout dans sa partie nue, au-dessous des folioles les plus basses, le rachis se montre assez souvent marqué de ponctuations ou de cicatricules arrondies, visibles notamment sur cet échantillon fig. 6; peut-être correspondent-elles à l'insertion de poils écailleux plus ou moins épais.

Remarques paléontologique.

A partir de la base, les folioles vont en s'allongeant peu à peu, puis dans la région moyenne de la fronde elles conservent sur une certaine étendue une longueur constante, pour aller ensuite en se raccourcissant graduellement en même temps qu'elles deviennent plus obliques sur le rachis; à l'extrémité de la fronde, le raccourcissement s'accentue brusquement, et les figures 4 et 5 montrent, au sommet, des folioles très courtes et fortement dressées.

Les folioles, tantôt normales ou presque normales au rachis, tantôt faisant avec lui des angles qui ne descendent guère au-dessous de 60°, sont, d'un bout à l'autre de la fronde, de largeur à peu près constante, égale le plus souvent à 3 millimètres ou 3^{mm},5; parfois, mais rarement, comme sur l'échantillon fig. 7, elles atteignent jusqu'à 5 millimètres de largeur. Elles sont toujours, sauf vers la base de la fronde, au moins cinq ou six fois et généralement huit à dix fois plus longues que larges. Les figures 4 à 6 de la

Planche XLIX montrent qu'elles sont tantôt assez brusquement tronquées au sommet en arc circulaire, tantôt plus largement arrondies. A leur base, elles offrent assez souvent un léger élargissement, marqué surtout du côté supérieur, mais limité au voisinage immédiat de l'insertion, et par suite duquel, chaque foliole recouvre sur une très faible étendue l'extrême base de celle qui la suit, ce qui ferait croire parfois, comme on peut le remarquer sur la figure 6 a, à une contraction de la base en arc arrondi, du côté inférieur. Cet élargissement est, d'ailleurs, visible, au moins à la loupe, en divers points des figures 4 à 6, et à la partie tout à fait inférieure de la figure grossie 6 a. Il m'avait fait croire, sur certains fragments de frondes recueillis par M. Sarran à la galerie Léonice, à l'existence d'une très petite oreillette acuminée vers le haut, et comme en même temps le chevauchement des folioles à leur base les unes sur les autres leur donnait l'apparence d'être contractées et arrondies sur leur bord postérieur, j'avais cru avoir affaire à un *Otozamites*, que j'avais signalé [1] comme me paraissant analogue à l'*Otozam. brevifolius* F. Braun [2] des couches rhétiennes de Franconie. L'examen d'échantillons plus nombreux et mieux conservés m'a fait reconnaître mon erreur.

Les nervures, généralement bien accentuées, partent du rachis au nombre de 8 à 12 à la base de chaque pinnule, mais elles se bifurquent immédiatement ou presque immédiatement, et quelquefois l'une des branches se bifurque à son tour à peu de distance; aussi les nervures, si exactement parallèles sur presque toute la longueur des folioles, semblent-elles un peu divergentes à leur origine, ainsi qu'on peut le constater sur la figure grossie 6 a. Assez souvent, la nervure la plus élevée, correspondant à la portion élargie de la base, vient buter presque immédiatement, après s'être bifurquée, contre le bord de cette portion élargie; d'autres fois elle se prolonge, ou sa branche inférieure tout au moins se prolonge plus ou moins loin, mais sans tarder beaucoup à s'arrêter contre le bord supérieur du limbe. Les autres nervures se suivent en général jusqu'au sommet, la plupart d'entre elles demeurant simples sur toute leur longueur, quelques-unes cependant se bifurquant sous des angles très aigus; on en compte ainsi de 18 à 28 sur chaque foliole, suivant la largeur du limbe, leur espacement relatif étant généralement de $0^{mm},15$ à $0^{mm},20$.

[1] Zeiller, *Bull. Soc. Géol. Fr.*, 3ᵉ sér., XIV, p. 578.
[2] *Otopteris Bucklandi* Schenk (*non* Brongniart sp.), *Foss. Fl. der Grenzschichten*, p. 139, pl. XXXI, fig. 2, 3; pl. XXXIII, fig. 2, 3; pl. XXXIV, fig. 1-7.

Ainsi constitués, les échantillons dont je viens de parler me paraissent devoir être rapportés au *Pteroph. æquale*, chez lequel les folioles sont également tantôt normales et tantôt obliques sur le rachis et présentent souvent un élargissement basilaire bien accentué, ainsi que le montrent les figures publiées par M. Nathorst[1], avec une terminaison apicale tout à fait semblable.

Rapports et différences.

Le *Pteroph. æquale* se rapproche de plusieurs des espèces du Trias supérieur qui viennent se grouper autour du *Pteroph. Jægeri* Brongniart[2], mais celles-ci ont en général des frondes moins graduellement rétrécies vers le bas, et leurs folioles n'ont pas les bords aussi rigoureusement parallèles, se rétrécissant presque toujours un peu dans leur région inférieure avant de s'élargir pour s'insérer sur le rachis; la plupart d'entre elles présentent en outre à l'extrémité de leurs folioles une troncature plus brusque et souvent presque rectiligne.

Comparé au *Pteroph. contiguum*, le *Pteroph. æquale* se distingue aisément par ses folioles proportionnellement plus longues, à bords tout à fait droits, parallèles jusqu'au sommet, et par ses nervures sensiblement plus nombreuses et plus serrées. Il diffère, d'autre part, du *Pteroph. Bavieri* par la largeur beaucoup plus grande de ses folioles, laquelle ne descend jamais à moins de 3 millimètres, ou, exceptionnellement et comme minimum, de 2^{mm}, 5.

Les seules observations que j'aie à formuler au sujet de la liste synonymique sont relatives aux doutes que j'ai cru devoir exprimer concernant certaines des figures publiées sous ce nom. Pour celle de la *Floran vid Bjuf* (pl. XV, fig. 11), que M. Nathorst a du reste distinguée de la forme normale du *Pteroph. æquale* sous le nom de var. *rectangulare*, la grande largeur des folioles, très supérieure à celle que montrent les autres figures données par le même auteur et à celle des échantillons les plus développés du Tonkin, me porte à douter de l'identité spécifique et à me demander si cette variété ne devrait pas être rattachée plutôt au *Pteroph. affine* Nathorst[3], qui diffère précisément du *Pteroph. æquale* par la largeur plus grande de ses folioles.

Synonymie.

C'est pour la même raison que je regarde comme quelque peu douteuse l'attribution, à cette espèce, de l'échantillon de Toumoulou en Mongolie,

[1] Nathorst, *Fl. vid Bjuf*, pl. XV, fig. 8, 9, fig. 6 *a*; *Fl. vid Höganäs och Helsingborg*, Hög. äldre, pl. II, fig. 13; Hög. yngre, pl. II, fig. 9, 11.

[2] Heer, *Flora fossilis Helvetiæ*, p. 79-83, pl. XXX-XXXVI.

[3] Nathorst, *Fl. vid Bjuf*, p. 68, pl. XV, fig. 12-14.

que lui a rapporté Schenk et dont les folioles, outre leur largeur un peu considérable, semblent assez fortement arquées en avant, ce qui ne se voit guère chez le *Pteroph. æquale*.

J'ajoute que je me suis abstenu d'inscrire dans la liste synonymique les figures publiées par Schenk, dans son étude sur la flore rhétienne du massif de l'Elbours, sous le nom de *Pteroph. æquale*, et dont l'attribution me paraît, comme à M. Krasser, difficilement acceptable; je les ai, du reste, mentionnées plus haut comme me paraissant susceptibles d'être rapportées plutôt, mais non cependant sans quelque doute, au *Pteroph. contiguum*.

Provenance.   Le *Pterophyllum æquale* s'est montré assez répandu à Hongaÿ, aussi bien dans le système de Hatou que dans celui de Nagotna, particulièrement à Hatou, et à la vallée de l'Œuf, dans les travaux de la galerie Léonice.

Mines de Hongaÿ. Système de Hatou : Hatou, Grande couche et grand banc de schiste; mine Jauréguiberry. — Système de Nagotna : mine de Carrère, toit de la couche Marmottan; vallée orientale de l'Œuf, galerie Léonice.

Île Hongaÿ.

Quang-Yen, concession Sarran.

PTEROPHYLLUM BAVIERI n. sp.

Pl. XLIX, fig. 1 à 3.

Description de l'espèce.   *Frondes à contour étroitement lancéolé*, larges de 15 à 20 millimètres sur 15 à 20 centimètres de longueur et peut-être davantage; *rachis* large de 1 mm,5 à 2 millimètres, *marqué de courtes rides transversales* plus ou moins rapprochées.

Folioles alternes ou subopposées, *normales ou presque normales* au rachis, *très étroites, linéaires, de quinze à vingt-cinq fois plus longues que larges*, attachées par toute leur base, souvent un peu élargies à leur insertion, principalement du côté antérieur, chacune empiétant un peu sur la base de celle qui la suit, *à bords parallèles rectilignes ou parfois très légèrement arqués en avant, arrondies ou tronquées en arc arrondi à leur extrémité*, longues de 7 à 25 millimètres sur 0 mm,5 à 1 millimètre de largeur, toutes égales entre elles et contiguës les unes aux autres.

Nervures simples ou bifurquées, *peu nombreuses*, espacées de 0 mm,15 à 0 mm,25

Remarques
paléontologiques.

Cette espèce est remarquable par l'étroitesse de ses folioles, parfois presque filiformes, qui donne à la fronde l'aspect d'un double peigne, comme on le voit notamment sur la figure 3, Pl. XLIX, surtout pour le fragment placé à droite et vers le haut de la figure; les folioles les plus larges, celles des plus grandes frondes, atteignent au plus 1 millimètre de largeur; tantôt le limbe est plan, tantôt il est quelque peu bombé. Ces folioles, exactement contiguës, se montrent souvent un peu élargies à leur base, comme celles de l'espèce précédente, la portion élargie de chacune du côté antérieur masquant légèrement le bord postérieur de celle qui se trouve immédiatement au-dessus d'elle; c'est ce qu'on peut voir à la loupe vers le haut de la figure grossie 3 a ainsi que vers le haut de la figure 1. Au sommet, elles sont tantôt franchement arrondies, terminées en arc semi-circulaire, tantôt tronquées un peu obliquement, mais avec les angles arrondis.

On voit sur l'échantillon fig. 2 que les folioles allaient en diminuant peu à peu de longueur vers le bas de la fronde, qui devait offrir un contour général étroitement lancéolé, plus étroit, semble-t-il, proportionnellement à la longueur, que chez le *Pteroph. æquale;* le rachis se prolongeait, comme chez ce dernier, en un pétiole nu au delà des folioles les plus inférieures. Aucun échantillon n'a offert la terminaison supérieure. Les figures 1 à 3 montrent en outre que les folioles étaient tantôt tout à fait normales au rachis et exactement rectilignes, tantôt faiblement obliques et parfois un peu arquées en avant; on voit même, sur l'échantillon fig. 1, que la disposition à ce point de vue pouvait être légèrement variable sur une seule et même fronde.

Chaque foliole est parcourue par des nervures peu nombreuses, d'ordinaire bien visibles, quelquefois cependant peu discernables, qui parfois se bifurquent soit à leur base même, soit plus ou moins loin de leur origine, et parfois restent tout à fait simples; leur nombre ne varie guère, semble-t-il, que de trois à six par foliole.

Rapports
et différences.

Cette espèce, tout en étant voisine du *Pteroph. æquale* par son port, comme par la forme de ses folioles, élargies à la base et plus ou moins arrondies au sommet, en outre exactement contiguës les unes aux autres, ne saurait être confondue avec lui, à raison de leur extrême étroitesse.

Peut-être peut-on la rapprocher à cet égard des formes à folioles les plus étroites du *Pteroph. contiguum,* mais, chez celui-ci, la largeur des folioles ne s'abaisse pas au-dessous de $1^{mm},5$, tandis qu'elle ne dépasse pas 1 millimètre chez le *Pteroph. Bavieri;* au surplus, l'aspect général est bien différent chez ces deux espèces, les folioles étant infiniment plus courtes par rapport à leur largeur chez l'une que chez l'autre, au maximum cinq ou six fois plus longues que larges chez le *Pteroph. contiguum,* au minimum douze à quinze fois plus longues que larges chez le *Pteroph. Bavieri.*

En somme, je ne connais dans le genre *Pterophyllum* aucune espèce vraiment comparable à celle-ci comme étroitesse des folioles et offrant une apparence pectiniforme analogue; j'ai dû, en conséquence, lui imposer un nom nouveau, et j'ai été heureux de la dédier à M. Bavier-Chauffour, à l'obligeance de qui je dois la récolte et l'envoi de nombreuses empreintes des mines de Hongaÿ.

Provenance.   Le *Pteroph. Bavieri* n'a été observé jusqu'ici qu'à Hongaÿ, et seulement dans le système de Hatou : Hatou, mur et toit de la Grande couche, et grand banc de schiste.

Écailles de Cycadinées.

Genre CYCADOLEPIS Saporta.

1874. **Cycadolepis** Saporta, *Plantes jurass.,* II, p. 200.

Écailles ou feuilles écailleuses généralement épaisses, à base plus ou moins élargie, à contour tantôt lancéolé, tantôt triangulaire allongé, à surface souvent assez fortement ridée, parfois munies sur leurs bords de poils plus ou moins raides.

CYCADOLEPIS CORRUGATA n. sp.

Pl. L, fig. 1 à 4; Pl. XLIV, fig. 1 (à gauche).

Description de l'espèce.   Écailles à contour lancéolé, longues de 3 à 5 centimètres, larges vers leur milieu de 10 à 18 millimètres, *plus ou moins rétrécies vers leur base, terminées au sommet en pointe aiguë, parcourues dans leur région axiale et sur une largeur variable par des stries longitudinales* plus ou moins accentuées, *marquées en outre de rides transversales* légèrement sinueuses, anastomosées en mailles de $0^{mm},75$ à 2 millimètres de largeur sur $0^{mm},50$ à 1 millimètre de hauteur, *qui vont en diminuant vers les bords du limbe.*

Remarques paléontologiques.   Les figures 1 à 4 de la Planche L reproduisent quelques-unes de ces écailles, plus ou moins incomplètes, mais dont les unes montrent leur sommet effilé en pointe aiguë, et les autres leur partie inférieure graduellement rétrécie et ne mesurant plus que 4 à 8 millimètres à l'extrémité qui doit correspondre à l'insertion; cette base d'insertion est, notamment, très bien conservée sur l'échantillon fig. 1, Pl. XLIV, vers le bas à gauche. Les stries longitudinales qui parcourent la région axiale paraissent dénoter l'existence d'un large faisceau libéroligneux. La surface est en outre fortement ridée ou plissée en travers, ce qui donne à penser que ces écailles devaient être assez épaisses et charnues; on voit sur les différentes figures, en particulier sur la figure grossie 4 a, que ces rides s'anastomosent en un réseau irrégulier, à mailles d'autant plus réduites qu'elles sont plus rapprochées des bords de l'organe.

Il reste parfois à l'intérieur de ces mailles des fragments assez épais de lame charbonneuse, dont on aurait pu se demander s'ils ne correspondaient pas à des organes, tels peut-être que des sacs polliniques, fixés à la surface de ces écailles. J'ai traité successivement par les réactifs oxydants, puis par l'ammoniaque, quelques-uns de ces fragments; mais je n'ai obtenu que des lambeaux de cuticule en mauvais état, sans aucune trace de grains de pollen. Je ne doute pas que, si l'on avait eu réellement affaire à des écailles provenant d'inflorescences mâles et ayant porté des sacs polliniques, on aurait obtenu ainsi des grains de pollen plus ou moins abondants, de même qu'on met en liberté, par ce mode de traitement, les spores contenues dans les sporanges des Cryptogames vasculaires. Il est probable, au surplus, que des sacs polliniques, s'il en avait existé, auraient offert des contours nettement définis et auraient été directement et immédiatement reconnaissables. En tout cas, le résultat négatif de l'essai chimique concorde avec l'apparence même de ces échantillons pour attester qu'il ne s'agit là que d'écailles gemmaires, ou peut-être d'écailles ou de bractées entourant ou avoisinant une inflorescence.

Ainsi que je l'ai dit plus haut, ces écailles se montrent le plus souvent associées à des frondes de *Pterophyllum (Anomozamites) inconstans*, particulièrement sur les plaques de schiste de la vallée orientale de l'Œuf (Pl. XLIV, fig. 1); en même temps leur mode d'ornementation ne laisse pas de rappeler les plis transversaux qu'on observe sur le rachis de ces frondes. Je serais d'autant plus porté à penser qu'elles appartiennent à cette espèce, que M. Nathorst en a observé de tout à fait analogues, bien que plus étroites et à contour plus linéaire, accompagnant dans les couches rhétiennes de Bjuf les frondes d'une petite forme spécifique d'*Anomozamites*, et parfois prolongées à leur partie supérieure en une fronde normale[1]; les plus étroites d'entre elles ne sont autre chose que les bractées externes des inflorescences de *Williamsonia angustifolia*, et peut-être les écailles que je viens de décrire représenteraient-elles également les bractées d'inflorescences analogues. Cependant leur forme plus élargie et plus courte me porte, ainsi que leur consistance charnue, à voir plutôt en elles des écailles gemmaires, mais sans pouvoir, bien entendu, rien affirmer à cet égard.

Rapports
et différences.

Le *Cycadolepis granulata*, qui va être décrit, paraît, si incomplet que soit le principal échantillon, offrir une forme générale assez analogue à celle du *Cycadolepis corrugata*, mais ils ne peuvent être confondus l'un avec l'autre, les très fines fossettes que présente à sa surface le *Cycadolepis granulata* étant tout à fait différentes des mailles irrégulières, beaucoup plus grandes, produites par l'anastomose des rides chez le *Cycadolepis corrugata*.

Provenance.

Ces écailles n'ont été rencontrées jusqu'à présent qu'à Hongaÿ, et seulement dans le système de Nagotna : mine de Carrère, toit de la couche Marmottan, toit de la couche Chater ; vallée orientale de l'Œuf, galerie Léonice.

CYCADOLEPIS GRANULATA n. sp.

Pl. L, fig. 5.

Description
de l'espèce.

Écaille très épaisse, à contour lancéolé, large de 20 millimètres, longue d'environ 4 centimètres, faiblement rétrécie vers la base, atténuée en pointe vers le sommet, *marquée* sur toute sa surface, à l'exception des bords, *de petites fossettes ponctiformes contiguës* entre elles.

Remarques
paléontologiques.

L'échantillon représenté fig. 5, Pl. L, est constitué par une lame charbonneuse déchirée transversalement à la partie inférieure et dont la tranche offre dans la région médiane une épaisseur d'un millimètre, qui va en s'atténuant peu à peu vers les bords : on a donc affaire là à un organe charnu très épais. Le contour en est incomplet, du moins du côté droit, où le bord fait défaut, par suite d'une cassure longitudinale; mais ce qu'on en voit, tant du côté gauche que vers la région supérieure droite, dénote une forme générale lancéolée ou ovale-lancéolée, atténuée en pointe vers le haut; le sommet lui-même n'est pas conservé. La région marginale, évidemment plus mince, est lisse sur 2^{mm},5 à 3 millimètres de largeur, mais légèrement plissée transver-

[1] A. G. Nathorst, *Beiträge zur Kenntnis einiger mesozoischen Cycadophyten*, p. 12, pl. 1, fig. 28-35.

salement; tout le reste de la surface est finement chagriné, marqué de petites fossettes arrondies ou polygonales, de 0^{mm},25 à 0^{mm},35 de diamètre, exactement contiguës. Le fond de ces fossettes est, d'ailleurs, parfaitement lisse, et elles ne correspondent certainement à l'insertion d'aucun organe, pas même, semble-t-il, de poils ou d'écailles.

Un autre fragment d'aspect identique a été recueilli à l'île du Sommet Buisson, mais il est plus incomplet encore et n'ajoute rien aux renseignements fournis par l'échantillon figuré.

La forme générale que présente celui-ci, et les analogies qu'il offre avec le *Cycadolepis corrugata,* notamment par les plis transversaux qu'on voit sur ses bords, ne me permettent pas de douter qu'il s'agisse là d'un organe de même nature, c'est-à-dire d'une écaille, probablement gemmaire, de Cycadinée.

Ainsi que je viens de le dire, le *Cycadolepis granulata* ressemble au *Cycadolepis corrugata* par sa forme, moins rétrécie cependant, semble-t-il, vers le bas, et par les plis transversaux de sa région marginale; les fossettes mêmes qui le caractérisent ne laissent pas de rappeler les mailles que circonscrivent, chez l'espèce précédente, les rides sinueuses qui en sillonnent la surface; mais ces fossettes sont beaucoup plus petites et se présentent en creux sur l'organe lui-même, tandis que, chez le *Cycadolepis corrugata,* les mailles se présenteraient en relief, séparées par des rides en creux, si l'on avait affaire à l'écaille elle-même et non à l'empreinte laissée par elle sur la roche. *Rapports et différences.*

Les deux seuls échantillons jusqu'ici observés de cette espèce ont été trouvés, l'un à Kébao, à la mine Rémaury, et l'autre à l'île du Sommet Buisson, dans la galerie Jean. *Provenance.*

CYCADOLEPIS cf. VILLOSA Saporta.

Pl. L, fig. 6.

1874. **Cycadolepis villosa** Saporta, *Plantes jurass.,* p. 201, pl. CXIV, fig. 4.
1886. **Cycadolepis** Zeiller, *Bull. Soc. Géol. Fr.,* XIV, p. 461, pl. XXV, fig. 4.

Écaille à contour triangulaire allongé, large à la base de 3 millimètres, longue de 25 millimètres, *effilée au sommet en pointe aiguë, marquée de rides transversales sinueuses anastomosées* et de quelques stries longitudinales, *munie sur les bords de poils raides, étalés-dressés,* longs de 3 à 5 millimètres. *Description de l'espèce.*

Cette écaille, tout à fait du même type que celles qu'a figurées Saporta, paraît avoir été formée d'un axe assez épais, à en juger notamment par les rides *Remarques paléontologiques.*

assez fortes qu'il présente et qui ne laissent pas de rappeler celles du *Cycadolepis corrugata*. Les bords en sont garnis de poils dressés, visiblement assez raides, parfois légèrement arqués en avant; un examen attentif montre du reste que ces poils s'inséraient non seulement sur les bords mêmes de l'organe, mais sur une partie au moins de sa surface, à l'exception peut-être de sa région médiane.

Ce type spécifique d'écaille, bien distinct des deux précédents à la fois par sa forme triangulaire allongée et par les poils qui se dressent sur ses bords, ne diffère guère du *Cycadolepis villosa* Saporta du Kimméridien d'Orbagnoux que par ses dimensions un peu moindres; cependant, chez ce dernier, le corps de l'écaille est plus nettement strié en long et ne présente pas de rides transversales; il appartient en outre à un niveau géologique notablement plus élevé; aussi, tout en rapprochant l'échantillon du Tonkin de l'espèce décrite par Saporta, n'ai-je pas cru pouvoir le lui identifier formellement.

Feistmantel a décrit, d'autre part, sous le nom de *Cycadolepis pilosa*[1], une écaille très analogue également à celle que représente la figure 6 de la Planche L; il en indique la surface comme ponctuée, ce qui accentuerait la ressemblance avec cette dernière; mais elle paraît différer de celle-ci par sa forme générale beaucoup plus allongée et par sa plus grande longueur; elle provient d'ailleurs aussi d'un niveau plus élevé, à savoir, de la formation oolithique de Cutch.

Le seul échantillon de ce type qui ait été observé dans la formation charbonneuse du Tonkin a été recueilli par M. Jourdy dans la baie de Hongaÿ, à l'île du Sommet Buisson.

Salisburiées.

—

Genre BAIERA F. Braun.

1843. **Baiera** F. Braun, *Münster's Beiträge*, VIme Heft, p. 20.

Feuilles profondément palmatilobées, plus ou moins rétrécies en coin à leur base, munies d'un pétiole de longueur variable, à limbe divisé en segments linéaires rayonnants, plus ou moins étroits, d'ordinaire plusieurs fois dichotomes.

[1] *Fossil Flora of the Gondwana System*, II, pt. 1, p. 51, pl. VII, fig. 5.

BAIERA GUILHAUMATI n. sp.

Feuilles cunéiformes, à *pétiole grêle* de longueur variable, *à limbe* de 2 à 5 centimètres de longueur, *rétréci à la base suivant un angle de 30° à 90°*, divisé en deux moitiés, dont chacune partagée par des dichotomies successives en trois à six *segments de 1 millimètre à 2^{mm},5 de largeur, obtusément aigus au sommet.*

Description de l'espèce.

Les figures 16 à 19 de la Planche L représentent les principaux échantillons de cette espèce, dont les trois premiers, fig. 16 à 18, se sont trouvés, avec quelques autres plus fragmentaires, sur une même plaque de schiste provenant du mur de la couche Bavier. Les dimensions de ces feuilles, ainsi que l'ouverture angulaire du limbe, sont assez variables, certaines feuilles, les plus petites, ne mesurant que 2 centimètres de longueur du sommet du pétiole à l'extrémité des segments, tandis que d'autres dépassent 4^{cm},5 et approchent de 5 centimètres : la largeur et le degré de division des segments varient avec leur longueur, ceux des plus petites feuilles n'ayant que 1 millimètre de largeur, tandis que ceux des plus grandes atteignent 2^{mm},5, cette largeur étant mesurée dans la partie libre, au delà des dernières bifurcations, car, au-dessous des bifurcations, la largeur est naturellement plus grande, ainsi qu'on le remarque notamment sur les figures 17 et 18. En général, chaque moitié du limbe se bifurque une première fois à une distance du sommet du pétiole variant de 5 à 10 millimètres, et chaque branche se divise à son tour un peu plus loin en deux segments simples, de sorte que le nombre de ces segments est au total de huit; mais quelquefois l'une ou l'autre des deux premières branches paraît demeurer simple, comme on le voit dans la moitié gauche de la figure 16; inversement, les segments issus de l'une ou de l'autre de ces branches peuvent se bifurquer à leur tour, comme on le voit vers le bas de la figure 19 pour l'un des segments appartenant à la feuille qui s'étale en rayonnant sur la partie gauche de l'échantillon. Le nombre total des segments peut ainsi varier de six à dix, ou peut-être douze; il semble en tout cas, d'après les échantillons observés, que cette double bifurcation des segments de second ordre n'ait jamais lieu que sur une partie d'entre eux. Enfin les segments peuvent être plus ou moins rapprochés ou plus ou moins divergents, l'ouverture angulaire du limbe étant parfois à peine de 30°, comme sur l'échantillon fig. 17; d'autres fois

Remarques paléontologiques.

de 70° à 80°, comme sur l'échantillon fig. 16, ou même de 90° ainsi que l'indique la divergence des segments extrêmes de la feuille de gauche de la figure 19, dont le segment de droite le plus éloigné du milieu suit le bord inférieur de l'échantillon, et dont les deux moitiés devaient être inscrites à la base dans un angle à peu près droit.

La nervation est d'ordinaire assez peu nette; l'échantillon fig. 17 offre cependant, comme on peut le voir sur la figure grossie 17 *a*, des nervures bien visibles, divisées par dichotomie et espacées de 0ᵐᵐ,6 à 0ᵐᵐ,8; il semble que sur les derniers segments le nombre des nervures soit, suivant la largeur, tantôt de trois et tantôt de deux; dans ce dernier cas, les nervures sont un peu plus rapprochées des bords que du milieu.

Rapports
et différences.

Cette espèce est manifestement voisine du *Baiera gracilis* Bean (sp.)[1] de l'Oolithe inférieure du Yorkshire, dont les feuilles les moins divisées présentent un aspect général très analogue, mais qui offre des dimensions plus grandes et surtout des segments plus larges en même temps que terminés au sommet en pointe plus aiguë; en outre, le nombre total des segments est souvent beaucoup plus élevé, et la feuille forme alors l'éventail complet, avec les deux moitiés du limbe divergeant à la base avec leurs bords inférieurs à 180° l'un de l'autre.

Quelle que soit l'affinité, il n'y a donc pas identité spécifique, et l'espèce recueillie au Tonkin se trouvant inédite, je me suis fait un plaisir de la dédier à M. Guilhaumat, ingénieur-conseil de la Société française des charbonnages du Tonkin, à l'obligeance de qui je dois l'envoi d'un si grand nombre d'échantillons intéressants et la communication de si utiles renseignements sur les mines de Hongaÿ.

Provenance.

Le *Baiera Guilhaumati* n'a été observé jusqu'ici qu'à Hongaÿ, et seulement dans le système de Nagotna : mine de Nagotna, sans autre spécification de provenance pour l'un des échantillons, et mur de la couche Bavier pour les autres.

[1] Bunbury, *Quart. Journ. Geol. Soc.*, VII, p. 182, pl. XII, fig. 3. — Saporta, *Plantes jurass.*, III, p. 277, pl. CLVII, fig. 4; pl. CLVIII, fig. 1-3. — Seward et Gowan, *Ann. of Bot.*, XIV, p. 140, 154, pl. X, fig. 68. — Seward, *Jurassic Flora*, pt. 1, p. 263, pl. IX, fig. 3, 5.

Conifères.

———

Il n'a été trouvé dans les gîtes de charbon du Bas-Tonkin aucune empreinte d'organes végétatifs, feuilles ou rameaux, susceptibles d'être rapportés aux Conifères [1], à moins toutefois qu'il faille leur attribuer, comme étant des fragments de rameaux à feuilles charnues, les empreintes problématiques de la figure 20, Pl. L; mais cela me semble infiniment peu probable, ainsi que je le dirai plus loin, et l'on pourrait croire que les Conifères faisaient défaut dans la flore de la région, si l'on n'avait rencontré dans ces mêmes gisements, d'une part, un fragment de bois à structure conservée du type *Araucarioxylon*, d'autre part, des cônes de fructification, dont l'un au moins est certainement un cône femelle de Conifère et offre des caractères assez nets pour servir de base à l'établissement d'un genre nouveau. Les autres cônes ne montrent que leur surface extérieure et, en l'absence de renseignements sur leur constitution interne, il est impossible de se rendre compte s'ils doivent être rapportés aux Cycadinées ou aux Conifères; je les décrirai un peu plus loin sous le nom générique de *Conites*, qui ne préjuge rien sur leur place systématique; mais il est possible, à en juger par l'apparence qu'ils présentent, qu'une partie au moins d'entre eux appartiennent également aux Conifères, qui seraient alors représentées par plusieurs formes bien distinctes.

Dans tous les cas, l'existence de végétaux de cette classe dans la flore des gîtes de charbon du Bas-Tonkin est dès maintenant indiscutable, et il peut paraître assez singulier qu'on n'ait pas jusqu'à présent trouvé les rameaux feuillés qui leur correspondaient; peut-être, s'ils n'étaient garnis que de feuilles courtes, peu apparentes, n'ont-ils pas fixé l'attention au même degré que les frondes de Fougères ou de Cycadinées ou les tiges d'Équisétinées; mais il est certain qu'ils doivent être pour le moins d'une extrême rareté, puisqu'il ne s'en est rencontré de fragments sur aucun des échantillons, si nombreux cependant, que j'ai eus entre les mains. Il se peut, au surplus, que les Conifères aient été cantonnées à quelque distance des bassins de dépôt, et que leurs débris ne

---

[1] J'avais signalé en 1886 certaines empreintes, recueillies par M. Sarran dans la région de Hatou, comme des feuilles aciculaires appartenant peut-être au genre *Schizolepis* (*Bull. Soc. Géol. Fr.*, XIV, p. 579, 580); j'ai reconnu depuis lors qu'il ne s'agissait là que de feuilles plus ou moins fragmentaires de *Schizoneura Carrerei*.

soient parvenus qu'exceptionnellement jusqu'à ces bassins; dans ce cas, les cônes, plus coriaces et plus résistants que les rameaux végétatifs, auraient eu sans doute plus de chances que ces derniers d'y arriver et de nous être conservés à peu près intacts, ce qui expliquerait la présence des uns à l'exclusion des autres. Il est d'ailleurs permis d'espérer que des découvertes ultérieures pourront nous fournir quelque jour, en ce qui regarde ces rameaux, les renseignements qui nous font actuellement défaut.

Genre TRIOOLEPIS nov. gen.

Cônes femelles allongés, à écailles peu épaisses, plus ou moins dressées, portant chacune trois graines fixées sur leur face supérieure à peu de distance de la base d'insertion.

TRIOOLEPIS LECLEREI n. sp.

Pl. L, fig. 15 (*Conites Leclerci*); Pl. F (ci-après), fig. 2.

Description de l'espèce.

Cône cylindrique arrondi à la base, de 3 centimètres de diamètre sur plus de 10 centimètres de longueur, composé *d'écailles peu épaisses,* imbriquées, dressées presque verticalement, *à contour ovale-linéaire,* larges de 6 à 7 millimètres, longues de 12 à 15 millimètres, rapidement *contractées au sommet en une pointe obtuse, à surface marquée de plis longitudinaux plus ou moins accusés, et portant sur leur face supérieure trois graines ovoïdes allongées,* de 5 millimètres environ de longueur sur 1^{mm},5 de largeur, placées au voisinage de la base d'insertion.

Remarques paléontologiques.

L'échantillon reproduit sur la figure 15 de la Planche L offre l'empreinte en creux d'un grand cône cylindrique, malheureusement incomplet du côté supérieur, formé d'écailles faiblement convexes en dehors, disposées en séries obliques et paraissant assez étroitement appliquées sur la surface cylindrique qui le limite; il y a lieu de penser que, se détachant de l'axe du cône sous un angle plus ou moins ouvert, elles se redressaient rapidement suivant une direction à peu près verticale; c'est, du reste, ce que l'on constate directement sur les écailles de la région inférieure de l'échantillon, qui montrent à leur base une incurvation assez accentuée. Elles affectent, dans leur portion redressée, un contour ovale-linéaire, leurs bords latéraux divergeant faiblement depuis la base jusque vers les deux tiers de la longueur, puis s'infléchissant rapidement vers le sommet, qui se termine en pointe obtuse. Il est facile de constater qu'elles ne devaient être que médiocrement rapprochées les unes des autres et qu'elles ne se recouvraient que sur une portion assez limitée de leur surface : autrement, leurs contours n'apparaîtraient pas avec autant de netteté et sur une aussi grande étendue.

Ces écailles paraissent avoir été relativement minces, car la lame charbonneuse qui les représente, et qui subsiste, en partie du moins, sur quelques-unes d'entre elles, ne mesure qu'une faible épaisseur. Elles se montrent marquées de plis longitudinaux peu nombreux, plus ou moins continus, faiblement saillants, à peu près parallèles à leurs bords (voir la figure grossie 15 a, Pl. L), un peu plus visibles, à ce qu'il semble, sur l'empreinte laissée par elles sur la roche que sur la lame charbonneuse elle-même, d'où il résulte que ces plis devaient être plus accusés sur la face externe que sur la face interne de l'écaille.

Enfin, sur quelques points de l'échantillon où la région inférieure de certaines écailles est demeurée conservée sous forme de lame charbonneuse, un examen attentif m'a fait découvrir sur celle-ci des empreintes ovoïdes allongées, très légèrement déprimées, à contour bien délimité, mesurant 5 millimètres environ de longueur sur $1^{mm},5$ à $1^{mm},7$ de largeur, indiquant, à n'en pas douter, la présence de graines fixées sur la face interne des écailles, un peu au-dessus de leur base. Sur la moins incomplète de ces écailles, on distingue nettement la place de deux graines, l'une presque contiguë au bord latéral et très voisine de la base, l'autre un peu plus éloignée de la base et placée sur l'axe même de l'écaille ; de l'autre côté de celle-ci devait exister nécessairement une troisième graine symétrique de la première ; mais la lame charbonneuse manque dans la région où elle devrait se trouver. Sur une autre écaille, la lame charbonneuse est conservée sur toute la largeur, mais seulement à l'extrême base et sur une très faible longueur, montrant l'extrémité inférieure des deux graines basilaires, tandis qu'on ne voit rien de la graine médiane. L'examen des diverses parties de l'échantillon ne laisse d'ailleurs aucun doute sur la présence de ces trois graines, plusieurs écailles offrant parfois une seule et parfois deux d'entre elles ; il semble que la place de la graine médiane ait été très légèrement variable, tantôt un peu plus rapprochée et tantôt un peu plus éloignée de la base, mais toujours comprise dans sa région inférieure entre les bords supérieurs des deux graines basilaires.

Il ne paraît pas douteux que les graines elles-mêmes aient été détachées, et que l'on n'ait sous les yeux que leurs emplacements, marqués par une légère

dépression à fond plat, à surface très finement chagrinée, et à contour nettement délimité; il n'existe latéralement aucune trace pouvant indiquer la présence d'une aile, et l'on peut conclure que ces graines n'étaient pas ailées.

Les figures grossies de la Planche F (fig. 2) reproduisent, du reste, ces détails,
qui m'avaient échappé au premier examen et qui ne se distinguent que très
imparfaitement sur les figures 15 et 15 a de la Planche L, bien qu'on puisse, à
la loupe, reconnaître pourtant sur la figure 15, à 8 centimètres au-dessus de sa
base et à 15 millimètres du bord de droite, deux de ces graines situées sur une
même écaille; de même à la partie inférieure droite de la principale écaille
de la figure 15 a, on peut voir, sur ce qui reste de la lame charbonneuse, la
moitié inférieure du contour elliptique correspondant à l'une de ces graines.

On a donc affaire là à un cône à écailles polyspermes, portant des graines
sur leur face supérieure, c'est-à-dire offrant les caractères essentiels d'un cône
de Conifère. Au surplus, l'aspect général, la forme cylindrique qu'il présente,
le peu d'épaisseur de ses écailles, étaient de nature à faire songer à une Conifère
beaucoup plutôt qu'à une Cycadinée, et si l'échantillon eût été recueilli à un
niveau plus élevé, dans le Tertiaire par exemple, on eût à peine hésité à le
rapprocher des Abiétinées et plus particulièrement des *Picea*, parmi lesquels
on pourrait trouver des formes à beaucoup d'égards analogues. Mais tout en
étant frappé de cette ressemblance apparente, le premier examen que j'en avais
fait ne m'y ayant révélé aucun détail caractéristique de structure, il m'avait paru
préférable de n'en pas préjuger l'attribution et de le classer simplement sous
le nom générique largement compréhensif de *Conites*. La constatation que j'ai
faite, postérieurement à l'impression des légendes explicatives de l'Atlas de
planches, de la présence de graines sur la face supérieure des écailles ne me
permet plus aujourd'hui d'hésiter sur son classement, et la disposition de ces
graines, réunies par trois à la base de chacune des écailles, me paraît constituer
un caractère assez net, joint à la forme allongée du cône et au peu d'épaisseur
relative de ces écailles, pour justifier la création d'un nouveau nom générique.

Il est malheureusement impossible de fixer la position systématique de ce
genre dans la classe des Conifères, l'examen de l'échantillon ne fournissant
aucun renseignement certain sur la constitution même des écailles, c'est-à-dire
sur les rapports qui existaient entre la bractée-mère et l'écaille ovulifère; on
observe cependant, sur quelques écailles, vers le tiers supérieur de leur longueur, une sorte d'épaississement suivant un contour général ogival, légère-

ment incisé et comme trilobé (voir les écailles de la figure 2, Pl. F, en *x*;
voir également, sur la figure 15, Pl. L, l'écaille située à l'extrême base du cône,
immédiatement à droite de l'axe), qu'on serait tenté de considérer comme correspondant au bord terminal d'une écaille ovulifère, soudée à la bractée-mère
et assez largement dépassée par elle, disposition qui serait de nature à faire
ranger ce cône parmi les Araucariées; il trouverait alors naturellement sa place
dans cette famille à côté du genre *Cunninghamia*, qui offre également des
écailles peu épaisses, avec trois graines sur chacune d'elles; mais on ne saurait
affirmer que telle soit réellement la constitution de ce cône, cet épaississement
apparent n'étant pas assez constant ni assez nettement accusé pour qu'on puisse
être sûr qu'il n'est pas accidentel et qu'on a bien affaire là à une écaille ovulifère soudée à la bractée-mère. Il serait possible, en effet, que les écailles de ce
cône, telles qu'on les voit sur l'échantillon de la figure 15, ne représentassent
que des écailles ovulifères et que, comme chez les Abiétinées, il y eût indépendance de l'écaille ovulifère et de la bractée-mère, et en outre avortement ou
notable réduction de cette dernière. Il faut donc, comme pour divers autres
cônes fossiles, se borner à classer cet échantillon parmi les Conifères, sans pouvoir en préciser plus étroitement les affinités.

Ce cône ne me paraît susceptible d'être rapproché d'aucun de ceux qui
ont été observés jusqu'ici sur le même niveau géologique. Peut-être cependant pourrait-on lui comparer un cône de Bjuf [1], malheureusement très imparfaitement conservé, mais qui lui ressemble un peu comme taille et comme
forme générale, et dont les écailles, également assez minces, d'après la description de M. Nathorst, se montrent aussi marquées de plis ou de stries à peu près
parallèles à leur axe longitudinal; mais ces stries semblent plus rapprochées que
les plis des écailles du *Triootepis Leclerei*, et de plus elles divergent et s'in-
curvent légèrement vers l'extérieur, ce qui n'a pas lieu chez ce dernier; le cône
de Bjuf paraît, en outre, avoir été plus épais et avoir eu les écailles plus serrées
et plus étroitement imbriquées; il ne semble donc pas qu'il puisse y avoir
identité spécifique. En tout cas, la constitution même du cône figuré par
M. Nathorst demeurant inconnue, et la forme même de ses écailles étant
indiscernable, il est impossible de préjuger les rapports qu'il pourrait avoir,
au point de vue générique, avec celui que je viens de décrire, et je ne le
mentionne ici que pour mémoire.

Rapports
et différences.

[1] A. G. Nathorst, *Floran vid Bjuf*, p. 111, pl. XXV, fig. 1-4.

L'espèce que je viens de décrire n'est représentée que par un seul échantillon, recueilli à Kébao, sans spécification plus précise de la provenance, par M. Leclère, Ingénieur en chef au Corps des Mines, à qui je me suis fait un plaisir de la dédier.

Peut-être cependant faudrait-il lui rapporter également une autre empreinte, très fragmentaire, récoltée à Gia-Ham, près Hatou, par M. Sarran, qui montre une portion de cône également cylindrique, à écailles dressées et peu épaisses; ces écailles semblent, il est vrai, plus étroitement imbriquées et moins nettement plissées en long, mais l'échantillon est trop incomplet et la conservation en est trop imparfaite pour qu'on puisse se prononcer avec certitude pour ou contre l'identité spécifique.

Cônes de Gymnospermes.

Genre CONITES Sternberg.

1824. **Conites** Sternberg, *Ess. Fl. monde prim.*, 1, fasc. 3, p. 40; fasc. 4, p. xxxix. Seward, *Wealden Flora*, pt. 11, p. 113.

Cônes de forme ovoïde ou cylindrique, formés d'écailles plus ou moins saillantes, parfois plus ou moins imbriquées, mais n'offrant pas de caractères suffisamment précis pour qu'il soit possible de reconnaître s'ils appartiennent aux Cycadinées ou aux Conifères.

Ainsi que je l'ai dit un peu plus haut, il a été trouvé dans la formation charbonneuse du Bas-Tonkin, en outre du *Trivolepis Leclerei*, quelques cônes qui appartiennent évidemment soit à des Cycadinées, soit à des Conifères, mais sans qu'il soit possible de déterminer à laquelle de ces deux classes ils doivent être rapportés, la constitution interne en étant indiscernable, tout au moins en ce qui regarde les détails dont l'observation serait indispensable à cette détermination. Certains d'entre eux, en particulier ceux qui sont représentés sur les figures 10 à 12 de la Planche L, offrent plutôt, au premier coup d'œil, l'apparence de cônes de Conifères que de cônes de Cycadinées, mais on ne saurait évidemment se fier aux caractères tirés du seul aspect extérieur, et il est clair qu'en l'absence de renseignements sur leur constitution on doit s'abstenir de trancher la question de l'attribution en faveur de l'une plutôt que de l'autre des deux classes de Gymnospermes entre lesquelles il y aurait à faire un choix. Aussi ai-je réuni ces cônes, suivant l'exemple de M. Seward, sous le nom générique largement compréhensif employé par Sternberg dès 1826 pour toute une série d'échantillons de nature et de provenance diverses, dont les uns étaient incontestablement des strobiles de Conifères, tandis que d'autres étaient signalés par lui comme paraissant devoir appartenir plutôt aux Cycadinées.

Il n'est pas inutile d'ajouter que sous ce nom de *Conites* peuvent se trouver comprises, le cas échéant, aussi bien des inflorescences mâles que des inflorescences femelles, les caractères extérieurs ne permettant pas toujours de se rendre compte si l'on a affaire aux unes ou aux autres.

CONITES CHARPENTIERI n. sp.

Pl. L, fig. 13, 14, 9 (*Conites* sp.).

Cônes ovoïdes plus ou moins allongés, larges de 18 à 20 millimètres sur 30 à 35 millimètres de longueur, composés d'*écailles* disposées en séries obliques, *terminées en un écusson saillant affectant la forme d'une pyramide ou d'un tronc de pyramide à base plus ou moins hexagonale* de 2^{mm},5 à 3 millimètres de diamètre.

Description de l'espèce.

Les figures 13 et 14 de la Planche L représentent les deux échantillons sur lesquels j'établis cette espèce; l'un, celui de la figure 14, montre un cône presque complet, la courbure des contours latéraux annonçant le voisinage du sommet et dénotant une forme générale ellipsoïdale; les écailles sont exactement contiguës, limitées chacune par un contour hexagonal quelque peu irrégulier, offrant deux côtés à peu près verticaux et constituant la base d'une protubérance pyramidale à arêtes généralement mousses. L'autre échantillon, fig. 13, qui provient de la même plaque, ne consiste qu'en un fragment de cône, à écailles en parties disjointes, mais bien conservées; quelques-unes de celles-ci présentent une sorte de léger bourrelet marginal ou un étroit replat encadrant la base de la protubérance pyramidale, laquelle se termine tantôt en une pointe mousse, tantôt en une troncature plane à contour hexagonal.

Remarques paléontologiques.

L'aspect de ce cône, avec ses écailles disposées en files obliques et terminées en une pyramide parfois tronquée, à base plus ou moins hexagonale, ne laisse pas de rappeler celui des cônes femelles de diverses espèces vivantes d'*Encephalartos*, à cela près toutefois que les dimensions de toutes les parties sont beaucoup plus petites. Mais cette ressemblance purement extérieure ne suffit évidemment pas pour permettre d'affirmer qu'on ait affaire là à un cône de Cycadinée, la structure interne demeurant inconnue.

Quelques échantillons des mêmes gisements ont offert, il est vrai, des cônes de même grandeur et à peu près de même forme, fendus en long suivant l'axe, tel que celui de la figure 9, Pl. L. L'un de ces échantillons, recueilli par M. Sarran dans ses recherches du périmètre Émile, près de Dong-Trieu, montre d'un côté une portion de section longitudinale identique à celle de la figure 9, mais moins bien conservée, tandis que sur le reste de son étendue il offre l'empreinte en creux laissée sur la roche par la surface externe du cône; or, le moulage de cette empreinte m'a fourni un relief absolument semblable à l'échantillon fig. 14, avec des écailles terminées en un écusson pyramidal à base à peu près hexagonale, à arêtes plus ou moins mousses, à sommet paraissant parfois légèrement tronqué. J'ai pu ainsi reconnaître ces échantillons vus en section longitudinale comme appartenant à la même espèce que les échantillons des figures 14 et 13; malheureusement, aucun d'entre eux n'est assez bien conservé pour qu'on puisse en discerner clairement la structure interne. On y reconnaît un axe de 2^{mm},5 à 3 millimètres de diamètre, portant, ainsi qu'on peut le voir sur la figure 9, des cicatrices ou plutôt des saillies ponctiformes disposées en files obliques et correspondant aux points d'attache des écailles. Celles-ci sont insérées à peu près normalement à l'axe, sauf vers les extrémités, où elles sont dirigées plus obliquement; elles semblent formées d'un axe quelque peu renflé à la base, plus étroit ou peut-être aplati transversalement dans sa région moyenne, puis s'épaississant à son extrémité libre correspondant à l'écusson terminal; mais il est impossible de reconnaître avec certitude la présence de graines, bien qu'il ne semble pas douteux qu'on ait affaire ici à des cônes femelles. Le renflement basilaire de l'écaille, tel qu'on l'observe en quelques points, particulièrement sur l'échantillon fig. 9 (voir la figure grossie 9 *a*, vers le haut), pourrait faire croire à la présence d'une graine ovoïde fixée sur l'écaille elle-même suivant son axe et faisant plus ou moins corps avec elle, de manière à rappeler la constitution des cônes d'Araucariées. Sur d'autres échantillons, au contraire, ou même simplement sur d'autres points de l'échantillon fig. 9, on observe, au voisinage de l'extrémité libre de l'écaille, tantôt des restes charbonneux plus épais, tantôt une empreinte ovoïde en creux, qui sembleraient corres-

pondre à la présence de graines fixées le long des écailles et peut-être
attachées par paires contre le renflement terminal, une de chaque côté de
l'axe, comme chez les Zamiées. Je ne serais pas éloigné de croire qu'il en
est réellement ainsi et que, comme pouvait le donner à penser l'analogie de
l'aspect extérieur avec celui des cônes d'*Encephalartos*, ces cônes appartiennent
bien à des Cycadinées; mais la conservation en est trop imparfaite pour
qu'on puisse, même par un examen minutieux et une comparaison attentive
des échantillons, tirer de ceux-ci aucune conclusion certaine.

Peut-être remarquera-t-on que dans les diverses localités où ont été trouvés
ces cônes ont été rencontrées aussi des frondes de *Pterophyllum Münsteri*,
mais comme celles-ci sont répandues dans toute la formation charbonneuse
du Bas-Tonkin et qu'il n'est guère de points où leur présence n'ait été constatée, on ne saurait attacher d'importance sérieuse à cette coïncidence.

Par la forme hexagonale, souvent assez régulière, de ses écailles, le *Conites*
Charpentieri ne laisse pas d'offrir quelque analogie avec les épis fructificateurs
des *Equisetum*, mais il est visible que ses écailles sont beaucoup plus fermes,
de consistance plus ligneuse, et, en outre, elles ne sont pas rangées en verticilles, de sorte qu'il n'y a aucune possibilité de confusion.

Rapports
et différences.

Parmi les divers appareils fructificateurs connus à l'état fossile, ceux qui
me paraissent offrir avec ces cônes les affinités les plus étroites sont ceux dont
je les avais rapprochés sur la légende explicative de la Planche L et qui ont
été décrits par Heer, dans ses études sur la flore jurassique de la Sibérie, sous
le nom de *Kaidacarpum sibiricum*[1]; ils sont, en effet, formés également
d'écailles à peu près normales à l'axe, terminées en un écusson saillant en
forme de tronc de pyramide à base hexagonale; il n'y a pas, toutefois, identité
spécifique, les cônes de Sibérie étant plus allongés et leurs écailles étant plus
régulièrement et plus largement tronquées au sommet. La structure interne
n'en est malheureusement pas discernable, et l'attribution exacte en demeure
par conséquent incertaine, bien qu'il ne semble pas douteux, d'après ce qu'on
sait aujourd'hui de la constitution de la flore jurassique, qu'ils ne doivent pas
appartenir à des Pandanées, comme l'avait admis Heer : toutes les attributions analogues ont dû, en effet, être successivement rectifiées, et tout
porte à croire que ce sont là des cônes de Gymnospermes, dont les affinités
me semblent être plutôt avec les Cycadinées qu'avec les Conifères. En tout

[1] O. Heer, *Jura-Flora Ost-Sibiriens*, p. 84, pl. XV, fig. 10-16 (an fig. 9?); *Nachträge zur
Jura-Flora Sibiriens*, p. 29, pl. I, fig. 4 b; pl. IX, fig. 6 a, 6 c.

cas, ils ne me paraissent pas assimilables génériquement aux échantillons de l'Oolithe ou de l'Infracrétacé d'Angleterre sur lesquels Carruthers a établi son genre *Kaidacarpum* [1].

Si imparfaite que soit leur conservation et si peu renseignés que nous soyons sur leur véritable constitution, les cônes du Bas-Tonkin que je viens de décrire m'ont paru cependant offrir des caractères extérieurs assez bien définis et assez aisément reconnaissables pour mériter de faire l'objet d'une dénomination spécifique distincte, et je suis heureux de pouvoir consacrer à cette dénomination le nom de M. H. Charpentier, Ingénieur civil des Mines, en témoignage de reconnaissance pour les excellents renseignements qu'il a bien voulu me communiquer sur les gisements de Kébao ainsi que sur ceux des environs de Dong-Trieu.

Provenance. Le *Conites Charpentieri* a été trouvé dans les différents centres d'exploitation du Bas-Tonkin, mais représenté seulement par un ou deux échantillons dans chaque localité.

Mines de Kébao : mine Rémaury, couche Y (échantillon d'attribution un peu douteuse).

Mines de Hongaÿ. Système de Hatou : Hatou, mur de la Grande couche. — Système de Nagotna : vallée orientale de l'OEuf, galerie Léonice.

Île Hongaÿ.

Île du Sommet Buisson, tranchée en avant de la galerie Jean.

Mines de Dong-Trieu : périmètre Émile, mur de la couche B.

CONITES sp.

Pl. L, fig. 11.

Description de l'échantillon. Cône ovoïde allongé, effilé en pointe vers le sommet, long de 17 millimètres sur 10 millimètres de largeur, composé d'écailles imbriquées à contour indiscernable, paraissant terminées en pointe assez aiguë, et porté par un pédoncule de 1 millimètre de largeur, marqué de stries longitudinales irrégulières.

Remarques paléontologiques. Le petit cône représenté sur la figure 11 de la Planche L m'a paru, ainsi que les deux autres échantillons dont la description va suivre, mériter d'être signalé et figuré, malgré l'impossibilité, résultant d'une trop imparfaite conser-

[1] W. Carruthers, *British Fossil Pandaneœ* (*Geol. Magaz.*, 1868, p. 156).

vation, d'y distinguer des caractères assez nets pour leur attribuer une valeur spécifique.

On voit qu'il s'agit là d'un cône ovoïde, assez longuement pédonculé, à base arrondie, à sommet obtusément aigu; les écailles qui le constituent sont, évidemment, étroitement imbriquées, mais il est impossible de se rendre compte de leur forme individuelle : elles paraissent bien positivement se relever en une pointe dressée verticalement, plus ou moins appliquée sur la surface même du cône, et il semble en quelques points, notamment vers le sommet de l'échantillon, qu'on discerne le contour de la pointe terminale, large de 1 millimètre à 1ᵐᵐ,5 sur 2 à 3 millimètres de hauteur, aiguë au sommet et carénée sur le dos; malheureusement, ces écailles sont tellement écrasées, presque fondues en une masse unique, qu'on ne peut rien affirmer quant à la réalité de ces contours.

Il est impossible, dans ces conditions, de préjuger l'attribution de ce cône, qui pourrait appartenir aux Cycadinées tout aussi bien qu'aux Conifères : certaines Cycadinées vivantes, comme les *Macrozamia* et les *Dioon*, ont en effet leurs cônes femelles formés d'écailles terminées par un limbe dressé plus ou moins développé, et s'imbriquant mutuellement, du moins dans le genre *Dioon*; on pourrait, d'autre part, trouver parmi les Conifères, notamment chez les Abiétinées, des cônes offrant un aspect extérieur très analogue, et je mentionnerai, en particulier, certains cônes du Jurassique de la Sibérie décrits par Heer sous le nom générique d'*Elatides*; mais il faudrait être en possession d'empreintes mieux conservées et surtout d'échantillons montrant leur structure interne, pour pouvoir apprécier à quelle classe de Gymnospermes doit être rapporté ce type de cône, auquel il me paraît au moins inutile d'attribuer un nom spécifique, étant donné l'impossibilité d'en préciser les caractères.

Ce cône diffère du *Conites Charpentieri*, outre ses dimensions beaucoup moindres, par ses écailles imbriquées et relevées en une pointe dressée plus ou moins allongée; il se rapproche par là des deux formes qui vont suivre (Pl. L, fig. 10 et 12), mais il paraît en différer par sa forme plus effilée vers le haut, par ses écailles plus étroites et plus aiguës, à ce qu'il semble du moins, ainsi que par sa taille sensiblement plus petite.

Il ne laisse pas, d'autre part, de ressembler quelque peu aux *Elatides parvula* Heer[1] et *Elat. ovalis* Heer[2] du Jurassique de la Sibérie; il est moins

Rapports et différences.

[1] O. Heer, *Jura-Flora Ost-Sibiriens*, p. 78, pl. XIV, fig. 5.

[2] *Ibid.*, p. 77, pl. XIV, fig. 2, 2 b.

IMPRIMERIE NATIONALE.

large et un peu moins grand que la dernière de ces deux espèces, notablement plus grand au contraire et proportionnellement plus large que la première ; il semble, en outre, avoir des écailles beaucoup plus étroites que ne les ont les diverses espèces de cônes classées par Heer sous ce nom générique d'*Elatides*.

Provenance.
Cet échantillon a été recueilli par M. Sarran aux mines de Hongaÿ, dans les travaux de la mine Marguerite.

CONITES sp.

Pl. L, fig. 10.

Description de l'échantillon.
Cône ovoïde, long de 25 millimètres sur 18 millimètres de largeur, composé d'écailles imbriquées, vraisemblablement très serrées, à contour indiscernable, mais paraissant plus larges que hautes, et porté par un pédoncule de 2 millimètres à 2^{mm},5 de largeur, marqué de rides longitudinales irrégulières.

Remarques paléontologiques.
Le cône que reproduit la fig. 10 de la Planche L affecte une forme nettement ovoïde, arrondie au sommet comme à la base ; il semble, d'après les déchirures transversales que présente la lame charbonneuse, qu'il ait été formé d'écailles imbriquées très rapprochées, assez développées en largeur, c'est-à-dire perpendiculairement à l'axe du cône, et relevées sans doute en une lame verticale à contour plus ou moins triangulaire, aiguë ou obtusément aiguë au sommet. Sur le bord extérieur, principalement vers le haut, du côté gauche, on voit ces écailles se recouvrir les unes les autres, offrant chacune une portion relevée d'environ 2^{mm},5 à 3 millimètres de hauteur, mais à contour impossible à suivre dans le sens transversal.

Au point de vue de l'attribution, je ne pourrais que répéter ce que j'ai dit de l'échantillon précédent, à savoir, qu'il est impossible de saisir un caractère permettant de l'attribuer à l'une plutôt qu'à l'autre des deux classes des Cycadinées et des Conifères, bien qu'il ne laisse pas de rappeler un peu par son aspect extérieur certains cônes de Conifères, tels que ceux des *Sequoia*.

Rapports et différences.
Ce cône diffère de celui qui précède à la fois par sa forme plus ovoïde et par ses écailles proportionnellement plus courtes et effilées en pointe moins aiguë, pour autant du moins qu'on peut en juger. Il se rapproche davantage, semble-t-il, de celui qui va suivre, bien que sa forme plus ovoïde, son apparence moins épaisse, ne me paraissent pas permettre de le considérer comme appartenant à la même espèce.

Cet échantillon provient des mines de Hongaÿ : Hatou, grand banc de schistes intercalé dans la Grande couche.

CONITES sp.

Pl. L, fig. 12.

Cône ovoïde-cylindrique, large de 20 à 22 millimètres sur 4 centimètres au moins de hauteur, composé d'écailles imbriquées très épaisses, à contour indiscernable, et porté par un pédoncule de 6 à 7 millimètres de largeur, marqué de rides longitudinales irrégulières.

Ce cône est représenté, du moins sur une partie de son étendue, par une lame charbonneuse très épaisse, à la surface de laquelle il est impossible de distinguer avec quelque précision les contours des écailles. On se rend compte cependant que celles-ci devaient être plus ou moins imbriquées, et sur quelques points, principalement dans la partie inférieure, sur l'empreinte laissée sur la roche par la portion disparue de la lame charbonneuse, ainsi que vers le haut, sur la lame charbonneuse elle-même, on aperçoit des groupes de rides longitudinales quelque peu divergentes, visibles d'ailleurs sur la fig. 12 de la Planche L, qui ne semblent pas accidentelles, et qu'il est naturel de regarder comme correspondant à des plis existant sur la surface externe des écailles. Le pédoncule lui-même parait avoir été très épais.

Le cône est incomplet dans sa région supérieure ; il semble, cependant, que le bord gauche en soit encore intact dans la partie où il commence à s'incurver vers le haut, de sorte que le sommet réel serait peu éloigné du point où la lame charbonneuse se montre interrompue ; il aurait eu en ce cas une forme générale cylindro-ovoïde de longueur à peu près double du diamètre.

De même que pour les deux échantillons qui précèdent, rien ne permet de déterminer avec certitude si l'on a affaire ici à une Cycadinée ou à une Conifère.

On peut cependant se demander si ce cône ne devrait pas être rapproché d'un cône du Rhétien de Pålsjö, décrit par M. Nathorst [1] sous le nom de *Pinites* ou *Pinus Lundgreni* (*Protolarix Lundgreni* Saporta [2]), et qui, à raison des graines

[1] A. G. Nathorst, *Bidrag till Sveriges fossila Flora*, p. 63, pl. XV, fig. 1-2 (*Pinites Lundgreni*); *Beiträge zur fossilen Flora Schwedens*, p. 31 (*Pinus Lundgreni*), pl. XV, fig. 1, 2.

[2] Saporta, *Plantes jurassiques*, III, p. 469, pl. CLXXXVIII, fig. 3.

ailées auxquelles il est associé, semble pouvoir être rapporté aux Abiétinées : outre, en effet, que la taille et la forme générale concordent assez exactement, du moins si l'on compare l'échantillon du Tonkin à la figure 1, pl. XV, de M. Nathorst, on remarque sur les écailles du *Pinites Lundgreni* des rides longitudinales qui ne laissent pas de rappeler les rides ou les plis que j'ai signalés sur les écailles du cône de la figure 12, Pl. L ; toutefois ces dernières semblent avoir été sensiblement plus épaisses, et comme il est impossible de se rendre un compte tant soit peu net de leur forme, il n'y a pas à songer à une identification, et l'on ne peut même affirmer qu'il y ait une analogie réelle avec le cône de Scanie.

Ce cône de la figure 12, Pl. L, paraît, d'autre part, différer de celui de la figure 10 de la même Planche par sa forme plus allongée, plus cylindrique, par l'épaisseur plus grande de ses écailles, en même temps que par ses dimensions sensiblement plus grandes. Je ne crois donc pas qu'on puisse les considérer comme appartenant l'un et l'autre à une même espèce, bien que les différences de forme aussi bien que de taille soient loin d'avoir toujours une valeur spécifique, et que l'épaisseur plus ou moins grande de la lame charbonneuse puisse elle-même dépendre du degré de maturité auquel l'organe était arrivé. Au surplus, comme aucun d'entre eux ne me paraît susceptible de recevoir un nom spécifique, la question de leurs rapports mutuels n'offre qu'un intérêt secondaire.

Provenance. Cet échantillon provient des mines de Hongaÿ et a été, comme le précédent, recueilli à Hatou, dans le grand banc de schiste intercalé dans la Grande couche.

Bois de Gymnospermes.

Genre ARAUCARIOXYLON Kraus.

1870. **Araucaroxylon** Kraus, *in* Schimper, *Trait. de pal. vég.*, II, p. 380.
1870. **Araucarioxylon** Kraus, *ibid.*, p. 381-385.

Bois formé de trachéides munies sur leurs faces radiales de ponctuations aréolées contiguës entre elles, tantôt unisériées, tantôt plurisériées, et, dans ce cas, à aréoles hexagonales.

ARAUCARIOXYLON ZEILLERI Crié.

1889. **Araucarioxylon Zeilleri** Crié, *Exp. univ. de Paris en 1889*, *Paléont. des colonies franç. et des pays de protectorat*, p. 15, 17 (*nomen nudum*).

M. Crié a mentionné sous ce nom, sans le décrire ni le figurer, un bois fossile provenant de Kébao, dont il exposait en 1889, d'après le catalogue publié par lui à cette époque, des coupes transversale, radiale et tangentielle, reproduites au grossissement de 110 diamètres. C'est, à ma connaissance, le seul échantillon de bois fossile qui ait été jusqu'à présent signalé dans les gisements du Bas-Tonkin, et l'on ne peut que regretter de n'avoir pas à son sujet des renseignements circonstanciés : il eût été intéressant en particulier d'en connaître la provenance exacte, afin de provoquer de nouvelles recherches sur le point où il a été trouvé, dans l'espoir d'y rencontrer peut-être d'autres débris végétaux à structure conservée; malheureusement, M. Crié n'a eu lui-même aucun détail à cet égard, l'échantillon, recueilli par M. Vézin, négociant à Haï-Phong, lui ayant été envoyé comme trouvé dans le bassin de Kébao, sans autre indication.

D'après une communication que je dois à l'obligeance de l'éminent Professeur de Rennes, ce bois fossile se rapprocherait de l'*Araucarioxylon koreanum* Felix [1], lequel présente, en coupe radiale, des trachéides à ponctuations uni-sériées; il y a lieu de penser, d'après cela, qu'il s'agit d'un véritable *Araucarioxylon*, en prenant ce terme générique dans le sens restreint qu'il convient de lui donner, d'accord avec MM. Felix [2] et Knowlton [3], exclusion faite notamment des bois de Cordaïtées, qui offrent toujours des ponctuations plurisériées. Peut-être y aurait-il un rapprochement à faire entre ce bois, qui appartient suivant toute vraisemblance à une Araucariée véritable, et le *Trioolepis Leclerei* dont j'ai signalé plus haut les affinités possibles avec les Araucariées, et qui provient également de Kébao; mais on ne peut évidemment, surtout l'attribution de ce cône aux Araucariées n'étant rien moins qu'établie, faire à cet égard que de simples conjectures. Il est à souhaiter, en tout cas, que M. Crié fasse un jour connaître avec plus de détails cette nouvelle forme spécifique de bois fossile.

---

[1] J. Felix, *Untersuchungen über fossile Hölzer*, 3ter Stück (*Zeitsch. deutsch. geol. Gesellschaft*, XXXIX, p. 518-519, pl. XXV, fig. 1).

[2] J. Felix, *Untersuchungen über den inneren Bau westfälischer Carbon-Pflanzen*, p. 209.

[3] F. H. Knowlton, *A revision of the Genus Araucarioxylon of Kraus*, p. 605-606.

Échantillons d'affinités incertaines.

————

Il me reste à mentionner ici quelques empreintes dont la position systématique ne peut être précisée, et dont l'interprétation même, du moins pour certaines d'entre elles, demeure absolument indécise, mais qui m'ont paru cependant mériter d'être signalées, ne serait-ce que pour appeler l'attention sur elles, avec l'espoir de susciter peut-être de nouvelles découvertes susceptibles de fournir à leur égard des renseignements plus complets.

ÉCAILLES.

Pl. L, fig. 8.

Description des échantillons. Écailles triangulaires-lancéolées, brusquement tronquées à leur base, à bords latéraux légèrement arrondis à la partie inférieure, rétrécies au sommet en pointe très aiguë, larges de 6 à 10 millimètres sur 10 à 15 millimètres de longueur, parcourues par de fines nervures longitudinales parallèles, simples ou parfois bifurquées sous des angles très aigus, espacées de $0^{mm},20$ à $0^{mm},25$.

Remarques paléontologiques. La figure 8 de la Planche L montre, l'une à côté de l'autre, deux de ces écailles, dont j'ai observé plusieurs échantillons, provenant tous de la région de Hongaÿ et ne variant, tant comme forme que comme dimensions, que dans des limites assez resserrées; la troncature basilaire est tantôt tout à fait rectiligne, tantôt légèrement convexe vers le haut; parfois la lame charbonneuse qui représente le limbe de l'écaille se prolonge un peu au-dessous de cette ligne de troncature, comme s'il y avait eu décurrence sur le support; c'est ce qu'on voit notamment à la base de l'écaille située à gauche de la figure 8, tandis que celle de droite s'arrête à la ligne parfaitement droite qui semble correspondre à l'insertion. Le limbe, légèrement bombé, présente à sa base des contours latéraux plus ou moins arrondis, puis il s'effile vers le sommet en pointe aiguë, plus ou moins allongée; il est parcouru par de très fines nervures parallèles, au nombre de 4 à 5 par millimètre, qui paraissent en général absolument simples; il semble cependant que quelques-unes d'entre elles se bifurquent un peu au-dessus de leur base, mais très exceptionnellement.

Il me paraît probable qu'on a affaire là à des écailles gemmaires, et peut-être appartiendraient-elles au *Nœggerathiopsis Hislopi :* leur nervation, bien que beaucoup plus fine et plus serrée, est en effet du même type que celle des feuilles de cette espèce, et leur mode de troncature basilaire est en même temps conforme à celui qu'on observe chez ces dernières; j'ajoute qu'elles ont été généralement trouvées associées à ces feuilles, mais cette association ne constitue pas un argument bien sérieux en faveur de la dépendance mutuelle, le *Nœggerathiopsis Hislopi* s'étant montré sur presque tous les points où ont été récoltées des empreintes. Ce qui plaiderait davantage en faveur de cette attribution, c'est que Feistmantel a observé dans les Lower Gondwanas de l'Inde, particulièrement dans le South Rewah, des écailles très analogues à celles-ci[1], mais de dimensions plus grandes, avec des nervures plus fréquemment bifurquées, et se rapprochant ainsi davantage des feuilles normales du *Nœgg. Hislopi*, auquel il incline également à les rapporter. Toutefois il est impossible, pour les unes comme pour les autres, de rien affirmer, et il m'a paru plus prudent de laisser indécise l'attribution de celles que j'ai observées dans les gisements du Bas-Tonkin.

Divers échantillons de ces écailles ont été, comme je l'ai dit, récoltés dans la région de Hongaÿ; je n'en ai pas observé jusqu'ici parmi les empreintes de Kébao, non plus que de Dong-Trieu.

Mines de Hongaÿ, système de Hatou : Grande couche, grand banc de schiste; mine Marguerite; chemin des Singes.

Île du Sommet Buisson, galerie Jean.

Provenance.

ÉCHANTILLON D'ATTRIBUTION INCERTAINE.

Pl. L, fig. 7.

Bande charbonneuse de 5 à 7 millimètres de largeur, plissée transversalement, à bord externe paraissant irrégulièrement denté ou frangé, circonscrivant une aire centrale à contour elliptique très allongé, de 5 à 6 millimètres de largeur sur 25 millimètres de longueur, tronquée à un bout, à surface finement chagrinée.

Description de l'échantillon.

L'échantillon représenté sur la figure 7 de la Planche L montre une sorte de collerette, formée d'une mince lame charbonneuse, marquée de plis transversaux irréguliers espacés d'environ $0^{mm},5$, à bord externe mal défini, mais paraissant denté ou frangé, et insérée par son bord interne sur le pour-

Remarques paléontologiques.

---

[1] O. Feistmantel, *Fossil Flora of the Gondwana System*, IV, pt. 1, p. 42, pl. XIV, fig. 4, 5, 7, 8, 10.

tour d'une aire centrale finement grenue ou chagrinée, large de 5 à 6 millimètres, tronquée vers le bas, incomplète, mais visiblement arrondie à son autre extrémité; bien que l'échantillon soit interrompu du côté supérieur comme du côté inférieur, on constate, en effet, que cette aire centrale se rétrécit rapidement vers le haut, et la direction de plus en plus oblique des plis de la collerette ne permet pas de douter que celle-ci entourait complètement l'aire centrale, au moins de ce côté.

Quelle que soit l'interprétation à lui donner, on voit donc que cet échantillon correspond à un axe central à surface grenue ou chagrinée, qui n'a laissé que son empreinte, mais qui était pourvu d'une collerette marginale plissée, d'une certaine consistance, laquelle a été conservée, au moins en partie, sous la forme d'une lame charbonneuse demeurée adhérente à la roche. Ainsi constitué, l'échantillon rappelle certaines empreintes d'inflorescences de Cycadinées, ou, pour être plus précis, de Bennettitées, dans lesquelles, autour d'une région centrale à contour circulaire ou elliptique, se montre une collerette marginale plus ou moins large, marquée de plis dirigés suivant le rayon. D'après les observations récentes de M. G. R. Wieland[1], cette collerette représenterait la base commune d'une série de frondes modifiées, situées à une même hauteur, à pétioles soudés entre eux à leur partie inférieure et composant l'inflorescence mâle. Dans tous les cas, on connaît un certain nombre de ces empreintes, de diverses provenances, qui ont été généralement rapportées au genre *Williamsonia*[2], et dont l'une surtout, *Will. Forchhammeri* Nathorst, du Lias inférieur de Bornholm[3], avec sa région centrale d'apparence grenue, ne laisse pas d'offrir une réelle analogie d'aspect avec l'échantillon que je viens de décrire, à cette différence près que la forme générale n'est pas la même, l'échantillon figuré par M. Nathorst offrant un contour circulaire ou largement elliptique, tandis que celui de la figure 7, Pl. L, est allongé en forme de bande, arrondie seulement à l'extrémité. Incomplet comme il l'est, avec la cassure qui l'interrompt à la partie inférieure, il est évidemment impossible de rien affirmer à son sujet, mais j'inclinerais à penser qu'on a également affaire ici à une base d'inflorescence de *Williamsonia*, dont l'axe

[1] G. R. Wieland, *A study of some American fossil Cycads*, pl. IV, p. 424.
[2] *Fossil Flora of the Gondwana System*, 1, pl. 1, p. 32, pl. XXXII, fig. 12; pl. 2, p. 127, 128. — Nathorst, *Några anmärkingar om Williamsonia*, p. 41, 51, pl. VIII, fig. 7. — Seward, *Wealden Flora*, pl. II, p. 163, pl. XI, fig. 4.
[3] Nathorst, *loc. cit.*, pl. VIII, fig. 7.

central aurait été aplati latéralement avant de laisser son empreinte sur la roche, et se serait terminé, comme cela paraît avoir lieu chez le *Will. Forchhammeri*, par un réceptacle très faiblement saillant, et non prolongé en spadice conique; du moins cette interprétation me semble-t-elle la plus vraisemblable qui puisse être mise en avant. Elle demeure néanmoins trop incertaine pour que j'aie cru pouvoir inscrire cet échantillon parmi les Cycadinées comme appartenant avec une probabilité suffisante au genre *Williamsonia*.

L'échantillon que je viens de décrire provient des mines de Hongay, système de Hatou : mur de la Grande couche, à Hatou.

Provenance.

ÉCHANTILLON D'ATTRIBUTION PROBLÉMATIQUE.

Pl. L, fig. 20.

1886. Zeiller, *Bull. Soc. Géol. Fr.*, XIV, p. 461, pl. XXV, fig. 5.

Fragments d'axes légèrement flexueux, larges d'environ 3^{mm},5, portant deux séries longitudinales rapprochées de petits corps ovoïdes de 2^{mm},5 à 3 millimètres de longueur sur 1^{mm},5 à 2 millimètres de largeur, tantôt contigus, tantôt distants de 0^{mm},5 à 1 millimètre sur une même série, tantôt alternant d'une série à l'autre, tantôt situés à peu près à la même hauteur.

Description de l'échantillon.

Ainsi qu'on peut le voir sur les figures 20 et 20 a de la Planche L, les corps ovoïdes qui viennent d'être mentionnés sont limités sur leur pourtour externe par une sorte de bourrelet saillant, et à chacun d'eux correspond, sur l'axe auquel ils sont fixés, une dépression elliptique plus ou moins profonde, mais bien délimitée sur toute sa périphérie, de telle sorte qu'il ne semble guère admissible qu'on ait affaire là à des organes foliaires. Il me paraît probable en effet que, s'il s'agissait de feuilles charnues, plus ou moins analogues à celles des *Pagiophyllum* ou des *Brachyphyllum*, elles seraient moins nettement délimitées à leur base et n'offriraient pas une apparence aussi marquée d'indépendance par rapport à l'axe qui les porte; en outre, il ne semble pas douteux que ces corps soient disposés en deux séries longitudinales seulement, rapprochées l'une de l'autre sur une même face de l'axe qui leur sert de support, et non en plusieurs séries régulièrement réparties tout autour de cet axe comme le seraient des organes foliaires. Je ne crois donc pas, ainsi que je l'ai dit plus haut, qu'on puisse songer à voir là des débris de rameaux de Conifères.

Remarques paléontologiques.

Je croirais plutôt à des organes reproducteurs plus ou moins rapidement caducs, vraisemblablement à de petites graines, attachées de part et d'autre d'un axe muni de légères encoches latérales, et s'enchâssant en partie dans ces encoches, de manière à offrir une disposition comparable à celle des graines de *Cycas* le long de l'axe du carpophylle; peut-être même s'agirait-il ici de véritables carpophylles de Cycadées dont le limbe terminal stérile n'aurait pas été conservé; mais ce n'est là qu'une interprétation conjecturale, que je mets en avant sous toutes réserves.

Je dois rappeler cependant que, comme je l'avais dit en 1886, ces organes problématiques ne laissent pas de ressembler quelque peu à certaine empreinte des couches de Rajmahal dans l'Inde[1], présentant des axes portant de même deux séries de petits corps ayant l'apparence de graines, ou d'encoches leur correspondant, et que Feistmantel est également disposé à regarder comme des inflorescences ou fructifications de Cycadées.

J'avais également comparé jadis ces organes à certaines fructifications de Pålsjö figurées par M. Nathorst[2], avec lesquelles ils m'avaient semblé offrir quelque analogie; mais il ressort des détails donnés ultérieurement par l'auteur dans l'édition allemande de son travail[3] qu'il s'agit là d'épis portant plusieurs séries longitudinales de graines, et susceptibles d'être rapprochées des Taxinées, et plus particulièrement des Podocarpées. Les analogies que j'avais cru saisir étaient donc purement apparentes, et le rapprochement auquel j'avais songé ne saurait être maintenu.

Provenance.   L'échantillon que j'ai décrit et que représente la figure 20 de la Planche L avait été rapporté par M. Jourdy de la baie de Hongaÿ; il provient, d'après les indications données par M. Sarran, de l'île du Sommet Buisson.

Des empreintes d'apparence analogue se sont trouvées en outre sur une plaque de schiste provenant des mines de Hatou, du mur de la Grande couche; mais elles sont trop incomplètes et trop imparfaitement conservées pour qu'on puisse affirmer leur identité avec les fragments d'axes en question.

[1] O. Feistmantel, *Fossil Flora of the Gondwana System*, 1, pt. 2, p. 131, pl. XXXIX, fig. 5.
[2] A. G. Nathorst, *Bidrag till Sveriges fossila Flora*, p. 60, pl. XV, fig. 14-16.
[3] A. G. Nathorst, *Beiträge zur fossilen Flora Schwedens*, p. 27, pl. XV, fig. 14-16.

Fossiles animaux.

Bien que le présent travail soit essentiellement consacré à l'étude des végétaux fossiles des gîtes de charbon du Tonkin, il ne m'a pas paru qu'il fût hors
de propos d'y faire mention des quelques restes d'animaux fossiles, d'ailleurs
fort peu nombreux, qui ont été rencontrés dans les mêmes gisements, et
dont la description trouverait difficilement place ailleurs. Ils ne comprennent,
pour les gîtes du Bas-Tonkin, que quatre échantillons, dont l'un paraît être
un moule de coquille d'Ammonitidée, tandis que les trois autres sont des
empreintes d'ailes d'Insectes de la famille des Paléoblattariées.

COQUILLE D'AMMONITIDÉE?

Pl. LIII, fig. 4.

Moule charbonneux à contour général elliptique de 20 millimètres sur
15 millimètres, fortement aplati, obtusément caréné sur le bord externe,
déprimé au centre en un ombilic assez largement ouvert, occupant environ
le tiers du diamètre.

Ce moule est formé d'un corps aplati, enroulé en spirale plane à tours
légèrement embrassants, à section transversale ogivale sur le bord externe.

L'échantillon représenté sur la figure 4 de la Planche LIII a été trouvé par
M. Sarran dans la galerie d'allongement Ouest de la concession Schædelin
(mine de Trang-Bach), dans des schistes très pauvres en empreintes de plantes,
formant le toit d'une couche de charbon. Bien qu'entièrement charbonneux, il
n'adhérait pas à la roche ainsi que le font les fossiles végétaux, et a pu être
recueilli complètement isolé, comme il arrive souvent pour les coquilles,
surtout lorsqu'elles sont à l'état de moules internes.

Il semble bien, en effet, qu'on ait affaire ici à un moule d'une coquille enroulée en spirale plane, comme une coquille d'Ammonitidée : le tour externe
présente sur son pourtour une carène légèrement arrondie, et sur chacune
de ses faces une légère dépression médiane qui va en s'atténuant en s'éloignant
de l'extrémité libre; ce tour externe coiffe étroitement, sur un quart à un
tiers de sa propre largeur, le tour auquel il est contigu, mais sans adhérer
fortement à lui, ainsi que le prouve le détachement d'une portion de ce tour

Description
de l'échantillon.

Remarques
paléontologiques.

externe à la suite d'une brisure transversale. Tous ces caractères concordent avec ceux qu'offrirait un moule interne de coquille d'Ammonitidée et semblent de nature à faire écarter l'idée, qui pourrait venir à l'esprit, d'une fronde de Fougère enroulée en crosse et transformée en charbon (*Spiropteris*) : d'une part, il serait peu vraisemblable qu'une crosse de Fougère se fût ainsi détachée de la roche, le cas ne s'étant, à ma connaissance, jamais présenté; d'autre part, chez les crosses de Fougères, les tours de spire sont beaucoup moins inégaux et le tour externe n'y offre pas la prédominance si accentuée qu'on constate sur cet échantillon comme chez beaucoup d'Ammonitidées; ils n'ont pas non plus une carène dorsale aussi prononcée et ne s'emboîtent pas aussi étroitement; enfin la région centrale, qui correspond à la région feuillée de la fronde, présente toujours une épaisseur notable, presque égale et parfois supérieure à celle des tours externes correspondant à la partie nue du rachis, tandis qu'ici l'épaisseur décroît d'une façon régulière et continue jusqu'à devenir très faible au centre, de telle façon qu'il existe sur l'une et l'autre face un ombilic très marqué et fortement déprimé.

J'ajoute que le traitement par les réactifs oxydants, puis par l'ammoniaque, d'un fragment détaché de l'extrémité libre de la spire m'a donné quelques petits lambeaux de cuticule avec une ou deux spores, ce qui semble bien prouver que le charbon qui constitue cet échantillon est formé de menus débris végétaux accumulés et ne provient pas simplement de la transformation d'un organe tel qu'un pétiole ou un rachis de Fougère demeuré intact. Il semble donc bien qu'il faille regarder cet échantillon comme représentant le moulage, par une boue végétale, du vide interne d'une coquille. Il ne présente malheureusement à la surface aucune trace d'ornementation, aucun indice de cloisons, susceptible de permettre une attribution définitive et précise.

Il ne laisse pas toutefois d'offrir une certaine ressemblance, tant comme forme générale que comme dimensions, avec certaines coquilles d'Ammonitidées recueillies entre les kilomètres 64 et 74 de la ligne de Phu-Lang-Thuong à Lang-Sôn, et signalées par MM. Douvillé et Diener [1] comme appartenant à un type triasique, probablement au genre *Norites;* on ne voit toutefois sur ces dernières aucune trace de la dépression médiane que présente l'échantillon dont je viens de parler, et de plus elles paraissent être bicarénées, de sorte qu'il y aurait seulement présomption d'analogie, plutôt que d'identité.

[1] Douvillé, *Ceratites du Tonkin* (*Bull. Soc. Géol. Fr.*, 3ᵉ sér., XXIV, p. 454). — C. Diener, *Note sur deux espèces d'Ammonites triasiques du Tonkin* (*Ibid.*, p. 882).

J'ajoute que M. H. Charpentier a recueilli, immédiatement au Nord du périmètre Espoir, c'est-à-dire à assez peu de distance de la concession Schædelin, à l'extrême base du système de grès et argiles versicolores qui recouvre la formation charbonneuse, un échantillon d'argilite jaune-rougeâtre portant une empreinte en creux absolument semblable, comme contours, à l'échantillon de la figure 4, Pl. LIII, mais de dimensions seulement un peu plus faibles, 18 millimètres sur 12 millimètres; il n'y a pas à douter qu'on ait affaire ici à l'empreinte d'une coquille, et il est impossible de n'être pas frappé de la ressemblance de l'un et de l'autre échantillon; malheureusement, on ne discerne non plus sur cette empreinte aucun des caractères qui seraient nécessaires pour permettre de la déterminer.

Néanmoins ces échantillons m'ont paru mériter d'être signalés, la présence dans ces formations de fossiles animaux, si rares qu'ils soient, permettant d'espérer qu'on pourra en découvrir quelque jour d'autres mieux conservés et susceptibles de détermination; aussi ai-je cru devoir appeler sur ce point l'attention des chercheurs.

Le moule charbonneux de la figure 4, Pl. LIII, vient, ainsi que je l'ai dit, *Provenance.* des mines de Dong-Trieu, ancienne concession Schædelin.

L'empreinte rapportée par M. Charpentier provient de la même région, à quelque distance au Nord, sur le bord septentrional du périmètre Espoir, et non de la formation charbonneuse elle-même, mais des dépôts, souvent qualifiés de « permiens » à raison de leur facies, situés immédiatement au-dessus d'elle.

Insectes (Paléoblattariées).

Il s'est trouvé, associées aux empreintes végétales recueillies tant à Kébao qu'à Hongaÿ, trois empreintes d'ailes d'Insectes du groupe des Blattes, suffisamment bien conservées pour que j'aie cru devoir en communiquer des photographies, les unes de grandeur naturelle, les autres grossies, à M. le Professeur Samuel H. Scudder, de Cambridge (États-Unis), l'éminent paléontologiste si spécialement versé dans la connaissance des Insectes fossiles. Il a bien voulu les étudier et, ayant reconnu en elles trois espèces nouvelles, il a eu l'amabilité de m'en envoyer des diagnoses détaillées, accompagnées d'une note générale dont je vais reproduire ci-dessous la traduction, non sans faire dès maintenant toutes réserves sur l'opinion qu'il exprime au point de vue de l'âge géologique et que je discuterai ultérieurement. Je suis heureux d'adresser ici mes remerciements à M. Scudder, ainsi qu'à M. Thévenin, Assistant à la chaire de paléontologie du Muséum d'histoire naturelle, et à M. Agnus, qui ont eu l'obligeance de se charger de la traduction de ces diagnoses et les ont complétées en y ajoutant, entre parenthèses, les termes de la nomenclature de Redtenbacher, plus couramment employés en France.

NOTE DE M. SAMUEL H. SCUDDER.

« Les échantillons de Blattes fossiles recueillis au Tonkin représentent trois espèces différentes. Toutes trois appartiennent indubitablement aux Paléoblattariées, dans lesquelles viennent se ranger toutes les Blattes paléozoïques et quelques Blattes triasiques, et qui ont ensuite disparu. Ces espèces se rapportent aux deux genres *Etoblattina* et *Gerablattina*, qui comprennent la grande majorité des espèces paléozoïques connues, et qui sont particulièrement abondants dans les dépôts permiens. Néanmoins elles n'ont de parenté proche avec aucune des formes connues, soit d'Europe, soit d'Amérique. Leur taille moyenne, estimée d'après leur longueur, est toutefois presque exactement celle de la moyenne des espèces permiennes connues, de sorte qu'il est probable que les formations dont elles proviennent sont d'âge permien, quoiqu'il ne soit pas impossible qu'elles puissent appartenir au Trias. Il est d'ailleurs improbable, à en juger par ce qu'on sait des Blattes mésozoïques, qu'elles puissent être plus récentes que le Trias, toutes les autres Blattes mésozoïques étant de taille inférieure et totalement différentes comme structure, alliées aux formes modernes. Ces trois espèces peuvent être définies comme suit :

GERABLATTINA ELEGANS n. sp.

Pl. LIII, fig. 1.

Description de l'espèce.

« Aile grêle, de largeur subégale, à sommet nettement arrondi; bord costal à peine arqué, sauf à la base et à l'extrémité distale; longueur égale à un peu plus de deux fois et demie la largeur; trajet des nervures principales affecté dans une mesure inaccoutumée par le sillon anal (VIII) fortement arqué. Veine médiastinale (sous-costale II) très sinueuse, de telle sorte que le champ médiastinal s'élargit vers le milieu, où il occupe les deux cinquièmes de la largeur de l'aile et se termine non loin du sommet; branches de la veine médiastinale, nombreuses, la plupart d'entre elles bifurquées dès la base. Veine scapulaire

(radius III) également sinueuse, ne se ramifiant pour la première fois que peu
avant le milieu de l'aile; ses branches, peu nombreuses, aboutissant à la moitié
supérieure du bord apical. Veine externomédiane (médiane V) très semblable,
comme ramification et comme extension, à la veine scapulaire. Veine internomédiane (cubitus VII) également sinueuse, ne se terminant que peu avant
le bord apical; ses rameaux, très obliquement arqués, peu nombreux, mais
composés; les intervalles qui les séparent coupés par de nombreuses veinules
transversales. Sillon anal (nervure anale VIII) fortement arqué. Nervures du
champ anal (nervures axillaires IX) nombreuses, serrées, la plupart simples
ou bifurquées dès la base.

« Longueur de l'aile, 13^{mm}, 5; largeur, 5 millimètres.

« Cette forme n'offre de parenté proche avec aucune espèce connue de
Gerablattina.

« Cet échantillon provient des mines de Hongaÿ, système de Hatou : Hatou,
Grande couche.

ETOBLATTINA OBSCURA n. sp.

Pl. LIII, fig. 2.

« Les bords de l'aile sont en partie indiscernables ou brisés, mais l'aile était
évidemment ovale, à peine deux fois et demie plus longue que large, sa plus
grande largeur étant un peu en avant du milieu, avec le bord costal presque
droit. Les veines dans leur ensemble sont remarquables par leur déviation générale dans une même direction, vers l'extrémité du bord costal. Champ médiastinal (champ costal) très court, s'étendant à peine plus loin que le champ
anal, bien que large à la base. Champ scapulaire (champ radial) très large et
atteignant presque le sommet de l'aile, occupant près de la moitié de la largeur
de l'aile avant le milieu, avec des veines nombreuses, la plupart bifurquées
dès la base. Veine externomédiane (médiane V) assez fortement sinueuse,
remplissant par ses ramifications dichotomes et composées toute la pointe
l'aile, le champ externomédian (champ médian) s'épanouissant peu à peu.
Veine internomédiane (cubitus VII) encore plus sinueuse, à branches serrées,
bifurquées et composées, reproduisant le tracé et la ramification de l'externomédiane (médiane V). Champ anal ne dépassant pas le milieu de la moitié
basale de l'aile; veine anale (VIII) non conservée.

« Longueur de l'aile, 23 millimètres; largeur, 9^{mm}, 5.

Rapports
et différences.

« Cette espèce ne présente d'affinité marquée avec aucune espèce connue d'*Etoblattina*.

Provenance.

« Elle provient des mines de Kébao : système supérieur, couche n° 2, galerie M (couche M).

ETOBLATTINA BREVIS n. sp.

Pl. LIII, fig. 3.

Description
de l'espèce.

« Aile à contour ovale élargi, de longueur très inférieure au double de la largeur, s'effilant en pointe au delà du tiers basal; sommet largement arrondi; champ anal exceptionnellement grand; bord costal et bord interne tous deux légèrement arqués. Champ médiastinal (champ costal) ne mesurant à sa base guère plus du quart de la largeur de l'aile, se rétrécissant graduellement, à bord interne droit, et se terminant vers le milieu de la moitié distale de l'aile, avec une ou deux ramifications (distales) seulement. Veine scapulaire (radius III) légèrement sinueuse, se terminant au sommet; champ scapulaire (champ radial) occupant la totalité de la moitié supérieure de l'aile, et rempli de branches nombreuses, simples pour la plupart. Veine externomédiane (médiane V) se bifurquant une première fois à peu près au centre de l'aile, la première branche elle-même bifurquée, les trois suivantes simples. Veine internomédiane (cubitus VII) fortement sinueuse; sa première branche, avant le milieu de l'aile, elle-même composée et sinueuse; la veine principale s'inclinant vers l'apex, avec une ou deux branches simples, et se terminant au delà du milieu de la moitié distale de l'aile. Sillon anal (nervure anale VIII) profondément marqué; les veines anales distantes du sillon, nombreuses et serrées, sinueuses et pour la plupart simples.

« Longueur de l'aile, 17 millimètres; largeur, 10 millimètres.

Rapports
et différences.

« L'espèce la plus rapprochée de celle-ci paraît être l'*Etobl. Steinbachensis* Kliver [1], du Carbonifère moyen ou supérieur de Steinbachthal (Prusse rhénane); mais le champ médiastinal et le champ scapulaire sont tout à fait différents.

Provenance.

« Cette espèce provient des mines de Hongaÿ, système de Hatou : Hatou, Grande couche. »

[1] M. Kliver, *Ueber einige neue Arthropodenreste aus den Saarbrücker und der Wettin-Löbejüner Steinkohlenformation* (*Palæontographica*, XXXII, p. 100, pl. XIV, fig. 2, 3).

CHAPITRE III.

RÉSULTATS GÉOLOGIQUES.

I. — ÂGE DE LA FORMATION CHARBONNEUSE DU BAS-TONKIN ET DE L'ANNAM.

Ainsi que je l'ai dit au début du présent travail, l'étude de la flore fossile des couches de charbon du Bas-Tonkin m'avait conduit, dès 1882, à les rapporter à l'étage rhétien, et l'examen que j'avais fait en 1886 des échantillons recueillis par M. Jourdy et par M. Sarran avait confirmé ces conclusions, qui ont été admises par tous les paléontologistes; mais elles n'ont pas été aussi unanimement acceptées par les ingénieurs, explorateurs ou exploitants, qui se sont occupés de la recherche ou de la mise en valeur de ces gîtes de charbon et qui, croyant pouvoir faire fond, pour la détermination de l'âge, sur la nature des combustibles qu'ils renferment et qui sont en effet de véritables houilles, ainsi que sur le faciès lithologique des roches encaissantes, se sont montrés peu disposés, certains d'entre eux tout au moins, à considérer cette série de dépôts autrement que comme du terrain houiller recouvert par des grès et argiles d'âge permien.

Sans contester le classement géologique résultant de l'étude de la flore, Fuchs avait lui-même conservé l'appellation de bassin et même de terrain « houiller »[1], en spécifiant, il est vrai, qu'il n'entendait faire allusion qu'« à la présence de la houille et non à l'âge de la formation ». En 1888, M. Sarran, se fondant sur la composition lithologique et pétrographique des terrains, assimilait formellement ces dépôts du Bas-Tonkin aux formations européennes dont il retrouvait en eux le faciès habituel, c'est-à-dire au Houiller d'une part, et au Permien d'autre part; il ajoutait cependant qu'« il ne formulait cette opinion qu'avec une extrême réserve » et qu'il ne serait nullement surpris

---

[1] Fuchs, *Annales des Mines*, 2ᵉ vol. de 1882, p. 216, 231.

que l'attribution des charbons du Tonkin à l'étage rhétien fût ultérieurement confirmée[1].

Depuis lors, les appellations de « terrain houiller » et de « terrain permien » sont restées d'un usage courant en Indo-Chine, du moins parmi les techniciens, pour désigner le système des couches à combustible du Bas-Tonkin et les grès et argiles versicolores qui les surmontent, la différence qui existe aujourd'hui entre la végétation de la région et celle de l'Europe ayant été parfois invoquée comme étant de nature à inspirer quelque doute sur la valeur des déterminations d'âge déduites de l'examen des seuls fossiles végétaux. Aussi, et bien que le classement de ces couches ne donne plus lieu à discussion de la part des géologues qui se sont occupés de l'étude de la colonie [2], ne me paraît-il pas inutile d'entrer dans quelques détails sur cette question d'âge, quelque superflus qu'ils puissent paraître à tous ceux qui sont tant soit peu au courant des connaissances acquises en paléobotanique.

Il convient de faire remarquer tout d'abord que, parmi les espèces observées dans les gisements du Bas-Tonkin, il en est un certain nombre, des plus caractéristiques en même temps que des plus abondantes, qui sont communes aux divers groupes explorés, Kébao, Hongaÿ, Dong-Trieu, et dont la constance atteste, d'accord avec les observations stratigraphiques, que ces divers groupes appartiennent bien à une seule et même formation géologique : telles sont, notamment, *Cladophlebis Rœsserti*, *Tæniopteris Jourdyi*, *Dictyophyllum Nathorsti*, *Clathropteris platyphylla*, *Nœggerathiopsis Hislopi*, *Podozamites distans*, *Pterophyllum Münsteri*. L'identité, avec des espèces du Bas-Tonkin, des quelques espèces recueillies à Nong-Sön dans l'Annam, *Pecopteris Cottoni*, *Cladophlebis Rœsserti*, *Clad. Raciborskii*, *Clathropteris platyphylla*, prouve, d'autre part, que les couches de ce gisement appartiennent également à la même époque.

Il y a donc lieu, pour déterminer le niveau général de cette formation géologique, d'examiner d'abord l'ensemble de la flore, sauf à rechercher ensuite si les différences qu'on peut saisir, d'un point à l'autre, dans le mode de groupement des espèces, permet de reconnaître des horizons distincts et de préciser l'âge relatif des différents faisceaux.

Caractère général de la flore.

Le nombre des espèces observées, si on laisse de côté les échantillons problématiques et le bois fossile de Kébao, peu propre à fournir une indi-

[1] Sarran, *Étude sur le bassin houiller du Tonkin*, p. 12-22, p. 45.
[2] A. Leclère, *Annales des Mines*, 9e série, XX, p. 327, 429, 436. — G. H. Monod, *Notice sur les gisements de charbon en Indo-Chine*, p. 2.

cation d'ordre géologique, est, au total, de 54, qui se répartissent comme suit :

	Sphénoptéridées	1 espèce =	1.85 p. 100.
Fougères.....	Pécoptéridées	8	= 14.81
(26 espèces	Odontoptéridées	1	= 1.85
= 48.15 p. 100.)	Ténioptéridées	8	= 14.81
	Dictyoptéridées.	8	= 14.81
Équisétinées........................		3	= 5.55
Cordaïtées		1	= 1.85
Cycadinées..........................		18	= 33.33
Salisburiées		1	= 1.85
Conifères		1	= 1.85
Cônes de Gymnospermes		4	= 7.41

Le seul examen de cette liste, où les Gymnospermes entrent pour près de la moitié du total et les Cycadinées pour un tiers, où les Ténioptéridées et les Dictyoptéridées sont aux premiers rangs parmi les Fougères, tandis que les Lycopodinées paraissent manquer totalement et que les Équisétinées n'occupent qu'une place restreinte, suffirait à établir qu'on a affaire ici à une flore d'âge secondaire et non paléozoïque, si l'on ne pouvait objecter que les types habituels de la flore paléozoïque européenne et nord-américaine manquent déjà dans les étages les plus inférieurs des Lower Gondwanas de l'Inde, qui n'en doivent pas moins, cependant, être rapportés au Permien, mais dans lesquels on ne trouverait pas, il est vrai, une telle abondance relative de Cycadinées.

Il est donc nécessaire d'examiner de plus près la composition de cette flore et de la comparer, ainsi que je l'avais déjà fait, d'ailleurs, en 1882, non pas seulement aux flores fossiles de l'Europe, mais à celles de régions assez rapprochées du Tonkin pour qu'on ne puisse contester la légitimité des assimilations, l'hypothèse d'une dissemblance entre des flores contemporaines ne pouvant être mise en avant que s'il s'agit de points situés à de grandes distances les uns des autres.

J'indique à cet effet, dans le tableau ci-après, les relations des espèces observées dans les gisements en question avec celles qui ont été rencontrées sur d'autres points du globe, dans des couches d'âge bien déterminé, en distinguant, d'une part, les formes spécifiquement identiques à celles du Bas-Tonkin et, d'autre part, celles qui leur sont simplement alliées, mais dont quelques-unes offrent avec elles, ainsi qu'il a été dit dans les descriptions qui précèdent, d'évidentes et très étroites affinités. J'ajoute, d'ailleurs, au nom de chacune de ces espèces, la mention du niveau, ainsi que de la région où la présence en a été constatée.

30.

TABLEAU RÉCAPITULATIF DE LA COMPOSITION DE LA FLORE DES GÎTES DU BAS-TONKIN
ET DE SES RELATIONS AVEC LES FLORES D'AUTRES GISEMENTS [1].

ESPÈCES OBSERVÉES DANS LES GISEMENTS DU BAS-TONKIN.	ESPÈCES IDENTIQUES OBSERVÉES EN DEHORS DU TONKIN ET PROVENANCES DE CES ESPÈCES.	ESPÈCES AFFINES OBSERVÉES EN DEHORS DU TONKIN ET PROVENANCES DE CES ESPÈCES.
Sphenopteris cf. *princeps*.	? *Sphen. princeps*, Rhétien, Lias et Oolithe inférieure de l'Europe.	
Pecopteris Cottoni......	? *Asplenium Rœsserti* Schenk (*pars*), Rhétien de la Perse. ? *Scolecopteris australis* Shirley, Rhétien ou Lias du Queensland.	*Pec. Meriani*, Trias supérieur de l'Europe.
Pec. adumbrata.......	....	*Pec. Steinmülleri*, Trias supérieur de l'Europe.
Pec. tonquinensis	....	*Pec. augusta*, Trias supérieur de l'Europe.
Pec. (Bernoullia?) sp...	....	*Bernoullia helvetica*, Trias supérieur de l'Europe.
Cladophlebia cf. *lobifolia*.	? *Clad. lobifolia*, Lias et Oolithe inférieure de l'Europe, et Oolithe de l'Inde (Upper Gondwanas, Jabalpur).	
Clad. Rœsserti........	*Clad. Rœsserti*, Rhétien de l'Europe..	*Clad. remota*, Trias supérieur de l'Europe. *Clad. densifolia*, Trias supérieur des États-Unis. *Clad. Williamsonis*, Lias et Oolithe inférieure de l'Europe.
Clad. nebbens s........	*Clad. nebbensis*, Rhétien et Lias inférieur de l'Europe; Rhétien du Groënland et du Japon; sommet du Permotrias (Rhétien?) de l'Afrique australe (Stormberg).	
Clad. Raciborskii.....	....	*Clad. denticulata*, Lias et Oolithe inférieure de l'Europe. *Clad. Stewartiana*, Rhétien du Groënland.
Ctenopteris Sarrani....	....	? *Ptilozamites Blasii*, Rhétien de l'Europe.
Danæopsis cf. *Hughesi*..	? *Danæopsis Hughesi*, sommet du Permotrias (Rhétien?) de l'Inde (couches de transition entre les Lower et les Upper Gondwanas, Mahadeva). ? *Neuropteris punctata* Shirley, Rhétien ou Lias du Queensland.	

[1] Quelques-unes des espèces citées par moi en 1883 ne figurent pas au présent tableau ou du moins n'y figurent plus sous les mêmes noms spécifiques, l'étude de matériaux plus complets m'ayant conduit, ainsi qu'on a pu le voir plus haut, à rectifier certaines dénominations; ce sont : *Tæniopteris spatulata* var. *multinervis*, *Macrotæniopteris Feddeni*, *Glossopteris Browniana*, *Dictyophyllum Nilssoni*, *Dict. acutilobum*, *Phyllotheca indica*, *Nilssonia polymorpha*, devenus respectivement *Tæniopteris Jourdyi*, *Tæn. virgulata*, *Glossopteris indica*, *Dictyophyllum Remauryi*, *Dict. Nathorsti*, *Schizoneura Sarrani*, *Tæniopteris nilssonioides*

ESPÈCES OBSERVÉES DANS LES GISEMENTS DU BAS-TONKIN.	ESPÈCES IDENTIQUES OBSERVÉES EN DEHORS DU TONKIN ET PROVENANCES DE CES ESPÈCES.	ESPÈCES AFFINES OBSERVÉES EN DEHORS DU TONKIN ET PROVENANCES DE CES ESPÈCES.
Tæniopteris ensis	*Tæn. ensis*, Lias de l'Inde (Upper Gondwanas, Rajmahal).	
Tæn. cf. *Mac Clellandi* . .	? *Tæn. M'Clellandi*, Permotrias et Lias de l'Inde (Lower Gondwanas, Panchet; Upper Gondwanas, Rajmahal).	
Tæn. Münsteri	*Tæn. Münsteri*, Rhétien et Lias inférieur de l'Europe.	
Tæn. Jourdyi	. . . .	*Tæn. tenuinervis*, Rhétien et Lias inférieur de l'Europe.
Tæn. virgulata	. . . .	*Tæn. Feddeni*, Permotrias de l'Inde (Lower Gondwanas, Damuda).
Tæn. spatulata	*Tæn. spatulata*, Lias de l'Inde (Upper Gondwanas, Rajmahal, Sripermatur).	
Tæn. nilssonioides.		
Palæovittaria Kurzi	*Palæovitt. Kurzi*, Permotrias de l'Inde (Lower Gondwanas, Raniganj).	
Glossopteris indica	*Gloss. indica*, Permotrias de l'Inde (Lower Gondwanas et couches de transition aux Upper Gondwanas) et de l'Afrique australe.	
Woodwarditesmicrolobus.	*Woodw. microlobus*, Rhétien de l'Europe.	
Dictyophyllum Fuchsi . . .	. . . .	*Dict. Münsteri*, Rhétien et Lias inférieur de l'Europe.
Dict. Remauryi	. . . .	*Dict. Nilssoni*, Rhétien et Lias inférieur de l'Europe.
Dict. Sarrani	. . . .	*Dict. Nilssoni*, Rhétien et Lias inférieur de l'Europe.
Dict. Nathorsti	. . . .	*Dict. exile*, Rhétien de l'Europe. *Dict. acutilobum*, Rhétien de l'Europe.
Clathropteris platyphylla.	*Clathr. platyphylla*, Rhétien et Lias inférieur de l'Europe.	*Clathr. reticulata*, Trias supérieur de l'Europe.
Annulariopsis inopinata.		
Schizoneura Carrerei	. . . .	*Schiz. hærensis*, Rhétien et Lias inférieur de l'Europe.
Equisetum Sarrani	. . . .	*Eq. arenaceum* et *Eq. conicum*, Trias supérieur de l'Europe.
Nœggerathiopsis Hislopi.	*Nœgg. Hislopi*, Permotrias de l'Inde (Lower Gondwanas et couches de transition aux Upper Gondwanas) et de l'Afrique australe.	
Cycadites Saladini.		

ESPÈCES OBSERVÉES DANS LES GISEMENTS DU BAS-TONKIN.	ESPÈCES IDENTIQUES OBSERVÉES EN DEHORS DU TONKIN ET PROVENANCES DE CES ESPÈCES.	ESPÈCES AFFINES OBSERVÉES EN DEHORS DU TONKIN ET PROVENANCES DE CES ESPÈCES.
Podozamites distans....	Podoz. distans, Rhétien et Jurassique de l'Europe et de l'Asie septentrionale.	Podoz. lanceolatus. Jurassique de l'Europe et de l'Asie septentrionale; Lias (?) et Oolithe de l'Inde (Upper Gondwanas).
Podozamites Schenki....	Podoz. Schenki, Rhétien de l'Europe et du Groënland.	
Zamites truncatus......	....	?? Sphenozamites Rogersianus, Trias supérieur des États-Unis.
Otozamites indosinensis..	....	Otozam. obtusus, Lias de l'Europe.
Otozam. rarinervis	Otozam. rarinervis, Lias de l'Inde (Upper Gondwanas, Sripermatur).	
Ptilophyllum acutifolium.	Ptiloph. acutifolium, Lias et Oolithe de l'Inde (Upper Gondwanas).	Ptilophyllum imbricatum, Lias inférieur de l'Europe. Ptilophyllum pecten, Oolithe inférieure de l'Europe.
Pterophyllum inconstans.	Pteroph. inconstans, Rhétien de l'Europe.	Pteroph. Nilssoni, Oolithe de l'Europe.
Pteroph. Schenki.......	....	Pteroph. inconstans, Rhétien de l'Europe. Pteroph. Loczyi, Jurassique de la Chine.
Pteroph. Münsteri......	Pteroph. Münsteri, Rhétien et Lias inférieur de l'Europe.	
Pteroph. Portali.......	....	Pteroph. Münsteri, Rhétien et Lias inférieur de l'Europe. Pteroph. venetum, Lias de l'Europe.
Pteroph. Tietzei.......	Pteroph. Tietzei, Rhétien de la Perse..	Pteroph. rajmahalense, Lias de l'Inde (Upper Gondwanas, Rajmahal).
Pteroph. contiguum.....	Pteroph. contiguum, Rhétien de la Chine.	Pteroph. Braunianum, Rhétien de l'Europe.
Pteroph. æquale.......	Pteroph. æquale, Rhétien de l'Europe.	
Pteroph. Bavieri.		
Cycadolepis corrugata.		
Cycadolepis granulata.		
Cycadolepis cf. villosa...	? Cycadolepis villosa, Oolithe de l'Europe.	Cycadolepis pilosa, Oolithe de l'Inde (Upper Gondwanas, Cutch).
Baiera Guilhaumati	....	Baiera gracilis, Oolithe inférieure de l'Europe.
Trioolepis Leclerci.....	....	? Cône du Rhétien d'Europe (Bjuf).
Conites Charpentieri....	....	Kaidacarpum sibiricum, Jurassique de l'Asie septentrionale.
Conites sp. (Pl. L, fig. 11).	....	Elatides parvula et Elat. ovalis, Jurassique de l'Asie septentrionale.
Conites sp. (Pl. L, fig. 10).		
Conites sp. (Pl. L, fig. 12).	....	? Pinites Lundgreni, du Rhétien d'Europe (Pålsjö).

Des 54 espèces comprises dans ce tableau et décrites au chapitre précédent, on voit que 19, soit près des deux cinquièmes, ont été rencontrées ailleurs sous des formes absolument identiques; 5 autres (*Sphenopteris* cf. *princeps*, *Pecopteris Cottoni*, *Cladophlebis* cf. *lobifolia*, *Danæopsis* cf. *Hughesi*, *Tæniopteris* cf. *Mac Clellandi*) paraissent également impossibles à distinguer de formes spécifiques observées dans d'autres gisements, sans cependant que l'identification puisse, faute de documents suffisants, être donnée dès maintenant comme absolument certaine; une sixième, *Cycadolepis* cf. *villosa*, se présente dans les mêmes conditions, mais, comme il s'agit là d'une écaille, c'est-à-dire d'un organe qui ne semble pas susceptible de différenciations bien accusées, il y a lieu plutôt à un simple rapprochement qu'à une identification. Les 29 autres sont nouvelles, mais une bonne partie d'entre elles offrent avec des espèces connues sur d'autres points des affinités trop étroites pour qu'il ne soit pas nécessaire d'en tenir compte.

Je vais examiner successivement ces divers groupes et rechercher les conclusions qu'il est possible de dégager de cet examen.

Les 19 espèces du premier groupe comprennent, d'une part, 10 espèces appartenant à la flore fossile de l'Europe; d'autre part, 7 espèces appartenant à la flore fossile de l'Inde, et 2 autres observées l'une en Perse, l'autre en Chine. De ces dix espèces européennes, cinq (*Cladophlebis Rœsserti*, *Woodwardites microlobus*, *Podozamites Schenki*, *Pterophyllum inconstans*, *Pteroph. æquale*) n'ont été rencontrées jusqu'à présent que dans les couches rhétiennes, tandis que les cinq autres (*Cladophlebis nebbensis*, *Tæniopteris Münsteri*, *Clathropteris platyphylla*, *Podozamites distans*, *Pterophyllum Münsteri*) se trouvent à la fois dans le Rhétien et dans le Lias inférieur, l'une d'elles, *Podoz. distans*, se poursuivant même, à ce qu'il semble, jusque dans l'Oolithe et ayant une aire d'extension considérable, puisqu'on la retrouve dans le Jurassique de la Sibérie ainsi que dans le Rhétien du Japon; le *Cladophl. nebbensis* a également été rencontré au Japon dans les couches rhétiennes de Nagato, et sa présence a été constatée, en outre, dans les couches vraisemblablement rhétiennes de Stormberg, dans l'Afrique australe.

Sur les sept espèces de la flore indienne, trois proviennent des Lower Gondwanas, c'est-à-dire du Permotrias, et quatre des Upper Gondwanas, c'est-à-dire du Jurassique; des trois premières, l'une, *Palæovittaria Kurzi*, est une espèce rare, qui n'a été rencontrée qu'une seule fois, dans les couches de Raniganj, lesquelles correspondent, à ce qu'il semble, à la partie la plus élevée

Comparaison de la flore fossile des gîtes du Bas-Tonkin avec les flores d'autres régions.

du Permien ou à la base du Trias; deux autres, *Glossopteris indica* et *Nœggera-thiopsis Hislopi*, abondent dans le Permotrias de l'Inde ainsi que de l'Afrique australe, se montrant, dans les formations indiennes, depuis la base jusqu'au sommet des Lower Gondwanas, et se retrouvant encore dans les couches de passage aux Upper Gondwanas, qu'il faut vraisemblablement rattacher à l'étage de Mahadeva [1], lequel paraît correspondre au Rhétien [2]; les quatre autres, *Tæniopteris ensis*, *Tæn. spatulata*, *Otozamites rarinervis*, *Ptilophyllum acutifolium*, viennent de l'étage de Rajmahal, qui paraît être l'équivalent du Lias européen [3], et la dernière d'entre elles a persisté pendant une partie au moins de l'époque médiojurassique et même suprajurassique, se retrouvant dans les couches plus élevées de Jabalpur et de Cutch [4].

Enfin, le *Pterophyllum Tietzei* et le *Pter. contiguum* appartiennent à la flore rhétienne, le premier du massif de l'Elbours en Perse, le second de Kouei-Tchou, dans le Hou-Péi, en Chine.

Le deuxième groupe comprend d'abord deux espèces, *Sphenopteris* cf. *princeps* et *Cladophlebis* cf. *lobifolia*, qui paraissent assimilables, bien que sous réserve de l'examen de matériaux plus complets, à des formes européennes, la première, *Sphen. princeps*, observée dans le Rhétien, le Lias et l'Oolithe inférieure, la seconde, *Clad. lobifolia*, rencontrée seulement dans le Lias et l'Oolithe inférieure de l'Europe et retrouvée dans les couches indiennes de Jabalpur, qui correspondent elles-mêmes, à ce qu'il semble, à l'Oolithe inférieure ou moyenne de l'Europe. Une autre, *Pecopteris Cottoni*, est, ainsi que je l'ai dit, vraisemblablement identique à des formes décrites sous d'autres noms, savoir : *Asplenium Rœsserti* Schenk (*non* Presl sp.) du Rhétien de la Perse, et *Scolecopteris australis* Shirley des couches rhétiennes ou liasiques d'Ipswich, dans le Queensland. Pour les deux suivantes, il y a une très grande probabilité d'identité avec deux espèces de la flore fossile de l'Inde, savoir : *Danæopsis Hughesi*, des couches de Parsora, qui paraissent devoir être rapportées à l'étage de Mahadeva, lequel est assimilé au Rhétien, et *Tæniopteris Mac-Clellandi*, trouvé, d'une part, au sommet des Lower Gondwanas, dans les couches certainement triasiques de Panchet, et, d'autre part, dans l'étage liasique de Rajmahal.

---

[1] Feistmantel, *Fossil Flora of the Gondwana System*, IV, pt. 1, p. 5-7; pt. 2, p. 57, 58, 63.
[2] R. D. Oldham, *A manual of the geology of India*, 2ᵉ éd., p. 208.
[3] *Ibid.*, p. 208.
[4] *Ibid.*, p. 207, 208.

Enfin, l'écaille que j'ai signalée comme *Cycadolepis* cf. *villosa* se rapproche beaucoup de formes de l'Oolithe supérieure de l'Europe (*Cyc. villosa*) ou de l'Inde (*Cyc. pilosa*), mais de tels organes ne sont pas de nature à fournir des renseignements bien probants sur le niveau géologique, des espèces de Cycadinées assez différentes ayant pu avoir des écailles à peu près semblables.

Au point de vue de la détermination de l'âge, ces deux premiers groupes sont évidemment les plus instructifs, puisqu'ils comprennent les espèces dont l'identité avec des types déjà connus ailleurs est formellement établie, ou, pour quelques-unes, infiniment probable, et, parmi ces types, je passerai tout d'abord en revue ceux qui, appartenant à la flore fossile de l'Inde, proviennent de dépôts assez peu éloignés du Tonkin pour qu'on ne puisse arguer, à l'encontre des indications qu'ils fournissent, de la possibilité de différences sensibles dans la composition de la flore de l'une à l'autre des deux régions dont il s'agit. Or, ainsi que je l'ai dit, on se trouve, avec ces types de la flore fossile de l'Inde, en présence de deux groupes provenant de couches d'âge légèrement différent, les unes appartenant au Permotrias, et les autres au Lias; on est donc conduit à rapporter au niveau intermédiaire, c'est-à-dire au Rhétien, les dépôts dans lesquels ces deux groupes d'espèces se trouvent associés, et tout concorde en faveur de ce classement. Tout d'abord, en effet, si l'on prend les termes extrêmes au point de vue de l'âge, on voit que le *Palæovittaria Kurzi*, observé dans l'étage de Damuda, fait en quelque sorte pendant au *Cladophlebis lobifolia*, observé dans l'étage de Jabalpur, l'un et l'autre, rencontrés chacun une seule fois, paraissant trop rares dans les couches indiennes pour qu'on puisse préciser leurs limites d'extension et s'étonner de les trouver réunis sur un horizon situé à peu près à égale distance entre les deux étages de Damuda et de Jabalpur; tous deux semblent, du reste, fort rares au Tonkin. Ensuite viennent, d'un côté, le *Glossopteris indica* et le *Nœggerathiopsis Hislopi* du Permotrias, lesquels s'élèvent jusqu'à l'extrême sommet des Lower Gondwanas; de l'autre, les *Tæniopteris spatulata*, *Tæn. ensis*, *Otozamites rarinervis*, *Ptilophyllum acutifolium*, de l'étage liasique de Rajmahal, ces trois derniers rares, d'ailleurs, dans les couches du Tonkin. Enfin, le *Tæniopteris Mac Clellandi* a été rencontré dans l'Inde aussi bien dans les couches liasiques que dans les couches triasiques, et le *Danæopsis Hughesi* semble cantonné dans les couches de Parsora, qui, comme je l'ai dit, sont très probablement rhétiennes.

L'attribution au Rhétien des couches du Tonkin ressort donc invinciblement

Détermination de l'âge géologique.

de la comparaison de leur flore avec la flore fossile de l'Inde. Quant aux
espèces européennes, elles appartiennent toutes à la flore rhétienne, à la seule
exception du *Cladophlebis lobifolia*, qui n'a pas encore été observé dans le
Rhétien, mais qui est répandu dans le Lias inférieur, et l'on est conduit par
elles, comme aussi par la considération des quelques espèces de la Perse ou
de la Chine, à la même conclusion.

Il en est de même encore si l'on examine les espèces du troisième groupe,
en s'appuyant sur leurs affinités avec des espèces provenant d'autres régions.
Si on laisse de côté celles qui ne semblent pas offrir d'affinités réelles avec des
types déjà connus, comme *Tæniopteris nilssonioides*, *Annulariopsis inopinata*,
Cycadites Saladini, *Pterophyllum Bavieri*, *Cycadolepis corrugata* et *Cycadolepis
granulata*, ou dont les affinités sont par trop incertaines, telles que *Ctenopteris
Sarrani*, *Zamites truncatus*, *Trioolepis Leclerei* et certains *Conites*, on trouve,
en effet, que les dix-huit autres se décomposent en espèces affines, les unes
à des types rhétiens, les autres à des types tantôt un peu plus anciens, appartenant au Trias supérieur, et tantôt un peu plus récents, appartenant au Lias
ou même à l'Oolithe, d'où l'on est amené à conclure que, là encore, on a
affaire, dans l'ensemble, à des espèces d'âge rhétien, âge intermédiaire entre
le Trias et le Lias. C'est ainsi que les *Cladophlebis Raciborskii*, *Tæniopteris
Jourdyi*, *Dictyophyllum Fuchsi*, *Dict. Remauryi*, *Dict. Sarrani*, *Dict. Nathorsti*,
Schizoneura Carrerei, *Pterophyllum Schenki*, *Pteroph. Portali* se rapprochent
d'espèces observées dans le Rhétien de l'Europe ou du Groënland (*Cladoph.
Stewartiana*, *Tæn. tenuinervis*, *Dict. Münsteri*, *Dict. Nilssoni*, *Dict. acutilobum*
et *Dict. exile*, *Schizoneura hoerensis*, *Pteroph. inconstans*, *Pteroph. Münsteri*), et
dont une bonne partie se retrouvent dans le Lias inférieur; l'analogie est
même particulièrement étroite entre le *Dictyophyllum Fuchsi* et le *Dict.
Münsteri*, entre le *Dict. Remauryi* et le *Dict. Nilssoni*, entre le *Dict. Nathorsti* et
les *Dict. acutilobum* et *Dict. exile*, entre le *Schiz. Sarrani* et le *Schiz. hoerensis*,
et l'on peut dire qu'on a affaire, au Tonkin, avec ces espèces, à des formes
représentatives des espèces européennes; en même temps, certaines d'entre
elles rappellent des formes de niveaux un peu plus élevés, les *Pterophyllum
Schenki* et *Pter. Portali* ne laissant pas de ressembler, l'un au *Pteroph. Loczyi*
du Jurassique de la Chine, l'autre au *Pteroph. venetum* du Lias de l'Europe.

De même les *Pecopteris adumbrata*, *Pec. tonquinensis*, *Pec.* (*Bernoullia?*) sp.,
Equisetum Sarrani paraissent voisins des *Pec. Steinmülleri*, *Pec. augusta*, *Bernoullia helvetica*, *Equis. arenaceum* et *Equis. conicum*, du Trias supérieur de

l'Europe, et le *Tæniopteris virgulata* du *Tæn. Feddeni* du Permotrias de l'Inde, tandis que les *Otozamites indosinensis*, *Baiera Guilhaumati*, *Conites Charpentieri* et *Conites* sp. (Pl. L, fig. 11) peuvent être rapprochés, les deux premiers des *Otoz. obtusus* du Lias et *Baiera gracilis* de l'Oolithe inférieure de l'Europe, les deux derniers des *Kaidacarpum sibiricum* et *Elatides parvulus* ou *El. ovalis* du Jurassique de la Sibérie.

Toutes les données paléobotaniques sont, on le voit, unanimement d'accord et conduisent à une seule et même conclusion, à savoir, à l'attribution au Rhétien de la formation charbonneuse du Bas-Tonkin, conformément à ce que j'avais annoncé en 1882.

Sans doute pourrait-on invoquer à l'encontre de ce classement l'opinion émise par M. Scudder, qui, à la suite de l'examen des trois échantillons d'ailes de Blattes décrits plus haut, a émis l'avis qu'ils devaient provenir de dépôts d'âge permien, en ajoutant toutefois qu'il ne serait pas impossible qu'ils fussent d'âge triasique, l'hypothèse d'une date plus récente lui paraissant, d'ailleurs, peu admissible; mais cette conclusion n'est, en somme, déduite par lui que de la concordance de la moyenne des dimensions de ces trois ailes avec les dimensions moyennes des ailes de Paléoblattariées de l'époque permienne [1], et c'est là un argument auquel il m'est difficile, je l'avoue, d'attacher grande valeur, étant donné, d'une part, le nombre si restreint des matériaux recueillis et, d'autre part, les différences que M. Scudder lui-même relève entre les trois nouvelles espèces établies par lui sur ces échantillons et leurs congénères d'autres provenances, avec aucune desquelles elles n'ont, dit-il, de parenté proche; une seule, *Etoblattina brevis*, offre quelque analogie avec une espèce du bassin de la Sarre, mais elle présente certains caractères totalement différents, de sorte que la ressemblance demeure fort imparfaite; quant aux deux autres, elles ne peuvent être rapprochées d'aucune espèce connue. Il me paraît impossible, dans ces conditions, de déduire de l'examen de ces ailes une indication tant soit peu sûre quant à leur niveau géologique, et l'on sait trop peu de chose sur la faune entomologique de l'époque rhétienne pour pouvoir contester sérieusement qu'elles aient pu lui appartenir, alors surtout que M. Scudder admet qu'elles peuvent être d'âge triasique, et qu'on sait les relations qui existent entre les formes de Blattes du Trias et celles du Lias.

Au surplus, les données paléozoologiques viennent elles-mêmes, ainsi que

Données paléozoologiques.

[1] Voir *supra*, p. 230.

31.

je vais le montrer, et quelque incomplètes qu'elles soient encore, à l'appui des conclusions déduites des données paléobotaniques.

Sans doute on ne peut compter sur des récoltes de fossiles marins dans la formation charbonneuse elle-même, bien que l'échantillon recueilli par M. Sarran dans ses travaux de la concession Schædelin, et que j'ai signalé comme paraissant être un moule de coquille d'Ammonitidée, puisse donner l'espoir d'autres découvertes du même genre et plus significatives; mais l'empreinte analogue rapportée par M. H. Charpentier de ses explorations dans la région de Dong-Trieu, au voisinage de la limite séparative de la formation charbonneuse et des grès et argiles versicolores, donne à penser que ces grès et argiles peuvent être fossilifères, du moins sur certains points, et que peut-être on y recueillera un jour d'intéressants documents. Dès maintenant, il y a lieu de signaler la découverte qu'a faite M. Beauverie, au voisinage de Dong-Dang, au Nord de Lang-Sôn, d'une assise de calcaire fossilifère intercalée au milieu de schistes chocolat de facies « permien », assimilables, d'après leurs caractères lithologiques, à ceux qui, dans la région du Bas-Tonkin, recouvrent immédiatement la formation charbonneuse : un fragment de ce calcaire, rapporté par M. Charpentier, s'est montré pétri de tiges d'Encrines, dans lesquelles M. Douvillé a reconnu des *Pentacrinus,* genre qui n'est connu qu'à partir de l'époque liasique. Si ces schistes appartiennent en effet au même niveau géologique que les grès et argiles ou schistes « permiens » du Bas-Tonkin, il y aurait là une confirmation manifeste des conclusions tirées de l'étude de la flore.

De même, dans la région de Tourane, M. Counillon a, comme je l'ai dit plus haut[1], découvert des fossiles liasiques dans les couches auxquelles est subordonné le gîte de charbon de Vinh-Phuoc, que des explorateurs antérieurs avaient cependant formellement attribué au Carbonifère, et ce gîte de Vinh-Phuoc est assez rapproché de celui de Nong-Sön pour qu'on soit fondé à penser, malgré l'absence de renseignements sur leurs relations stratigraphiques mutuelles, qu'ils appartiennent l'un et l'autre à la même formation.

Observations de M. Leclère sur la Chine méridionale.

Ce ne sont là sans doute que de simples indices, et l'on ne saurait évidemment en tirer que des présomptions en faveur de l'attribution au Rhétien des couches de charbon du Bas-Tonkin et de Nong-Sön; mais M. Leclère a recueilli, dans son exploration des provinces méridionales de la Chine, des observations plus positives et d'un intérêt plus direct. Il a constaté sur plu-

[1] Voir *supra*, p. VI. — G. H. Monod, *Notice sur les gisements de charbon en Indo-Chine*, p. 15.

sieurs points, dans la région orientale du Yun-Nan, ainsi que dans le Kouei-
Tcheou, l'existence d'un horizon à charbon, superposé à des grès et marnes
rougeâtres succédant eux-mêmes à des calcaires marins coralligènes, et recouvert par des calcaires dolomitiques caverneux, et il y a trouvé, à Kiang-Ti et
à Taï-Pin-Tchang, mais principalement dans cette dernière localité, une flore
nettement identique à celle des charbons du Bas-Tonkin, comprenant *Cladophlebis Rœsserti, Ctenopteris Sarrani, Glossopteris indica, Dictyophyllum Nathorsti,
Clathropteris platyphylla, Ptilophyllum acutifolium, Pterophyllum inconstans.* Or
l'examen qu'a fait M. Douvillé des fossiles marins rencontrés dans les deux
étages calcaires précités a permis d'attribuer, d'une part, au Trias moyen les
calcaires coralligènes situés au-dessous de la formation gréso-marneuse, que
M. Leclère regarde, en conséquence, comme correspondant au Trias supérieur; d'autre part, au Jurassique, et vraisemblablement au Lias, les calcaires
dolomitiques qui surmontent l'horizon à charbon [1]. Il ressort de là que cet
horizon peut être légitimement classé comme rhétien, et ces gisements du
Yun-Nan et du Kouei-Tcheou sont trop rapprochés de ceux du Tonkin pour
qu'on puisse hésiter à conclure de l'identité de la flore à l'identité du niveau
géologique. Il n'est peut-être pas sans intérêt d'ajouter que M. Leclère a
constaté l'existence, dans la même région, mais sur d'autres points, de
couches de houille paléozoïques, appartenant au Carbonifère ou au Permien,
et qu'il y a reconnu la présence du *Stigmaria ficoides*, ce qui ne permet
pas de douter qu'à l'époque houillère la flore de la Chine méridionale ait
été, comme celle de la Chine septentrionale, semblable ou tout au moins
très analogue à celle de l'Europe, caractérisée par la présence des grandes
Lycopodinées arborescentes dont dépendaient les *Stigmaria*, et tout à fait
différente de la flore observée dans les gisements « houillers » du Bas-Tonkin.

Je ferai remarquer, en passant, que ces houilles rhétiennes de la Chine
méridionale semblent offrir des compositions assez variables, tantôt maigres,
avec une teneur de 8 à 10 p. 100 de matières volatiles, comme celles de
Ngan-Chuen dans le Kouei-Tcheou, semblables à cet égard à celles du Bas-
Tonkin et de Nong-Sön, tantôt, et plus généralement, franchement grasses,
avec une teneur de 30 à 35 p. 100 de matières volatiles [2], notamment à
Ma-Chang et à Taï-Pin-Tchang, où une partie du combustible extrait est

[1] A. Leclère, *Étude géologique et minière des provinces chinoises voisines du Tonkin* (*Annales des
Mines*, 9e série, XX, p. 317-321, p. 386-392, p. 406-407, p. 413, 418, 429, p. 436-437).
[2] A. Leclère, *ibid.*, p. 387-388, p. 413, 437.

transformée en coke; il ressort de là que la haute teneur en matières volatiles des charbons de Vinh-Phuoc ne saurait être invoquée comme indiquant une différence d'âge par rapport à ceux de Nong-Sön, et qu'il n'est pas interdit d'espérer rencontrer, sur le même horizon géologique que les charbons du Bas-Tonkin, mais sur d'autres points de la colonie, des charbons de teneur plus élevée.

Considérations générales. Le mélange de formes, les unes indiennes, les autres européennes, que l'on constate dans cette flore rhétienne du Tonkin, mérite, d'ailleurs, d'être examiné en lui-même, à raison des enseignements généraux qu'il fournit. On sait que la flore, après avoir été remarquablement uniforme sur toute la surface du globe, a commencé, à une date difficile à préciser exactement, mais sans doute au cours de l'époque stéphanienne, à se différencier de telle sorte qu'il s'est constitué alors deux grandes provinces botaniques bien distinctes, l'une occupant la plus grande partie de l'hémisphère boréal, et peuplée par une flore d'une grande richesse, caractérisée notamment par la présence des grandes Lycopodinées arborescentes, Lépidodendrées et Sigillariées, si répandues dans les formations houillère et permienne de l'Europe et de l'Amérique du Nord, l'autre s'étendant de la région australo-indienne à l'Afrique australe et à l'Amérique méridionale, et offrant une flore infiniment moins variée, caractérisée à la fois par l'absence des grandes Lycopodinées en question et par la prédominance des *Glossopteris* et des *Gangamopteris* [1]. Sur divers points, voisins du bord septentrional de cette province à *Glossopteris*, on observe, avec les types propres à cette dernière, des types de la province boréale, dénotant des contacts entre l'une et l'autre, par suite desquels se sont faits des échanges mutuels, et à mesure qu'on s'élève, on voit les différences de flore aller en s'atténuant, les types les plus caractéristiques de chacune des deux provinces ayant d'ailleurs perdu peu à peu de leur importance et ayant fini par disparaître définitivement, les grandes Lycopodinées vers la fin de l'époque permienne ou au début de l'époque triasique, les *Glossopteris* vers la fin de cette dernière, après avoir eux-mêmes survécu quelque peu aux *Gangamopteris*. C'est ainsi notamment que, dans la région sud-asiatique, la flore des Upper Gondwanas de l'Inde ne présente guère, par rapport aux flores liasiques et oolithiques de l'Europe, plus de différences que celles-ci n'en présentent elles-mêmes entre

[1] Zeiller, *Examen de la flore fossile des gîtes de charbon du Tong-King* (*Annales des Mines*, 1882, II, p. 345-347); *Les provinces botaniques de la fin des temps primaires.* — A. C. Seward, *The Glossopteris Flora.*

elles d'un point à l'autre de notre continent; elle renferme les mêmes types génériques, représentés sans doute par des formes spécifiques quelque peu différentes, mais répartis à peu près de même dans l'une et l'autre région, et les quelques genres de Cycadinées, *Dictyozamites* et *Ptilophyllum*, qui pendant assez longtemps avaient été considérés comme appartenant en propre à la flore jurassique indienne ont été finalement reconnus en Europe sur les mêmes niveaux [1].

La flore est ainsi redevenue à peu près uniforme dans son ensemble, autant du moins que nous en pouvons juger par les documents que nous possédons, et la flore des gites de charbon du Bas-Tonkin est assurément l'une de celles où l'on constate avec le plus de netteté ce mélange de formes et cet acheminement vers le rétablissement de l'uniformité générale. Elle offre en effet, les uns à côté des autres, des types tels. d'une part, que *Glossopteris indica* et *Nœggerathiopsis Hislopi*, sans parler du *Palæovittaria Kurzi*, essentiellement caractéristiques de la province à *Glossopteris*, tels, d'autre part, que les *Dictyophyllum* et les *Clathropteris*, qu'on voit apparaître dès l'époque triasique supérieure dans la province boréale, alors qu'on n'en trouve aucune trace dans les dépôts du même âge de la région australo-indienne, où le genre *Dictyophyllum* a seul été observé, et seulement sur un horizon un peu plus élevé (*Dict. Bremerense* Shirley, des couches rhétiennes ou liasiques du Queensland). J'ai, du reste, mentionné tout à l'heure les différentes espèces identiques ou étroitement affines à celles de la flore rhétienne de l'Europe qui jouent, dans cette flore du Bas-Tonkin, un rôle si important : *Cladophlebis Rœsserti* et *Clad. nebbensis, Woodwardites microlobus, Dictyophyllum Fuchsi, Dict. Remauryi, Dict. Nathorsti, Clathropteris platyphylla, Schizoneura Carrerei, Equisetum Sarrani, Podozamites distans, Pterophyllum inconstans, Pteroph. Münsteri, Pter. æquale.* On croirait, au premier coup d'œil, si l'on faisait abstraction des genres typiques de la flore à *Glossopteris*, sur lesquels on ne peut se méprendre, avoir affaire à une flore européenne; mais, au milieu de cette ressemblance générale, un examen plus attentif révèle la présence de formes spécifiquement distinctes de celles de la flore du Rhétien d'Europe, les unes nouvelles, bien que très voisines d'espèces européennes, comme les *Dictyophyllum, Schizoneura, Equisetum* précités, les autres identiques à des espèces indiennes, comme *Danæopsis*

[1] A. G. Nathorst, *Sur la présence du genre* Dictyozamites *Oldham dans les couches jurassiques de Bornholm.* — A. C. Seward, *Jurassic Flora*, pt. 1, p. 190-199; *Occurrence of* Dictyozamites *in England, and on European and Eastern mesozoic Floras.*

cf. *Hughesi*, *Tæniopteris ensis*, *Tæn. spatulata*, *Otozamites rarinervis*, *Ptilophyllum acutifolium*, qui donnent à la flore un cachet particulier et qui, sans être aussi caractéristiques que les *Glossopteris* et les *Nœggerathiopsis*, attestent néanmoins avec eux qu'on se trouve là sur les confins de deux régions botaniques, en présence d'un mélange d'espèces de l'une et de l'autre.

Au surplus, si bien représentée qu'elle soit, la flore rhétienne de l'Europe ne paraît pas être tout à fait au complet, car on n'a jusqu'à présent trouvé au Tonkin aucune trace de la présence, ni des Matoniées, *Laccopteris* ou autres genres voisins, ni des *Ptilozamites*, ni du *Nilssonia polymorpha*, si abondant en Suède et en Franconie et signalé encore dans le Rhétien de la Perse. De même y a-t-il lieu, à ce qu'il semble, de remarquer en sens inverse l'absence du *Thinnfeldia odontopteroides* Morris (sp.), qui, dans toute la région occupée par la flore à *Glossopteris*, en Inde comme en Australie, dans l'Amérique du Sud et dans l'Afrique australe, s'est montré constamment dans les dépôts d'âge rhétien, et qui, jusqu'ici du moins, n'a pas été observé au Tonkin.

D'autre part, cette flore rhétienne du Tonkin offre déjà, dans sa composition générale, les caractères que vont offrir pendant la période jurassique les flores des différentes régions du globe, comprenant notamment des Fougères des genres *Cladophlebis* et *Tæniopteris*, répandus dans toutes les flores fossiles jurassiques, des Cycadinées des genres *Cycadites*, *Podozamites*, *Otozamites*, *Ptilophyllum* et *Pterophyllum*, à peine entrevus, sauf ce dernier, avant l'époque rhétienne, quelle que soit la région du globe envisagée, et qui vont se retrouver partout, sous des formes spécifiques souvent peu différentes les unes des autres, parfois même identiques ou presque identiques, comme c'est le cas, semble-t-il, pour les *Podozamites* et peut-être pour les *Ptilophyllum*. Après la disparition des *Glossopteris* et des *Nœggerathiopsis*, qui se montrent pour la dernière fois, à ce qu'il semble, dans ces couches rhétiennes du Tonkin, la flore sera redevenue uniforme, du moins dans ses grands traits, et la province à *Glossopteris* ne présentera plus, par rapport à la province boréale, de différences tant soit peu tranchées.

La flore fossile des couches de charbon du Bas-Tonkin marque ainsi la phase ultime d'une remarquable période de l'histoire du monde végétal, nous montrant la dernière manifestation des types caractéristiques de l'une des deux grandes provinces botaniques demeurées distinctes jusque-là, et nous les offrant en mélange avec ceux qui, venus pour une grande partie au moins de l'autre province, vont dès ce moment se répandre sur toute la surface du globe et rendre à la végétation, du moins dans une large mesure, le caractère d'uniformité qu'elle avait perdu.

II. — ESSAI DE DÉTERMINATION DE L'ÂGE RELATIF
DES DIFFÉRENTS FAISCEAUX.

Si l'étude de la flore fossile fournit sur l'âge des couches de charbon du Bas-Tonkin des renseignements décisifs, les indications qu'on en peut tirer pour la détermination du niveau relatif des différents faisceaux ne sont, malheureusement, pas aussi nettes. La cause en est tout d'abord dans la constance de la flore, dont les principales espèces se retrouvent à peu près partout, et qui n'offre, d'un point à l'autre, que des différences peu sensibles, de valeur même parfois assez incertaine : il est clair, par exemple, qu'on ne peut faire grand fond, comme caractère distinctif, sur la présence en un point, à l'exclusion des autres, d'une espèce dont on n'a trouvé seulement qu'un ou deux échantillons; d'autre part, on peut se demander si les différentes espèces sont bien représentées, dans les récoltes faites, suivant leurs véritables proportions de fréquence respective, et si l'abondance de certaines d'entre elles n'est pas quelquefois imputable à ce qu'elles ont simplement, sans être plus communes que d'autres, fixé davantage l'attention; aussi ne doit-on faire appel qu'avec une certaine réserve aux caractères fournis par la plus ou moins grande fréquence relative de telle ou telle espèce, bien que la multiplicité des récoltes, faites à intervalles plus ou moins éloignés par des collecteurs différents, soit de nature à diminuer dans une large mesure les risques d'erreurs. Enfin, il faut encore compter avec la possibilité de localisation résultant d'une répartition irrégulière des diverses formes végétales autour du bassin de dépôt, par suite de laquelle, les cours d'eau qui aboutissaient à ce bassin n'y apportant pas tous au même moment des débris des mêmes plantes, la composition apparente de la flore se trouverait varier quelque peu d'un point à l'autre; il semble cependant, si de telles variations sont à prévoir dans la composition de la flore d'une même couche, qu'elles aient chance de se compenser d'une couche à l'autre et qu'elles ne doivent pas être assez importantes pour affecter gravement les observations portant sur toute l'épaisseur d'un faisceau.

Au surplus, si l'appréciation est assez délicate, les résultats du premier examen que j'avais fait en 1882 de la flore des gîtes de Hongaÿ semblent-ils de nature à inspirer quelque confiance, puisque l'étude stratigraphique ulté-

rieure a confirmé les assimilations auxquelles j'avais été conduit, d'une part,
entre les couches de la Rivière des Mines, en aval de Claireville, et celles de
l'île Hongaÿ, reconnues comme appartenant les unes et les autres au système
de Nagotna; d'autre part, entre celles de Hatou et celles de la mine Jauréguiberry, qui ne sont, en fait, que des portions de la Grande couche de Hatou [1].

J'examinerai d'abord la question du niveau relatif des deux systèmes de
couches des mines de Hongaÿ, l'abondance des récoltes faites sur ces mines au
cours d'une longue série d'années fournissant pour elles une base d'appréciation plus solide et conduisant à les prendre, par rapport aux autres, comme
terme principal de comparaison; je procéderai ensuite à un examen compa-
ratif semblable pour Kébao, et je terminerai par le groupe de Dong-Trieu et par
le gîte de Nong-Sön.

Je résume dans le tableau ci-dessous, en les groupant par faisceaux, les renseignements de détail donnés précédemment sur la provenance de chacune
des espèces observées. Pour la région de Hongaÿ, ces provenances se répartissent entre les deux systèmes de Hatou et de Nagotna, en comprenant dans
ce dernier les affleurements de l'île Hongaÿ, qui en font effectivement partie
et dont la flore ne diffère, d'ailleurs, par aucun caractère saisissable de la flore
observée dans les travaux des mines de Nagotna et de Carrère ou sur les
affleurements voisins de la Rivière des Mines. Par contre, il m'a paru qu'il y
avait intérêt à distinguer, des récoltes portant sur les divers points du système
de Nagotna qui viennent d'être énumérés, celles qui ont été faites tant à l'île
du Sommet Buisson qu'au fond de la vallée orientale de l'OEuf, soit dans les
travaux de la galerie Léonice, soit dans la petite île située à 300 mètres au
Nord-Ouest de cette galerie, M. Sarran considérant les couches explorées sur
ces divers points comme appartenant à la portion la plus inférieure du système
de Nagotna [2], et leur flore paraissant offrir, en effet, quelques particularités
dignes de remarque.

Pour Kébao, j'ai distingué, d'une part, le groupe des couches explorées
par M. Sarran au-dessus du gros banc de conglomérat affleurant à l'Ouest du
mamelon de Kébao, couches désignées par lui comme « système supérieur »;
d'autre part, le faisceau du puits Lanessan et le faisceau de Caï-Daï, en
mettant à part la couche G et les autres affleurements de la région des îlots,

---

[1] R. Zeiller, *Annales des Mines*, 1882, II, p. 325, 326; *Bull. Soc. Géol. Fr.*, 3ᵉ sér., XIV,
p. 581.

[2] Sarran, *Étude sur le bassin houiller du Tonkin*, p. 25, 29.

dont les relations avec ce dernier faisceau ne sont pas établies avec une complète certitude, bien qu'il semble probable qu'ils en représentent la partie la plus profonde; mais cette distinction, je dois le dire tout de suite, n'a pas grande portée pratique et ne permet pas de saisir, de l'un de ces faisceaux à l'autre, de différences de flore bien appréciables.

En ce qui concerne la région de Dong-Trieu, je n'ai pu que mentionner les localités où ont été faites les récoltes, les seules indications plus détaillées données par M. Sarran consistant dans la désignation des couches B ou D du périmètre Émile, qui, d'après les renseignements qu'il m'avait fournis, appartenaient à un seul et même faisceau. Au surplus, les matériaux recueillis dans cette région de Dong-Trieu sont-ils trop peu nombreux pour qu'on en puisse tirer des indications utiles.

TABLEAU RÉCAPITULATIF DES PROVENANCES DES ESPÈCES OBSERVÉES.

ESPÈCES OBSERVÉES.	KÉBAO.					HONGAŸ.				DONG-TRIEU.			NONG-SÓN (Annam).
	Provenance non spécifiée	Région des flots et Couche G.	Faisceau de Cai-Dai.	Faisceau du puits Léocœur.	Système supérieur.	Système de Haton.	Système de Nagotna.	Fond de la Vallée orientale de l'Œuf.	Ile du Sommet Boisson.	Concession Scholetin.	Long-Sân (L.); Hoanh-Mô (H.); Dong-Trieu (D.).	Périmètre Émile.	
Sphenopteris cf. princeps...				*	*								
Pecopteris Cottoni........				*		*	*	*	*				*
— adumbrata.....						*							?
— tonquinensis....									*				
— (Bernoullia?) sp.				*		*							
Cladophlebis cf. lobifolia...		*		*									
— Rœsserti......	*			*	*	*	*		*	*	L. D.		*
— nebbensis.....						*	*						*
— Raciborskii ..	*					*							*
Ctenopteris Sarrani		*				*							
Danæopsis cf. Hughesi									*				
Tæniopteris ensis							*						
— cf. MacClellandi						*					L.		
— Münsteri......									*		D.		
— Jourdyi.......	*	*	*	*	*	*	*	*	*				
— virgulata......		*				*	*						
— spatulata						*	*						
— nilssonioides...	*	*	*	*	*	*	*						
Palæovittaria Kurzi......	*												

ESPÈCES OBSERVÉES.	Provenance non spécifiée.	KÉBAO.				HONGAŸ.				DONG-TRIEU.			NONG-SÔN (Annam).
		Région des Bois et Couche G.	Faisceau de Cai-Dai.	Faisceau du puits Laneasan.	Système supérieur.	Système de Haton.	Système de Nagotna.	Fond de la Vallée orientale de l'Œuf.	Île du Sommet Boisem.	Concession Schneider.	Long-Sôn (L.), Hanmi-Mô (H.), Dong-Trieu (D.).	Périmètre Émile.	
Glossopteris indica.......	*	»	»	*	»	*	»	»	*	»	»	»	»
Woodwardites microlobus..	»	»	»	»	»	*	»	*	*	»	»	»	»
Dictyophyllum Fuchsi.....	»	»	*	»	»	»	»	»	*	*	L.	*	»
— Remouryi...	*	*	*	*	»	*	*	*	*	»	»	»	»
— Sarrani....	»	»	»	»	»	»	»	»	*	»	»	»	»
— Nathorsti..	*	»	*	*	*	*	*	*	*	*	»	»	»
Clathropteris platyphylla...	*	»	*	*	»	*	*	*	*	»	D.	*	*
Annulariopsis inopinata...	»	»	»	»	*	»	?	*	»	»	»	*	»
Schizoneura Carrerei......	*	»	»	*	»	*	*	»	*	»	»	»	»
Equisetum Sarrani	?	»	»	»	»	*	»	*	»	»	»	»	?
Nœggerathiopsis Hislopi....	*	*	*	*	»	*	*	*	»	»	D.	*	»
Cycadites Saladini	»	»	»	»	»	*	*	»	*	»	D.	*	»
Podozamites distans......	»	»	»	*	*	*	*	*	*	*	H.	*	»
— Schenki......	»	»	»	»	»	*	»	»	»	»	H.	»	»
Zamites truncatus........	»	»	»	»	»	»	»	*	»	»	»	»	»
Otozamites indosinensis....	»	»	»	»	»	?	?	»	»	»	»	»	»
— rarinervis......	»	»	»	»	»	*	»	»	»	»	»	»	»
Ptilophyllum acutifolium...	»	»	»	»	»	*	»	»	»	»	»	»	»
Pterophyllum inconstans...	»	»	»	»	»	*	*	*	*	»	»	»	»
— Schenki.....	»	»	»	»	»	»	»	»	*	»	»	»	»
— Münsteri....	*	»	*	*	»	*	*	*	*	»	»	*	»
— Portali......	*	*	*	*	*	»	»	»	»	»	»	»	»
— Tietzei......	»	*	*	»	»	»	»	»	»	»	»	»	»
— contiguum ...	»	»	»	»	»	*	*	»	»	»	»	»	»
— æquale......	»	»	»	»	»	*	*	*	»	»	»	»	»
— Bavieri......	»	»	»	»	»	*	»	»	»	»	»	»	»
Cycadolepis corrugata.....	»	»	»	»	»	»	*	*	»	»	»	»	»
— granulata.....	»	»	*	»	»	»	»	»	*	»	»	»	»
— cf. villosa.....	»	»	»	»	»	»	»	»	*	»	»	»	»
Baiera Guilhaumati.......	»	»	»	»	»	»	*	»	»	»	»	»	»
Trioolepis Leclerei.......	*	»	»	»	»	?	»	»	»	»	»	»	»
Conites Charpentieri......	»	»	?	»	»	*	*	*	*	»	»	*	»
— sp. (Pl. L, fig. 11).	»	»	»	»	»	*	»	»	»	»	»	»	»
— sp. (Pl. L, fig. 10).	»	»	»	»	»	*	»	»	»	»	»	»	»
— sp. (Pl. L, fig. 12).	»	»	»	»	»	*	»	»	»	»	»	»	»
Araucarioxylon Zeilleri...	*	»	»	»	»	»	»	»	»	»	»	»	»
Écailles (Pl. L, fig. 8)....	»	»	»	»	»	»	*	»	*	»	»	»	»
Incertæ sedis (Pl. L, fig. 7).	»	»	»	»	»	*	»	»	»	»	»	»	»
— (Pl. L, fig. 20).	»	»	»	»	»	?	»	»	*	»	»	»	»

Si l'on compare entre elles la flore du système de Hatou et celle du système de Nagotna, en laissant de côté tout d'abord les affleurements de l'île du Sommet Buisson et ceux du fond de la vallée orientale de l'Œuf, on constate qu'elles ont en commun un nombre considérable d'espèces, *Pecopteris Cottoni, Cladophlebis Rœsserti, Clad. nebbensis, Tæniopteris Jourdyi, Tæn. virgulata, Tæn. nilssonioides, Dictyophyllum Remauryi, Dict. Nathorsti, Clathropteris platyphylla, Schizoneura Carrerei, Nœggerathiopsis Hislopi, Cycadites Saladini, Podozamites distans, Pterophyllum inconstans, Pteroph. Münsteri, Pteroph. contiguum, Pteroph. æquale*, et *Conites Charpentieri*. Quelques-unes d'entre elles, il est vrai, ne semblent pas également réparties dans les deux systèmes : le *Cladophlebis Rœsserti*, bien que commun des deux côtés, est peut-être un peu plus fréquent à Nagotna; le *Clad. nebbensis*, rencontré avec une certaine abondance dans les couches de Nagotna, est relativement rare à Hatou; inversement, le *Dictyophyllum Remauryi* semble notablement plus rare à Nagotna qu'à Hatou; le *Dict. Nathorsti* présente, lui aussi, une différence dans le même sens, quoique beaucoup moins accusée; et le *Nœggerathiopsis Hislopi* paraît également, ainsi que le *Pterophyllum æquale*, moins fréquent dans le système de Nagotna que dans celui de Hatou, du moins si l'on met à part les échantillons provenant du fond de la vallée orientale de l'Œuf.

Quant aux espèces non communes à l'un et à l'autre système, elles se divisent en deux groupes : le premier, comprenant celles qui se sont montrées dans le système de Hatou seulement, à l'exclusion des couches de Nagotna, est de beaucoup le plus nombreux, avec *Pecopteris adumbrata, Pec. (Bernoullia?)* sp., *Cladophlebis Raciborskii, Ctenopteris Sarrani, Tæniopteris* cf. *Mac Clellandi, Glossopteris indica* (feuilles écailleuses), *Woodwardites microlobus, Equisetum Sarrani, Podozamites Schenki, Otozamites rarinervis, Ptilophyllum acutifolium, Pterophyllum Bavieri*, sans parler des cônes ou échantillons d'attribution incertaine, qui n'offrent qu'un moindre intérêt; mais, de ces espèces, une bonne partie n'ont été rencontrées qu'une seule fois, telles notamment qu'*Otozamites rarinervis* et *Ptilophyllum acutifolium*, ou ne se sont montrées qu'avec trop de rareté pour qu'on soit autorisé à en faire état; on ne peut guère, en réalité, tenir pour vraiment caractéristiques, à raison de leur fréquence relative, que *Glossopteris indica, Woodwardites microlobus, Equisetum Sarrani* et *Pterophyllum Bavieri*. Le second groupe comprend les espèces observées seulement à Nagotna, savoir : *Tæniopteris spatulata*, très abondant, *Tæn. ensis*, trouvé une seule fois, à l'île Hongaÿ, *Annulariopsis inopinata*, représenté par un seul échantillon très douteux, *Cycadolepis corrugata*, dépendant peut-être du *Pterophyllum inconstans*, espèce commune à l'un et à l'autre système, et *Baiera Guillhaumati*.

Les différences entre les deux systèmes ne sont, on le voit, pas très accentuées; elles semblent cependant de nature à fournir des indications d'une réelle valeur sur leur âge relatif : on remarque en effet à Hatou la présence exclusive, et en assez grande abondance, des feuilles écailleuses du *Glossopteris indica*, et la fréquence relative du *Nœggerathiopsis Hislopi*, espèces qui, dans l'Inde, ne dépassent pas le sommet des Lower Gondwanas ou du moins les couches de passage aux Upper Gondwanas et ne se retrouvent plus dans l'étage de Rajmahal, tandis que le *Tœniopteris spatulata* de l'étage de Rajmahal, absent dans les Lower Gondwanas et dans les couches de passage, se montre commun dans le système de Nagotna, et fait absolument défaut dans celui de Hatou, où la richesse des matériaux recueillis donne à cette constatation négative une valeur incontestable. Le *Tœn.* ensis pourrait être cité, lui aussi, à côté du *Tœn.* spatulata, si son extrême rareté n'interdisait d'attacher quelque poids à sa présence. Mais la fréquence plus grande à Nagotna qu'à Hatou du *Cladophlebis nebbensis*, espèce liasique autant et presque plus que rhétienne, fournit une indication dans le même sens, et l'on en peut dire autant, à en juger du moins par leurs affinités, de la présence, à Hatou d'une part, de l'*Equisetum Sarrani*, allié à des formes triasiques, à Nagotna d'autre part, du *Baiera Guilhaumati*, voisin du *Baiera gracilis* de l'Oolithe inférieure.

Les autres espèces citées comme marquant entre les deux systèmes des différences plus ou moins sensibles, *Cladophlebis Rœsserti*, *Dictyophyllum Remauryi*, Dict. *Nathorsti*, *Woodwardites microlobus*, *Pterophyllum æquale*, *Pteroph. Bavieri*, ne sont pas susceptibles d'interprétation dans un sens plutôt que dans l'autre; mais on voit que toutes les formes tant soit peu significatives plaident en faveur de l'ancienneté plus grande du système de Hatou par rapport à celui de Nagotna, les types relativement anciens se montrant à Hatou à l'exclusion de Nagotna ou en plus grande abondance qu'à Nagotna, et les types relativement récents affectant la distribution inverse.

Je crois donc, à raison notamment de l'opposition si nette que paraît établir entre ces deux systèmes la présence exclusive, dans l'un, du *Glossopteris indica*, et, dans l'autre, du *Tœniopteris spatulata*, qu'on est fondé à considérer le système de Nagotna comme supérieur à celui de Hatou, contrairement à ce qu'avait primitivement admis M. Sarran, avec qui je me suis trouvé longtemps en opposition à cet égard; il s'était, il est vrai, comme je l'ai dit dans le premier Chapitre du présent travail, rangé finalement à cette manière de voir, mais d'après les assimilations qu'il faisait, peut-être un peu hâtivement, étant donné la distance, entre les deux systèmes en question et les faisceaux reconnus par lui dans la concession Schædelin. En tout cas, les observations stratigraphiques de M. Guilbaumat, que j'ai également résumées plus haut, sont venues nettement à l'appui de mes conclusions, et j'ai été heureux de leur parfait accord avec les observations paléobotaniques.

Si maintenant l'on passe aux deux points laissés provisoirement de côté, on constate que la flore recueillie au fond de la vallée orientale de l'Œuf se rapproche de celle du système de Hatou par la présence des *Woodwardites microlobus* et *Equisetum Sarrani*, ainsi que par l'abondance relative des *Nœggerathiopsis Hislopi* et *Pterophyllum æquale*; mais le *Glossopteris indica*, de Hatou, n'y a pas été observé, non plus que le *Tæniopteris spatulata*, du système de Nagotna; peut-être l'*Annulariopsis inopinata*, soupçonné dans ce dernier système et reconnu dans les travaux de la galerie Léonice, pourrait-il être invoqué comme établissant le lien avec la flore du système de Nagotna, mais cette espèce semble trop rare pour qu'on en puisse tirer une indication tant soit peu sérieuse. Il semble en tout cas que la composition de la flore, intermédiaire, à plusieurs égards, entre celle de Hatou et celle de Nagotna, concorde bien avec les observations de M. Sarran, qui regardait, ainsi que je l'ai rappelé, ces couches du fond de la vallée orientale de l'Œuf comme appartenant à la partie la plus inférieure du système de Nagotna; en même temps cette constatation vient confirmer l'ancienneté relative du système de Hatou, puisque c'est en descendant en profondeur qu'on voit la flore se rapprocher de celle de ce dernier système.

La flore recueillie à l'île du Sommet Buisson donne lieu à des remarques du même genre, mais avec cette particularité, que certaines espèces n'ont été observées qu'en ce seul point, savoir: *Pecopteris tonquinensis*, *Tæniopteris Münsteri*, *Pterophyllum Schenki*, *Danæopsis* cf. *Hughesi*, *Dictyophyllum Sarrani*, *Cycadolepis* cf. *villosa* et *Cycadol. granulata*, ces quatre derniers représentés chacun par un seul échantillon, mais le dernier retrouvé à Kébao. On pourrait mentionner également le *Dictyoph. Fuchsi*, qui n'a été observé ni à Nagotna, ni à Hatou, mais qui s'est montré à Kébao et à Dong-Trieu.

Pour le reste, cette flore se rapproche de celle du système de Hatou par l'absence du *Tæniopteris spatulata* et par la présence non seulement du *Woodwardites microlobus*, mais de feuilles écailleuses de *Glossopteris indica*, en même

temps que par l'abondance assez grande du *Nœggerathiopsis Hislopi*; elle renferme en outre, comme celle de Hatou, des écailles à nervures parallèles telles
que celles de la Planche L, fig. 8, et peut-être les corps problématiques de la
Planche L, fig. 20, trouvés à l'île du Sommet Buisson, sont-ils, eux aussi, représentés à Hatou, ce qui constituerait un trait de ressemblance de plus; peut-
être encore le *Pecopteris tonquinensis* et le *Pec. (Bernoullia?)* sp., rencontrés,
l'un à l'île du Sommet Buisson, et l'autre à Hatou, ne correspondent-ils,
comme j'en ai signalé la possibilité, qu'à des portions de fronde différentes
d'une même Fougère, et y aurait-il encore là une forme commune. En
somme, les analogies avec la flore du système de Hatou sont telles, qu'on peut
se demander si ces affleurements de l'île du Sommet Buisson ne devraient pas
être rattachés plutôt à ce système qu'à celui de Nagotna; tout au moins leur
ancienneté relative par rapport aux couches qui constituent la portion principale de ce dernier semble-t-elle ressortir nettement de la constitution de
la flore.

Mines de Kébao.   A Kébao, les récoltes ont été malheureusement moins suivies et moins
abondantes qu'à Hongaÿ; on ne possède, en particulier, aucune donnée sur
la flore des couches reconnues par M. H. Charpentier le long des rivières de
Khe-Rong et de Bang-Ton, au sujet de laquelle il eût été si intéressant d'être
renseigné. En outre, pour un certain nombre d'échantillons, la provenance
exacte est restée indécise, et pour ceux notamment qui ont été recueillis, lors
des premières explorations, sur les affleurements de la rivière de Kébao, on
ignore s'ils viennent des couches supérieures au gros banc de conglomérat qui
avait servi de repère à M. Sarran ou des couches situées au mur de ce banc,
de sorte qu'il est difficile de préciser dans le détail la composition et les caractères propres de la flore respective des différents faisceaux sur lesquels a porté
l'exploitation et qui, du reste, ne semblent pas devoir être bien distants les
uns des autres.

Si l'on examine tout d'abord l'ensemble de la flore pour la comparer à celle
des gîtes de Hongaÿ envisagés eux-mêmes sans distinction de niveaux, on
constate que les trois quarts environ des espèces observées à Kébao ont été
également trouvées à Hongaÿ : *Pecopteris Cottoni, Cladophlebis Rœsserti, Clad.
Raciborskii, Ctenopteris Sarrani, Tæniopteris Jourdyi, Tæn. virgulata, Tæn.
nilssonioides, Glossopteris indica, Dictyophyllum Fuchsi, Dict. Remauryi, Dict.
Nathorsti, Clathropteris platyphylla, Annulariopsis inopinata, Schizoneura Carrerei*, peut-être *Equisetum Sarrani, Nœggerathiopsis Hislopi, Podozamites distans,*

Pterophyllum Münsteri, *Cycadolepis granulata*, et peut-être encore *Trioolepis Leclerei* et *Conites Charpentieri*.

Il n'est donc pas douteux, comme je l'ai déjà dit plus haut, que les gites de Kébao appartiennent au même étage géologique que ceux de Hongaÿ. On peut toutefois, parmi ces espèces communes aux uns et aux autres, en noter deux qui se présentent à Kébao un peu autrement qu'à Hongaÿ, à savoir : *Tæniopteris nilssonioides* et *Dictyophyllum Remauryi*, dont il y a lieu de remarquer l'extrême abondance à Kébao, comparativement aux gites de Hongaÿ ; dans ceux-ci, en effet, la première est rare à tous les niveaux, et la seconde n'est un peu fréquente que dans le système de Hatou, sans y être à beaucoup près, semble-t-il, aussi commune qu'à Kébao. D'autre part, quelques espèces ont été trouvées à Kébao qui ne se sont pas montrées jusqu'à présent à Hongaÿ : *Sphenopteris* cf. *princeps*, *Cladophlebis* cf. *lobifolia*, *Palæovittaria Kurzi*, *Pterophyllum Tietzei*, *Pteroph. Portali*; mais, à l'exception de cette dernière, qui a été souvent observée, elles n'ont été rencontrées qu'avec une extrême rareté, représentées chacune par deux ou trois échantillons seulement, de sorte qu'on ne saurait leur attribuer grande importance. Inversement, et bien qu'il ne faille enregistrer qu'avec quelque réserve les indications négatives, on peut remarquer l'absence, dans les récoltes faites à Kébao, d'une série d'espèces communes à Hongaÿ, soit dans l'un et l'autre des deux systèmes, soit dans un seul d'entre eux, telles que *Cladophlebis nebbensis*, *Tæniopteris spatulata*, *Woodwardites microlobus*, *Cycadites Saladini*, *Pterophyllum inconstans*, *Pteroph. contiguum*, *Pteroph. æquale*, *Pteroph. Bavieri*; une bonne partie des Cycadinées de Hongaÿ font ainsi défaut, jusqu'à présent du moins, dans la flore de Kébao, qui semble, en fait, relativement peu riche en plantes de cette classe.

Il semble ainsi qu'il y ait, entre ces deux flores de Kébao et de Hongaÿ prises dans leur ensemble, des différences d'une certaine importance, en même temps qu'une concordance générale assez remarquable, et il y a lieu d'entrer davantage dans le détail pour rechercher la signification de cette double constatation. Si l'on examine les espèces qui, par leur présence ou leur absence, ou par leur plus ou moins grande abondance relative, semblent respectivement caractéristiques de l'un et de l'autre des deux systèmes reconnus à Hongaÿ et ont permis d'en déterminer l'âge relatif, on constate que les différences relevées entre la flore de Kébao et celle de Hongaÿ proviennent, pour une bonne partie, de l'absence à Kébao d'espèces propres au système de Nagotna ou plus fréquentes à Nagotna qu'à Hatou, comme *Tæniopteris spatulata* et *Cladophlebis nebbensis*, ou dans l'abondance particulière d'espèces relativement rares ou moins fréquentes à Nagotna, telles que *Tæniopteris nilssonioides* et *Dictyophyllum Remauryi*; on remarque de même, parmi les formes communes aux deux flores, d'une part le *Ctenopteris Sarrani*, qui, trouvé seulement à Hatou, s'est montré assez abondant à Kébao, du moins sur l'un des points explorés par M. Sarran, d'autre part le *Glossopteris indica*, qui paraît faire absolument défaut à Nagotna et qui s'est rencontré avec une certaine fréquence à Kébao, dans le faisceau du puits Lanessan, peut-être même dans le système supérieur, les échantillons recueillis par Fuchs ayant été récoltés au voisinage du gros banc de conglomérat, sans qu'on puisse préciser s'ils venaient de la région du mur plutôt que de celle du toit.

Ainsi les couches de Kébao, même les plus élevées, à ce qu'il semble, se montrent beaucoup plus analogues, au point de vue de la composition de leur flore, au système de Hatou qu'à celui de Nagotna. On remarque, il est vrai, dans le système supérieur de Kébao, l'*Annulariopsis inopinata*, qui n'a pas été observé à Hatou, mais qu'on n'a rencontré dans la région de Hongaÿ, du moins avec certitude, que sur un seul point, au fond de la vallée orientale de l'Œuf, et qu'on ne saurait considérer comme un élément caractéristique de la flore de Nagotna : il ne semble pas qu'on puisse rien induire de précis de la présence d'une espèce aussi rare, et qu'elle soit susceptible de contrebalancer les indications concordantes fournies par les formes plus communes que j'ai signalées tout à l'heure et auxquelles on pourrait ajouter encore le *Nœggerathiopsis Hislopi*, abondamment répandu dans tous les faisceaux de Kébao, ainsi que quelques espèces plus rares, également trouvées à Hatou comme à Kébao, telles que *Cladophlebis Raciborskii*, et peut-être *Equisetum Sarrani* et *Trioolepis Leclerci*.

Si donc les particularités que j'ai signalées ne sont pas imputables seulement à des localisations accidentelles, ce qu'il est peut-être difficile d'admettre, elles conduisent à rapprocher les couches de Kébao de celles de Hatou et à repousser, au contraire, l'assimilation au système de Nagotna, admise par quelques ingénieurs, qui seraient disposés à voir en elles le prolongement de celles de la rivière de Campha, considérées elles-mêmes, ainsi que je l'ai dit, par M. Sarran et par M. Guilhaumat comme appartenant à ce système.

Il y a lieu toutefois de se demander si l'ensemble de ces couches de Kébao doit être parallélisé avec le système de Hatou, ou s'il ne représenterait pas un horizon un peu plus inférieur encore : on peut, en effet, faire valoir en faveur de cette dernière manière de voir l'abondance particulière à Kébao, plus grande encore qu'à Hatou, d'espèces qui se montrent à Hongaÿ plus fréquentes dans le système de Hatou que dans celui de Nagotna et qu'on peut présumer devoir être plus communes encore à un niveau un peu plus bas; telles sont *Tænio-pteris nilssonioides*, peu répandu même à Hatou, *Dictyophyllum Remauryi* et *Nœggerathiopsis Hislopi*. On peut, d'autre part, se demander, pour le *Glossopteris indica*, ainsi que je l'ai dit en parlant de cette espèce, si le fait qu'il ne se présente à Hatou que sous la forme exclusive de frondes écailleuses n'indiquerait pas qu'il était là tout à fait à son déclin, tandis qu'il en aurait été moins rapproché à Kébao, où il se montre encore sous la forme de frondes normales : ce n'est là, bien entendu, qu'une hypothèse, mais qui n'est pas dénuée peut-être de quelque vraisemblance. Le *Palæovittaria Kurzi* pourrait encore être invoqué dans le même sens, comme paraissant constituer une forme relativement ancienne, et n'ayant pas été observé à Hongaÿ. Enfin, l'absence apparente à Kébao d'espèces plus ou moins communes à Hongaÿ ou tout au moins à Hatou, comme *Woodwardites microlobus*, *Cycadites Saladini*, *Pterophyllum inconstans*, *Pteroph. contiguum*, *Pteroph. æquale*, *Pteroph. Bavieri*, la présence, au contraire, de formes spécifiques particulières, telles que *Pteroph. Portali* et *Pteroph. Tietzei*, s'expliquerait assez naturellement par une différence d'âge entre les couches de Kébao et celles de Hongaÿ.

Les matériaux recueillis ne sont malheureusement pas assez nombreux ni assez significatifs pour permettre une affirmation positive, et il faut souhaiter qu'un jour des récoltes ultérieures plus complètes permettent de donner à la question une solution plus certaine. Je crois cependant qu'on peut tirer des documents examinés cette conclusion, que les couches de Kébao ne sont pas contemporaines de celles de Nagotna, mais qu'elles leur sont antérieures. Peut-être correspondent-elles comme âge au système de Hatou, la répartition très différente entre les unes et les autres des bancs charbonneux et des bancs stériles pouvant, d'ailleurs, tenir à des conditions de dépôt dissemblables, et le fait ayant été bien souvent observé de la division d'une grosse couche en une série de couches minces par intercalation d'entre-deux stériles; toutefois, les données paléobotaniques actuelles sont de nature à les faire regarder comme devant être plutôt un peu plus anciennes.

Les récoltes faites dans la région de Dong-Trieu ont été trop clairsemées pour qu'on en puisse tirer des renseignements bien utiles, en dehors de la

Mines de Dong-Trieu.

33.

détermination générale de l'étage géologique, au sujet duquel elles ne laissent aucun doute, nous offrant les mêmes espèces qui ont été recueillies dans les autres groupes de gisements et notamment à Hongaÿ. On y a trouvé, en effet, si l'on réunit les échantillons des différentes localités explorées : *Cladophlebis Rœsserti, Tæniopteris* cf. *Mac Clellandi, Tæn. Jourdyi, Dictyophyllum Fuchsi, Dict. Nathorsti, Clathropteris platyphylla, Annulariopsis inopinata, Nœggerathiopsis Hislopi, Cycadites Saladini, Podozamites distans, Podoz. Schenki, Pterophyllum Münsteri* et *Conites Charpentieri,* toutes espèces observées à Hongaÿ, tandis que quelques-unes d'entre elles, *Tæniopteris* cf. *Mac Clellandi, Cycadites Saladini, Podozamites Schenki,* paraissent manquer à Kébao; mais, si la concordance semble ainsi plus complète avec la flore de Hongaÿ prise dans son ensemble, on ne peut songer à une détermination d'âge plus précise, et rien ne permet d'apprécier si les deux systèmes de Hatou et de Nagotna sont réellement représentés l'un et l'autre dans la région de Dong-Trieu comme le pensait M. Sarran, ou si les explorations n'ont porté que sur des couches appartenant seulement au plus récent ou au plus ancien d'entre eux.

Mine de Nong-Sön.   On est encore moins bien renseigné sur le gîte de Nong-Sön, où les empreintes végétales déterminables sont singulièrement rares et où M. Cotton a eu grand' peine à découvrir quelques lambeaux de plantes reconnaissables : les espèces qui s'y sont ainsi montrées sont *Pecopteris Cottoni,* peut-être *Pec. adumbrata, Cladophlebis Rœsserti, Clad. Raciborskii, Clathropteris platyphylla* et, à ce qu'il semble, *Equisetum Sarrani,* association de formes qui fait surtout songer à la flore de Hatou, mais sans qu'on puisse former à cet égard autre chose qu'une simple présomption, ces quelques espèces suffisant seulement à prouver que la formation charbonneuse de Nong-Sön appartient bien au même étage géologique que celle du Bas-Tonkin.

DEUXIÈME PARTIE.

GÎTES DE CHARBON DE YEN-BAÏ.

—————

CHAPITRE PREMIER.

DONNÉES TOPOGRAPHIQUES.

—————

Le bassin de Yen-Baï est situé sur le haut Fleuve Rouge et a été reconnu, d'après des observations dues principalement à M. Beauverie, sur 35 à 40 kilomètres de longueur dans la direction N. O.-S. E., qui est celle du cours même du fleuve, avec une largeur moyenne de 3 kilom. 5 à 4 kilomètres. M. Sarran [1] regardait les formations géologiques de ce bassin comme s'étendant vers le Nord-Ouest jusqu'à Bao-Ha et vers le Sud-Est jusqu'à Viétri, ce qui ferait une longueur totale de près de 150 kilomètres (voir la carte, Pl. A).

Des dépôts de lignite ont été, en effet, reconnus dans la vallée du Fleuve Rouge en différents points situés tant en aval qu'en amont de Yen-Baï : M. Mallet en a signalé à Ngoï-Lao et à Cam-Khe [2], et M. Monod en a observé d'autres [3] du côté de l'amont, à Traï-Hut, entre Yen-Baï et Bao-Ha, et même plus haut encore, à Lang-Khe; mais il paraît ressortir des observations de M. Leclère [4] qu'on a affaire là à une série de petits bassins isolés, ou tout au moins de lambeaux disjoints, dans l'intervalle desquels se montrent des formations plus anciennes, telles que micaschistes ou Calcaire carbonifère. Peut-être même tous ces dépôts ne sont-ils pas exactement contemporains, car M. Monod considère les traînées ligniteuses qu'on rencontre au-dessus de Lao-Kay, sur la rive droite du Fleuve Rouge, depuis Co-Cleou jusqu'à Lang-Hang, comme postérieures à la formation de Yen-Baï [5].

[1] Sarran, *Note sur le terrain tertiaire du Fleuve Rouge (Tonkin)* [*Bull. écon. de l'Indo-Chine*, n° 12, p. 373-382].

[2] G.-H. Monod, *Les charbonnages du Tonkin* (*Ibid.*, n° 1, p. 9).

[3] G.-H. Monod, *Notice sur les gisements de charbon en Indo-Chine*, p. 18.

[4] Leclère, *Annales des Mines*, 2° vol. 1901, p. 329-331.

[5] G.-H. Monod, *Notice sur les gisements de charbon en Indo-Chine*, p. 19.

Dans la région même de Yen-Baï, la seule qui ait été sérieusement explorée et étudiée, le bassin qui renferme les couches charbonneuses est bordé du côté du Sud-Ouest par des schistes vraisemblablement anciens, et l'on observe le long de la bordure quelques pointements d'un calcaire marmoréen, qui semble pour le moins très analogue au Calcaire carbonifère de la baie

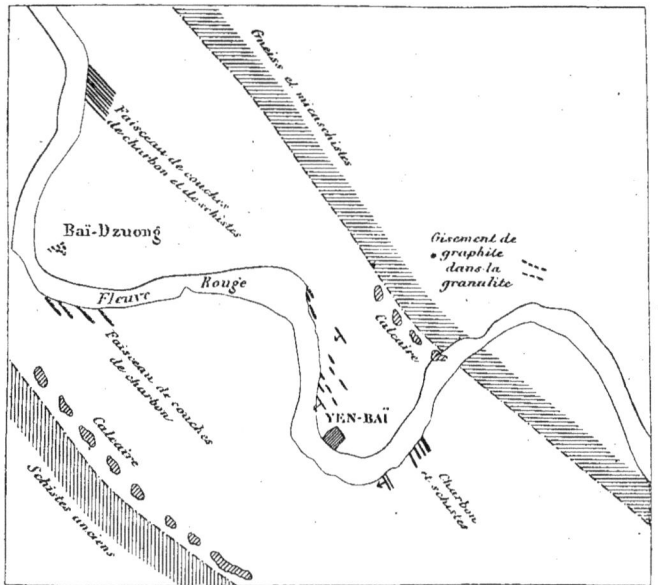

Fig. 2. — Esquisse de la région de Yen-Baï, à l'échelle de 1/60.000°, d'après une carte dressée par M. Beauverie.

d'Along. La bordure Nord-Est, également jalonnée par de semblables pointements calcaires, est formée de micaschistes et de roches gneissiques traversés par des filons de pegmatite et de granulite grenatifère; M. Beauverie y a constaté, en outre, à 3 kilomètres environ au Nord-Est de Yen-Baï, la présence de veines de graphite (voir la carte ci-dessus, fig. 2).

Situation et allure des couches.

La formation qui renferme le charbon est composée de couches alternantes de grès plus ou moins micacés, parfois argileux, et de schistes argileux, orientées à peu près N. 40°O. et plissées perpendiculairement à leur direction, offrant par suite des plongements tantôt vers le Nord-Est et tantôt vers le Sud-Ouest[1]. Plusieurs couches de charbon ont été découvertes, qui semblent appartenir à deux séries parallèles d'affleurements : l'une, sur la rive droite du fleuve, à 4 kilomètres en amont de Yen-Baï; l'autre, située un peu plus au Nord-Est, reconnue d'une part à Yen-Baï même sur les deux rives du fleuve, d'autre part au-dessus de Baï-Dzuong, à 6 kilomètres environ en amont de Yen-Baï, sur la rive gauche. Les couches de cette deuxième série d'affleurements, explorées à Yen-Baï et à Baï-Dzuong, ont été trouvées plongeant vers le fleuve, c'est-à-dire vers le Sud-Ouest, sous un angle d'environ 45° (voir la coupe, fig. 3). Toute cette formation paraît être exclusivement d'eau douce, ne renfermant comme fossiles, en outre des plantes, que des coquilles d'eau douce, Paludines et Unios. Les Paludines, rencontrées seulement dans les grès, sont surtout très abondantes dans certains bancs, qui en sont absolument pétris : la roche n'est pour ainsi dire formée que de ces

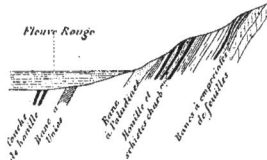

Fig. 3. — Coupe du gisement de Yen-Baï sur le bord du Fleuve Rouge, d'après un croquis de M. Beauverie.

coquilles, séparées seulement par de minces intercalations gréseuses; et comme leur test est entièrement spathique, on croirait, au premier coup d'œil, avoir affaire à un calcaire cristallin, tandis qu'en réalité la roche qui les cimente est un grès argileux à éléments granitiques, simplement imprégné d'une quantité relativement faible de carbonate de chaux.

Des travaux d'exploration ont été entrepris sur deux points principaux, d'une part autour de Yen-Baï même par M. Beauverie, d'autre part à Baï-Dzuong, où MM. Marty et d'Abbadie avaient foncé un puits d'une quarantaine de mètres de profondeur et commencé des galeries souterraines; mais ces travaux ont été noyés par suite d'une forte crue du fleuve, et ils n'ont pas été repris.

Les charbons de Yen-Baï sont des charbons légèrement bitumineux, tenant de 3 à 7 p. 100 d'eau et de 30 à 36 p. 100 de matières volatiles, cendres déduites, ce qui avait donné à penser qu'ils pourraient être utilement mélangés aux houilles anthraciteuses du bassin du Bas-Tonkin pour constituer des briquettes; mais ils paraissaient être en général très cendreux.

[1] Sarran, *Excursion géologique dans le bassin du Fleuve Rouge.*

Provenance
des échantillons
recueillis.

Les empreintes du bassin de Yen-Baï que j'ai eues en mains et dont la description va suivre avaient été recueillies, d'abord par M. Saladin, puis par M. Beauverie, à Yen-Baï même, dans les schistes argileux ou les grès micacés avoisinant les couches de charbon. J'ai reçu également de M. Sarran quelques échantillons de plantes trouvés par lui dans la même région. Enfin, M. Beauverie m'a fait parvenir une empreinte de feuille de Palmier provenant des travaux de Baï-Dzuong.

CHAPITRE II.

DESCRIPTION DES ESPÈCES OBSERVÉES.

Fougères.

Polypodiacées.

Genre SELLIGUEA Bory.

SELLIGUEA sp.

Pl. LI, fig. 1 (à droite), 1 *a*.

Description
de l'échantillon.

Fragment de *fronde* (ou de pénne?) *rubanée*, large de 26 millimètres, à bords entiers.

Nervure médiane très nette; *nervures latérales* bien visibles, *étalées-dressées, très légèrement infléchies en zigzag*, distantes de 2^{mm},5 à 3 millimètres; nervures de second et de troisième ordre anastomosées en un *réseau à mailles grossièrement rectangulaires, allongées parallèlement aux nervures latérales* et renfermant à leur intérieur des nervilles libres plus ou moins visibles.

Remarques
paléontologiques.

Les nervures latérales sont, comme on peut le constater sur la figure 1, Pl. LI, un peu plus étalées du côté droit que du côté gauche, ce qui pourrait donner à penser qu'on a affaire là à un fragment de penne, plutôt qu'à un fragment d'une fronde simple, sur laquelle il devrait y avoir, semble-t-il, symétrie parfaite de part et d'autre de la nervure médiane. Mais, outre que le côté gauche de l'échantillon paraît avoir été quelque peu froissé et qu'il a pu y avoir un léger relèvement de la moitié gauche du limbe vers le haut, on observe souvent sur des frondes simples des différences semblables, d'un côté à l'autre, dans l'obliquité des nervures; et, normalement, les pennes latérales des frondes pennées n'offrent, à ce point de vue, pas plus de dyssymétrie que les frondes simples. J'ai signalé, d'ailleurs, chez le *Glossopteris indica*[1]

[1] R. Zeiller, *Bull. Soc. Géol. Fr.*, 3e sér., XXIV, p. 367, pl. XVII, fig. 2; *Palœont. indica*, New Ser., II, pt. 1, p. 11, pl. 1, fig. 4, 5.

des différences notables dans l'obliquité des nervures d'une moitié à l'autre d'une même fronde, et j'en ai constaté d'analogues sur des Fougères vivantes, notamment sur divers *Selliguea* à frondes simples. Il y a donc tout autant de probabilité pour que l'échantillon de la figure 1 appartienne à une fronde simple qu'à une penne latérale d'une fronde simplement pinnée.

Ces nervures latérales, d'abord presque normales à leur base à la nervure médiane, se relèvent presque immédiatement pour prendre une direction plus oblique, et elles gagnent le bord du limbe en s'infléchissant légèrement en zigzag, ainsi que le montre la figure grossie 1 *a*; les intervalles compris entre elles sont eux-mêmes parcourus par des nervures plus fines, assez visibles cependant sur certaines parties de l'échantillon, et dont les unes leur sont à peu près parallèles, les autres à peu près normales : ces dernières relient généralement l'un à l'autre, en s'infléchissant elles-mêmes plus ou moins, deux angles saillants opposés des deux nervures latérales adjacentes, donnant ainsi naissance à de grandes mailles rectangulaires un peu plus longues que hautes; ces mailles se subdivisent à leur tour en mailles rectangulaires

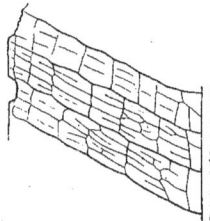

Fig. 4. — *Selliguea* sp.
Portion de l'échantillon, fig. 1, Pl. LI, grossie 3 fois.

étroites, allongées parallèlement aux nervures latérales, à l'intérieur desquelles se voient, parfois très nettement, des nervilles libres, habituellement parallèles aussi aux nervures latérales, et plus ou moins renflées en massue à leur extrémité. Les mailles immédiatement contiguës à la nervure médiane diffèrent des suivantes en ce qu'elles sont plus hautes que longues, et à peine subdivisées. Le dessin ci-dessus (fig. 4) reproduit d'ailleurs les détails de cette nervation, trop peu visibles sur la figure 1 *a* de la Planche LI.

Cette disposition des nervures se retrouve chez les *Polypodium* du sous-genre *Phymatodes* et chez les *Selliguea;* mais il semble que, chez les *Phymatodes,* les mailles comprises entre les nervures latérales soient généralement plus irrégulières, moins allongées par rapport à leur largeur, polygonales plutôt que rectangulaires, et plus diversement orientées ainsi que les nervilles libres qu'elles renferment. Il y a, au contraire, concordance complète avec les *Selliguea,* chez lesquels on retrouve, tout au moins chez plusieurs espèces, cette même disposition et cette même forme rectangulaire des mailles, relativement étroites, allongées parallèlement aux nervures et renfermant des nervilles libres de même direction, ainsi que cette même inflexion en zigzag des nervures latérales.

Je crois donc pouvoir rapporter sans hésitation cet échantillon au genre *Selliguea*, qui n'avait pas encore, à ma connaissance du moins, été signalé à l'état fossile, mais qu'il n'est pas surprenant de rencontrer dans les gisements tertiaires du Tonkin, étant donné qu'il est surtout répandu, à l'époque actuelle, dans la région sud-asiatique.

Il ne saurait être question de préciser, d'après un échantillon aussi fragmentaire, les rapports de la Fougère dont il provient avec les formes vivantes. Je dois cependant signaler la très grande ressemblance qu'il offre, au point de vue de la nervation, avec diverses espèces auxquelles je l'ai comparé, savoir : *Sell. hemionitidea* Presl, *Sell. membranacea* Presl, *Sell. pedunculata* Presl, et *Sell. Feei* Bory, toutes espèces à frondes simples, les trois premières à fronde rubanée, comme paraît avoir été la Fougère dont l'échantillon fig. 1, Pl. LI, nous offre un lambeau, la dernière à fronde plus ovale; il y a également une assez grande analogie avec le *Sell. tridactylis* Fée, qui, lui, a des frondes simplement pinnées, mais dont les mailles sont toutefois un peu moins allongées et moins régulières.

Rapports
et différences.

Il ne m'a pas paru possible de donner un nom spécifique à un échantillon aussi incomplet, et je me borne à le signaler comme appartenant au genre *Selliguea*, mais avec l'espoir que des découvertes ultérieures permettront un jour de compléter nos connaissances sur cette intéressante Fougère.

Ce fragment de penne a été trouvé à Yen-Baï, dans des grès micacés pétris de menus débris végétaux.

Provenance.

Marattiacées.

Genre ANGIOPTERIS Hoffmann.

ANGIOPTERIS (?) sp.

Pl. LI, fig. 1 (à gauche).

Fragment de *penne rubanée*, large de 26 ou 27 millimètres, à bords entiers. Nervure médiane très nette; *nervures latérales* nettes, *étalées ou étalées-dressées, rectilignes, simples ou bifurquées* dès leur base, distantes de $0^{mm},4$ à $0^{mm},6$, *comprenant entre elles de fausses nervures* au nombre d'une dans chaque intervalle.

Description
de l'échantillon.

34.

Bien que cet échantillon soit plus fragmentaire encore que le précédent, il me paraît offrir des caractères assez nets pour pouvoir être rapporté, sinon avec une complète certitude, du moins avec une très grande probabilité, au genre vivant *Angiopteris*. Les nervures latérales, très étalées, un peu plus obliques sur la nervure médiane du côté droit que du côté gauche, se montrent tantôt tout à fait simples, tantôt bifurquées dès leur base : la lame charbonneuse, assez mince, qui représente le limbe, est, il est vrai, déchirée le long de la nervure médiane, de telle sorte qu'on ne peut voir la naissance que de quelques rares nervures, absolument simples, mais l'incurvation et le rapprochement deux à deux d'un certain nombre d'autres nervures ne permet pas de douter qu'elles venaient se réunir l'une à l'autre à leur insertion sur la nervure médiane. Il y a, en outre, une ou deux nervures bifurquées vers le milieu de leur parcours; ces nervures sont extrêmement serrées, et chacun des intervalles compris entre elles est, en outre, parcouru par une ligne parallèle plus fine, parfois même à peine marquée, identique d'aspect aux « nervures récurrentes » des *Angiopteris,* caractère qui me paraît de nature à légitimer ou du moins à faire considérer comme extrêmement probable l'attribution à ce genre; j'ai, d'ailleurs, observé sur des échantillons vivants d'*Angiopteris,* notamment sur des spécimens de la péninsule malaise, appartenant à l'*Ang. evecta* Hoffmann, var. *cuspidata* Blume, des nervures tout aussi serrées que le sont celles du fragment de penne en question; et si l'*Angiopteris evecta,* avec les diverses formes qui en dépendent et qu'on a souvent élevées au rang d'espèces, offre presque toujours des pennes à bords crénelés, chaque nervure aboutissant à une dent arrondie, très souvent aussi ces dents se replient en dessous, et le bord du limbe semble alors parfaitement entier. C'est apparemment ce qui a lieu sur le fragment de penne de Yen-Baï, où l'on voit quelques nervures aboutir à de très légères saillies, qui semblent pouvoir être considérées comme représentant la base de dents en partie repliées en dessous.

Un tel fragment ne saurait naturellement recevoir un nom spécifique, et même il me paraît plus prudent de ne pas affirmer formellement l'attribution générique, quelque vraisemblable qu'elle me paraisse.

Il me semble intéressant, néanmoins, de noter cet indice, de la présence probable du genre *Angiopteris* au Tonkin à l'époque tertiaire, comme concordant bien avec la distribution actuelle de ce genre, qui a, comme on sait, son centre d'expansion dans la région sud-asiatique, s'étendant de là jusqu'au Japon, à Madagascar et en Australie.

Cet échantillon a été recueilli par M. Beauverie dans ses travaux d'exploration de Yen-Baï.

Provenance.

Hydroptérides.

Genre SALVINIA MICHELI.

SALVINIA FORMOSA HEER.

Pl. LI, fig. 2, 3.

1859. **Salvinia formosa** Heer, *Fl. tert. Helvet.*, III, p. 156, pl. 145, fig. 13-15. Schimper, *Handb. der Paläont.*, II, p. 153, fig. 118 (3). Velenovsky, *Fl. d. ausgebr. tert. Letten v. Vrsovic*, p. 12, pl. I, fig. 14-17. Hollick, *Bull. Torrey bot. Club*, XXI, p. 256, pl. 205, fig. 6.

Feuilles ovales ou orbiculaires, longues de 15 à 25 millimètres sur 10 à 20 millimètres de largeur, *en cœur à la base*, arrondies ou parfois très légèrement émarginées au sommet.

Description de l'espèce.

Nervure médiane nette ; *nervures latérales étalées-dressées*, distantes de $0^{mm},8$ à 1 millimètre, *très légèrement infléchies en zigzag*, et *réunies par des nervilles transversales qui divisent la bande de limbe* comprise entre deux nervures en une série d'aréoles hexagonales, relevées à leur centre *en une bosse arrondie*, et diminuant de taille au voisinage du bord du limbe.

Les figures 2 et 3 de la Planche LI représentent les deux seuls échantillons qui aient été recueillis de cette espèce : celui de la figure 2 montre à sa partie supérieure une paire de feuilles encore en place l'une par rapport à l'autre, et à la partie inférieure une troisième feuille, incomplète, qui dépendait vraisemblablement de la même tige que les deux autres. La figure 3 reproduit l'empreinte d'une autre feuille un peu plus grande que celles de la figure 2, surtout plus arrondie et très légèrement déprimée au sommet. Les figures grossies 2 *a* et 2 *a'* font voir nettement la nervation, ainsi que la division du limbe en aréoles hexagonales régulièrement alignées et relevées en une protubérance plus ou moins saillante.

Remarques paléontologiques.

Tous ces caractères concordent si parfaitement avec ceux du *Salvinia formosa*, tel qu'il a été figuré par Heer et par M. Velenovsky, qu'il m'est impossible de ne pas rapporter à cette espèce les échantillons représentés sur la Planche LI; les feuilles n'en sont pas aussi grandes que celles des empreintes de Schrotzburg, en Suisse, figurées par Heer, mais elles ne diffèrent pas, comme taille, de celles de Vrsovic figurées par M. Velenovsky, qui dit avoir observé, avec ces feuilles de dimensions relativement réduites, d'autres feuilles tout à fait semblables à cet égard à celles de Schrotzburg; l'échantillon fig. 3, Pl. LI, se rapproche d'ailleurs de ces dernières.

Il n'y a, au surplus, rien de surprenant à trouver, à l'époque tertiaire, une même forme spécifique de *Salvinia* à la fois au Tonkin et en Europe, puisque le *Salvinia natans* actuel se rencontre dans la plus grande partie de l'Asie et jusqu'en Inde, aussi bien qu'en Europe.

Rapports et différences.

Parmi les espèces de *Salvinia* connues à l'état fossile, le *Salv. formosa* se rapproche surtout des *Salv. cordata* Ettingshausen[1], *Salv. Reussii* Ettingshausen[2], et *Salv. Mildeana* Gœppert[3]. Il diffère du *Salv. cordata* en ce qu'il est beaucoup moins profondément échancré à la base que celui-ci, sur lequel, en outre, il ne paraît pas y avoir d'aréoles discernables. Il semble de taille moindre que le *Salv. Reussii*, qui, de plus, offre un réseau superficiel à aréoles rectangulaires comprenant, chacune, deux ou quatre protubérances, au lieu d'une seule, à leur intérieur. Enfin, il se rapproche du *Salv. Mildeana* par son réseau à aréoles hexagonales régulièrement alignées; mais, chez ce dernier, il y a quatre protubérances dans chaque aréole.

Parmi les espèces vivantes, il paraît surtout susceptible d'être comparé au *Salv. hispida* Kunth (*Salv. auriculata* Aublet), de l'Amérique du Sud, dont Ettingshausen avait déjà rapproché son *Salv. Reussii*, et qui offre en effet un réseau superficiel analogue, mais à mailles plus petites, et chez lequel la face supérieure du limbe est hérissée de longues papilles dont les échantillons fossiles semblent avoir été dépourvus.

Provenance.

Les deux échantillons figurés ont été recueillis à Yen-Baï, par M. Beauverie.

[1] C. von Ettingshausen, *Foss. Fl. des Tertiär-Beckens v. Bilin*, Ier Th., p. 18, pl. II, fig. 19-20.
[2] *Ibid.*, p. 18, pl. II, fig. 21, 22.
[3] H.-R. Gœppert, *Die tert. Fl. von Schossnitz*, p. 5, pl. I, fig. 21-23.

Monocotylédones.

Palmiers.

Genre FLABELLARIA STERNBERG.

1823. **Flabellaria** Sternberg, *Ess. Fl. monde prim.*, I, fasc. 2, p. 31, 32; fasc. 4, p. XXXIV.

Feuilles de Palmiers flabellées, à pétiole non prolongé en pointe vers le haut, à folioles insérées toutes à la même hauteur, à l'extrémité du pétiole.

FLABELLARIA sp.

Pl. LII, fig. 1.

Fragment de fronde flabellée, à folioles toutes soudées les unes aux autres, pliées en deux suivant leur nervure médiane, larges de 1 millimètre à leur base, insérées au nombre de 40 à 50 au sommet d'un pétiole de 8 à 10 millimètres de largeur.

Nervures médianes nettes; nervures secondaires indiscernables.

L'échantillon de la figure 1, Pl. LII, montre un fragment d'une feuille flabellée, probablement repliée en partie sur elle-même, et vue par sa face inférieure; on compte 25 folioles, pliées en deux le long de leur axe médian, très étroites à leur base, interrompues à 6 centimètres environ de leur origine, et mesurant là de 5 à 8 millimètres de largeur; elles s'insèrent sur un pétiole en partie visible sur le bord inférieur de la figure, du côté gauche, lequel est représenté par une lame charbonneuse d'une certaine épaisseur; mais les bords en sont incomplets, et il est impossible de se rendre compte s'ils étaient ou non munis d'épines. La feuille paraît déchirée le long de la foliole la plus élevée, et il est vraisemblable qu'on n'a guère sous les yeux que la moitié de l'éventail qu'elle constituait; elle devait sans doute, étant complète, compter une cinquantaine de folioles, couvrant un cercle presque entier, ouvert seulement sous un angle assez faible du côté inférieur. Si insuffisant que soit l'échantillon, il est manifeste que toutes ces folioles s'insèrent au sommet, brusquement tronqué, du pétiole, et non le long d'un prolongement de celui-ci en pointe plus ou moins aiguë, comme cela a lieu chez les *Sabal*

Description de l'espèce.

Remarques paléontologiques.

ou *Sabalites;* on a donc affaire là à une forme du type *Flabellaria*, mais il serait impossible, sur un échantillon aussi fragmentaire, la nervation même des folioles étant indiscernable, de préciser davantage l'attribution, et il n'y a évidemment pas lieu de lui appliquer un nom spécifique.

Rapports et différences. Il semble seulement, d'après la comparaison avec les formes vivantes, et à en juger par le plissement très accentué du limbe, tant suivant les nervures médianes des folioles que suivant leurs lignes de commissure, que cette feuille soit susceptible d'être rapprochée de celles des *Chamærops* et surtout des *Trachycarpus;* elle offre en particulier un aspect très analogue à celui des feuilles soit du *Trach. excelsa* Wendland, de la Chine, soit du *Trach. Khasyana* Wendland, de l'Himalaya, et il est clair qu'il n'y aurait rien de surprenant à trouver au Tonkin un représentant de ce genre *Trachycarpus*, qui est essentiellement asiatique.

Provenance. Cet échantillon a été recueilli dans le bassin de Yen-Baï, dans les travaux d'exploration entrepris à Baï-Dzuong.

Échantillons d'attribution incertaine.

Genre POACITES Brongniart.

1822. **Poacites** Brongniart, *Class. végét. foss.*, p. 38; *Prodr.*, p. 132, 137.

Feuilles rubanées, à nervures parallèles, paraissant appartenir à des Monocotylédones.

POACITES sp.

Pl. LII, fig. 2.

Description de l'échantillon. Portions de feuilles rubanées, larges de 12 à 14 millimètres, parcourues par des nervures parallèles distantes de 0mm,40 à 0mm,60, paraissant parfois reliées entre elles par des nervilles transversales.

Remarques paléontologiques. L'échantillon dont une partie est reproduite sur la figure 2, Pl. LII, est un morceau de grès micacé qui porte l'empreinte de deux lambeaux de feuilles rubanées, mesurant, l'un 13 centimètres de longueur sur 14 millimètres de largeur; l'autre 5 centimètres de longueur sur 12 millimètres de largeur; ces feuilles sont dépourvues de nervure médiane, mais elles sont parcourues par des nervures parallèles assez fines, très rapprochées, parfois légèrement inégales, entre lesquelles il semble qu'on distingue çà et là des nervilles transversales, sans cependant qu'on puisse affirmer formellement l'existence de celles-ci.

Il est plus que probable que ces fragments sont ceux de feuilles de Graminées, mais sans qu'on puisse préciser s'il s'agit de Graminées, de Cypéracées ou de Typhacées. Il ne saurait être question de les distinguer spécifiquement, et je ne les signale ici que pour être complet, en les classant sous le nom générique de *Poacites*, entendu dans son sens le plus large.

Ces lambeaux de feuilles proviennent des explorations de Yen-Baï.

Provenance.

Dicotylédones.

Artocarpées.

Genre FICUS TOURNEFORT.

FICUS BEAUVERIEI n. sp.

Pl. LI, fig. 4 à 13.

Feuilles ovales-lancéolées, plus ou moins *échancrées en cœur et inéquilatères à la base*, à bords entiers, *obtusément aiguës au sommet*, de dimensions très variables, longues de 2 à 12 centimètres, larges de 15 millimètres à 8 ou 9 centimètres.

Description de l'espèce.

Nervures principales au nombre de 3 à 5 à la base; nervure médiane droite ou légèrement arquée, émettant de chaque côté de 2 à 5 nervures latérales dressées, arquées en avant vers leur extrémité; nervures basilaires externes émettant de même sur leur bord inférieur plusieurs nervures latérales. Nervures de troisième ordre à peu près normales aux nervures secondaires, plus ou moins arquées et flexueuses, formant des mailles grossièrement rectangulaires, allongées perpendiculairement à l'axe de la feuille, à longs côtés plus ou moins curvilignes.

Il a été recueilli dans certains lits argileux du gîte de Yen-Baï de très nombreuses feuilles appartenant manifestement, d'après leur nervation, à un *Ficus*, et qui, malgré les différences qu'elles présentent sous le rapport, non seulement de la taille, mais parfois même de la forme générale, se relient les unes aux autres par des passages tellement insensibles qu'il n'est pas douteux

Remarques paléontologiques.

qu'elles appartiennent toutes à un seul et même type spécifique. Les figures 4 à 12 de la Planche LI en reproduisent les meilleurs échantillons, dont un seul, celui de la figure 12, offre une feuille tout à fait complète, à sommet obtusément aigu, à base nettement inéquilatère, légèrement échancrée en cœur, et munie d'un pétiole en apparence assez court, mais visiblement incomplet; du sommet du pétiole partent trois nervures principales, la médiane et deux latérales basilaires, celles-ci ramifiées sur leur bord inférieur, et émettant notamment à leur origine une forte nervure, de sorte que l'on pourrait presque compter cinq nervures basilaires.

On passe de cette petite feuille à d'autres plus grandes, tantôt exactement de même forme, tantôt plus étroites par rapport à leur longueur, parfois au contraire plus fortement élargies. Les principaux termes de la série sont seuls représentés sur la Planche LI : les échantillons fig. 11 et fig. 8 intermédiaires comme dimensions et comme forme entre celui de la figure 12 et ceux des figures 11, 8, 6, 5 et 4; les échantillons fig. 7 et surtout fig. 9 montrant des feuilles plus larges, et offrant, comme on le voit déjà, d'ailleurs, sur la figure 4, cinq nervures d'importance presque égale partant de la base de la feuille; on serait même tenté de compter sept nervures, la première branche de la nervure la plus extérieure étant elle-même de force presque égale à celle-ci. Les mêmes variations s'observent, du reste, chez le *Ficus tiliæfolia* Al. Braun (sp.)[1] et chez le *Ficus populina* Heer[2], sans parler des espèces vivantes.

Ces feuilles sont en outre munies de nervures transversales plus ou moins arquées, assez rapprochées, normales aux nervures principales et à leurs branches, et formant, comme on le voit sur les figures 4 à 12, de grandes mailles plus larges que hautes, subdivisées à leur tour en mailles plus petites, carrées ou rectangulaires, souvent assez peu visibles, à l'intérieur desquelles on distingue, mais sur quelques échantillons seulement, un réseau plus fin encore, formé par les nervules et nervilles de dernier ordre. C'est le cas notamment de l'échantillon fig. 8, dont l'épiderme paraît un peu altéré et sur lequel on voit nettement à la loupe ce dernier réseau, ainsi que le montre la figure grossie 8 *a*.

Enfin la figure 13 reproduit une feuille qui me semble, à raison de l'identité des caractères généraux de la nervation, devoir être considérée comme

[1] O. Heer, *Flora tertiaria Helvetiæ*, II, p. 68, pl. LXXXIII, fig. 3-12; pl. LXXXIV, fig. 1-6.
[2] *Ibid.*, II, p. 66, pl. LXXXV, fig. 1-6; pl. LXXXVI, fig. 1-11.

une feuille anomale de la même espèce, différant seulement par l'absence de nervure médiane.

Cette espèce me paraît surtout très voisine du *Ficus tiliæfolia*, du Miocène d'Europe, auquel je l'avais comparée dès la réception des premiers échantillons récoltés à Yen-Baï[1]; elle en diffère cependant par la forme de ses feuilles, qui, dans l'ensemble, sont sensiblement plus allongées proportionnellement à leur largeur, et se terminent au sommet en pointe plus aiguë; à cet égard, elle se rapprocherait du *Ficus populina*, mais celui-ci a des feuilles à bords crénelés, tandis qu'ici le limbe est absolument entier, et la nervation est, en outre, sensiblement différente. Au point de vue de la comparaison avec le *Ficus tiliæfolia*, on peut même dire qu'il y a concordance complète entre certains échantillons, les feuilles relativement élargies de Yen-Baï pouvant à peine être distinguées des feuilles relativement étroites de l'espèce miocène européenne. Je crois cependant qu'il n'y a que contact entre les formes extrêmes de l'une et de l'autre, et que, si rapprochées qu'elles soient, l'espèce du Tonkin, avec ses feuilles plus lancéolées, doit être considérée comme distincte de l'espèce européenne. Je lui ai donc imposé un nom nouveau, et j'ai été heureux de la dédier à M. Beauverie, à qui je dois de si utiles renseignements sur le gisement de Yen-Baï, en même temps que de si précieux échantillons, recueillis par lui au cours de ses travaux de recherche.

Parmi les espèces vivantes, le *Ficus Beauveriei* me paraît devoir être, comme le *Ficus tiliæfolia*, rapproché surtout du *Ficus Roxburghi* Wallich, de la région sud-asiatique, qui a également des feuilles quelque peu polymorphes, mais dont le limbe est assez fortement velu, tandis qu'ici il semble avoir été tout à fait glabre.

De nombreux échantillons de cette espèce ont été recueillis à Yen-Baï, par M. Saladin d'abord, ensuite et principalement par M. Beauverie.

Rapports et différences.

Provenance.

[1] R. Zeiller, *Bull. Soc. Géol. Fr.*, 3ᵉ sér., XXI, p. cxxxv.

Lauracées.

Genre LITSÆA Jussieu.

LITSÆA DOUMERI Laurent.

Pl. F (ci-après), fig. 3.

1900. **Litsæa Doumeri** Laurent, *Ann. Fac. d. sc. de Marseille*, X, p. 147; p. 146, fig. 1.

Description
de l'espèce.

Feuille apparemment lancéolée, large de 3 centimètres sur une dizaine de centimètres de longueur, à limbe légèrement décurrent sur le pétiole.

Nervure médiane nette, droite; nervures latérales dressées, opposées deux à deux ou subopposées, celles de la paire inférieure naissant presque à la base du limbe et émettant sur leur bord externe des nervures de troisième ordre étalées-dressées, arquées en avant et s'anastomosant les unes avec les autres. Nervures de troisième ordre, comprises entre la nervure médiane et les nervures latérales, dirigées en travers et normalement à ces nervures, plus ou moins arquées ou flexueuses.

Remarques
paléontologiques.

Je reproduis sur la Planche F ci-après la figure donnée par M. Laurent, qui montre une feuille déchirée à sa partie supérieure, mais à contour général évidemment lancéolé, à limbe se prolongeant quelque peu vers le bas le long de la nervure médiane, au-dessous du point d'insertion de la première paire de nervures latérales.

Rapports
et différences.

Ainsi que l'a dit M. Laurent, cette feuille ressemble beaucoup au *Litsæa magnifica* Saporta, de l'Oligocène d'Armissan[1], et, parmi les espèces vivantes, au *Litsæa foliosa* Nees ainsi qu'à un *Litsæa* sud-asiatique figuré[2], sans nom spécifique, par C. von Ettingshausen.

Provenance.

Cet échantillon a été recueilli par M. Monod dans les grès micacés de Yen-Baï.

[1] G. de Saporta, *Études sur la végétation du S. E. de la France à l'époque tertiaire*, II, p. 280, pl. VII, fig. 6.

[2] C. von Ettingshausen, *Die Blattskelete der Apetalen*, p. 239, pl. XXX, fig. 1.

Échantillons d'attribution incertaine.

Genre PHYLLITES Brongniart.

1822. **Phyllites** Brongniart, *Class. végét. foss.*, p. 37.

Feuilles fossiles de Dicotylédones non susceptibles d'une attribution générique précise.

PHYLLITES sp.

Pl. LII, fig. 3.

Fragment de feuille très incomplet, large de 8 centimètres sur 10 centi- *Description*
mètres de longueur, ne montrant ni la base ni le sommet, et à bords latéraux *de l'échantillon.*
incomplets.

Nervure médiane nette; nervures latérales subopposées, arquées en avant;
nervures de troisième ordre curvilignes, normales ou faiblement obliques sur
les nervures secondaires, formant des mailles à longs côtés curvilignes, plus
larges que hautes.

Ainsi qu'on le voit sur la figure 3, Pl. LII, il s'agit là d'un lambeau de *Remarques*
feuille singulièrement incomplet, puisque la base et le sommet font défaut *paléontologiques.*
et que les bords latéraux eux-mêmes ne sont conservés que sur une assez
faible étendue, du côté droit seulement; mais cela suffit pour permettre de
constater que ces bords étaient entiers et que la feuille devait offrir vraisemblablement un contour général lancéolé ou ovale-lancéolé. Les nervures latérales, opposées ou subopposées, sont distantes de 20 à 25 millimètres le long
de la nervure médiane; naissant sous un angle assez ouvert, parfois légèrement décurrentes à leur base, elles se courbent en avant de manière à se
rapprocher les unes des autres et à s'anastomoser entre elles au voisinage du
bord du limbe. Les intervalles qui les séparent sont divisés, par des nervures
de troisième ordre, en mailles curvilignes plus larges que hautes, à longs
côtés normaux ou presque normaux aux nervures secondaires ou à la médiane.

Si incomplet que soit ce fragment, il me paraît probable, d'après sa ner- *Rapports*
vation, qu'il doit provenir d'un *Artocarpus* : il offre, en effet, une ressemblance *et différences.*
très marquée, à cet égard, avec diverses espèces de ce genre, notamment

avec l'*Artoc. rigida* L., de l'Amérique tropicale, et avec les *Artoc. mollis* Wallich et *Artoc. lanceæfolia* Roxburgh, du Sud de l'Asie, mais surtout à ce dernier. Je n'oserais cependant, sur un lambeau aussi fragmentaire, conclure à une attribution générique formelle, d'autant que l'on peut trouver dans d'autres genres encore une nervation très analogue : c'est ainsi, en particulier, que cet échantillon pourrait également être comparé au *Quercus acuminata* Roxburgh, de l'Inde, bien que, d'après la consistance apparente de la feuille et l'importance relative des nervures, la ressemblance me semble plus accentuée avec les *Artocarpus*. Dans cette incertitude, je me borne à l'enregistrer sous le nom générique de *Phyllites,* sans lui imposer de nom spécifique.

Provenance. Cet échantillon provient des grès micacés de Yen-Baï.

PHYLLITES sp.

Pl. LII, fig. 4.

Description de l'échantillon. Feuille incomplète, vraisemblablement ovale-lancéolée, large de 5 à 6 centimètres, mesurant sans doute une dizaine de centimètres de longueur.

Nervure médiane nette, rectiligne ; nervures latérales étalées-dressées, arquées en avant et anastomosées entre elles à leurs extrémités; nervures de troisième ordre assez fines et peu visibles, rapprochées les unes des autres, légèrement obliques sur les nervures secondaires, formant des mailles étroites, plus larges que hautes.

Remarques paléontologiques. C'est à peine si, du côté gauche, on discerne une partie du bord latéral de la feuille; on peut cependant reconnaître un contour entier, au voisinage duquel les nervures latérales, d'abord presque droites, se recourbent brusquement en avant pour s'anastomoser les unes avec les autres. En quelques points, particulièrement du côté droit, ainsi qu'on peut le voir à la loupe sur la figure 4, on distingue entre ces nervures des mailles obliques, beaucoup plus longues que hautes, formées par des nervures de troisième ordre, parallèles entre elles, presque rectilignes, parfois un peu arquées, distantes seulement de 1mm,5 à 2 millimètres, légèrement obliques sur les nervures secondaires.

Rapports et différences. Il est impossible, évidemment, de préciser l'attribution d'un échantillon aussi incomplet, d'autant qu'on retrouve ces mêmes caractères de nervation chez des genres très différents : je citerai notamment, comme présentant des analogies marquées avec le fragment de feuille de la figure 4, les *Quercus Hel-*

feriana D. C. et *Quercus sundica* Blume, de l'Asie méridionale, l'*Artocarpus integrifolia* L., de l'Inde et de la Cochinchine, le *Litsæa grandis* Wallich, de la région sud-asiatique, et le *Dipterocarpus littoralis* Blume, de Java; c'est toutefois avec l'*Artocarpus integrifolia* que la ressemblance est la plus grande; elle me paraît même telle que, si l'échantillon n'était aussi incomplet comme contours et ne commandait en conséquence une extrême réserve, je croirais volontiers qu'il s'agit là d'une forme directement alliée à cette dernière espèce.

Je crois toutefois plus prudent de m'abstenir d'une dénomination générique précise, aussi bien que d'une appellation spécifique.

Cet échantillon a été recueilli dans les grès micacés de Yen-Baï.   Provenance.

PHYLLITES sp.

Pl. LII, fig. 5.

Feuille ovale-lancéolée, à bords entiers, longue apparemment de 10 à 12 centimètres sur 5 millimètres de largeur.   Description de l'échantillon.

Nervure médiane nette, rectiligne; nervures secondaires étalées-dressées, assez rapprochées, rectilignes, se relevant toutefois très légèrement avant d'atteindre le bord du limbe; nervures de troisième ordre indiscernables.

Cet échantillon est plus complet que les précédents en ce qu'il montre nettement le bord latéral du limbe sur une étendue assez notable; mais la base et le sommet font encore défaut et, de plus, le grain de la roche n'étant pas suffisamment fin, les nervures de troisième ordre sont complètement indiscernables, de sorte qu'il n'est pas possible de songer à une attribution générique positive. La nervure médiane et les nervures latérales sont, en revanche, très nettes, ces dernières un peu inégalement espacées d'un côté à l'autre, assez étalées, rectilignes sur presque tout leur parcours, se relevant toutefois légèrement au voisinage du bord du limbe, mais ne paraissant pas s'anastomoser entre elles.   Remarques paléontologiques.

Autant qu'on peut juger des analogies d'un échantillon aussi incomplet en ce qui concerne le détail de la nervation, ce fragment de feuille m'a paru offrir une certaine ressemblance, d'une part avec l'*Artocarpus echinata* Roxburgh, de l'Inde, qui a cependant les nervures latérales un peu moins rectilignes, d'autre part avec les *Dipterocarpus geniculatus* Vesque et *Dipteroc. turbinatus* Gærtner, de Bornéo; il est évidemment impossible de se prononcer en faveur d'un rappro-   Rapports et différences.

chement; mais il semble pourtant qu'on distingue en quelques points de l'échantillon des indices d'un pli parallèle aux nervures latérales, divisant en deux l'intervalle compris entre deux nervures consécutives, caractère qui s'observe fréquemment chez les *Dipterocarpus* et qui plaiderait en faveur de l'attribution à ce genre. Il est malheureusement impossible de rien affirmer quant à la réalité de ce caractère, de sorte que l'échantillon ne peut être classé génériquement que comme *Phyllites*, et sans dénomination spécifique.

Provenance.   Ce fragment de feuille a été recueilli par M. Sarran dans des grès micacés jaunâtres, à Yen-Baï.

PHYLLITES sp.

Pl. LII, fig. 6.

Description de l'échantillon.   Feuille lancéolée, large de 23 millimètres, longue probablement de 125 millimètres, à bords entiers, effilée en pointe aiguë au sommet.

Nervure médiane nette; nervures latérales à peine visibles, sauf à leur base, assez obliques sur la médiane, distantes d'un même côté de 12 à 15 millimètres.

Remarques paléontologiques.   Cet échantillon montre une feuille à peu près complète, sauf toutefois à la base, de sorte qu'on ne sait si le limbe s'arrondissait à la partie inférieure ou se prolongeait plus ou moins sur le pétiole. Bien que le limbe ne semble pas avoir été très épais, à en juger d'après la minceur de la lame charbonneuse qui le représente, la nervation est presque totalement indiscernable : en dehors de la nervure médiane, on ne distingue, même à la loupe, que la naissance de deux ou trois des nervures secondaires du côté droit, et l'on ne peut savoir si ces nervures s'anastomosaient entre elles ou aboutissaient au bord du limbe. Dans ces conditions, aucune détermination générique ne saurait être utilement tentée.

Rapports et différences.   Je mentionnerai cependant, comme paraissant comparables à cet échantillon, du moins comme aspect général, certaines feuilles de Lauracées des genres *Gœppertia* et *Litsœa*, et en particulier du sous-genre ou genre *Tetranthera*, notamment des *Tetr. saligna* Nees et *Tetr. lœta* Wallich, de l'Inde ; mais je ne les mentionne qu'à titre d'indication, le rapprochement n'étant que possible, et l'absence de renseignements sur la nervation ne permettant pas d'en apprécier le degré de probabilité.

Provenance.   L'échantillon représenté sur la figure 6, Pl. LII, provient des recherches de Yen-Baï.

Une autre empreinte de feuille, très analogue à celle-ci, mais à nervation également à peu près indiscernable, et dont on ne peut que soupçonner, sans l'affirmer, l'identité avec celle de Yen-Baï, a été recueillie par M. Sarran à Loc-Binh, au pied du Mont Mau-Son, en amont de Lang-Sôn.

PHYLLITES sp.

Pl. F (ci-après), fig. 4.

1900. **Phyllites** Laurent, *Ann. Fac. d. sc. de Marseille*, X, p. 148; p. 146, fig. 2.

Feuille ovale-lancéolée, large d'environ 50 millimètres sur 50 à 55 milli- *Description* mètres de longueur, à bords entiers, effilée en pointe aiguë au sommet. *de l'échantillon.*

Nervure médiane nette, rectiligne; nervures latérales presque normales à leur base à la nervure médiane, puis arquées en avant et s'anastomosant entre elles au voisinage des bords du limbe; nervures de troisième ordre plus ou moins flexueuses, à peu près normales aux nervures latérales, formant des mailles grossièrement rectangulaires, de hauteur variable.

Je reproduis sur la Planche F (fig. 4) la figure publiée par M. Laurent[1], qui *Remarques* montre un fragment de feuille à peu près complet du côté gauche, sauf tou- *paléontologiques.* tefois à la base. La nervation, très nette, est formée de nervures latérales fortement arquées, comprenant entre elles des mailles allongées transversale- ment, de hauteur et de forme un peu irrégulières.

L'incertitude où l'on est sur la forme de la base n'a pas permis à M. Laurent *Rapports* une détermination générique de cet échantillon. Il s'est borné à signaler la *et différences.* présence parmi les Lauracées, dans le genre *Benzoin*, de formes ressemblant plus ou moins à cette feuille de Yen-Baï, mais en ajoutant qu'il existait éga- lement chez les *Diospyros* des feuilles offrant une forme et une nervation analogues.

Je ne crois pas non plus qu'il soit possible de préciser davantage les affinités de cette empreinte.

Cet échantillon a été recueilli à Yen-Baï dans des grès micacés à grain assez *Provenance.* grossier.

[1] Dans cette même note sur quelques plantes fossiles du Tonkin, M. Laurent a décrit en outre, sous le nom de *Pasania Vasseuri*, une feuille récoltée par M. Monod dans le gisement de Ma-Pé-Kaï; je ne fais que la mentionner ici, ce gisement se trouvant en Chine.

FRUIT ou GRAINE.

Pl. LII, fig. 7.

Description de l'échantillon.

Fruit ou graine de forme ellipsoïdale, mesurant 25 millimètres de longueur sur 16 millimètres de diamètre, à surface marquée de quelques rides longitudinales irrégulières très faiblement accentuées.

Remarques paléontologiques.

L'échantillon représenté sur la figure 7, Pl. LII, montre une portion de fruit ou de graine de forme ellipsoïdale, dont une partie seulement du pourtour est conservée. On pourrait, d'après la figure, croire à l'existence d'un pédoncule à la partie inférieure : il n'y a là qu'une apparence, provenant d'une cassure oblique de la roche ayant déterminé une ombre plus forte sur le bord de l'échantillon. La surface est lisse, sauf un très léger ridement longitudinal, d'ailleurs peu régulier, provenant peut-être simplement de la dessiccation et de la contraction des tissus.

Rapports et différences.

On ne peut évidemment songer à déterminer un tel échantillon, dont il est impossible de dire s'il représente un fruit ou une graine, et qui, par son aspect, rappelle nombre de fruits ou de graines, aussi bien de Monocotylédones que de Dicotylédones : il se pourrait que ce fût un fruit de Palmier, comme ce pourrait être un gland de Chêne dégagé de sa cupule; mais on pourrait songer encore à d'autres attributions, qui seraient toutes également arbitraires, et par conséquent sans intérêt.

Je ne signale donc ce fruit, ou cette graine, qu'à titre d'indication et pour montrer la présence, dans le gisement de Yen-Baï, d'organes de fructification.

Provenance.

Cet échantillon a été trouvé dans les grès micacés jaunâtres de Yen-Baï.

Fossiles animaux.

Il a été recueilli dans les grès de Yen-Baï d'assez nombreuses coquilles d'eau douce, Paludines et Unionidés, dont il m'a paru intéressant de faire figurer sur la Planche LIII les meilleurs échantillons. Les Paludines que j'ai eues en mains, et que M. Douvillé, Professeur de paléontologie à l'École supérieure des Mines, a bien voulu examiner, appartiennent toutes à un seul et même type spécifique, très voisin pour le moins d'une espèce du Miocène supérieur ou

du Pliocène inférieur d'Esclavonie décrite par Neumayr; M. Monod signale[1]
à Yen-Baï une deuxième forme, à spire courte, renflée, non scalariforme, dont
il ne semble pas exister de spécimens parmi les échantillons envoyés à l'École
des Mines par M. Beauverie et M. Sarran. Les Unionidés ne se sont montrés
représentés que par des moules souvent très déformés, dont il n'est pas possible de dire s'ils appartiennent au genre *Unio* ou au genre *Anodonta*.

VIVIPARA (TYLOTOMA) cf. STURI Neumayr.

Pl. LIII, fig. 6 à 9.

1869. **Vivipara Sturi** Neumayr, *Jahrb. k. k. geol. Reichsanst.*, XIX, p. 377, pl. XIV, fig. 2.

Coquille enroulée en spirale conique scalariforme, haute de 25 à 30 millimètres sur 15 à 19 millimètres de diamètre à la partie antérieure, comprenant de 5 à 6 tours, le tour antérieur occupant environ les trois cinquièmes
de la hauteur totale. La coquille est ornée de côtes saillantes, parallèles aux
lignes d'accroissement, légèrement obliques sur la génératrice du cône, bien
marquées surtout sur les tours antérieurs, et offrant chacune deux tubercules,
l'un sur le bord antérieur, l'autre sur le bord postérieur de la spire; ceux du
bord postérieur ont une tendance à se fondre en un cordon saillant presque
continu. La série antérieure de tubercules est placée, sur le tour antérieur,
à peu près vers le milieu de sa hauteur, et la portion de la coquille située
au-dessus est presque lisse.

Ainsi que je l'ai dit plus haut, certains bancs de grès du gisement de Yen-
Baï renferment de ces coquilles de Paludines en si grande quantité, tellement serrées les unes contre les autres, que la roche ne semble formée que de
leur accumulation et offre presque sur sa cassure, leur test étant spathique,
l'apparence d'un calcaire cristallin. Mais il est très difficile de les dégager, et
sur aucune d'entre elles il n'a été possible d'en trouver l'ouverture suffisamment conservée. Les moulages pris sur les vides laissés dans d'autres lits gréseux
où elles sont plus clairsemées n'ont pas donné à cet égard de meilleurs résultats.
C'est une des raisons pour lesquelles il a semblé plus prudent de ne pas identifier formellement ces coquilles au *Vivipara Sturi*, bien qu'elles n'en diffèrent
par aucun caractère tant soit peu important, ainsi que nous avons pu nous en
convaincre, M. Douvillé et moi, en les comparant, non seulement à la figure

*Description
de l'espèce.*

*Remarques
paléontologiques.*

[1] G. H. Monod, *Notice sur les gisements du charbon en Indo-Chine*, p. 18.

type, mais aux échantillons de cette espèce qui se trouvent dans les collections de l'École des Mines ; la seule différence saisissable consisterait en ce que les tubercules du bord postérieur de chaque tour seraient plus distincts chez l'espèce de Yen-Baï, du moins sur le tour antérieur de la spire, tandis que, chez l'espèce d'Esclavonie, ils se fondent en un cordon tout à fait continu ; peut-être aussi la forme générale est-elle, chez cette dernière, un peu plus trapue, un peu moins allongée par rapport au diamètre ; mais on ne saurait affirmer que ces différences aient vraiment une valeur spécifique.

Provenance.   Ces coquilles se montrent dans diverses assises gréseuses du gisement de Yen-Baï, tantôt assez clairsemées et souvent représentées seulement par des moules en creux, tantôt au contraire excessivement abondantes, et avec leur test intact.

UNIO (?) sp.

Pl. LIII, fig. 10, 11.

Remarques paléontologiques.   Les échantillons d'Unionidés rencontrés dans les couches de Yen-Baï sont trop incomplets et trop imparfaitement conservés pour mériter d'être décrits, les caractères qu'ils présentent n'étant pas suffisamment précis ; il n'est même pas possible, en l'absence de tout renseignement sur la constitution de la charnière, de reconnaître s'il s'agit du genre *Unio* ou du genre *Anodonta*, ou de coquilles appartenant partie à l'un et partie à l'autre de ces deux genres. Le test paraît avoir été très mince, ainsi qu'on peut le remarquer sur la coquille la plus inférieure de la figure 11, et ainsi que l'indiquerait également la visibilité des lignes d'accroissement sur le moule interne de la figure 10, ce qui donnerait à penser qu'on a plutôt affaire au genre *Anodonta* ; mais il se peut que ces coquilles aient été plus ou moins altérées, et que, d'un test originairement plus épais, il n'ait subsisté que les couches externes, les portions plus internes ayant été dissoutes, ainsi que cela a lieu parfois.

Il semble qu'on puisse, parmi ces échantillons, distinguer deux formes, dont les figures 10 et 11 de la Planche LIII représentent les spécimens les moins imparfaits : l'une à contour général plus largement ovale (fig. 11), l'autre à contour plus allongé, présentant du côté postérieur une sorte d'aréa triangulaire aplatie avec un bourrelet médian légèrement arqué (fig. 10).

Peut-être peut-on espérer qu'on trouvera un jour à Yen-Baï des échantillons plus complets et mieux conservés, susceptibles d'une détermination plus précise.

Tous ces échantillons ont été recueillis, le plus grand nombre par M. Beauverie, dans les grès micacés ou argileux de Yen-Baï.

ÉCHANTILLON D'ATTRIBUTION INCERTAINE.

Je dois mentionner encore, bien qu'il n'y ait pas lieu de le figurer, un
moule interne piléiforme, muni, du côté droit, d'un bourrelet saillant partant
du sommet et rappelant ainsi le genre *Valenciennesia*, des couches à Congéries
de la Crimée; mais la surface en est lisse, et non marquée de lignes d'accroissement concentriques; il est en outre de forme beaucoup moins régulière que
le *Valenciennesia annulata* Rousseau, et de taille plus petite, mesurant environ
45 millimètres de longueur sur 30 millimètres de largeur et 20 millimètres
de hauteur.

Cet échantillon a été recueilli dans les grès argileux jaunâtres de Yen-
Baï.

CHAPITRE III.

RÉSULTATS GÉOLOGIQUES.

Bien que nous n'ayons encore qu'une connaissance incomplète des formes organiques dont les restes sont enfouis dans les couches de Yen-Baï, ce que nous en savons suffit cependant à attester que ces couches appartiennent au Tertiaire, et très probablement à un horizon assez élevé de ce terrain.

Les deux seules espèces de plantes qui aient pu être déterminées spécifiquement sont, l'une identique à une espèce du Miocène moyen d'Europe, *Salvinia formosa*, et l'autre, *Ficus Beauveriei*, extrèmement voisine du *Ficus tiliæfolia*, fréquent dans le Miocène européen à différents niveaux, mais principalement dans le Miocène moyen, notamment dans les couches tortoniennes d'Œningen. Étant donné ce que l'on sait de la descente graduelle, au cours de l'époque tertiaire, des types végétaux des latitudes élevées vers des latitudes plus basses, il n'y aurait rien de surprenant à ce que les couches de Yen-Baï fussent, non pas exactement contemporaines de celles d'Europe où se rencontrent des espèces identiques ou similaires, mais un peu plus récentes. Les affinités marquées qui semblent exister entre quelques-unes des plantes recueillies dans ce gisement, telles que *Selliguea*, *Angiopteris*, *Flabellaria*, *Phyllites* paraissant susceptibles d'appartenir au genre *Artocarpus*, et quelques-uns de leurs congénères actuels de la même région plaideraient, en effet, en faveur d'une date relativement peu éloignée pour le dépôt de ces couches.

D'autre part, les Paludines qui y ont été trouvées en si grande abondance semblent, ainsi que je l'ai dit, étroitement alliées, sinon même spécifiquement identiques à une espèce, *Vivipara Sturi*, qui appartient à la portion supérieure de l'étage levantin, lequel constitue dans la région orientale de l'Europe un terme de passage du Miocène au Pliocène, et dont les couches les plus élevées doivent être rapportées vraisemblablement au Pliocène inférieur, sinon même à la base du Pliocène moyen.

Ces indications ne sont, sans doute, pas assez nombreuses pour permettre une détermination absolument précise de l'âge des couches de Yen-Baï, mais il semble qu'on soit autorisé à les classer comme mio-pliocènes, en laissant ainsi leur position légèrement indécise.

Il convient de rappeler toutefois que ces couches sont assez fortement plissées, et que la cristallinité du test des Paludines accumulées dans certains lits accuse, ainsi d'ailleurs que le simple facies de la plupart des bancs gréseux, des actions métamorphiques d'une certaine importance. Le dépôt des couches de Yen-Baï est donc certainement antérieur aux derniers mouvements orogéniques qui ont affecté la région, et peut-être y aurait-il là un argument en faveur de l'attribution au Miocène plutôt qu'au Pliocène.

Je serais porté, d'après la ressemblance de certaine feuille, récoltée à Loc-Binh par M. Sarran, avec l'un des types de feuilles de Yen-Baï (Pl. LII, fig. 6), à penser que les gîtes charbonneux de la vallée du Song-Ki-Kong, en amont de Lang-Sôn, doivent être contemporains, ou à peu près, de ceux de Yen-Baï, mais il est impossible de rien affirmer, les matériaux recueillis sur ce point étant trop insuffisants; ces gîtes ne paraissent, d'ailleurs, avoir aucune importance au point de vue industriel.

TROISIÈME PARTIE.

GÎTES DE CHARBON DE LA CHINE MÉRIDIONALE.

CHAPITRE PREMIER.

DONNÉES TOPOGRAPHIQUES.

Des gîtes de charbon de la Chine méridionale sur lesquels M. Leclère a récolté des empreintes végétales, l'un des plus importants, et en même temps celui qui a fourni les meilleurs échantillons de plantes fossiles comme les plus abondants, est celui de Taï-Pin-Tchang, au Nord du Yun-Nan, au voisinage immédiat de la limite commune de cette province et du Se-Tchouen, sur la rive gauche du Fleuve Bleu à quelques kilomètres en amont de son confluent avec le Kin-Ho [1]. On exploite en ce point une couche de 2 mètres d'épaisseur, plongeant d'environ 50° vers l'Ouest; le charbon extrait est une houille grasse à 32 p. 100 de matières volatiles, et une partie en est transformée en coke sur la mine même. Dans toute la région avoisinante, autour de Ma-Chang, existent de nombreuses exploitations, portant sur le même niveau géologique. Ainsi que je l'ai déjà indiqué plus haut et qu'on va le voir plus en détail par ce qui va être dit, la composition de la flore fossile atteste l'identité de ce niveau avec celui de la formation charbonneuse du Bas-Tonkin.

Outre ce gisement de Taï-Pin-Tchang, je mentionnerai également ici deux autres localités du Sud de la Chine dans lesquelles M. Leclère a aussi recueilli des empreintes qui, bien qu'assez fragmentaires et imparfaitement conservées, paraissent appartenir encore à cette même flore rhétienne : ce sont, d'une part, Kiang-Ti [2], dans le Kouei-Tcheou, au voisinage immédiat de la limite commune de cette province et du Yun-Nan ainsi que du Kouang-Si; les empreintes s'y trouvent sur un grès assez grossier, ce qui rend les déterminations

[1] A. Leclère, *Étude géologique et minière des provinces chinoises voisines du Tonkin* (*Annales des Mines*, 2ᵉ vol. 1901, p. 386; pl. VIII; pl. IX, fig. 2).
[2] *Ibid.*, p. 406; pl. XI.

assez malaisées, la nervation étant en général difficilement discernable; d'autre part, Mi-Leu [1], dans la région orientale du Yun-Nan, à quelque 100 kilomètres au Sud-Est de Yun-Nan-Sen; ce dernier gisement fournit à l'extraction une houille grasse à 36 p. 100 de matières volatiles; il semble malheureusement peu riche en empreintes végétales, et M. Leclère n'a pu y récolter que de rares lambeaux de frondes de Fougères, lacérés en petits fragments, dont la détermination spécifique, sauf peut-être pour un *Dictyophyllum*, est demeurée tout à fait incertaine.

[1] A. Leclère, *Étude géologique et minière des provinces chinoises voisines du Tonkin* (*Annales des Mines*, 2ᵉ vol. 1901, p. 355; pl. VII, fig. 3).

CHAPITRE II.

DESCRIPTION DES ESPÈCES OBSERVÉES.

Fougères.

Genre CLADOPHLEBIS Brongniart.

CLADOPHLEBIS (TODEA) ROESSERTI Presl. (sp.).

Pl. LIV, fig. 1, 2.

(Voir *supra*, page 36.)

M. Leclère a recueilli à Taï-Pin-Tchang de nombreuses empreintes de cette espèce, les unes montrant des portions de rachis primaires encore garnies de pennes latérales incomplètes, et les autres des pennes détachées. Je reproduis sur les figures 1 et 2 de la Planche LIV quelques-unes de ces dernières, à nervation bien nette, et visiblement identiques par tous leurs caractères aux spécimens du Tonkin représentés sur la Planche II; l'échantillon de la figure 2 porte deux pennes voisines qu'on suit presque jusqu'à leur extrême sommet, effilé en pointe aiguë.

Je crois qu'il faut rapporter également à cette même espèce des fragments de pennes récoltés par M. Leclère à Kiang-Ti, mais dont la nervation est malheureusement indiscernable, le grain de la roche gréseuse qui porte les empreintes étant extrêmement grossier : à peine même soupçonne-t-on la nervure médiane; néanmoins les pinnules offrent bien la forme et les dimensions de celles du *Cladophl. Roesserti*, telles qu'elles se présentent notamment sur les figures 3, 4 et 7 de la Planche II, de sorte que l'attribution, sans être absolument certaine, est du moins extrêmement probable.

Genre CTENOPTERIS Brongniart.

CTENOPTERIS SARRANI Zeiller.

Pl. LIV, fig. 3, 4.

(Voir *supra*, page 53.)

Cette espèce s'est montrée à Taï-Pin-Tchang, représentée par un petit nombre d'échantillons, qui ne diffèrent de ceux du Tonkin que par la taille un peu plus grande des pinnules de quelques-uns d'entre eux, tels notamment que ceux des figures 3 et 4, Pl. LIV; l'un, fig. 3, est un fragment de penne; l'autre, fig. 4, montre une portion de rachis primaire portant directement deux pinnules, au-dessus de l'une desquelles, du côté gauche, se voit l'insertion d'une penne latérale à pinnules imparfaitement conservées.

Genre TÆNIOPTERIS Brongniart.

TÆNIOPTERIS cf. IMMERSA Nathorst.

Pl. LIV, fig. 5.

1878. **Tæniopteris (Danæopsis?) immersa** Nathorst, *Fl. vid Bjuf*, p. 45, 87, pl. 1, fig. 16; pl. XIX, fig. 6.

Description de l'espèce.

Fronde probablement simple, *à bords parallèles, entiers*, rétrécie vers le sommet, terminée par une troncature arrondie, large de 40 à 45 millimètres, longue d'au moins 25 centimètres, à *rachis lisse,* large d'environ 3 à 4 millimètres, plus ou moins *creusé en gouttière* sur la face supérieure de la fronde.

Nervures étalées-dressées, légèrement flexueuses, faiblement arquées à la base et souvent un peu recourbées vers le haut à leur extrémité, *tantôt simples, tantôt divisées* dès leur base ou un peu au-dessus *en deux branches* généralement simples, quelquefois bifurquées l'une ou l'autre à leur tour vers le milieu ou le tiers supérieur de leur parcours, et atteignant le bord du limbe *au nombre de 16 à 20 par centimètre.*

Remarques paléontologiques.

L'échantillon représenté sur la figure 5 de la Planche LIV est le seul que j'aie vu de cette espèce : il consiste en un fragment de fronde dont les dimensions et la parfaite symétrie de part et d'autre du rachis médian donnent l'impression d'une fronde simple plutôt que d'une penne détachée. A 4 ou

5 centimètres au-dessous du sommet, le limbe commence à se rétrécir pour
se terminer par une troncature arrondie. Les nervures font sur la face supérieure du limbe une saillie assez marquée, et sont séparées les unes des
autres par des intervalles déprimés; mais sur les points où la lame charbonneuse qui représente le limbe s'est détachée de la roche, l'empreinte laissée
sur celle-ci, et correspondant à la face inférieure de la fronde, apparaît presque
plane, les nervures demeurant marquées cependant par une légère dépression, ce qui prouve qu'elles étaient également quelque peu en relief sur la
face inférieure.

Avec ces caractères, ce fragment de fronde ressemble beaucoup à ceux que
M. Nathorst a figurés sous le nom de *Tæniopteris (Danæopsis?) immersa*, et surtout à celui de la figure 6, planche XIX, de la *Floran vid Bjuf;* ce dernier
donne notamment, comme celui que je viens de décrire, l'impression d'une
fronde simple, tandis que celui de la figure 16, planche I, du même ouvrage,
avec son rétrécissement brusque à la base, fait songer à une penne latérale,
ce qui a conduit M. Nathorst à penser qu'il pouvait s'agir là d'une penne de
Danæopsis, sans cependant qu'on puisse rien affirmer quant à la division ou
à la simplicité de la fronde, des contractions semblables de la base du limbe
s'observant chez le *Tæniopteris Jourdyi*.

Malgré la ressemblance que je signale entre l'espèce chinoise et l'espèce de
Bjuf, j'hésite à les identifier positivement l'une à l'autre, l'espèce suédoise
ayant, dit M. Nathorst, les nervures placées dans des sillons, tandis qu'elles
sont en saillie sur l'échantillon de Taï-Pin-Tchang et ne sont marquées par des
sillons que sur l'empreinte laissée par la fronde; il semble en outre qu'elles
soient un peu moins rapprochées sur le *Tæn. immersa*, n'étant, d'après les
figures, qu'au nombre de 12 à 15 par centimètre, différence peu sensible
sans doute, mais qui s'ajoute au caractère fourni par le relief pour me faire
hésiter sur l'identification.

Je me borne, dans ces conditions, à les comparer l'une à l'autre, estimant
que la récolte de nouveaux échantillons plus complets, de l'une comme de
l'autre, sera nécessaire pour trancher la question.

L'espèce dont je viens de parler ressemble de plus ou moins près à quelques-
unes de celles du Tonkin qui ont été précédemment décrites : comparée au
Danæopsis cf. *Hughesi*, elle a les nervures moins dressées et moins serrées
en même temps que plus fortes et plus saillantes; le mode de terminaison du
limbe est en outre plus brusque que chez le *Danæopsis Hughesi*, dont les

Rapports
et différences.

pennes s'effilent vers le haut en pointe obtusément aiguë. Comparée au *Tæ-niopteris* cf. *Mac Clellandi*, elle a les nervures plus dressées, beaucoup moins fines et moins serrées; les mêmes caractères, plus fortement accentués encore, la distinguent du *Tæn. Jourdyi*. Enfin, si on la compare au *Tæn. virgulata*, auquel elle ressemblerait davantage par ses nervures saillantes, elle en diffère par ce fait que ses nervures se présentent en relief sur l'une et l'autre face, et non pas sur la face inférieure seulement, et que ce relief, même sur la face où il est le plus prononcé, est beaucoup moins accusé que chez le *Tæn. virgulata*; un autre caractère distinctif très net est fourni par la direction des nervures, qui sont nettement ascendantes, au lieu d'être étalées normalement au rachis; enfin le rachis lui-même est lisse et dépourvu de plis transversaux.

Provenance. Cet échantillon a été recueilli par M. Leclère à Taï-Pin-Tchang.

TÆNIOPTERIS LECLEREI n. sp.

Pl. LV, fig. 1 à 4.

Description de l'espèce. *Frondes simples, à bords parallèles, entiers, peu à peu rétrécies vers la base,* et également vers le sommet, *pétiolées,* larges de 15 à 40 millimètres, atteignant 35 à 40 centimètres de longueur; à *rachis* large de $1^{mm},5$ à 3 millimètres, *lisse* ou presque lisse, *légèrement creusé en gouttière sur sa face supérieure.*

Nervures très étalées, parfois très légèrement arquées en avant à leur extrémité, au nombre de 8 à 12 par centimètre à leur origine, *divisées, souvent dès leur base, en deux branches tantôt simples, tantôt bifurquées sous un angle extrêmement aigu, aboutissant au bord du limbe au nombre de 20 à 25 par centimètre* de longueur. *Surface du limbe marquée de sillons transversaux* séparant les uns des autres les faisceaux issus du rachis, les branches appartenant à un même faisceau étant elles-mêmes séparées les unes des autres par des sillons moins accentués.

Remarques paléontologiques. M. Leclère a recueilli à Taï-Pin-Tchang plusieurs échantillons de cette espèce, dont les meilleurs sont représentés sur les figures 1 à 4 de la Planche LV; aucun ne montre les frondes dans toute leur étendue, mais l'un d'eux, celui de la figure 4, présente une fronde incomplète, mesurant 30 centimètres de longueur, graduellement rétrécie vers le bas, et s'atténuant en un pétiole long de 3 centimètres (vu en raccourci sur la figure, par suite de son obliquité par rapport au reste de l'empreinte); d'autres fragments, tels que celui de la figure 3, attestent que la fronde se rétrécissait également vers le haut, mais le sommet manque, et il est impossible de dire s'il était arrondi ou aigu. Les divers fragments de frondes de la figure 4 montrent suffisamment entre quelles limites la largeur du limbe était susceptible de varier.

Sur les échantillons qui offrent la face supérieure de la fronde, reconnaissable à la dépression en gouttière de la surface du rachis, le limbe se montre marqué d'étroits sillons, très accusés, en nombre égal à celui des faisceaux libéroligneux qui se détachent du rachis, et séparant ces faisceaux les uns des autres, de telle sorte qu'à chacun d'eux correspond, comme chez le *Tæn. spatulata*, et comme cela paraît avoir lieu également chez le *Tæn. nilssonioides*, une bande transversale de limbe, bombée sur la face supérieure, en creux sur la face inférieure, ainsi que le montrent les figures de la Planche LV, et en particulier les figures grossies 1 *a* et 3 *a*. Ces faisceaux se bifurquant, soit dès leur base, soit en un point variable de leur parcours, le limbe se creuse de nouveau, mais moins fortement, entre leurs branches, de sorte que chaque bande du limbe présente, entre les deux sillons qui la limitent sur toute son étendue, des dépressions secondaires moins marquées, allant du bord du limbe jusqu'aux points de bifurcation des nervures. Ces frondes offrent ainsi, à raison surtout de la prédominance des sillons principaux, un aspect particulier, tout à fait caractéristique.

Avec ses nervures saillantes, cette espèce ne peut guère être comparée qu'au *Tæn.* cf. *immersa*, au *Tæn. virgulata*, et au *Tæn. nilssonioides*, ses dimensions ne permettant pas un rapprochement avec le *Tæn. spatulata*. Elle diffère du *Tæn.* cf. *immersa* parce que celui-ci a les nervures bien plus ascendantes, un peu moins serrées, saillantes à la fois sur l'une et l'autre face, bien que moins fortement sur la face inférieure, et que le limbe n'offre pas, entre les faisceaux de nervures, ces sillons étroits qui le divisent ici en bandes si accusées et si nettement délimitées. Le *Tæn. virgulata* a les nervures moins serrées, saillantes sur la face inférieure, à ce qu'il semble bien, et non sur la face supérieure, et séparées les unes des autres par des sillons tous égaux en importance, de sorte que l'examen de ces sillons ne permet pas de distinguer dès le bord du limbe les nervures appartenant à un même faisceau, comme c'est le cas chez le *Tæn. Leclerei*, où l'on sait du premier coup d'œil que les diverses nervures qui se trouvent comprises entre deux sillons principaux proviennent d'une même origine. Enfin, chez le *Tæn. nilssonioides*, outre que le limbe est denté sur ses bords, la nervation est formée, au voisinage de ces bords, de nervules beaucoup plus fines et plus serrées, et les

Rapports
et différences.

sillons séparatifs des faisceaux sont beaucoup moins étroits, délimitant moins nettement les bandes de limbe correspondant à chacun de ces faisceaux.

Cette espèce ne peut en somme être identifiée à aucune espèce déjà décrite, et j'ai été heureux de la dédier à M. Leclère, Ingénieur en chef au Corps des Mines, à qui l'on doit de si utiles données géologiques et paléontologiques sur les provinces méridionales de la Chine.

Provenance. Cette espèce semble particulièrement abondante à Taï-Pin-Tchang.

TÆNIOPTERIS sp.

Je signale, pour mémoire, quelques lambeaux de frondes de *Tæniopteris* trouvés à Mi-Leu, susceptibles peut-être d'appartenir au *Tæn. Jourdyi*, mais trop peu étendus et trop mal conservés pour qu'il soit possible de les déterminer spécifiquement avec quelque certitude.

Genre GLOSSOPTERIS Brongniart.

GLOSSOPTERIS INDICA Schimper.

Pl. LVI, fig. 1.

(Voir *supra*, page 84.)

La figure 1 de la Planche LVI reproduit un fragment de fronde de *Glossopteris indica* recueilli par M. Leclère à Taï-Pin-Tchang et bien reconnaissable à sa nervation aréolée. Les anastomoses des nervures, bien visibles en divers points de la figure 1 et surtout de la figure grossie 1 *a*, ne sont pas aussi fréquentes que sur certains autres fragments de frondes provenant, soit de l'Inde, soit du Tonkin; mais on observe également dans l'Inde des formes à nervation pauciaréolée, et offrant même parfois des anastomoses encore moins nombreuses[1], qui se rattachent par une série continue d'intermédiaires à la forme normale.

Cette même espèce s'est trouvée également représentée à Kiang-Ti, par des fragments de fronde à nervation indiscernable au premier coup d'œil, à l'exception toutefois de la nervure médiane, mais sur lesquels j'ai pu cependant, en les mouillant fortement avec de la glycérine, parvenir à distinguer suffisam-

[1] R. Zeiller, *Palæont. indica*, New Ser., II, pl. 1, p. 11, pl. II, fig. 3; pl. III, fig. 3.

ment les nervures latérales pour en reconnaitre la disposition et les anastomoses caractéristiques.

GLOSSOPTERIS ANGUSTIFOLIA Brongniart.

Pl. LVI, fig. 2.

1830. **Glossopteris angustifolia** Brongniart, *Hist. végét. foss.*, I, p. 224, pl. 63, fig. 1. Feistmantel, *Journ. Asiat. Soc. Bengal*, XLV, pt. II, p. 374, pl. XXI, fig. 2-4. Medlicott et
Blanford, *Manual Geol. India*, p. 117, pl. V, fig. 6. Feistmantel, *Foss. Fl. Gondwana
Syst.*, III, pt. II, p. 105, pl. XXVII A, fig. 6, 8, 9, 11-13; pl. XXXIV A, fig. 2, 3;
pl. XXXIX A, fig. 1, 2; IV, pt. 2, p. 25, pl. V A, fig. 5; *Karoo-Formation*, p. 43, pl. IV,
fig. 5. R. D. Oldham, *Manual Geol. India*, 2ᵈ ed., p. 162. Zeiller, *Bull. Soc. Géol. Fr.*,
3ᵉ sér., XXIV, p. 369; p. 370, fig. 14, 15; pl. XVIII, fig. 1-3; *Palæont. indica*, New
Ser., II, pt. 1, p. 16, pl. IV, fig. 3-5.

1867. **Glossopteris Browniana** Tate, *Quart. Journ. Geol. Soc.*, XXIII, p. 140 (*pars*), pl. VI,
fig. 5 a, 5 b.

1869. **Glossopteris indica** var. *angustifolia* Schimper, *Trait. de pal. vég.*, Atlas, p. 15,
pl. XXXVIII, fig. 10, 10 b.

1881. **Sagenopteris (Dactylopteris) longifolia** Feistmantel, *Foss. Fl. Gondwana Syst.*, III,
pt. II, p. 113, pl. XL A, fig. 1.

1897. **Glosopteris Browniana** var. *angustifolia* Seward, *Quart. Journ. Geol. Soc.*, LIII, p. 321,
pl. XXI, fig. 4 a.

Frondes simples, à bords parallèles, entiers, à contour général linéaire, effilées au sommet en pointe aiguë ou obtusément aiguë, graduellement rétrécies vers la base, non pétiolées, larges de 8 à 20 millimètres, longues de 5 à 15 centimètres.

Nervure médiane nette, se poursuivant presque jusqu'au sommet de la fronde; *nervures secondaires d'ordinaire assez fortement dressées,* plus ou moins arquées, au moins à leur base, *en général assez rapprochées, s'anastomosant plus ou moins régulièrement* en mailles polygonales étroites, allongées.

L'échantillon représenté sur les figures 2 et 2 a de la Planche LVI est le seul que j'aie vu de cette espèce des gisements indo-chinois ou chinois; l'étroitesse de la fronde, le parallélisme de ses bords, la prolongation de la nervure médiane presque jusqu'au sommet, ne permettent pas d'hésiter sur l'attribution spécifique. La nervation en était, il est vrai, à peu près indis-cernable lorsqu'il m'a été remis par M. Leclère; mais, en attaquant légère-ment la lame charbonneuse du limbe par l'acide azotique et lavant ensuite à l'ammoniaque, j'ai réussi à mettre les nervures latérales en évidence, ainsi qu'on le voit sur la figure grossie 2 a. On peut constater, sur cette figure, en

*Description
de l'espèce.*

*Remarques
paléontologiques.*

l'examinant à la loupe, que les nervures latérales s'anastomosent, au moins en partie, en longues aréoles effilées à leurs extrémités; certaines d'entre elles restent libres, d'ailleurs, sur une portion de leur étendue, sinon même sur tout leur parcours, ainsi que cela a lieu sur l'échantillon type de Brongniart et que je l'ai constaté également sur certains échantillons de l'Inde[1].

Aucun spécimen de cette espèce n'a encore été récolté au Tonkin.

Rapports et différences. — Le *Gloss. angustifolia* se rapproche surtout, par la forme aiguë ou obtusément aiguë de son sommet comme par la direction ascendante de ses nervures, du *Gloss. indica*, mais il en diffère nettement par la forme de sa fronde, qui est linéaire et non lancéolée, beaucoup plus étroite toujours que les formes même les plus étroites de cette dernière espèce. Il ne me semble pas douteux qu'il faille le considérer comme constituant une forme spécifique autonome.

Synonymie. — Je ne puis, pour la question de la synonymie, que renvoyer à ce que j'ai dit dans mon travail de la *Palæontologia indica*, particulièrement en ce qui regarde le *Sagenopteris longifolia* Feistmantel, dans lequel il faut certainement voir un bouquet de frondes simples groupées à l'extrémité d'un rhizome commun et non pas une feuille composée.

Provenance. — L'échantillon que je viens de décrire a été récolté par M. Leclère à Taï-Pin-Tchang.

Genre DICTYOPHYLLUM Lindley et Hutton.

DICTYOPHYLLUM NATHORSTI Zeiller.

Pl. LVI, fig. 3.

(Voir *supra*, p. 109.)

Quelques fragments de pennes de *Dictyophyllum*, identiques de tout point au *Dict. Nathorsti* du Tonkin, ont été recueillis par M. Leclère à Taï-Pin-Tchang. L'un des plus nets d'entre eux est reproduit sur la figure 3 de la Planche LVI; il paraît, d'après le degré de soudure mutuelle de ses segments latéraux, devoir appartenir à la région inférieure d'une penne primaire.

Il faut probablement rapporter encore à cette espèce quelques lambeaux de pennes à nervation aréolée récoltés par M. Leclère à Mi-Leu dans le Yun-Nan.

[1] *Palæontologia indica*, New Ser., II, pl. 1, p. 16, pl. IV, fig. 4, 4 a.

Genre CLATHROPTERIS Brongniart.

CLATHROPTERIS PLATYPHYLLA Goeppert (sp.).

Pl. LVI, fig. 4.

(Voir *supra*, page 119.)

Il s'est trouvé, parmi les échantillons rapportés de Taï-Pin-Tchang par M. Leclère, deux ou trois fragments de pennes de cette espèce; celui de la figure 4, Pl. LVI, ne montre pas les bords du limbe, mais on y voit nettement, entre les nervures latérales, les mailles rectangulaires, subdivisées elles-mêmes en aréoles plus petites, qui caractérisent le *Clathr. platyphylla*.

Cette même espèce paraît, en outre, assez abondante à Kiang-Ti, où M. Leclère a recueilli d'assez nombreux fragments de pennes, dont les plus complets montrent sur une faible étendue le bord de leur limbe, distant du rachis de 20 à 45 millimètres, et muni de dents obtusément aiguës, très faiblement saillantes, situées à l'extrémité des nervures latérales; celles-ci sont parallèles les unes aux autres, plus ou moins obliques sur le rachis, mais il est presque impossible, dans les intervalles compris entre elles, de rien discerner des nervures secondaires; cependant, sur un ou deux points, on aperçoit quelques-unes de ces dernières, formant des mailles en forme de rectangles ou de parallélogrammes, de sorte qu'en fin de compte l'attribution spécifique ne semble pas douteuse.

Équisétinées.

Les Équisétinées ne se sont trouvées représentées, parmi les échantillons rapportés du Sud de la Chine par M. Leclère, que par de petits fragments de tiges marqués de fines côtes longitudinales, provenant de Kiang-Ti, appartenant peut-être au *Schizoneura Carrerei*, et par un diaphragme nodal à contour ovale, de 10 millimètres sur 15 millimètres, provenant de Taï-Pin-Tchang, mais dont l'attribution générique ne saurait être précisée.

Cycadinées.

Genre PTILOPHYLLUM Morris.

PTILOPHYLLUM ACUTIFOLIUM Morris.

Pl. LVI, fig. 7, 8.

(Voir *supra*, page 172.)

M. Leclère a recueilli à Taï-Pin-Tchang deux petits fragments de frondes bien reconnaissables de cette espèce : l'un, celui de la figure 7, Pl. LVI, appartient à la forme normale et montre nettement (fig. 7 *a*) le mode d'attache des folioles caractéristique du genre *Ptilophyllum*, avec un léger élargissement à leur base du côté antérieur et une décurrence plus ou moins accentuée du côté postérieur; l'autre, à folioles sensiblement plus petites, appartient à la forme que Feistmantel a distinguée sous le nom de *tenerrimum*, mais qu'il a finalement, et avec raison, rattachée au *Ptil. acutifolium* comme simple variété.

Genre PTEROPHYLLUM Brongniart.

PTEROPHYLLUM (ANOMOZAMITES) INCONSTANS F. Braun (sp.).

Pl. LVI, fig. 6.

(Voir *supra*, page 177.)

L'échantillon de la figure 6, Pl. LVI, provenant de Taï-Pin-Tchang, montre une fronde à folioles inégales, de taille plus petite que la plupart de celles qui ont été rencontrées dans les gisements du Tonkin, mais tout à fait semblable, ainsi, d'ailleurs, que je l'ai fait remarquer plus haut (page 179), à quelques-uns des échantillons de *Pteroph. inconstans* des couches rhétiennes de Franconie qui ont été figurés par Schenk.

Cet échantillon est, d'ailleurs, le seul de cette espèce qui ait été trouvé en Chine par M. Leclère.

PTEROPHYLLUM MULTILINEATUM Shirley.

Pl. LVI, fig. 5 (*Pterophyllum* sp.).

1896. **Pterophyllum multilineatum** Shirley, *Proc. Roy. Soc. Queensland*, XII, p. 91, pl. VII *a*;
Addit. foss. Fl. Queensland, p. 16, pl. XXII.

Frondes à contour probablement lancéolé ou linéaire-lancéolé, larges de 7 à 9 centimètres, atteignant vraisemblablement une trentaine de centimètres de longueur et peut-être davantage; *rachis* large de 3 à 4 millimètres, *marqué de stries longitudinales rapprochées.*

Folioles alternes ou subopposées, *presque exactement normales au rachis, à contour rectangulaire, quatre à cinq fois plus longues que larges,* longues de 30 à 45 millimètres, larges vers leur milieu de 8 à 10 millimètres, *insensiblement rétrécies vers leur base,* puis *élargies à leur insertion,* se touchant mutuellement par leur portion élargie, mais laissant entre elles un intervalle de 1 à 3 millimètres de largeur, *séparées par des sinus obtusément aigus, tronquées au sommet suivant une ligne parallèle au rachis, droite ou légèrement convexe en dehors,* avec les angles arrondis, et toutes égales entre elles.

Nervures fines, nombreuses, une ou deux fois bifurquées, *parallèles,* espacées de 0^{mm},20 à 0^{mm},30.

Il s'est trouvé, parmi les échantillons récoltés à Taï-Pin-Tchang par M. Leclère, deux fragments de frondes de cette espèce; le meilleur d'entre eux est reproduit sur la figure 5, Pl. LVI, sous le nom de *Pterophyllum* sp. Je n'avais pas connaissance, au moment de l'impression des légendes de l'Atlas, des travaux de M. Shirley sur la flore fossile du Queensland, et sans pouvoir attribuer à aucune des espèces décrites du genre *Pterophyllum* ces échantillons de Taï-Pin-Tchang, je ne les avais pas jugés suffisamment complets pour légitimer la création d'un nom spécifique nouveau; depuis lors j'ai constaté qu'ils appartenaient, sans doute possible, au *Pteroph. multilineatum* des couches rhétiennes ou liasiques d'Ipswich et de Yeronga, à la figure type duquel l'échantillon fig. 5, Pl. LVI, est pour ainsi dire identique, à cela près seulement qu'il présente un rachis un peu plus épais, avec des folioles plus longues de 5 ou 6 millimètres et un peu plus brusquement tronquées au sommet; mais ces folioles offrent exactement la même forme, légèrement rétrécies vers le bas sur leur tiers inférieur, puis élargies à leur insertion sur le rachis, séparées par des sinus obtusément aigus, et laissant entre elles des

Description de l'espèce.

Remarques paléontologiques.

intervalles de 1 à 3 millimètres. La nervation est également identique de part et d'autre, formée de nervures fines, une ou deux fois bifurquées, au nombre de 30 à 40 dans chaque foliole.

L'autre échantillon trouvé à Taï-Pin-Tchang ne mesure que 35 millimètres de longueur : il offre, d'un même côté du rachis, quatre folioles, dont les deux extrêmes incomplètes, longues d'environ 30 millimètres, mais qui se raccourcissent assez rapidement, la plus basse mesurant 32 millimètres et la plus élevée 24 millimètres seulement; elles font avec le rachis des angles de 60° à 70° et sont un peu plus rapprochées que celles du fragment de penne fig. 5, Pl. LVI, différences qui montrent qu'on a affaire là à un fragment voisin du sommet de la fronde.

Rapports et différences.

J'avais signalé précédemment[1] ces échantillons de Taï-Pin-Tchang comme « affines d'une part au *Pteroph. longifolium* Brongniart du Keuper, d'autre part à certaines espèces des couches indiennes de Rajmahal ». Le *Pteroph. multilineatum* ressemble, en effet, par la forme comme par la non-contiguïté de ses folioles, à quelques-uns des échantillons de *Pteroph. longifolium* du Trias supérieur de Suisse figurés par Heer[2]; mais aucun d'entre eux n'a les folioles à beaucoup près aussi larges, ni, à ce qu'il semble, les nervures aussi serrées. Il peut, d'autre part, être rapproché du *Pteroph. rajmahalense* Morris des couches liasiques de Rajmahal[3]; mais si les folioles de celui-ci offrent des dimensions analogues, elles sont plus rapprochées les unes des autres, à peine dilatées à la base, parfois même contiguës sur toute leur longueur, et tout à fait arrondies au sommet. M. Shirley compare en outre l'espèce créée par lui au *Pteroph. princeps* Oldham et Morris[4] de cette même formation de Rajmahal, mais je ne lui vois aucune ressemblance réelle avec celui-ci, dont les folioles sont souvent très inégales, toujours beaucoup plus larges, mesurant de 15 millimètres au minimum jusqu'à 30 millimètres et plus de hauteur, avec une forme différente, plus courtes par rapport à leur largeur, légèrement rétrécies plutôt qu'élargies vers le sommet, et dont les nervures sont infiniment moins serrées.

Provenance.

Cette espèce n'a été, jusqu'ici, observée en Chine qu'à Taï-Pin-Tchang.

[1] R. Zeiller, *Comptes rendus Acad. sc.*, CXXX, p. 186.
[2] O. Heer, *Flora fossilis Helvetiæ*, p. 80, pl. XXX, fig. 7, 8; pl. XXXIII (surtout fig. 4); pl. XXXV; pl. XXXVI, fig. 1, 2.
[3] *Fossil Flora of the Gondwana System*, 1, pt. 1, p. 25, pl. XIII, fig. 3-5; pl. XIV, fig. 1-3; pl. XVIII, fig. 2.
[4] *Ibid.*, 1, pt. 1, p. 23, pl. X, fig. 1-3; pl. XI, fig. 1; pl. XII, fig. 1; pl. XIII, fig. 1, 2; pt. 2, p. 112, pl. XLVII.

CHAPITRE III.

RÉSULTATS GÉOLOGIQUES.

Des trois localités du Yun-Nan et du Kouei-Tcheou d'où M. Leclère a rapporté des empreintes, Taï-Pin-Tchang est la seule sur la flore de laquelle on possède dès maintenant des renseignements suffisants pour pouvoir faire l'objet d'une comparaison utile avec celle des gisements du Tonkin : sur onze espèces qui y ont été observées, sept, *Cladoplebis Rœsserti*, *Ctenopteris Sarrani*, *Glossopteris indica*, *Dictyophyllum Nathorsti*, *Clathropteris platyphylla*, *Ptilophyllum acutifolium*, *Pterophyllum inconstans*, se sont montrées également au Tonkin, et quelques-unes d'entre elles avec une remarquable fréquence. Il n'y a donc aucun doute quant à la contemporanéité mutuelle de ces gisements, et l'on ne peut guère hésiter non plus à ranger sur le même niveau général le gisement de Kiang-Ti, avec *Cladophl. Rœsserti*, *Gloss. indica*, *Clathropt. platyphylla*, et vraisemblablement *Schizoneura Carrerei*. Pour Mi-Leu, où l'on a observé seulement un *Tæniopteris* et un *Dictyophyllum* dont l'assimilation respective au *Tæn. Jourdyi* et au *Dict. Nathorsti* n'est que probable sans être certaine, l'assimilation resterait douteuse si les observations géologiques de M. Leclère ne l'avaient conduit à ranger ces divers gisements, ainsi qu'un certain nombre d'autres des mêmes régions, sur un seul et même horizon.

Les considérations que j'ai fait valoir pour attribuer à l'étage rhétien les gisements du Bas-Tonkin, d'après la comparaison de leur flore avec celle de l'Europe d'une part et celle de l'Inde d'autre part, pourraient être répétées pour le gisement de Taï-Pin-Tchang, dans lequel on relève en outre, sans parler du *Tæniopteris Leclerei*, qui est nouveau, trois espèces non observées au Tonkin, savoir : *Tæn.* cf. *immersa*, comparable sinon identique à une espèce du Rhétien de Suède, *Glossopt. angustifolia* du Permotrias de l'Inde, et *Pterophyllum multilineatum* des couches rhétiennes ou liasiques du Queensland; mais il n'y a pas à discuter la question de l'âge géologique de ces gisements de la Chine méridionale, puisque, comme je l'ai dit plus haut,

M. Leclère a constaté leur intercalation entre le Trias et le Lias, nettement déterminés l'un et l'autre d'après l'étude de fossiles marins, et que j'ai précisément fait appel à cette constatation pour confirmer les conclusions déduites, à l'égard des gisements du Bas-Tonkin, de l'étude de la flore, et l'attribution de ces gisements à l'époque rhétienne.

Il me reste seulement à faire remarquer que, si l'on entre dans le détail, la flore de Taï-Pin-Tchang paraît se rapprocher beaucoup plus de celles de Hatou et de Kébao que de celle de Nagotna : sans doute on pourrait mettre sur le compte de l'insuffisance des récoltes l'absence à Taï-Pin-Tchang du *Tæn. spatulata,* fréquent dans les couches de Nagotna, et l'on serait en droit de suspecter la valeur d'une observation négative de ce genre; mais la présence dans ce gisement du *Ctenopteris Sarrani* et du *Glossopteris indica,* observés l'un et l'autre à Hatou et à Kébao et paraissant faire défaut à Nagotna, constitue un argument positif, qui semble plaider en faveur de l'assimilation de ce gisement avec ceux de Kébao et de Hatou; et si l'on accorde quelque valeur aux indications qui tendraient à assigner aux couches de Kébao un âge un peu plus ancien qu'à celles du système de Hatou, il n'est peut-être pas sans intérêt de noter la présence à Taï-Pin-Tchang de frondes normales de *Gloss. indica* comme à Kébao, et non pas seulement de frondes écailleuses comme à Hatou; peut-être aussi le *Gloss. angustifolia,* qui n'a encore été observé dans l'Inde, comme le *Palæovittaria Kurzi,* que dans l'étage de Damuda, pourrait-il être invoqué également à l'appui d'un rapprochement entre le gisement de Taï-Pin-Tchang et le système de Kébao. Sans doute la distance qui sépare Taï-Pin-Tchang du Tonkin est bien considérable, et la flore n'en est pas assez complètement connue, pour qu'on puisse conclure formellement à une telle assimilation; mais il m'a paru qu'il y avait là, en faveur de l'attribution du gisement de Taï-Pin-Tchang à la portion la plus inférieure du système de couches du Bas-Tonkin, des indices qui méritent d'être relevés.

Enfin, il n'est pas sans intérêt, au point de vue paléobotanique, de constater la présence, dans ces gisements de Kiang-Ti et de Taï-Pin-Tchang, du genre *Glossopteris,* qui, jusqu'aux explorations de M. Leclère, n'avait pas été signalé en Chine.

INDEX BIBLIOGRAPHIQUE.

LISTE ALPHABÉTIQUE, PAR NOMS D'AUTEURS, DES OUVRAGES CITÉS[1].

Agardh (**C. A.**). — Närmare bestämmande af några Vextaftryck funne uti Höganäs Stenkolsgrufvor (*Svenska Vetensk. Akad. Handlingar* 1823, p. 108-111, pl. II, f. 5-8).

Andræ (**K. J.**). — Beiträge zur Kenntniss der fossilen Flora Siebenbürgens und des Banates (*Abhandl. k. k. geol. Reichsanst.*, II, 3. Abth., Nr. 4, 48 p., 12 pl.). 1855.

*(**Anonyme**). — Port de Tourane. Mine de Nong-Son. Projet de constitution de Société présenté par M. Ulysse Pila et M. J.-B. Malon. Lyon, A. Rey et Cie. Gr. in-8°, 72 p. av. fig. et cartes. 1899.

* —— Les charbons du Tonkin. Kébao (*Revue indo-chinoise*, I, p. 3-68, av. fig. et 2 cartes). 1893.

* —— Mouvement de la statistique minière au Tonkin (*Bull. écon. de l'Indo-Chine*, 1900, p. 498-506).

* —— Les concessions agricoles et minières dans la province de Ninh-Binh (Tonkin) (*Bull. écon. de l'Indo-Chine*, 1900, p. 589-590).

* —— Nouvelles exploitations houillères au Tonkin (*Bull. écon. de l'Indo-Chine*, 1901, p. 600-601).

* —— Société métallurgique et minière de l'Indo-Chine. Compte rendu. Décembre 1901. Paris. In-4°, 40 p., 4 pl.

Arber (**E. A. Newell**). — On the Clarke collection of Fossil Plants from New South Wales (*Quart. Journ. Geol. Soc.*, LVIII, p. 1-27, pl. I). 1902.

Bartholin (**C. T.**). — Nogle i den Bornholmske Juraformation forekommende Planteforsteninger. Copenhague. In-8°, 49 p., 14 pl. 1892-1894 (*Botanisk Tidsskrift*, XVIII, p. 12-28, pl. V-XII; 1892. — XIX, p. 87-115, pl. I-VI; 1894).

Berger (**H. A. C.**). — Die Versteinerungen der Fische und Pflanzen im Sandsteine der Coburger Gegend. Coburg. In-4°, VI-29 p., 4 pl. 1832.

* **Brard** (**F.**). — Les charbonnages d'Hongaÿ (Tonkin) (*Bull. Soc. industr. minérale*, 3e sér., XI, p. 155-182). 1897.

Braun (**F.**). — Beiträge zur Urgeschichte der Pflanzen. (*Beiträge zur Petrefacten-Kunde*, herausg. von *G. Graf zu Münster*, VI. Heft, p. 1-46, pl. X-XIII). Bayreuth. 1843.

Brauns (**D.**). — Der Sandstein bei Seinstedt unweit des Fallsteins und die in ihm vorkommenden Pflanzenreste (*Palæontographica*, IX, p. 47-62, pl. XIII-XV). 1862.

—— Der Sandstein bei Seinstedt unweit des Fallsteins und die in ihm vorkommenden Pflanzenreste, nebst Bemerkungen über die Sandsteine gleichen Niveaus anderer Oertlichkeiten Norddeutschlands (Ein Beitrag zu *Palæontographica* Bd. IX, p. 47 ff.) (*Palæontographica*, XIII, p. 237-246, pl. XXXVI). 1866.

[1] L'astérisque indique les ouvrages traitant spécialement de la région indo-chinoise.

Brongniart (Ad.). — Sur la classification et la distribution des végétaux fossiles. Paris. In-4°, 91 p., 6 pl. (*Mémoires du Muséum d'histoire naturelle*, vol. VIII). 1822.

—— Observations sur les végétaux fossiles renfermés dans les grès de Hoer en Scanie (*Ann. sc. nat.*, 1ʳᵉ sér., IV, p. 200-219, pl. 11, 12). 1824.

—— Prodrome d'une histoire des végétaux fossiles. Paris. In-8°, VIII-223 p. (*Dictionnaire des sciences naturelles*, LVII, p. 16-212, article *Végétaux fossiles*). 1828.

—— Histoire des végétaux fossiles, ou recherches botaniques et géologiques sur les végétaux renfermés dans les diverses couches du globe. Paris-Amsterdam. In-4°. Tome I, XII-488 p., 171 pl. 1828-1837.

Tome II (resté inachevé), 72 p., 28 pl. 1837-1838.

Livr. 1 : T. I, XII p., p. 1-80; pl. 1-9, 11, 13, 14, 16 à 18. 1828.

Livr. 2 : p. 81-136; pl. 9 *bis*, 10, 12, 15, 19 à 27. 1828.

Livr. 3 : p. 137-168; pl. 28, 30 à 36, 38 à 42, 44, 45. 1829.

Livr. 4 : p. 169-208; pl. 29, 42, 43, 46 à 49, 51, 52, 54 à 56, 61, 66. 1829.

Livr. 5 : p. 209-248; pl. 50, 53, 57, 58, 61 *bis*, 62, 64, 65, 67, 68, 70, 71, 73, 76. 1830.

Livr. 6 : p. 249-264; pl. 59, 60, 63, 69, 72, 74, 75, 77 à 82. 1831 ou 1832.

Livr. 7 : p. 265-288; pl. 83 à 97. 1832 ou 1833.

Livr. 8 : p. 289 à 312; pl. 82A, 98 à 109. 1833 ou 1834.

Livr. 9 : p. 313 à 336; pl. 110 à 114, 117, 118, 124, 127, 128, 130. 1834.

Livr. 10 : p. 337 à 368; pl. 115, 116, 119 à 123, 125, 126, 129, 131 à 134. 1835 ou 1836.

Livr. 11 : p. 369 à 416; pl. 135 à 146. 1836.

Livr. 12 : p. 417 à 488; pl. 37, 37 *bis*, 82 B, 147 à 160. 1836.

Livr. 13 : T. I, pl. 161 à 166. T. II, p. 1 à 24; pl. 1, 2, 14, 15, 18. 1837.

Livr. 14 : p. 25 à 56; pl. 3 à 7, 22, 23, 26, 28, 30. 1838.

Livr. 15 : p. 57 à 72; pl. 8 à 13, 16, 17, 19 à 21, 24, 25. 1838.

Brongniart (Ad.) [*suite*]. — Tableau, des genres de végétaux fossiles considérés sous le point de vue de leur classification botanique et de leur distribution géologique. Paris. In-8°, 172 p. à 2 col. (*Dict. univ. d'hist. nat.*, XIII, p. 52 à 173, article *Végétaux fossiles*). 1849.

Bronn (H. G.). — Lethæa geognostica oder Abbildung und Beschreibung der für die Gebirgs-Formationen bezeichnendsten Versteinerungen. In-8°. 3ᵗᵉ Stark vermehrte Auflage, bearbeitet von *H. G. Bronn* und *F. Ræmer.* Stuttgart. 1851-1856. 3 vol. Bd. I.:
I. Übersichten, v. *H. G. Bronn.* 12-204 p.;
II. Palæolethæa, v. *F. Ræmer.* IV-788 p. 1852-1854.

Atlas in-4° de 123 pl..

Bunbury (C. J. F.). — On some fossil plants from the Jurassic Strata of the Yorkshire Coast. (*Quart. Journ. Geol. Soc.*, VII, p. 179-194, pl. XII, XIII). 1851.

—— Notes on a Collection of Fossil Plants from Nagpur, Central India. (*Quart. Journ. Geol. Soc.*, XVII, p. 325-346, pl. VIII-XII). 1861.

Carruthers (W.). — British Fossil Pandaneæ. (*Geol. Magaz.*, 1868, p. 153-156, pl. IX).

*** Charpentier (H.).** — Étude pour la remise en exploitation des mines de Kébao (Société civile du Domaine de Kébao). Paris. In-4°, 50 p., 1 carte. 1902.

*** Couillon.** — Documents pour servir à l'étude géologique des environs de Luang Prabang (Cochinchine) (*C. R. Ac. sc.*, CXXIII, p. 1330-1333, 1 fig.; 28 décembre 1896).

*** —— Les mines du Haut-Laos (*Bulletin économique de l'Indo-Chine*, 1898-1899; p. 73-79; p. 109-112; p. 253-261).

*** —— Les mines de Quang-Nam (*Bull. écon. de l'Indo-Chine*, 1899, p. 575-579).

*Counillon [suite]. — Les mines de charbon de Nong-Son (Bull. écon. de l'Indo-Chine, 1900, p. 5-14).

*Crié (L.). — Exposition universelle de Paris en 1889. Paléontologie des colonies françaises et des pays de protectorat. Exposition paléophytique de M. le Prof. L. Crié. Rennes-Paris. In-8°, 32 p. 1889.

*Diener(C.).—Note sur deux espèces d'Ammonites triasiques du Tonkin (Bull. Soc. Géol. Fr., 3° série, XXIV, p. 882-886, 1 fig.). 1897.

*Douvillé. — Ceratites du Tonkin. (Bull. Soc. Géol. Fr., 3° série, XXIV, p. 454 et 877). 1896.

Dunker (W.). — Ueber die in dem Lias bei Halberstadt vorkommenden Versteinerungen (Palæontographica, I, liv. 1, 1846, p. 34-41, pl. VI; liv. 2, 1847, p. 107-112, pl. XIII; liv. 3, 1847, p. 113-125, pl. XIV-XVII).

Eichwald (E.). — Lethæa rossica ou Paléontologie de la Russie. Stuttgart. In-8°. 3 volumes. 1853-1860.
    Tome I : 1re section, xx-681 p.; 2e section, p. 681-1657. Atlas in-4°, 8 p., 61 pl. 1860.
    Tome II : 832 p. Atlas in-4°, 30 pl. 1865.
    Tome III : xx-533 p. Atlas in-4°, 14 pl. 1853.

*Ettingshausen (C. v.). — Begründung einiger neuen oder nicht genau bekannten Arten der Lias und Oolithflora (Abhandl. k. k. geol. Reichsanst., I, 3. Abth., Nr. 3, 10 p., 3 pl.). 1852.
—— Die Blattskelete der Apetalen, eine Vorarbeit zur Interpretation der fossilen Pflanzenreste (Denkschr. k. Akad. Wiss. Wien, XV, p. 181-272, 51 pl.). 1858.
—— Die fossile Flora des Tertiär-Beckens von Bilin. In-4°. Ier Theil, 98 p., pl. I-XXX (Denkschr. k. Akad. Wiss. Wien, XXVI, p. 79-174; 1866). IIter Theil, 54 p., pl. XXXI-XXXIX (Ibid., XXVIII, p. 191-242; 1868). IIIter Theil, 110 p., pl. XL-LV (Ibid., XXIX, p. 1-110; 1869).

Feistmantel (O.). — Palaeontologische Beiträge. I. Ueber die Indischen Cycadeengattungen Ptilophyllum Morr. und Dictyozamites Oldh. Cassel. In-4°, 24 p., 6 pl. (Palæontographica, Suppl. III). 1872.
—— Palaeontologische Beiträge. III. Palaeozoische und mesozoische Flora des östlichen Australiens. Cassel. In-4°, v p. et p. 53-131, pl. I-XVIII. 1878. — VII p. et p. 133-195, pl. I-XII (XIX-XXX). 1879 (Palæontographica, Suppl. III).
—— Fossil Flora of the Gondwana System.
    Vol. I, pt. 2. Jurassic (Liassic) Flora of the Rajmahal Group in the Rajmahal Hills : p. 53-162; pl. XXXVI-XLVIII. 1877.
    Pt. 3. Jurassic (Liassic) Flora of the Rajmahal Group, near Ellore, South Godavari : p. 163-190; pl. I-VIII. 1877.
    Pt. 4. Upper Gondwana Flora of the Outliers on the Madras Coast : p. 191-224; pl. I-XVI. 1879.
    Titre et tables : p. I-XVIII; p. 225-233. 1880. (Voir Oldham et Morris.)
    Vol. II, pt. 1. Jurassic (Oolitic) Flora of Kach : p. I-IV; p. 1-80; pl. I-XII. 1876.
    Pt. 2. Flora of the Jabalpur Group (Upper Gondwanas) in the Son-Narbada region : p. 81-105, pl. I-XIV. 1877.
    Titre et tables: p. I-XLI; p. 107-115. 1880.
    Vol. III, pt. 1. The Flora of the Talchir-Karharbari Beds: p. 1-48; pl. I-XXVII. 1879.
    Pt. 1 (suppl.) : p. 49-64; pl. XXVIII-XXXI. 1881.
    Pt. 2. The Flora of the Damuda-Panchet Divisions (first half) : p. 1-77; pl. IA-XVI A bis. 1880.
    Pt. 3. — (conclusion) : p. 78-149; pl. XVII A-XLVII A. 1881.
    Titre et tables : p. I-XII. 1881.
    Vol. IV, pt. 1. The Fossil Flora of the South Rewah Gondwana Basin : p. 1-52; pl. I-XXI. 1882.
    Pt. 2. The Fossil Flora of some of the Coalfields in Western Bengal : p. 1-66; pl. I A-XIV A. 1886.
    Titre et tables: p. I-XXVI; p. 67-71. 1886.

Feistmantel (O.) [suite]. — Palæontological Notes from the Karharbari and South Rewah Coal-Fields (Rec. Geol. Surv. India, XIII, p. 176-190). 1880.

—— Notes on some Râjmahâl plants (Rec. Geol. Surv. India, XIV, p. 148-152, pl. I-II). 1881.

—— Palæontological Notes from the Hazâribâgh and Lohârdagga Districts (Rec. Geol. Surv. India, XIV, p. 241-268, pl. I, II). 1881.

—— Übersichtliche Darstellung der geologisch-palaeontologischen Verhältnisse Süd-Afrikas. I. Theil. Die Karoo-Formation und die dieselbe unterlagernden Schichten. Prag. In-4°, 89 p., 4 pl. (Abhandl. k. böhm. Ges. d. Wissensch., VII. Folge, Bd. III). 1889.

—— Geological and palæontological relations of the Coal and Plant-bearing Beds of palæozoic and mesozoic age in Eastern Australia and Tasmania with special reference to the fossil flora. Sydney. In-4°, 186 p., 30 pl. (Memoirs of the Geol. Surv. of New South Wales. Palæontology, N° 3). 1890.

Felix (J.). — Untersuchungen über den inneren Bau westfälischer Carbon-Pflanzen In-8°, vi-73 p., 6 pl. (Abhandl. kön. geol. Landes-Anst., VII, Hft. 3, p. 153-225, pl. I-VI). 1886.

—— Untersuchungen über fossile Hölzer. 3tes Stück. (Zeitschr. deutsch. Geol. Gesellsch., XXXIX, p. 517-528, pl. XXV. Jahrg. 1887). 1888.

Fontaine (W. M.). — Contributions to the knowledge of the Older Mesozoic Flora of Virginia (Monographs of the U. S. Geol. Surv., VI, xi-144 p., 54 pl.). 1883.

*****Fuchs (E.)**. — Mémoire sur l'exploration des gîtes de combustible et de quelques-uns des gîtes métallifères de l'Indo-Chine, par M. Ed. Fuchs, avec la collaboration de M. E. Saladin. (Annales des Mines, 8° série, 1882, II, p. 185-298, pl. VI-IX.)

Gœppert (H. R.). — Systema Filicum fossilium. Die fossilen Farrnkräuter. Breslau und Bonn. In-4°, xxxii-488 p., 44 pl. (Nova Acta Acad. Cæs. Leop. Carol. naturæ curiosorum, Suppl. au vol. XVII). 1836.

—— Les genres des plantes fossiles comparés avec ceux du monde moderne expliqués par des figures. Bonn. In-4° obl. à 2 col., allemand et français. 1841-46.

   Livr. 1-2: 36 p., 18 pl. 1841.
   Livr. 3-4: p. 37-84, 18 pl. 1842.
   Livr. 5-6: p. 85-120, 20 pl. 1846.

—— Beschreibung der auf Tafel III abgebildeten Camptopteris Münsteriana (Beitr. z. Petrefacten-Kunde, herausg. von G. Graf zu Münster, VI. Heft, p. 86-88, pl. III). 1843.

—— Ueber die fossilen Cycadeen überhaupt, mit Rücksicht auf die in Schlesien vorkommenden Arten (Ber. üb. die Thätigk. d. naturwiss. Section des schlesischen Gesellsch. im Jahre 1843, p. 32-62, 1 pl.). 1844.

—— Die tertiäre Flora von Schossnitz in Schlesien. Görlitz. In-4°, xviii-52 p., 26 pl. 1855.

Grand'Eury (C.). — Flore carbonifère du département de la Loire et du Centre de la France. Paris. In-4°, 624 p. Atlas de 1 carte, 34 pl. et 4 tableaux. (Mémoires présentés par divers savants à l'Académie des sciences. Vol. XXIV, N° 1). 1877.

Hantken Ritt. **v. Prudnik (M.)**. — Die Kohlenflötze und der Kohlenbergbau in den Ländern der ungarischen Krone. Budapest. In-8°, v-358 p. av. fig. et 5 pl. 1878.

Hartz (N.). — Planteforsteninger fra Cap Stewart i Ostgronland, med en historisk Oversigt. Copenhague. (Meddelelser om Gronland, XIX, p. 217-248, pl. VI-XIX). 1896.

Heer (O.). — Flora tertiaria Helvetiæ. Die tertiäre Flora der Schweiz. Winterthur. 3 vol. in-fol. 1855-1859.

   Vol. I : vi-116 p., pl. 1-50. 1855.
   Vol. II : iv-110 p., pl. 51-100. 1856.
   Vol. III : vi-378 p., pl. 101-156; 1 carte. 1859.

Heer (O.) [*suite*]. — Die Urwelt der Schweiz. Zürich. In-8°, xxx-622 p., 7 paysages et 11 pl. et 1 carte géol. 1865.

—— Flora fossilis Helvetiæ. Die vorweltliche Flora der Schweiz. Zürich. In-fol., vi-182 p., 70 pl. 1876-1877.

    Livr. 1 : vi-44 p., pl. I-XXII. 1876.

    Livr. 2 : p. 45-100; pl. XXIII-XLIV. 1877.

    Livr. 3 : p. 101-182; pl. XLV-LXX. 1877.

—— Beiträge zur Jura-Flora Ostsibiriens und der Amurlandes. Saint-Pétersbourg. In-4°, 122 p., 31 pl. (*Mém. Acad. Imp. d. sc. de Saint-Pétersbourg*, vii° série, XXII, N° 12). 1876. (Flora fossilis arctica. Die fossile Flora der Polarländer. Vol. IV, N° 2. 1877.)

—— Beiträge zur fossilen Flora Sibiriens und des Amurlandes. Saint-Pétersbourg. In-4°, 58 p., 15 pl. (*Mém. Acad. Imp. d. sc. de Saint-Pétersbourg*, vii° série, XXV, N° 6). 1878. (Flora fossilis arctica, Vol. V, N° 2. 1878).

—— Nachträge zur Jura-Flora Sibiriens gegründet auf die von Herrn Richard Maak in Ust-Balei gesammelten Pflanzen. Saint-Pétersbourg. In-4°, 34 p., 9 pl. (*Mém. Acad. Imp. d. sc. de Saint-Pétersbourg*, vii° série, XXVII, N° 10). 1880. (Flora fossilis arctica, Vol. VI, 1. Abth., N° 1. 1880.)

Hisinger (W.). — Lethæa suecica, seu Petrificata Sueciæ, iconibus et characteribus illustrata. Holmiæ. In-4°, 124 p., pl. A-C et pl. 1-36. 1837.

Hjorth (A.). — Vellengsbyleret og dets Flora (*Danmarks geologiske Undersogelse*, II R., Nr. 10, p. 61-87, pl. III-IV). 1899.

Hollick (A.). — Fossil Salvinias, including Description of a new Species (*Bull. Torrey Botan. Club*, XXI, N° 6, p. 253-257, pl. 205). 1894.

*****Jourdy (E.).** — Note sur la Géologie de l'Est du Tonkin (*Bull. Soc. Géol. Fr.*, 3° série, XIV, p. 14-20, pl. I-II). 1886.

—— Note complémentaire sur la Géologie de l'Est du Tonkin. (*Bull. Soc. Géol. Fr.*, XIV, p. 445-453, 4 fig. 1886.)

Kliver (M.). — Ueber einige neue Arthropodenreste aus der Saarbrücker und der Wettin-Löbejüner Steinkoklenformation (*Palæontographica*, XXXII, p. 99-115, pl. XIV, fig. 2-14). 1886.

Knowlton (F. H.). — A revision of the genus Araucarioxylon of Kraus, with compiled descriptions and partial synonymy of the species (*Proc. U. S. National Museum*, XII, p. 601-617). 1890.

Krasser (F.). — Über die fossile Flora der rhätischen Schichten Persiens (*Sitzungsber. k. Akad. Wiss. Wien*, C, Abth. I, p. 413-432). 1891.

—— Die von W. A. Obrutschew in China und Centralasien 1893-1894 gesammelten fossilen Pflanzen. In-4°, 16 p., 4 pl. (*Denkschr. k. Akad. Wiss. Wien*, LXX, p. 139-154). 1900.

Kurr (J. G.). — Beiträge zur fossilen Flora der Juraformation Württembergs. Stuttgart. In-4°, 18 p., 3 pl. 1846.

Kurtz (F.). — Contribuciones à la palæophytologia Argentina. I-II. In-8°, 23 p., 5 pl. (*Rev. del Mus. de la Plata*, VI, p. 117 et suiv.). II. Sobre la existencia del Gondwana inferior en la Republica Argentina (Plantas fósiles del Bajo de Velis, provincia de San Luis) (p. 9-23, pl. I-IV). 1894.

*****Laurent (L.).** — Note à propos de quelques plantes fossiles du Tonkin. In-4°, 7 p., 3 fig. (*Annales de la Fac. d. sc. de Marseille*, X, fasc. 7, p. 145-151). 1900.

Leckenby (J.). — On the Sandstones and Shales of the Oolites of Scarborough, with Descriptions of some new species of fossil plants (*Quart. Journ. Geol. Soc.*, XX, p. 74-82, pl. VIII-XI). 1863.

*****Leclère (A.).** — Étude géologique et minière des provinces chinoises voisines du Tonkin. (*Annales des Mines*, 9° série, XX, p. 287-402, p. 405-492, pl. V-XVI.) 1901.

Lignier (O.). — Végétaux fossiles de Normandie. II. Contributions à la flore liasique de S'e Honorine-la-Guillaume (Orne). (*Mém. Soc. linn. de Normandie*, XVIII, p. 121-151, pl. VII.) 1895.

Lindley (J.) and W. Hutton. — The fossil flora of Great Britain; or figures and descriptions of the vegetable remains found in a fossil state in this country. London. In-8°, 3 vol. 1831-1837.

Vol. I : LIX-224 p., pl. 1-79. 1831-1833 (p. 1-48, pl. 1-14. 1831. – p. 49-166, pl. 15-59. 1832. – p. 167-224, pl. 60-79. 1833). Vol. II : xxvii-208 p., pl. 80-156. 1833-1835 (p. 1-54, pl. 80-99. 1833. – p. 57-156, pl. 100-137. 1834. – p. 157-208, pl. 138-156. 1835). Vol. III : 208 p., pl. 157-230. 1835-1837 (p. 1-72, pl. 157-176. 1835. – p. 73-122, pl. 177-194. 1836. – p. 123-208, pl. 195-230. 1837).

Mac Clelland (J.). — Report of the Geological Survey of India for the season of 1848-1849. Calcutta. In-fol., iv-92 p. ; 17 pl. 1850.

*Mallet. — Rapport sur les mines du Tonkin, 20 février 1891 : 82 p., 39 fig., 16 pl. (*Manuscrit.* — Ministère des Colonies).

*—— Esquisse géologique générale du Tonkin (*Revue indo-chinoise*, II, p. 57-77, av. 2 cartes). 1894.

*—— Rapport général sur les charbonnages de Hongay (juin 1893). (*Revue indo-chinoise*, III, p. 53-90, av. fig. et 4 cartes.) 1894.

*—— Visite des collines formant l'horizon de Haïphong (*Revue indo-chinoise*, V, p. 198-206). 1894.

*Massat (E.). — Flore fossile du Tonkin (*Le Naturaliste*, 1895, p. 71-73, 2 fig.).

Medlicott (H. B.) and W. T. Blanford. — A Manual of the Geology of India, chiefly compiled from the observations of the Geological Survey. Calcutta. In-8°, 2 vol. (Pt. I: xviii-lxxx-444 p. Pt. II : viii p.; p. 445-817, pl. I-XXI). 1879.

Möller (H.). — Bidrag till Bornholms fossila flora. Pteridofyter. Lund. In-4°, 68 p., 6 pl. (*Kongl. Fysiografiska Sällskapets Handlingar*, XIII, N° 5). 1902.

—— Gymnospermer. Stockholm. In-4°, 56 p., 7 pl. (*K. Svenska Vetensk. Akad. Handlingar*, XXXVI, N° 6). 1903.

*Monod (G. H.). — Les charbonnages du Tonkin (*Bull. écon. de l'Indo-Chine*, 1898, p. 3-10).

*—— Rapport à M. le Gouverneur général sur la question des charbons du Haut-Tonkin (*Bull. écon. de l'Indo-Chine*, 1898, p. 53-58; p. 90-98).

*—— Note sur l'organisation et les travaux du Service géologique de l'Indo-Chine (Situation de l'Indo-Chine, 1897-1901. Rapport par M. Paul Doumer, Gouverneur Général. In-8°, 554-11 p. [p. 501-504]). Hanoï. 1902.

*—— Notice sur les gisements de charbon en Indo-Chine. Hanoï. In-8°, 22 p., 3 pl. (*Bull. écon. de l'Indo-Chine*, 1903, p. 1-22, pl. I-III). 1902.

Morris (J.). — Plants described by Mr. —— (*Trans. Geol. Soc. London*, 2ᵈ ser., V, Expl. of plates, Pl. XXI, in Memoir to illustrate a Geological Map of Cutch, by C.W. Grant, p. 289-329). 1837.

Nathorst (A. G.). — Bidrag till Sveriges fossila Flora (*K. Svenska Vetensk. Akad. Handlingar*, XIV, N° 3, 82 p., 16 pl.). 1876.

—— Beiträge zur fossilen Flora Schwedens. Über einige rhätische Pflanzen von Pålsjö in Schonen. Stuttgart. In-4°, vi-34 p., 16 pl. 1878.

—— Om Floran i Skånes kolförande Bildningar. I. Floran vid Bjuf. Stockholm. In-4°, v-131 p., 26 pl. 1878-1886.

Fasc. 1 : p. 1-52; pl. I-X. 1878. Fasc. 2 : p. 53-82; pl. XI-XVIII. 1879. Fasc. 3 : v p. et p. 83-131 ; pl. XIX-XXVI. 1886. (*Sveriges Geol. Undersökning*, Ser. C, Afhandlingar och uppsatser, N° 27 [fasc. 1]; 33 [fasc. 2]; 85 [fasc. 3].)

Nathorst (A. G.) [suite]. — Om Floran i Skånes kolförande Bildningar. II. Floran vid Höganäs och Helsingborg. Stockholm. In-4°, 53 p., 8 pl. (Sveriges Geolog. Undersökning, Ser. C, N° 29). 1878.

—— Några anmärkningar om Williamsonia, Carruthers (Öfversigt af kongl. Vetensk. Akad. Förhandlingar, XXXVII, p. 33-52, pl. VII-X). 1880.

—— [Reseberättelse]. Berättelse, af gifven till kongl. Vetenskaps-Akademien, om en med understöd of allmänna medel utförd vetenskaplig resa till Schweiz och Tyskland (Öfversigt k. Vetensk Akad. Förhandl., XXXVIII, p. 61-84, pl. I). 1881.

—— Nya anmärkingar om Williamsonia (Öfversigt k. Vetensk. Akad. Förhandl., XLV, p. 359-365, 1 fig.). 1888.

—— Sur la présence du genre Dictyozamites Oldham dans les couches jurassiques de Bornholm. Copenhague. (Bull. Acad. roy. danoise des sc. et lettres, 1889, p. 96-104, 1 pl.)

—— Sveriges Geologi. Allmänfattligt framställd med en inledande historik om den geologiska forskningen i Sverige jemte en kort öfversigt af de geologiska systemen. Stockholm. In-8° av. fig. I : 160 p. 1892. - II : IV p. et p. 161-336. 1894.

—— Beiträge zur Kenntnis einiger mesozoischen Cycadophyten (K. Sv. Vetensk. Akad. Handlingar, XXXVI, N° 4, 28 p., 1 fig., 3 pl.). 1902.

Neumayr (M.). — Beiträge zur Kenntniss fossiler Binnenfaunen (Jahrb. k. k. geol. Reichsanst., XIX, p. 355-382, pl. XI-XIV). 1869.

Newberry (J. S.). — Description of fossil plants from the Chinese Coal Bearing rocks. (in Pumpelly (R.), Geological researches in China, Mongolia, and Japan, during the years 1862 to 1865 (p. 119-123, pl. IX), Smithson. Contrib., XV, article IV, 170 p., 9 pl. et 18 coupes). 1866.

Newberry (J. S.) [suite]. — Fossil Fishes and Fossil Plants of the Triassic Rocks of New Jersey and the Connecticut Valley (Monographs of the U. S. Geol. Surv., XIV, XIV-152 p., 26 pl.). 1888.

Nilsson (S.). — Fossila Växter funna i Skåne och beskrifne (Svenska Vetensk. Akad. Handl., 1831, 12 p.).

Oldham (R. D.). — A manual of the Geology of India, chiefly compiled from the observations of the Geological Survey. Statigraphical and structural Geology. Second edition revised and largely rewritten by R. D. Oldham. Calcutta. In-8°, 1 vol., 543 p. av. pl. et cartes. 1893.

—— On a Plant of Glossopteris with part of the rhizome attached, an on the structure of Vertebraria (Rec. Geol. Surv. India, XXX, pt. 1, p. 45-50, pl. III-V). 1897.

Oldham (T.) et J. Morris. — Fossil Flora of the Rajmahal Series in the Rajmahal Hills. Calcutta. In-fol., 52 p., 35 pl. 1863. (Fossil Flora of the Gondwana System, Vol. 1, pt. 1.) [Voir Feistmantel.]

Pelatan (L.). — Exposition Universelle de Paris 1900. Les richesses minérales des colonies françaises. Asie française. (Revue universelle des mines, de la métallurgie, des travaux publics, des sciences et des arts appliqués à l'industrie, 3° sér., LIV, p. 225-263; LV, p. 1-42.) 1901.

Phillips (J.). — Illustrations of the geology of Yorkshire; or, a description of the strata and organic remains of the Yorkshire coast. York. In-4°, XVI-192 p., 14 pl., 1 carte et 9 pl. de coupes. 1829.

—— Illustrations of the geology of Yorkshire. London. In-4°.

Part. I. The Yorkshire Coast : XII-184 p., 14 pl. et coupes N° 1 à 9. (2° édition). 1835.

Part. II. The Mountain Limestone district : XX-253 p., 25 pl. 1836.

Potonié (H.). — Lehrbuch der Pflanzen-palaeontologie mit besonderer Rücksicht auf die Bedürfnisse des Geologen. Berlin. In-8°, VIII-VII-402 p., 355 fig., 3 pl. 1897-1899.

1ᵘ Lief. : VII p. et p. 1-112, 100 fig. 1897.

2ᵘ Lief. : p. 113-208, fig. 101-201. 1897.

3ᵘ Lief. : p. 209-288, fig. 202-290. 1898.

4ᵘ Lief. : p. I-VIII, p. 289-402, fig. 291-355, pl. I-III. 1899.

—— Fossile Pflanzen aus Deutsch-und Portugiesisch-Ostafrika. Berlin. In-8°, 19 p., fig. 22-29. (*Deutsch-Ostafrika*, Bd. VII.) 1900.

Raciborski (M.). — Flore fossile des argiles plastiques dans les environs de Cracovie. I. Filicinées, Équisétacées (*Bull. intern. Acad. sc. de Cracovie*, 1890, p. 31-34).

—— Über die Osmundaceen und Schizaeaceen der Juraformation. In-8°, 9 p., 1 pl. (*Engler's Botanische Jahrbücher*, XIII, p. 1-9, pl. I). 1890.

—— Flora retycka w Tatrach. Cracovie. In-8°, 18 p., 1 pl. (*Rozprawy Wydz. mat. przyrod. Akad. Umiej. w Krakowie*, XXI, p. 243-260, pl. III). 1890.

—— Flora retycka pólnocnego stoku gór Swietokrzyskich (*Rozprawy Wydz. mat. przyrod. Akad. Umiej. w Krakowie*, XXIII, p. 292-326 [1-35], pl. I-V). 1891.

—— Przyczynek do flory retyckiej Polski (*Rozprawy Wydz. mat. przyrod. Akad. Umiej. w Krakowie*, XXII, p. 345-360 [p. 1-16], pl. II). 1892.

—— Flora Kopalna ogniotrwałych glinek Krakowskich. Czesc I. — Rodniowce (Archaegoniatæ). Cracovie. In-4°, 101 p., 22 pl. (*Pamietnik Wydz. mat. przyr.*, XVIII, p. 143-243, pl. VI-XXVII). 1894.

*__Rémaury (H.).__ — Le Tonkin et ses ressources houillères principalement dans l'île de Kébao (*Mém. et Comptes rendus des trav. de la Soc. des Ingénieurs civils*, 1890, II, p. 121-159, pl. 14).

Renault (B.). — Cours de botanique fossile fait au Muséum d'histoire naturelle. Paris. In-4°.

1ʳᵉ année. Cycadées, Zamiées, Cycadoxylées, Cordaïtées, Poroxylées, Sigillariées, Stigmariées. 186 p., 21 pl. 1881.

2ᵉ année. Lépidodendrées, Sphénophyllées, Astérophyllitées, Annulariées, Calamariées. 11-194 p., 24 pl. 1882.

3ᵉ année. Fougères. 242 p., 36 pl. 1883.

4ᵉ année. Conifères, Gnétacées. 232 p., 26 pl. 1885.

—— Bassin houiller et permien d'Autun et d'Épinac. Fasc. 4. Flore fossile, 2ᵉ partie. Paris. Atlas. In-4°, 62 pl. (pl. XXVIII-LXXXIX). 1893. – Texte. In-4°, 578 p., 2 pl. 1896.

Saporta (G. de). — Études sur la végétation du Sud-Est de la France à l'époque tertiaire. Paris. In-8°. 4 vol.

Première partie : 1 vol., 158 p., 1-14 pl.; p. 159-286, 11 pl. 1863 (*Ann. sc. nat.*, 4ᵉ sér., *Bot.*, XVI, p. 309-345, pl. 17. 1862. — XVII, p. 191-311, pl. 1-14. 1862. — XIX, p. 5-124, pl. 1-11. 1863).

Deuxième partie : 1 vol., 148 p., 8 pl.; p. 149-408, 13 pl.; p. 332-336 (*sic*). 1866 (*Ann. sc. nat.*, 5ᵉ sér., *Bot.*, III, p. 5-152, pl. 1-8. 1865. — IV, p. 5-264, pl. 1-13. 1865).

Troisième partie : 1 vol., 136 p., 15 pl., p. 137-194, 7 pl. 1867 (*Ann. sc. nat.*, 5ᵉ sér., *Bot.*, VIII, p. 5-136, pl. 1-15. 1867. — IX, p. 5-62, pl. 1-7. 1868).

Supplément I : 1 vol., 79 p., 2 pl.; p. 81-120, 5 pl.; p. 121-244, pl. 6-18. 1872. (*Ann. sc. nat.*, 5ᵉ sér., *Bot.*, XV, p. 277-351, pl. 15-16. 1872. — XVII, p. 5-44, pl. 1-5. 1873. — XVIII, p. 23-146, pl. 6-18. 1874.)

Saporta (G. de) [*suite*]. — Paléontologie française. Végétaux. Plantes jurassiques. Paris. In-8°. 4 vol. 1879-1891.

Tome I. Introduction; Algues; Équisétacées; Characées; Fougères. 506 p., 70 pl. 1872-1873 (p. 1-432; pl. 1-60. 1872.— p. 433-506; pl. 61-70. 1873).

Tome II. Cycadées. 352 p., 58 pl. (pl. 71-128). 1873-1875. (p. 1-192, pl. 1-26 (71-96). 1873. — p. 193-288, pl. 27-49 (97-119). 1874. — p. 289-352, pl. 50-58 (120-128). 1875.)

Tome III. Conifères ou Aciculariées. 672 p., 98 pl. (pl. 129-226). 1876-1884 (p. 1-96, pl. 1-16 (129-144). 1876. — p. 97-240, pl. 17-37 (145-165). 1877. — p. 241-368, pl. 38-57 (166-185). 1878. — p. 369-464, pl. 58-73 (186-201). 1879. — p. 465-512, pl. 74-79 (202-207). 1880. — p. 513-544, pl. 80-83 (208-211). 1881. — p. 545-672, pl. 84-98 (212-226). 1884.)

Tome IV. Ephédrées, Spirangiées, Types proangiospermiques et Supplément final. 548 p., 74 pl. (pl. 227-300). 1886-1891. (p. 1-176, pl. 1-22 (227-248). 1886. — p. 177-208, pl. 23-28 (249-254). 1888. — p. 209-272, pl. 29-40 (255-266). 1889. — p. 273-352, pl. 41-52 (267-278). 1890. — p. 353-548, pl. 53-74 (279-300). 1891.)

Saporta (G. de) et **A. F. Marion.** — L'évolution du règne végétal. Paris. In-8°. 3 vol.

Les Cryptogames. 1 vol. : XII-238 p., 85 fig. 1881.

Les Phanérogames. 2 vol. T. I : x-251 p., 106 fig. 1885. — T. II : 248 p., fig. 107-135. 1885.

***Sarran** (E.). — Étude sur le bassin houiller du Tonkin, suivie de notes sur les gisements métallifères de l'Annam et du Tonkin et du projet de règlement sur les mines de la colonie. Paris. In-8°, 103 p., 11 pl. 1888.

*—— Excursion géologique dans le bassin du Fleuve Rouge. Hanoï. In-4°, 13 p., 1 carte

géol. (*Revue indo-chinoise*, 1899, Études hors texte).

***Sarran** (E.) [*suite*]. — Note sur le terrain tertiaire du Fleuve Rouge (Tonkin) (*Bull. écon. de l'Indo-Chine*, 1899, p. 373-382).

Schenk (A.). — Beiträge zur Flora des Keupers und der rhätischen Formation. In-8°, 91 p., 8 pl. (VII. *Bericht d. naturforsch. Gesellsch. zu Bamberg*). 1864.

—— Die fossile Flora der Grenzschichten des Keupers und Lias Frankens. Wiesbaden. In-4°, XXIV-232 p. Atlas in-fol. de 45 pl. 1865-1867.

Livr. 1 : p. 1-32, pl. I-V. 1865.
Livr. 2-3 : p. 33-96, pl. VI-XV. 1866.
Livr. 4: p. 97-128, pl. XVI-XX. 1867.
Livr. 5-6 : p. 129-192, pl. XXI-XXX. 1867.
Livr. 7-9 : p. 97-128 (de nouveau) ; p. 193-232; p. 1-XXIV; pl. XXXI-XLV. 1867.

—— Pflanzliche Versteinerungen (China. Ergebnisse eigenes Reisen und darauf gegründeter Studien, von Ferd. Freiherrn von Richthofen. Bd. IV, Palaeontologischer Theil, p. 209-269, pl. XXX-LIV). Berlin. In-4°. 1883.

—— Die während der Reise des Grafen Bela Széchenyi in China gesammelten fossilen Pflanzen (*Palaeontographica*, XXXI, p. 163-181, pl. XIII-XV). 1884.

—— Fossile Pflanzen aus der Albourskette, gesammelt von E. Tietze, Chefgeologen der k. k. geologischen Reichsanstalt. Cassel. In-4°, 12 p., 9 pl. (*Bibliotheca botanica*, herausgeg. v. D. O. Uhlworm u. Dr. E. F. Haenlein, Heft N° 6). 1887.

—— Die fossilen Pflanzenreste. Breslau. In-8°, VI-284 p., 54 fig., 1 pl. 1888.

Schimper (W. P.). — Traité de paléontologie végétale, ou la flore du monde primitif dans ses rapports avec les formations géologiques et la flore du monde actuel.

Paris. 3 vol. in-8° et atlas gr. in-4°. 1869-1874.

Tome I : 738 p. Atlas : p. 1-20, pl. 1 à 53. 1869.

Tome II : p. 1-522. Atlas : p. 21-28, pl. 54-75. 1870.—p. 521-968 et titre. Atlas : p. 29-32, pl. 76-90. 1872.

Tome III : IV-896 p. Atlas : p. 33 à 46, pl. 91 à 110. 1874.

Schimper (W. P.) et **A. Mougeot.** — Monographie des plantes fossiles du Grès bigarré de la chaîne des Vosges. Leipzig. In-4°, 83 p., 40 pl.. 1844.

Schimper (W. P.). — Schenk (A.). — Handbuch der Palaeontologie, herausgegeben von K. A. Zittel. II. Abtheilung : Palaeophytologie, begonnen von W. Ph. Schimper, fortgesetzt und vollendet von A. Schenk. Münich et Leipzig. In-8°. 1 vol. : XI-959 p., 431 fig. 1879-1900.

Livr. 1 (Schimper) : p. 1-152, fig. 1-117. 1879.

Livr. 2 (Schimper) : p. 153-232, fig. 118-166. 1880.

Livr. 3 (Schenk) : p. 233-332, fig. 167-228. 1884.

Livr. 4 : p. 333-396, fig. 229-252. 1885.

Livr. 5 : p. 397-492, fig. 254-289. 1887.

Livr. 6 : p. 493-572, fig. 290-325. 1888.

Livr. 7 : p. 573-668, fig. 327-356. 1889.

Livr. 8 : p. 669-764, fig. 357-391. 1889.

Livr. 9 : p. 765-959, fig. 392-433. 1890.

Schœnlein (J. L.). — Abbildungen von fossilen Pflanzen aus dem Keuper Frankens. Mit erläuterndem Texte nach dessen Tode herausgegeben von Dr. A. Schenk. Wiesbaden. Gr. in-4°, 22 p., 13 pl. 1865.

Sellards (E. H.). — On the validity of Idiophyllum rotundifolium Lesquereux, a Fossil Plant from the Coal Measures of Mazon Creek, Illinois (Amer. Journ. sci., XIV, p. 203-204, 2 fig. 1902).

Seward (A. C.). — Catalogue of the mesozoic plants in the Department of Geology, British Museum (Natural History). The Wealden Flora. London. In-8°.

Part. I. Thallophyta. Pteridophyta. XI.-180 p., 17 fig., 11 pl. 1894.

Part. II. Gymnospermae. XII-259 p., 9 fig., 20 pl. 1895.

—— The Glossopteris Flora (Science Progress, jan. 1897, p. 178-201).

—— On the association of Sigillaria and Glossopteris in South Africa (Quart. Journ. Geol. Soc., LIII, p. 315-338, pl. XXI-XXIV). 1897.

—— Notes on some Jurassic Plants in the Manchester Museum (Mem. and Proc. Manchester lit. and phil. Soc., XLIV, N° 8, 28 p., 4 pl.). 1900.

—— Catalogue of the mesozoic plants in the Department of Geology, British Museum (Natural History). Part. III. The Jurassic Flora. I. — The Yorkshire Coast. London. In-8°, XII-341 p., 21 pl. 1900.

—— On the occurrence of Dictyozamites in England, with Remarks on European and Eastern mesozoic Floras (Quart. Journ. Geol. Soc., LIX, p. 217-233, pl. XV). 1903.

Seward (A. C.) and **Elizabeth Dale.** — On the structure and affinities of Dipteris, with notes on the geological history of the Dipteridinæ (Phil. Trans. Roy. Soc. London, ser. B, vol. 194, p. 487-513, pl. 47-49). 1901.

Seward (A. C.) and **Miss J. Gowan.** — The Maidenhair tree (Ginkgo biloba, L.) (Ann. of Botany, XIV, p. 109-154, pl. VIII-X). 1900.

Shirley (J.). — Two new species of Pterophyllum. In-8°, 3 p., 2 pl. (Proc. Roy. Soc. Queensland, XII, p. 89-91, pl. VII, VII°). 1896.

—— Additions to the fossil Flora of Queensland, mainly from the Ipswich Formation, Trias-Jura System. Brisbane. In-8°, 25 p., 27 pl. (Queensland. Geol. Surv., Bull. n° 7.) 1898.

Sternberg (G. de). — Essai d'un exposé géognostico-botanique de la flore du monde primitif. Traduction par M. le *Comte de Bray.* Ratisbonne, Leipsic et Prague. In-fol. 2 vol. 1820-1838.

   Tome I, fasc. 1 : 26 p., pl. I-XIII. 1820.
   — fasc. 2 : 37 p., pl. XIV-XXVI. 1823.
   — fasc. 3 : 45 p., pl. XXVII-XXXIX. 1824.
   — fasc. 4 : 8-XII-54 p., pl. XLIX ; pl. A-E. 1826.
   Tome II, fasc. 5-6 : 11-80 p., pl. I-XXVI. 1833.
   — fasc. 7-8 : p. 81-220; p. I-LXXII, pl. XXVII A, XXVII B, XXVIII-LXVII, A, B. 1838.

Szajnocha (L.). — Über fossile Pflanzenreste aus Cacheuta in der Argentinischen Republik (*Sitzungsber. k. Akad. Wiss. Wien,* XCVII, Abth. I, p. 219-245, 2 pl.). 1888.

Tate (R.). — On some secondary Fossils from South Africa (*Quart. Journ. Geol. Soc. London,* XXIII, p. 139-175, pl. V-IX). 1867.

Velenovsky (J.). — Die Flora aus den ausgebrannten tertiären Letten von Vršovic bei Laun. Prag. In-4°, 56 p., 10 pl. (*Abhandl. k. böhm. Gesellsch d. Wiss.,* VI. Folge, Bd. XI). 1881.

*** Weil.** — Analyse du charbon de Yen-Bay (*Bull. écon. de l'Indo-Chine,* 1899, p. 382).

Wieland (G. R.). — A study of some American Fossil Cycads. — Part. I. The male flower of Cycadeoidea (*Amer. Journ. sci.,* 4ᵗʰ ser., VII, p. 219-226, pl. II-IV). — Part. II. The Leaf structure of Cycadeoidea (*Ibid.,* p. 305-308, pl. VII) ; — Part. III. The female fructification of Cycadeoidea (*Ibid.,* p. 383-391, pl. VIII-X). 1899. — Part. IV. On the microsporangiate fructification of Cycadeoidea (*Ibid.,* XI, p. 423-436, fig. 1-3). 1901.

Williamson (W. C.) and D. H. Scott. — Further observations on the organization of the fossil plants of the Coal - Measures. — Part. I. Calamites, Calamostachys, and Sphenophyllum (*Phil. Trans. Roy. Soc. London,* vol. 185 B, p. 863-959, pl. 72-86). 1895.

Yokoyama (M.). — On some fossil plants from the Coal-bearing Series of Nagato (*Journ. Coll. sci.,* IV, p. 239-247, pl. XXXII-XXXIV). 1891.

***Zeiller (R.).** — Sur la flore fossile des charbons du Tong-King (*C. R. Ac. sc.,* XCV, p. 194-196; 24 juillet 1882).
   — Observations sur quelques cuticules fossiles (*Ann. d. sc. nat.,* 6ᵉ sér., *Bot.,* XIII, p. 217-238, pl. 9-11). 1882.
* — Examen de la flore fossile des couches de charbon du Tong-King (*Annales des Mines,* 8ᵉ série, 1882, II, p. 299-352, pl. X-XII).
* — Résumé de l'examen de la flore fossile des couches de charbon du Tong-King (*Bull. Soc. Géol. Fr.,* 3ᵉ sér., XI, p. 456-461). 1883.
   — Note sur les empreintes végétales recueillies par M. Jourdy au Tonkin (*Bull. Soc. Géol. Fr.,* 3ᵉ sér., XIV, p. 454-463, pl. XXIV-XXV). 1886.
* — Note sur les empreintes végétales recueillies par M. Sarran dans les couches de combustible du Tonkin (*Bull. Soc. Géol. Fr.,* 3ᵉ sér., XIV, p. 575-581). 1886.
* — Sur des empreintes végétales du bassin de Yen-Baï, au Tonkin (*Bull. Soc. Géol. Fr.,* 3ᵉ sér., XXI, p. CXXXV-CXXXVI). 1893.
   — Notes sur la flore des couches permiennes de Trienbach (Alsace) (*Bull. Soc. Géol. Fr.,* 3ᵉ sér., XXII, p. 163-182, pl. VIII, IX). 1894.
   — Sur l'attribution du genre *Vertebraria* (*C. R. Ac. sc.,* CXXII, p. 744-745; 23 mars 1896).
   — Étude sur quelques plantes fossiles, en particulier Vertebraria et Glossopteris, des environs de Johannesburg (Transvaal) (*Bull. Soc. Géol. Fr.,* 3ᵉ sér., XXIV, p. 349-378, 17 fig., pl. XV-XVIII). 1896.

Zeiller (R.) [*suite*]. — Les provinces botaniques de la fin des temps primaires (*Revue générale des sciences pures et appliquées*,
15 janv. 1897, p. 1-11).
—— Revue des travaux de paléontologie végétale publiés dans le cours des années
1893-1896. In-8°, 86 p., 2 pl. 1898 (*Rev.
gén. de Bot.*, IX, 1897, p. 324-336; p. 360-
384; p. 399-416, pl. 20, 21; p. 449-462;
— X, 1898, p. 26-32; p. 69-80).
*—— Sur quelques plantes fossiles de la Chine
méridionale (*C. R. Ac. sc.*, CXXX, p. 186-
188; 22 janv. 1900).
—— Éléments de Paléobotanique. Paris. In-8°,
421 p., 210 fig. 1900.
*—— Note sur la flore fossile du Tonkin (*Con-
grès géolog. internat.*, *C. R. de la 8ᵉ session,
Paris, 1900*, p. 165; p. 498-501). 1901.
—— Observations sur quelques plantes fossiles des Lower Gondwanas. Calcutta. In-4°,
IV-40 p., 7 pl. (*Mem. Geol. Surv. India, Palæontologia indica*, New series, II, part 1).
1902.

Zigno (A. de). — Flora fossilis formationis
oolithicæ. Le piante fossili dell'oolite descritte
ed illustrate dal Barone *Achille de Zigno*.
Padoue. Gr. in-4°. 2 vol. Tome I, XVI-223 p.,
25 pl. 1856-1868 (*sic*). — Tome II,
VII-203 p., pl. XXVI-XLII. 1873-1885.
Tome I, livr. 1 : p. 1-32, pl. I-VI. 1856.
—— livr. 2 : p. 33-64, pl. VII-XII.
1858.
—— livr. 3 : p. 65-112, pl. XIII-
XVI. 1867.
—— , livr. 4 : p. 113-160, pl. XVII-
XX. 1867.
—— livr. 5 : p. 161-223; p. I-XVI ;
pl. XXI-XXV. 1867 (*sic*).
Tome II, livr. 1 : p. 1-48, pl. XXVI-XXIX.
1873.
—— livr. 2 : p. 49-80, pl. XXX-
XXXIII. 1881.
—— livr. 3 : p. 81-120, pl. XXXIV-
XXXVII. 1881.
—— livr. 4-5 : p. 121-203; pl. I-VII ;
pl. XXXVIII-XLII. 1885.

INDEX ALPHABÉTIQUE

DES GENRES ET DES ESPÈCES DÉCRITS OU CITÉS [1].

[1] Les noms en caractères **gras** sont ceux sous lesquels sont décrits les genres et les espèces, et les chiffres en caractères gras indiquent la page où se trouve la description. Les noms en caractères ordinaires sont ceux des genres ou des espèces considérés comme synonymes ou simplement cités.

ERRATA.

Page 10, ligne 24, *au lieu de :* ntercalations, *lire :* intercalations.

Page 96, ligne 5, *au lieu de :* 120°, *lire :* 180°.

Page 132, ligne 1, *au lieu de :* représentées, *lire :* représentés.

Page 231, lignes 28-29, *au lieu de :* la pointe   l'aile, *lire :* la pointe de l'aile.

Page 236, colonne de gauche, ligne 11, *au lieu de : Clad. nebbens s, lire : Clad. nebbensis.*

Page 263, en manchette, *au lieu de :* Travaux d'exploitation, *lire :* Travaux d'exploration.

Page 266, ligne 9, *au lieu de :* montrel a, *lire :* montre la.

Page 283, ligne 8, *au lieu de :* fig. 6 à 9, *lire :* fig. 5 à 9.

Page 291, ligne 7, *au lieu de :* page 36, *lire :* page 38.

Page 309, colonne de gauche, ligne 11, *au lieu de :* der, *lire :* des.

LISTE DES FIGURES

INSÉRÉES DANS LE TEXTE.

IMPRIMERIE NATIONALE.

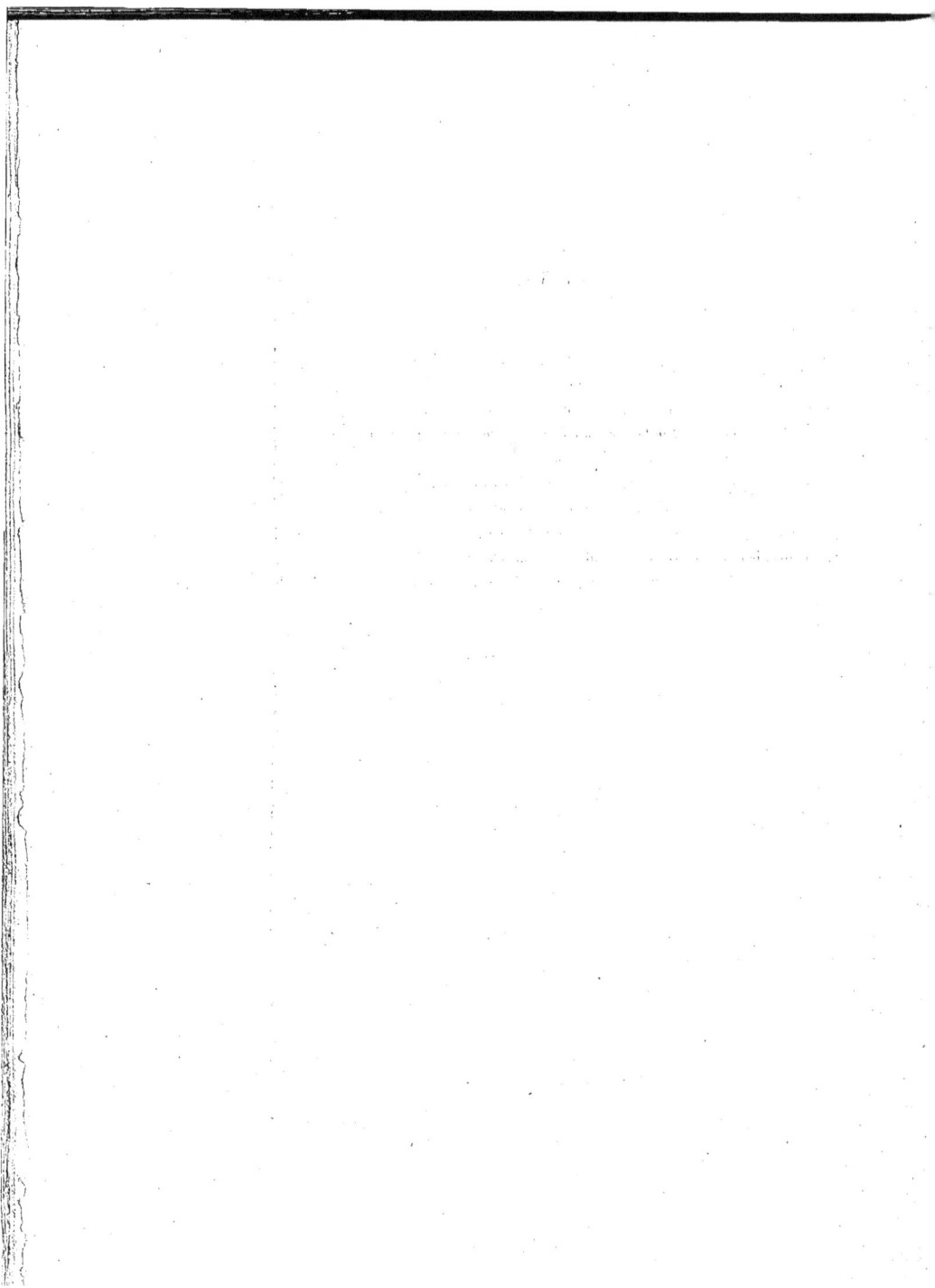

LISTE DES PLANCHES

INSÉRÉES À LA SUITE DU TEXTE.

PLANCHE A.

Carte générale du Tonkin à l'échelle de 1/1.500.000ᵉ.

PLANCHE B.

Fig. 1. Carte de la région de Hongaÿ à l'échelle de 1/40.000ᵉ.

Fig. 2. Coupe générale schématique des gisements de Hongaÿ à l'échelle approximative de 1/25.000ᵉ.

PLANCHE C.

Fig. 1. Carte de l'île de Kébao à l'échelle de 1/100.000ᵉ.

Fig. 2 et 3. Coupes des gîtes de charbon suivant les lignes AB et CD de la carte, à l'échelle de 1/50.000ᵉ pour les longueurs et de 1/25.000ᵉ pour les hauteurs.

PLANCHE D.

Carte des gisements de Kébao à l'échelle de 1/25.000ᵉ.

PLANCHE E.

Fig. 1. Carte des gisements de Dong-Trieu à l'échelle de 1/150.000ᵉ.

Fig. 2. Coupe Nord-Sud de la concession Schœdelin, à l'échelle de 1/25.000ᵉ pour les longueurs et de 1/12.500ᵉ pour les hauteurs.

PLANCHE F.

Fig. 1. *Clathropteris platyphylla* Gœppert (sp.). — Base de fronde avec son pétiole (grand. nat.).

Fig. 2. *Triœlepis Leclerci* n. sp. — Écailles de l'échantillon Pl. L, fig. 15, grossies 4 fois.

Fig. 3. *Litsœa Donneri* Laurent. — Feuille incomplète (grand. nat.).

Fig. 4. *Phyllites* sp. — Fragment de feuille (grand. nat.).

TABLE DES MATIÈRES.

TROISIÈME PARTIE,

GÎTES DE CHARBON DE LA CHINE MÉRIDIONALE.

CARTE DU TONKIN

D'APRÈS LA CARTE AU 1/1,000,000

du Bureau topographique des Troupes de l'Indo-Chine

LÉGENDE

YUN NAN

Cao Bang

KOUANG - SI

KOUANG - TONG

Mon Cay

Trinh Thuong

Lang Hanh
Lao Kay

Ma Lin Cheou

Lang Khu

Bao Ha

Tuyen Quang

Yen Bay

Phu Doan

Thai Nguyen

Son La

Nam Khu

Phu Lang Thuong

Hong Hoa

Son Tay

Bac Ninh

HANOI

Sept Pagodes

Hai Duong

Hai Phong

Cho Bo

Hung Yen

GOLFE

DU TONKIN

Nam Dinh

A N N A M

Ninh Binh

Phu Gagh

L. Courtin, 23, rue de Damiette

BAIE DE HONGAY

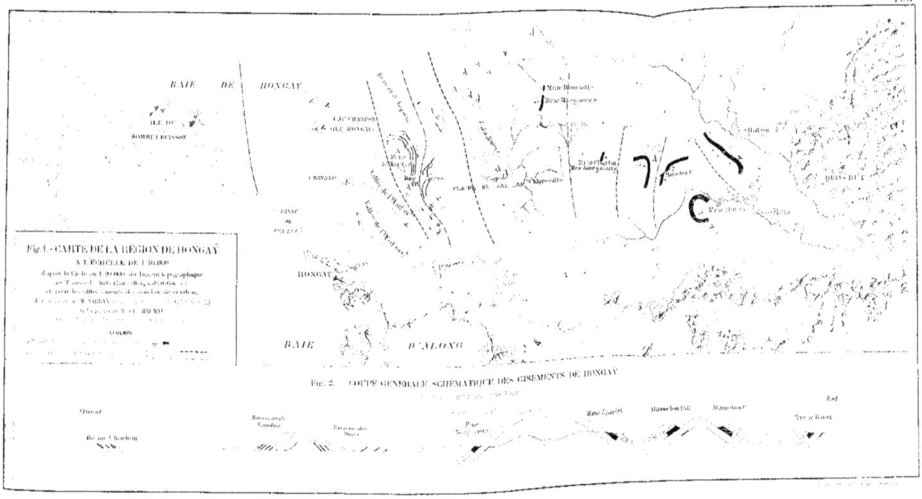

ÎLE DE
ROBBE L'ÉCISSON

BAIE D'ALONG

HONGAY

Fig. 1. — CARTE DE LA RÉGION DE HONGAY
À L'ÉCHELLE DE 1:50.000

DÉAT-BÉT

Fig. 2. — COUPE GÉNÉRALE SCHÉMATIQUE DES GISEMENTS DE HONGAY

Ouest

Est

Baie d'Along

Pl. C

Fig. 1
CARTE DE L'ILE DE KÉBAO
à l'échelle de 1/100.000°
d'après la Carte au 1/50.000°
dressée par M. H. CHARPENTIER
Ingénieur civil des Mines

KÉBAO

ILE DE

BAIE DE FAI-TSI-LONG

Fig. 2. — Coupe suivant A B

Fig. 3. — Coupe suivant C D

CARTE DES GISEMENTS
DE KÉBAO

d'après les relevés
de M. H. CHARPENTIER

BAIE DE FAÏTSIONG

BAIE DU VENT

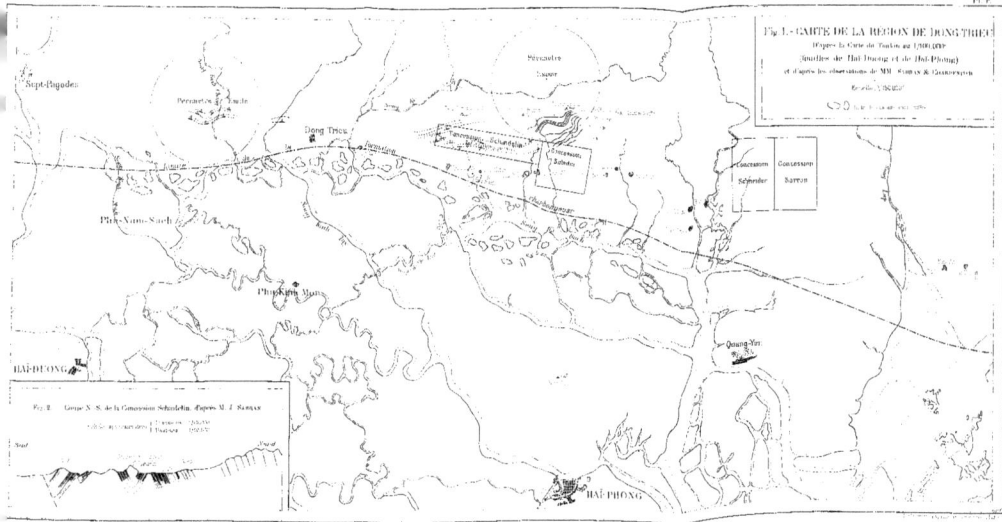

Fig. 1. — CARTE DE LA RÉGION DE DONG-TRIEU
D'après la Carte du Tonkin au 1/100,000e
(Jonction de Haï-Duong et de Haï-Phong)
et d'après les observations de MM. Counan & Counillon

Fig. 2. — Coupe N.-S. de la Concession Schneider, d'après M. J. Counan

Fig. 1. — *Clathropteris platyphylla* Gœppert (sp.).
Base de fronde avec son pétiole (Grand. nat. — Cliché Sohier).
Kébao, mine Rémaury.

Fig. 3. — *Litsæa Doumeri* Laurent.
Feuille incomplète.
(D'après M. Laurent.) — Yen-Bai.

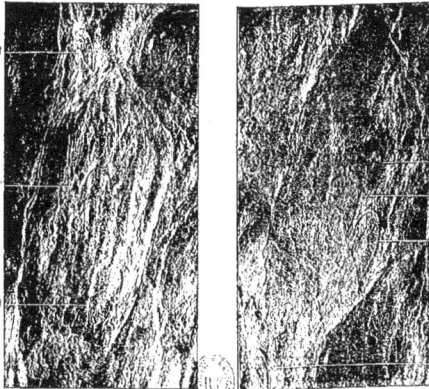

Fig. 4. — *Phyllites* sp.
Fragment de feuille.
(D'après M. Laurent.)
Yen-Bai.

Fig. 2. — *Tricolepis Leclerei* n. sp. — Écailles de l'échantillon Pl. L, fig. 15,
grossies 4 fois. (Cliché Sohier.)
g, g, emplacements des graines; *x,* ligne d'épaississement (?).

www.ingramcontent.com/pod-product-compliance
Lightning Source LLC
Chambersburg PA
CBHW061125220326
41599CB00024B/4170